"十四五"职业教育国家规划教材

U0157785

煤矿电工

主　编　王红俭　王俊红　兰建功
副主编　高斌斌　李　蓉　吴晓霞

北京理工大学出版社
BEIJING INSTITUTE OF TECHNOLOGY PRESS

内 容 简 介

全书按照煤矿电工两大典型综合性工作任务（井下供电系统的安装维修与采区供电系统的设计）确定了四个学习情境，包括安装维修井下电缆、安装维修工作面配电点电气设备、安装维修井下变电所设备及隔爆变压器组合装置、设计安装井下变电所。每个学习情境均以典型的工作任务为出发点设计学习性工作任务，以完成工作任务所需的学习任务书、任务引领书、实操指导书、评价反馈书为主要内容。每个学习情境后有煤矿电工岗位群职业技能鉴定所需的应知应会内容，供学生自我鉴定。本教材适用于高等院校、高职院校矿山机电与智能装备、煤矿智能开采技术、通风技术与安全管理等专业的教学，特别适合工学结合教学以及煤矿电工培训使用，也可供有关技术人员参考。

图书在版编目（CIP）数据

煤矿电工 / 王红俭，王俊红，兰建功主编. ‐‐ 北京：
北京理工大学出版社，2021.8（2024.1 重印）
ISBN 978‐7‐5763‐0250‐9

Ⅰ. ①煤… Ⅱ. ①王… ②王… ③兰… Ⅲ. ①煤矿‐
矿山电工 Ⅳ. ①TD6

中国版本图书馆 CIP 数据核字（2021）第 176768 号

责任编辑： 赵　岩　　　**文案编辑：** 赵　岩
责任校对： 周瑞红　　　**责任印制：** 李志强

出版发行 / 北京理工大学出版社有限责任公司
社　　址 / 北京市丰台区四合庄路 6 号
邮　　编 / 100070
电　　话 / （010）68914026（教材售后服务热线）
　　　　　　 （010）68944437（课件资源服务热线）
网　　址 / http://www.bitpress.com.cn

版 印 次 / 2024 年 1 月第 1 版第 3 次印刷
印　　刷 / 三河市天利华印刷装订有限公司
开　　本 / 787 mm×1092 mm　1/16
印　　张 / 20
字　　数 / 555 千字
定　　价 / 59.90 元

前　　言

  本书是按照高等院校、高职院校工学结合的新理念，采取校企结合的方式，在国家级精品共享课《煤矿电工》基础上编写而成的理实一体化的特色教材。本教材由太原理工大学电气与动力工程学院陈燕教授担任主审，具有以下主要特色：

  （1）为贯彻落实党的二十大精神，教材融入思政元素，提出素养目标，培养读者正确的价值观、人生观、爱国主义情操、工匠精神和职业精神，坚持安全第一，具有安全意识、环保意识和现代企业精益化管理意识。

  （2）以职业能力培养为目标，确立行动导向的教材体系。通过对煤矿电工典型工作任务分析，按照煤矿电工两大典型综合性工作任务（井下供电系统的安装维修与采区供电系统的设计）确定了四个学习情境，每个学习情境以典型的工作任务设计学习性工作任务，以完成工作任务所需的知识和能力作为每个学习工作任务主要学习的知识和主要培养的能力。

  （3）以任务引领为模式，确立基于工作过程的教材体例。采用活页形式，按照完成工作过程的六步法，即下达工作任务、收集相关资料、制定工作计划、实施工作计划、检查控制、评价反馈，在每一个学习任务内，确立了学习任务书、任务引领书、实操指导书、评价反馈书的教材体系。通过学习任务书向学生下达学习任务，使学生明确工作情境、任务要求及知识目标、能力目标和素养目标；通过任务引领书以完成任务所需解决的问题为引领，汇集所需要的相关资料；通过实操指导书提供工作案例下的工作计划书范本和实操案例，以便学生编写所给实操案例的工作计划书，并且实施工作计划；工作计划书范本不仅给出了实施工作所需要的组织措施（人员组成、责任分工）、物质措施（工具、仪表、材料）、工作措施（工作阶段、步骤、工作记录表、应急预案），还针对防止错误操作制订了防范措施以便实施工作计划中检查控制；最后通过评价反馈书对自己的工作任务进行自我评价和反馈。

  （4）以培养合格的煤矿电工为宗旨，体现教材的职业规范性、职业先进性、职业适应性。本书按照国家最新制定的《煤矿安全规程》《煤矿井下机电设备检修技术规范》《煤矿井下供配电设计规范》等规程规范，以及 MT818 - 2009《煤矿用电缆行业标准》和 MT871 - 2000《矿用隔爆型低压交流真空馈电开关》等煤炭行业标准作指导，体现职业规范性。教材突出新设备的应用，并通过数字资源形式进行综合呈现，以体现职业先进性。教材所有引用的规程规范、标准及参考书目均以上角标的形式标出，并且在书后面的参考文献中注明，方便学生的职业扩展学习；在每个学习情境后给出了本学习情境中煤矿电工岗位群职业技能鉴定的应知应会内容，方便学生自我练习、自我鉴定，以适应学生的职业技能鉴定培训；以全国职业技能大赛指定的设备及其大赛学习任务作为教材内容，以适应学生的技能大赛培训，从而体现教材的职业适应性。

（5）适应新时代职业教育发展要求。本书的纸质教材中配套视频、微课、动画、手册等二维码资源，方便学生随时随地学习。

教材融入思政元素，提出素养目标，培养读者正确的价值观、人生观、爱国主义情操、工匠精神和职业精神，使其具有安全意识、环保意识和现代企业精益化管理意识；本教材与煤矿井下特殊工种"煤矿井下电气作业"相对接，将考核标准和要求融入教材内容中。

本书的编写体现了校企合作特点。国家级精品共享课"煤矿电工"吸收了煤矿生产企业和煤矿装备制造企业专家技术人员，教材所涉及工艺和设备为煤矿生产企业采用的典型工艺和设备。教材的编写得到了潞安化工集团、潞安职业技术学院教师团队参与和支持。山西工程职业学院耿宝光老师编写了学习情境一的任务一；山西工程职业学院王红俭老师编写了情境一的任务二；山西工程职业学院申利燕老师编写了学习情境二的任务一；山西工程职业学院吴晓霞老师编写了学习情境二的任务二和任务三；山西工程职业学院高斌斌老师编写了学习情境二的任务五、学习情境三的任务一和学习情境四的任务二；潞安职业技术学院李蓉老师编写了学习情境二的任务四和学习情境三的任务二；山西工程职业学院兰建功老师编写了学习情境四的任务一；山西工程职业学院王俊红老师设计了实训工作计划书和工作记录表。同时感谢八达电气有限公司霍德龙工程师、霍州煤电张延杰工程师等专家给予的大力支持和帮助。由于编者水平有限，书中难免有不当之处，恳请使用本书的广大读者批评指正。

编 者

目　　录

学习情境一　安装维修井下电缆

学习任务一　安装维修井下低压电缆

 学习任务书

一、学习任务

1. 工作情境

1）工作情况

本任务属于安装维修井下供电系统这一大任务下安装维修井下电缆分项中安装维修低压电缆子项任务。井下供电系统包括：井下中央变电所（又称为井下主变电所）→矿用高压铠装电缆→采区变电所→矿用高压橡套电缆→隔爆移动变电站→矿用低压橡套电缆→工作面配电点。

2）工作环境

（1）矿用低压电缆经过的巷道为倾角小于30°的煤巷及工作面。工作面机械移动及煤巷容易冒顶、片帮等砸压电缆导致短路、漏电危险；工作面淋水导致电缆受潮、漏电危险；空间狭窄，人员极易触及漏电电缆导致触电危险；工作面设备极易过载导致电缆过热引发火灾危险；煤巷及工作面瓦斯及煤尘浓度较高，一旦电缆短路、漏电产生电火花有引爆瓦斯及煤尘危险。

（2）相关电源及负荷设备。包括矿用隔爆变压器（本书简称为隔爆变压器）或矿用隔爆移动变电站（本书简称为隔爆移动变电站）或矿用隔爆动力中心（本书简称为隔爆动力中心）、矿用隔爆真空自动馈电开关（本书简称为隔爆馈电开关）、矿用隔爆真空电磁启动器（本书简称为隔爆启动器）、矿用隔爆真空组合开关（本书简称为隔爆组合开关）、矿用隔爆照明综合保护装置（本书简称为隔爆照明综合保护装置）。

（3）使用器具。包括万用表、兆欧表、便携瓦检仪、验电笔、套扳、扳手、螺丝刀、克丝钳（钢丝钳）、电工刀、手锉。

（4）使用材料。包括铜连接管、铜绑线、手动液压钳、压模、100号砂纸、冷补胶、三氯乙烷、剪刀、聚酯薄膜。

2. 任务要求

本任务包括安装和维修两大任务。安装包括使用电缆以前的各项任务，即安装前准备（根据安装场所选择电缆型号、确认所装电缆型号、检测所装电缆质量、检测所敷设巷道情况）、安装（电缆装卸、敷设、连接）、安装后验收（检测安装质量、试运行）。维修包括使用电缆后的各任务，即运行维护（运行检测、安全防护、日常维护）、故障检修（故障检测、修复、试验）。另外，还包括收集相关资料、制订工作计划并做出决策、执行工作计划并检查控制，最后对工作任务完成情况进行评价反馈。

3. 工作要求

1）安全要求

（1）电缆安全。所安装维修的电缆不能产生断路、短路、漏电及失爆现象，不能因短路、漏电产生的电弧引爆瓦斯、煤尘，不能因过热烧毁电缆继而引起电火灾，不能因过大电压导致绝缘击穿，不能因工作环境造成机械损伤导致电缆折断、短路、断路、漏电。

（2）人身安全。严格按照《煤矿安全规程》[1]不得带电安装检修电缆的要求操作，以防电缆漏电发生触电或引爆瓦斯、煤尘。

2）质量要求

所安装维修的电缆必须满足供电质量要求：电缆工作时自身产生的电压损失不得超过额定电压的5%，即保证所供设备的工作电压不得低于额定电压的95%；所供电动机起动时，电缆的电压损失不得过大，导致电动机或电磁启动器电压太低而无法起动。

3）经济要求

所安装维修的电缆必须在保证供电安全和供电质量的前提下做到经济，电缆所走路径尽可能短，截面尽可能小。

二、学习目标

1. 知识目标

（1）明白矿用低压橡套电缆的型号含义、结构分类及其适用场所。
（2）明白矿用低压橡套电缆的安装环节及选型、敷设、连接方法。
（3）明白井下低压橡套电缆的维修环节及安全防护、日常维护、运行检测、故障查找和修复、验收方法。

2. 能力目标

（1）能识别不同类型的矿用低压电缆。
（2）能正确选择、敷设、连接、维修矿用低压橡套电缆。
（3）能正确使用万用表、兆欧表、耐压测试仪检测矿用低压电缆。
（4）具有紧急事件处理能力。
（5）具有工作现场处理能力。

3. 素养目标

（1）煤矿井下电气作业是煤矿十大特殊工种之一，培养学生吃苦耐劳、严谨求实、追求卓越等优秀品质，树立心系国家煤炭事业并有时代担当的精神追求。

（2）从事井下电气作业，要牢固树立"安全第一"的核心理念，做到"不伤害自己、不伤害他人、不被他人伤害、保护他人不受伤害"。

一、如何选择电缆型号

电缆型号的选择是依据电缆的工作环境对电缆的结构要求确定的，不同型号的电缆结构不同，其适用场所也就不同，因此必须明确电缆的类型及其适用场所，下面从电缆的型号入手说明电缆的类型及其适用场所。

1. 电缆型号组成及含义

煤矿用电缆的型号组成和代码含义见表1-1。

矿用电缆的
组成及型号

1）系列代号

表1-1　煤矿用电缆的型号组成和代码含义[2]

	系列代号	导体	使用特性	结构特征		额定电压 $U_0/U/\text{kV}$	芯线数×截面/mm²		
							主芯线	接地线	辅助线
橡套电缆	M—煤矿用	不标—铜芯 L—铝芯	C—采掘机用 Y—移动设备用 Z—电钻用 H—电话用 M—帽灯用	B—编织加强 P—非金属屏蔽 PT—金属屏蔽 J—监视或辅助芯线 Q—轻型 R—绕包加强		0.3/0.5 0.38/0.66 0.66/1.14 1.8/3 3.6/6 6/10 8.7/10	3×2.5 3×4 3×6 3×10 3×16 3×25 3×35 3×50 3×70 3×95 3×120 3×150 3×185 3×240 3×300	1×2.5 1×2.5 1×4 1×6 1×10 1×16 1×16 1×25 1×35 1×50 1×70 1×70 1×95 1×120 1×150	3×2.5 3×4 3×6 3×10
铠装电缆	系列代号	导体	绝缘	内护层	铠装层	外被层	0.6/1 1.8/3 3.6/6 6/6 6/10 8.7/10		
	M—煤矿用	不标—铜芯 L—铝芯	V—聚氯乙烯 YJ—交联聚乙烯	V—聚氯乙烯护套	2—双层钢带 3—细圆钢丝 4—粗圆钢丝	2—聚氯乙烯外套			

注：额定电压前用"－"连接；主芯线前用空格连接；芯线数与截面用"×"连接；各芯线之间用"＋"连接。例如：MYPTJ－3.6/6 3×35＋3×16/3＋3×2.5 表示矿用移动金属屏蔽监视铜芯橡套电缆，额定电压为3.6/6 kV，三芯动力截面，每芯截面为35 mm²，三芯接地线每芯截面为16/3 mm²截面，三芯监视线每芯截面为2.5 mm²。又如：MYJV22－6/6 3×150 表示矿用煤矿用交联聚乙烯绝缘钢带铠装聚氯乙烯护套电力电缆，额定电压为6/6 kV，三芯，每芯标称截面为150 mm²。

电力电缆用于向动力设备输电，一般都是电力电缆，故省略不标；煤矿用电缆用于煤矿井下输电。

2）导体

导体即导电芯线，为多股绞线。

（1）按照材料分为铜芯和铝芯，由于一般都是铜芯，故省略不标。

①铜绞线的导电性能、韧性和强度均优于铝绞线，但价格较高。

②铝绞线价格虽低，但由于铝的化学性能活泼，接头容易氧化造成接触不良，产生断续电弧高温，尤其在短路时电弧产生的铝粉温度远远高于铜，容易引燃引爆瓦斯和煤尘。因此规定[1]：在进风斜井、井底车场及其附近、中央变电所至采区变电所之间，可以采用铝芯电缆；其他地点必须采用铜芯电缆。实际上，煤炭行业标准《煤矿用电缆》（MT818.1—2009～MT818.13—2009）中没有铝芯电缆可供选择。

（2）按照用途分为主芯线、中性线、接地芯线、控制芯线、监视芯线。

①主芯线有二芯（红白色标志）、三芯（红白蓝色标志），用来输送单相或三相电能。

②中性线为一芯，用于三相四线制系统。

③接地芯线一般为一芯黑色标志（有时也分布为三芯），用来实现电气设备的接地。

④控制芯线可为多芯，用来实现远方控制、联锁控制等控制电路的连接。

⑤监视芯线一般为一芯，用来监视绝缘。

3）绝缘

（1）按照用途分为相间绝缘与统包绝缘。前者包在导电芯线外，后者包在所有芯线外。

（2）按绝缘材料又分为以下两种：

①橡胶绝缘。橡套电缆即为橡胶绝缘。该绝缘主要由天然丁苯橡胶及乙丙橡胶挤包而成。天然橡胶易燃，故已被耐高温、耐高压、耐潮性的乙丙橡胶取代。乙丙橡胶本身易燃，添加阻燃剂使之具有阻燃性，用于生产阻燃橡套电缆，由于其高弹性和柔韧性使其极易弯曲，故用于向移动设备输电。

②塑料绝缘。该绝缘由聚氯乙烯绝缘或交联聚乙烯绝缘挤包而成。聚氯乙烯绝缘具有耐油、耐酸碱、耐腐蚀、阻燃、敷设高差不限等优点；交联聚乙烯绝缘电缆除具有上述特点外，还耐高压，并且耐热性及耐溶剂性能都有所改善，故应优先选用。现在聚氯乙烯绝缘电缆已经生产至 10 kV 电压等级，交联聚氯乙烯电缆我国也已经生产至 220 kV 电压等级。塑料绝缘电缆正取代油浸纸绝缘和橡胶绝缘电缆，广泛应用于各种线路中。

4）护套（内衬层）

护套为包在统包绝缘外的保护层，当有外护层时即为内衬层。按照材料不同分为以下两种：

（1）橡胶护套。套在橡胶绝缘或塑料绝缘之外作护套，用来防止绝缘受损。由于其柔韧性好，故用于移动设备输电。橡胶护套分为普通橡套和阻燃橡套两种。普通橡套采用天然橡胶制成，易于燃烧，所以在易燃、易爆的井下不宜使用。阻燃橡套采用氯丁橡胶制成，由于它燃烧时产生的氯化氢气体将火焰包围起来，使之与氧气隔离而熄灭，故 M 系列矿用橡套电缆（结构如图 1-1 所示）采用阻燃橡套（图 1-1 中 9 所示），用于易燃易爆的井下。此外氯丁橡胶还有良好的机械性能、耐油性能，是理想的矿用电缆护套材料。

为加强橡胶护套电缆抗拉强度，在橡胶护套和绝缘之间，增加了镀锌钢丝线绕包层或编织包层，制成加强型，用于承受较大拉力的各种移动设备输电。为便于识别，《煤矿用电缆》（MT818.1—2009～MT 818.13—2009）[2]规定了不同电压等级的煤矿橡套电缆护套采用不同颜色，额定电压 0.38/0.66 kV、1.9/3.3 kV 为黑色护套，0.66/1.14 kV 为黄色护套，大于等于 3.6/6 kV 为红色护套。

（2）塑料护套。煤矿用聚氯乙烯护套。由于其防腐、防锈、阻燃、无高差限制等优点，适用于有易燃物和腐蚀性场所，由于其柔韧性不如橡套，故多用于固定设备输电。

5）外护层

外护层是包在内衬层外的保护层，又分为钢铠层和外被层。

（1）内衬层衬于钢铠层之内，用于防止钢铠层扎伤和磨损内护层；外被层裹在钢铠层外，用于防止钢铠层锈蚀。按照材料不同，分为塑料带、黄麻带、无纺布带。

（2）钢铠层用于保护整个电缆，煤矿用铠装电缆按结构不同分为以下三种：

①双层钢带铠装采用热轧或冷轧镀锌钢带，为左向螺旋绕包，且外层钢带将内层钢带间隙覆盖，由于其抗压但不抗拉，适用于不承受拉力的倾角 45°以下斜巷或平巷中敷设。

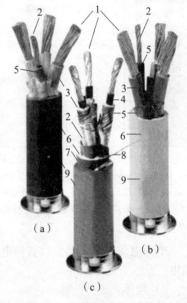

图 1-1 矿用橡套电缆结构图

（a）MY-0.38/0.66 型；
（b）MYP-0.66/1.14 型；
（c）MYPTJ-6/10 型

1—主芯线；2—接地芯线；
3—相间绝缘；4—导线屏蔽；
5—绝缘屏蔽（内屏蔽）；
6—统包绝缘；7—绝缘屏蔽（外屏蔽）；
8—监视芯线；9—橡胶护套

②细圆钢丝铠装采用直径小于 4 mm 的低碳镀锌钢丝，单层为左向绕包；双层时内层右向绕包、外层左向绕包，如同向绕包时均为左向。由于其抗拉不抗压，适用于轴向拉力较小的倾角45°以下的斜巷或平巷中敷设。

③粗圆钢丝铠装采用直径大于等于 4 mm 的低碳镀锌钢丝，其绕包工艺同细钢丝铠装，但其抗拉强度较细钢丝铠装大，故适用于轴向拉力较大的倾角45°及其以上的斜巷或立井中敷设。

6）结构特征

（1）非金属屏蔽 P 采用半导电材料；金属屏蔽 PT 采用金属材料。按结构不同分为导体屏蔽、分相屏蔽和统包屏蔽。

①导体屏蔽。它为绕包在导线表面外的半导电材料（图 1-1 中 4 所示），绕包的半导电材料有半导电纸、半导电胶带、半导电尼龙带、半导电聚酯带、半导电布带、金属化纸、半导电无纺布带（腈纶、维纶、涤纶等）和半导电阻水带等。用于 3 kV 以上的高压电缆防止电晕产生。由于高压强电场使曲率半径很小的多股绞线表面产生尖端放电形成电晕，影响绝缘性能，造成能量损耗，故在每一相多股绞线外包上导体屏蔽后，增大导线的曲率半径，均匀了电场，防止电晕的产生，故导体屏蔽又称均压带。

②分相屏蔽，又称绝缘屏蔽。MYP、MCP（JR 或 JB）型是绕包或挤包在分相绝缘和接地线芯（剥除绝缘）之外的半导电材料（图 1-1 中 5 所示）。绕包常见的有半导电纸、半导电胶带、半导电尼龙带、半导电聚酯带、半导电布带等；挤包常见的有半导电聚氯乙烯、半导电橡胶。MYPT、MCPT（J）型是绕包在分相绝缘外的金属和纤维编织带，MVV 型为铜带。当一相绝缘破损时，其主芯线经绝缘屏蔽直接与接地芯线相连，造成单相接地故障，使单相保护接地动作切断电源，既可防止严重的相间短路故障发生，又可防止短路电弧引起瓦斯、煤尘的燃烧和爆炸。所以有绝缘屏蔽的电缆特别适用于煤矿井下向有燃烧和爆炸危险场所的设备供电。

③统包屏蔽。它是包在绝缘之外的金属材料，按材料不同，分为铜带屏蔽和铜丝屏蔽两种。前者由于产生电感效应，逐渐被后者取代。采用铅包和铝包金属套时，金属套可兼作金属屏蔽层。使用电缆时，金属屏蔽层应与接地系统相连。金属屏蔽用于产生电磁屏蔽以防止强电场辐射干扰通信信号。所以 MVV 和 MYJV 型额定电压 1.8 kV 及以上的电缆均有金属屏蔽。

（2）监视线 J 为与外屏蔽紧密接触的裸导绞线，与隔爆高压配电箱中的绝缘监视保护和终端二极管配合实现绝缘监视，如 MYPTJ、MCPJR（B）型。绝缘监视保护原理如图 1-2 所示，其中电缆首端与隔爆高压配电箱中的绝缘监视回路连接，电缆终端与负荷侧的二极管连接，取样电阻 R_2 上的分压作为绝缘监视保护信号，绝缘正常时，等效绝缘电阻 R_3 很大，近似开路，经终端二极管整流，R_2 上为直流电压。当统包绝缘损坏时，绝缘等效电阻 $R_3=0$，将终端二极管短接，失去整流作用，R_2 的电压为交流，据此判断绝缘损坏，保护动作；同理，当接地线或监视线断线，也失去整流作用，保护动作。监视线多用于人易触及的向隔爆移动变电站供电的高压电缆，防止绝缘破损或失去保护接地导致的人身触电。

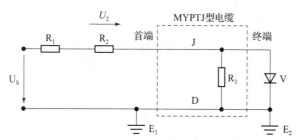

图 1-2 终端加整流二极管的绝缘监视保护原理

J—监视芯线；D—接地线；V—电缆终端连接的整流二极管；E_1—采区变电所接地极；E_2—移动变电站接地极；U_s—绝缘监视回路交流电源；R_1、R_2—取样电阻；R_3—统包绝缘电阻

（3）轻型 Q 是指仅有缆芯、绝缘、芯垫和护套组成的结构简单的电缆，如 MYQ‑0.3/0.5 型矿用移动轻型电缆，用于井下照明、控制、信号电路连接。

（4）加强型是指在护套与芯线绝缘之间增加轴向拉力的镀锌钢丝线绕包层 R 或镀锌铜线与聚酯类合成纤维编织包层 B，用于向采煤机等承受拉力较大的重型移动设备输电。

7）额定电压

（1）U_0 表示任一主绝缘导体和"地"（即金属屏蔽、金属套或周围介质）之间的电压有效值。

（2）U 表示多芯电缆或单芯电缆系统任意两相导体之间的电压有效值。当电缆使用于交流系统时，电缆的额定电压 U 至少应等于该系统的额定电压。

8）截面

截面是指导体横截面的近似值。为了达到规定的直流电阻，方便记忆并且统一而规定的导体截面附近的一个整数值为标称截面。导体的标称截面不是导体的实际截面。

2. 井下电缆类型选择

根据使用地点的环境要求和电缆的结构特点选择电缆类型。首先需要明白井下电缆组成的系统及其使用地点、环境要求。

1）井下电网

由井下电缆连接的系统称之为井下电网，图 1‑3 所示为典型的井下电网。电网种类繁多，按照电压高低分为高压电网（大于 1 140 V）、低压电网（小于等于 1 140 V），图中从地面变电所到采区变电所隔爆变压器 T 及隔爆移动变电站进线侧均为高压电网，隔爆变压器 T 及隔爆移动变电站二次侧出线所接均为低压电网；按照电流的种类又分为交流电网（井下动力用）和直流电网（牵引电机车用），如图中由变流设备出线端所接电网即为直流

电缆参数及选型

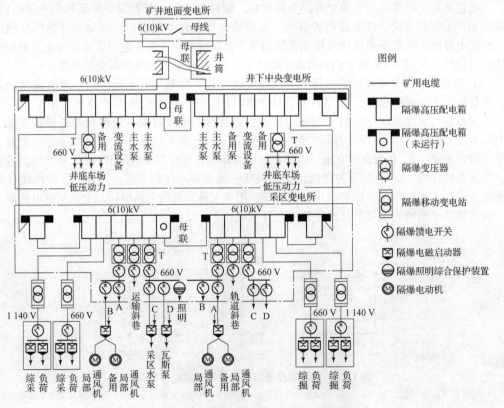

图 1‑3　典型的井下电网

电网，其他均为交流电网；按照母线（输入或输出的公共连接线）类型又分为单母线（一条母线）、单母线分段式（一条母线分为两段）和双母线（两条母线）电网，如图中的地面变电所、井下中央变电所和采区变电所的 6（10）kV 母线即为单母线分段式（两段母线之间有母线联络开关，简称母联），其他均为单母线；按照接线方式分为干线式电网（一条干线可以引出多条支线）和辐射式电网（一条母线可以引出多条支线），如图中除向带式输送机和小绞车输电的运输机斜巷和轨道斜巷电缆为干线式电网外，其他均为辐射式电网。

地面变电所到井下中央变电所的电缆一般经副井井筒下井，中央变电所到采区变电所的电缆一般经井下大巷和采区斜巷敷设，采区变电所到隔爆移动变电站的电缆一般由采区斜巷到工作面平巷，隔爆移动变电站到工作面配电点的电缆在工作面平巷敷设，工作面配电点到工作面负荷的电缆由工作面平巷到工作面。由于该系统将地面变电所的 6（10）kV 高压送到工作面平巷的移动变电站，所以属于深井供电系统。

2）井下低压电缆选型

（1）支线电缆选型。支线是指从电动机的控制开关（如隔爆启动器）到电动机的供电电缆。由于井下低压电动机大多为非固定敷设，故选择矿用橡套电缆。采区由于有瓦斯煤尘爆炸危险，故选择绝缘屏蔽橡套电缆，如 MYP 型；且严禁采用铝芯，其中向移动或手持式设备供电选择专用电缆，如向采煤机供电选择 MCP、MCPJB、MCPJR、MCPT、MCPTJ 型采掘专用电缆，向井下巷道照明、输送机联锁、控制与信号设备供电选择 MYQ 型煤矿用移动轻型橡套软电缆。

（2）干线电缆选型。干线是指从配电开关（如隔爆馈电开关）到电动机控制开关（如隔爆启动器）的配电电缆，经 45°以下的巷道敷设。由于属于半固定敷设，可选煤矿用钢带铠装或细钢丝铠装塑料电缆，如 MVV22 型；也可选择矿用橡套电缆，如 MY 型、MYP 型。

二、如何进行安装前准备

1. 确认电缆型号

按照安装地点及所接设备校核所选电缆型号，检查所安装电缆的型号、电压、截面是否符合设计选择要求。

2. 检测电缆质量

安装前必须确保所安装电缆的质量，施工前应对电缆进行详细检查；外观无绞扭、护层断裂和表面严重划伤或破损等缺陷；还需要检测绝缘电阻和进行交流耐压试验。《电气装置安装工程电气设备交接试验标准》（GB 50150—2006）[3]规定：对额定电压为 0.6/1 kV 的电缆线路应用 2 500 V 兆欧表测量导体对地绝缘电阻代替耐压试验，试验时间 1 min。

电缆绝缘
电阻测量

1）绝缘电阻检测

对 1 kV 以下电缆，用 1 kV 摇表摇测线间及对地的绝缘电阻；对 1 kV 以上的电缆，用 2 500 V 摇表测量，矿用低压橡套电缆每公里绝缘电阻值应不低于表 1-2 至表 1-5 的要求。测量结果乘以其电缆千米数即换算为每公里绝缘电阻值。测量电缆绝缘电阻方法如下：

表 1-2　MY（MYP）型矿用橡套电缆绝缘电阻最小值[2]

动力线芯标称 截面/mm²	20 ℃时的绝缘电阻 最小值/(MΩ·km)	动力线芯标称截面/mm²	20 ℃时的绝缘电阻 最小值/(MΩ·km)
4	600	95	200
6	450	120	200

动力线芯标称 截面/mm²	20 ℃时的绝缘电阻 最小值/(MΩ·km)	动力线芯标称截面/mm²	20 ℃时的绝缘电阻 最小值/(MΩ·km)
10	400	150	180
16	350	185	180
25	300	240	160
35	250	300	140
50	250	400	140
70	200	—	—

表 1-3　MC（MCP）型矿用橡套电缆绝缘电阻最小值[2]

线芯类型	标称截面/mm²	20 ℃时绝缘电阻最小值/(MΩ·km)	
		额定电压 0.66/1.14 kV 及以下	额定电压 1.9/3.3 kV
动力线芯	16	350	—
	25	300	450
	35	250	400
	50	250	350
	70	200	300
	95	200	250
	120	200	250
	150	180	250
控制线芯	2.5/4/6/10	100	100

表 1-4　MCPJB（MCPJR）型矿用橡套电缆绝缘电阻最小值[2]

线芯类型	标称截面 /mm²	20 ℃时绝缘电阻最小值/(MΩ·km)	
		额定电压 0.66/1.14 kV	额定电压 1.9/3.3 kV
动力线芯	35	250	400
	50	250	350
	70	200	300
	95	200	250

注：控制线芯 20 ℃时的绝缘电阻最小值为 100 MΩ·km。

表 1-5 MCPT(MCPTJ)型矿用橡套电缆绝缘电阻最小值[2]

线芯类型	标称截面 /mm²	20 ℃时绝缘电阻最小值/(MΩ·km)	
		额定电压 0.66/1.14 kV 级以下	额定电压 1.9/3.3 kV
动力线芯或辅助线芯	16	350	1150
	25	300	980
	35	260	850
	50	230	740
	70	210	630
	95	200	550
	120	200	510
	150	180	450
控制线芯	4/6/10	100	100

（1）断电放电。将安装好的电缆或运行中已切除电源的电缆经充分放电后拆下与其他设备的所有连接。

（2）检测摇表。摇表 L、E 端子开路，摇动手柄至 120 r/min，表针打至无穷大；再将 L、E 端子短接，摇动手柄，表针指向 0，说明摇表正常。

（3）接线。测对地绝缘电阻时，摇表正极 E 接地，负极 L 接任何一相线芯，保护环 G 的屏蔽线接在所测相线外的绝缘护套上，使其尽量靠近 L 极所接芯线，这样可以减少保护环对地的表面泄漏电流，消除测量误差，如图 1-4a 所示。测相间绝缘电阻时，L、E 端分别接在电缆三相线芯上，如图 1-4b 所示。

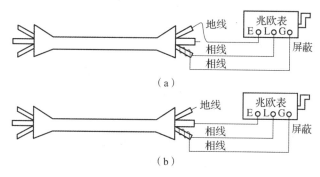

图 1-4 兆欧表连接
（a）测对地绝缘电阻；（b）测相间绝缘电阻图

（4）测量。摇动手柄 120 r/min，待表针稳定后读数。停止摇测前，应先将表线与电缆的连接断开，以免电缆向摇表反充电。测量完毕需将电缆线芯对地放电。目前适用于煤矿井下使用的兆欧表有 ZC-7 型、ZC-12 型等。

2）交流耐压试验

（1）设定球隙。为了防止试验时升高电压超过试验电压破坏试品，应使均压球保护球隙的放电电压 $U_{放}$ 为

耐压及泄露
电流测试

$$U_{放} = (1.1 \sim 1.15) U_t \qquad (1-1)$$

式中　$U_{放}$——均压球保护球隙的放电电压，kV；

　　　U_t——试验电压，kV，详见表 1-6。

表 1-6　工频耐压试验电压及试验时间[2]

绝缘线芯类型	额定电压/kV	试验电压（有效值）/kV	施加电压时间/min
动力线芯	8.7/10	30.5	5
	6/10	21	
	3.6/6	12.5	
	1.9/3.3	6.8	
	0.66/1.14	3.7	
	0.38/0.66	3.0	
	0.3/0.5	2.0	
控制线芯	—	1.5	5

在球隙放电电压表中查出对应放电电压的球隙距离。调节好球隙距离后，应在不接试品的情况下测试球隙的放电电压是否正确，并检查球隙放电时操作台的保护装置是否可靠动作。

（2）接线。按图 1-5 所示接线。

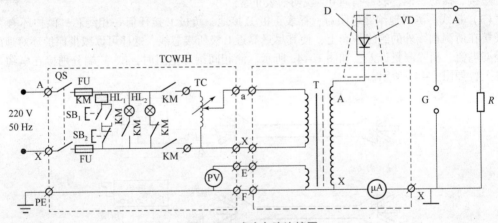

图 1-5　试验电路连接图

D—短路杆；VD—高压硅堆；G—均压球

①试验变压器低压输入端线路连接。220 V 输入电源接至控制箱 TCWJH 的输入端 A、X，经过调压器 TC 接至试验变压器 T 的低压绕组 a、x 端。T 的 E、F 端接电压表。调压器设置零位开关，用于限制电源开关只能在调压器"零位"时才能合闸。控制电路中还有熔断器、过流继电器等保护。

②试验变压器高压输出端的线路连接。试验变压器高压绕组的输出端为 A、X。A 端由高压套管引出，X 端从低压侧引出。高压的接线可以直接接在套管的均压球上，高压尾 X 端必须直接或间接（串接电流表）接地。

高压套管竖直安装有一只高压硅堆，其下端与高压绕组的 A 端连接，上端与均压球连接。一根金属导杆从均压球上的螺孔拧入，直至高压硅堆的下端，把交流高压连接到均压球上，同时将高压硅堆两端短接，因而又称短路杆，输出高压直流时应抽出短路杆。

③试品的线路连接。将被测电缆的两相分别接至高压输出柱 A 和 X（地）接线柱。用螺母牢靠地固定，保持良好接触，避免尖端放电引起漏电及电流增大。

（3）试验。

①将控制箱调压器手把调至"0"位，检查电路连接无误后，合上箱内电源开关 QS，按下起动按钮 SB$_1$，报警灯 HL$_1$亮，发出警告。

②在一切正常的情况下，调控制箱调压器手把缓慢升压至表 1-6 所示试验电压。在 5 min 时间内不发生击穿或闪烁为合格。

③按下停止按钮 SB$_2$，将调压器手把恢复"0"位，并用放电棒对试件及高压各部充分放电。

3. 敷设电缆前对线路的检查

（1）检查巷道的支架是否完好，有无妨碍运输电缆及敷设电缆的障碍；砌碹巷道是否有电缆钩，其安全距离和高度是否符合规程要求；金属电缆钩应是除锈后涂有防锈漆；通过硐室门或风门处的穿墙管是否安装好。

（2）在预定敷设电缆接线盒的地点是否有淋水，能否安放接线盒；在横过运输巷道时，应事先采取安全措施，并尽量不将电缆的接头做到该处，以免敷设时影响运输。

三、如何运输电缆

1. 地面运输

由吊车将电缆盘吊到载重汽车上，运输至副井井口，再由吊车将电缆盘吊下放置在平板车上，人工对其加以固定，由副井运输机械运至井下。

2. 井下运输

利用平板车将电缆盘从巷道轨道推至安装处。向车上装卸整盘电缆时，要用铲车或三脚架挂手动葫芦来进行。如果没有起重设备，可将跳板斜搭在车上，用稳车或绞车经过滑轮拉住电缆盘，慢慢滚动装车或者卸车，不允许让电缆盘直接沿跳板滚下。

对成盘滚动的电缆，必须按原电缆盘装电缆时的旋转方向进行滚动，可避免电缆松盘造成损伤。滚动前应检查电缆盘是否坚固，电缆端头是否捆绑牢固。没有保护板的电缆盘在滚动时，两侧板必须较电缆最外层突出 100 mm 以上，在滚动中应防止硬物压在电缆盘下面，以免顶坏电缆。经过软土时要铺木板，防止电缆盘陷入软土。

大电缆盘因巷道断面限制而不能下井时，可使用矿车（或架子车、平板车）用单"8"字形或双"8"字形及三"8"字形法把电缆盘在上面进行运送。在盘放时应注意电缆最小允许弯曲半径，以及整车盘好后的高度和宽度不应超过有关运输规定。在斜井或水平巷道运送电缆时，如果一个矿车或架子车装不下，可以用两个矿车串联使用，但运输中一定要注意拐弯时不得使电缆受伤。如图 1-6a 所示。

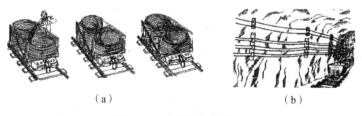

（a）　　　　　　　　　　　　　　　　（b）

图 1-6　电缆的运输敷设

（a）运输；（b）挂设

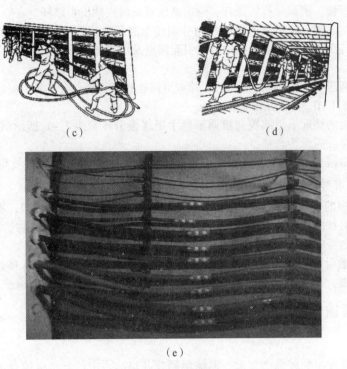

（c）　　　　　　　　　　　　　（d）

（e）

图 1 – 6　电缆的运输敷设（续）

（c）人少时电缆倒放；（d）错误倒放；（e）穿墙套管及标牌

1—打结；2—弯曲过急

四、如何敷设低压电缆

1. 确定敷设路径

为降低电缆的投资和线路上的电压、功率损失，电缆的路径应尽可能短。但是为确保供电线路安全，在溜放煤、矸石、材料的溜道中严禁敷设电缆，以防止溜放物砸伤电缆；在总回风巷和专用回风巷中，瓦斯、煤尘浓度较高外不应敷设电力电缆，以防止电缆短路或漏电电火花引燃引爆瓦斯、煤尘；在机械提升的进风倾斜井巷（不包括输送机上、下山）中不应敷设电力电缆，确需敷设电力电缆时，应当有可靠的保护措施，以防提升机械掉道轧伤电缆，并需经矿总工程师批准。

2. 确定敷设方式

低压电缆一般在水平或倾角 30°以下的巷道中敷设，采用塑料挂钩或铁钩悬挂电缆，电缆不应悬挂在管道上，不得遭受淋水。

在有瓦斯抽采管路的巷道内，电缆（包括通信电缆）必须与瓦斯抽采管路分挂在巷道两侧。通信和信号电缆应当与电力电缆分挂在井巷的两侧，如果受条件所限，应当敷设在电力电缆上方 0.1 m 以上的地方。

向采掘机组等移动工作设备供电的电缆及通信、信号电缆可盘圈或盘"8"字形带电（其他盘圈或盘"8"字形不得带电），放在电缆车上随设备的移动而收放，如图 1 – 6a 所示。

对于较大的井下变电所及大型水泵房，若电缆较多可以采用电缆沟敷设电缆，电缆沟应设有盖板，宜采用花纹钢盖板；采区变电所硐室不宜设电缆沟，高低压电缆宜吊挂在墙壁上，硐室门的两侧及顶端应预埋穿电缆的钢管，钢管内径不应小于电缆外径的 1.5 倍；硐室顶部的照明电缆也采用电缆钩悬挂。

3. 电缆悬挂及要求

1）固定挂钩

将挂钩用膨胀螺栓固定在无瓦斯管道一侧巷道、水管和风管的 0.3 m 以上地方，高度以矿车掉道砸不到为宜。离顶板距离一般不小于 150 mm，在电缆坠落时应不致落在轨道或输送机上。挂钩的间距不超过 3 m，在有道岔及巷道拐弯地点，电缆钩要加密。如果在巷道中有多根电缆同一侧悬挂，用多层塑料组合挂钩或用 40 mm×5 mm 或 50 mm×5 mm 扁钢制成多层电缆钩，钢钩应在安装前涂好防锈漆。多层挂钩之间的距离应保证高、低压电缆的间距大于 100 mm，同电压等级电缆间距大于 50 mm，电话和信号电缆在电力电缆上方保持 100 mm。如图 1-6b 所示。

2）悬挂电缆

将电缆整盘支撑到矿车或架子车上，边移动矿车（或者绞车牵引矿车）边将电缆放开，并悬挂到预先安好的电缆钩上。这种方法的好处是节省人力，只需 3~5 人即可，但因受高度限制，只适于小盘电缆或者截面小的电缆。

在没有轨道的巷道中，只能用人力敷设电缆。人员要拉开间距，分布均匀，统一指挥，以"拉火车"的形式拖展电缆到敷设巷道。为了保证在施工中不损坏电缆，每个人负担的电缆量应不超过 35~40 kg，如果人力不足，切不可将电缆拖地强拉，否则容易使电缆造成隐患。在人力少需用倒运电缆的方法时（图 1-6c），必须注意不能出现电缆打结或弯曲过急现象（如图 1-6d 中的 1、2），橡套电缆的最小弯曲半径不小于该电缆直径的 6 倍、MCPJB 型及铠装电缆的最小弯曲半径不小于其直径的 15 倍，敷设电缆的环境温度不得低于 0 ℃，当环境温度低于 0 ℃时，要采取电缆加热的措施，否则会使电缆折伤。也可采用人力和滚轮结合的办法，在电缆展放时，电缆盘两侧应有负责转盘和刹盘的人员，为防止电缆拖地，在电缆拖地处增设滚轮，以便电缆在滚轮上滑行。

电缆悬挂应有一定的松弛度，弛度在直巷内为 5% 左右，在道岔与拐弯处为 10% 左右，当电缆遭到掉落的东西砸压时能自由坠落，使电缆具有缓冲作用而不被砸断。盘圈或盘"8"字形的电缆不应带电，但采煤机电缆车上的电缆例外。

电缆上严禁悬挂任何物体，但沿电缆线路每隔一定距离在每个拐弯处或分支点以及连接不同直径电缆的接线盒两端都应悬挂标志牌。每个接线盒也应设一个标志牌。牌上应注明电缆编号、型号规格、电压等级及区段长度、施工时间和责任人。电缆穿过墙壁部分，应用穿墙套管保护，套管应采用内径不小于电缆外径 1.5 倍的钢管。如图 1-6e 所示。

五、如何连接电缆

1. 电缆同电气设备之间及不同类型电缆之间的连接

根据《煤矿安全规程》[1]规定：电缆同电气设备之间及不同类型电缆之间的连接必须用与电气设备性能相符的接线盒；电缆线芯同电气设备进行连接时，必须使用齿形压线板（卡爪）或接线端子（线鼻子）或快速连接器。连接具体方法和步骤如下。

电缆与
设备的连接

1）测瓦斯

用便携式瓦检仪检测周围 20 m 范围的瓦斯浓度不超过 1%，如果瓦斯超限，应采取通风等措施降低浓度到 1% 以下方可继续操作。

2）断电

断开电缆所接设备的上一级电源开关并闭锁，挂"有人工作，严禁送电"警示牌。只有执行这项工作的人员才有权取下此牌送电。

3）验电放电

用套扳卸下隔爆接线盒盖螺栓，打开接线盒外盖，脱下手套用与电压等级相适应的验电笔分别对三相导线验电，检验无电后，再用放电线一端碰接地端（或外壳），另一端分别碰三相火线进行放电。

4）做电缆头

按照电缆护套伸入接线盒内壁 5~15 mm、接地芯线长度大于主芯线长度，预留主芯线长度和接地芯线长度，切剥橡套电缆头外护套。按照导电芯线裸露长度小于 10 mm 切剥导电芯线外绝缘套。

5）固定电缆头

（1）卸下接线盒喇叭嘴（电缆引入装置见图 2-24 中 1）、钢圈。依次将喇叭嘴、钢圈穿入电缆头。

（2）取出密封胶圈，按照电缆的外径选取密封胶圈内径，用电工刀去除密封胶圈内多余的胶圈，注意刀口必须圆滑，胶圈内缘不得有锯齿，胶圈内涂抹一层凡士林油后将电缆穿入密封胶圈内。

（3）密封圈连同电缆头穿入接线盒的喇叭嘴内，使得护套伸出 5~15 mm。

（4）将电缆接地芯线做成羊眼圈顺时针套入接地接线柱上，依次套上垫片、弹簧垫、螺帽，并紧固到弹簧垫压平为止。将电缆主芯线裸露导线压入主回路接线柱上的 U 形压线板下，压线板必须倒 U 字形扣下，保证与线芯圆面充分接触（如果芯线太细无法保证时，可将线芯头折返为双股），依次套上弹簧垫、螺帽，用套扳紧固螺栓，直到弹簧垫压平为止。

（5）将钢圈、喇叭嘴依次压在密封胶圈上，用压盘螺栓（图 2-24 中 14）紧固喇叭嘴，两侧的螺栓应平行压入做到压紧且不偏。再将喇叭嘴上电缆压线板两边螺栓（图 2-24 中 12）平行拧紧且不偏，以压紧电缆。但电缆被压扁的程度不得大于电缆外径的 10%。

2. 橡套电缆之间的连接

《煤矿安全规程》规定：橡套电缆之间的连接（包括绝缘、护套已损坏的橡套电缆的修补）必须采用阻燃材料进行硫化热补或同热补有同等效能的冷补。在地面热补或冷补后的橡套电缆，必须经过水浸耐压试验，合格后方可下井使用。下面介绍井下所用的冷补方法。

测瓦斯、断电、验电放电与电缆同电气设备之间及不同类型电缆之间的连接相同。

冷补法
连接电缆

1）做电缆头

（1）将两段电缆头护套各剥除长度为 [L_1（各连接铜管间距 2 cm）+ L_2（连接铜管长度）+ L_3（芯线伸出铜管长度 1 cm）] ×4，然后拆除线芯的统包布带。

（2）各芯线按阶梯式剪切，使各接头位置按照 L_1 + L_2 + L_3 错开，如图 1-7a 所示，注意同一相对接的两段电缆应长短互补，以保证各芯线对接后长度相同。

（3）按照 L_2 + L_3 的长度将各电缆芯线的绝缘护套剥切。

（4）用克丝钳将芯线的铜丝捋直。

（5）用砂纸逐一打磨芯线和铜连接管内壁氧化层。

2）压接芯线

（1）用棉纱擦净线头表面污垢和潮气。

（2）所接电缆的两根线芯接头分别从铜管两端插入，插接后的两侧线头在管内相互交叉合拢长度应略大于铜套管长度（如图 1-7b 所示）。

（3）逆时针松开油压钳的液压阀钮（图 1-8 中 2），活塞 3 退回原位后再顺时针旋紧阀钮 2。

（4）抽出活动插销 5，打开钳爪 4。

（5）更换与连接铜管直径相吻合的压模 6。

（6）把套好铜套管的线芯放入上下压模中央。

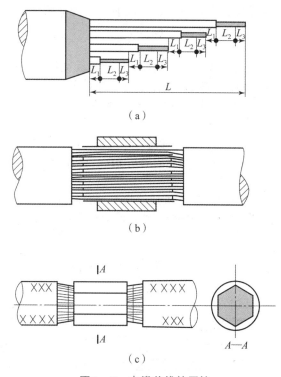

（a）

（b）

（c）

图 1-7　电缆芯线的压接

（a）护套剥切；（b）线芯插入连接管；（c）压接成型

（7）闭上钳爪，插入活动插销。

（8）操纵加压手把 1 上下运动，直至安全阀起作用而发出音响。将铜管压成六角形，如图 1-7c 所示，即可松开液压阀旋钮卸荷，打开钳爪，取出缆芯。用相同的方法将其他芯线连接。

3）恢复芯线绝缘

将自粘带半幅重叠紧密绕包。缠绕方向为：中央→前端→后端→中央。绝缘带与原绝缘层的连接部分长度应不小于单根电缆外径 d 的 1.5 倍，并且不小于 15 mm，两端应缠成锥型，缠绕厚度应为原绝缘层厚度的 1.2 倍，如图 1-9 所示。

图 1-8　油压钳

1—加压手柄；2—液压阀钮；3—活塞；4—钳爪；5—活动插销；6—压模

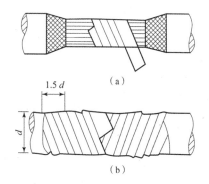

（a）

（b）

图 1-9　恢复芯线绝缘

（a）开始绕包；（b）绕包结束

4）修理屏蔽层

采用半导电自粘橡胶带修补线芯的半导体屏蔽层。半导体橡胶带上每隔 100 mm 必须印有明显的"导电"字样，以免与其他绝缘带混淆。剥除已损坏的屏蔽层。将半导体橡胶带以 1/2 幅重叠连续绕在绝缘层上，缠绕厚度为 0.8 ~ 1.0 mm，两端与原屏蔽带（层）搭接。对金属屏蔽的线芯，应采用原屏蔽材质或金属丝网进行修补。

5）修补护套绝缘

（1）整形。将修补好绝缘层的线芯按原状绞紧，用棉线或白布带撕成的线束将修补过的线芯捆住，以免松开，并将护套两端口削成锥形，锥形长度 l 不小于电缆护套外径 D。

（2）做凸肩。将两端护套缠绕自粘胶带，缠成环状凸肩，凸肩高度 $h \approx 2 ~ 3$ mm，如图 1 - 10 中 1 所示。

（3）制模具。用厚 1.5 mm 的透明聚乙烯薄片作为浇铸修补模具。裁剪长度 $L'' = $ 两端凸肩之间的长度 $L' + $ 余量 15 mm；宽度 $= 1.1 \times$ 凸肩的周长 $\pi D'$，薄片中间和两边剪有 3 个 $\Phi 10$ mm 的圆孔作浇口 2。

（4）装模具。将聚乙烯薄片环绕修补段卷成筒状 4，两端搭在电缆接头的凸肩 1 上，浇口 2 的圆孔向上，用塑料胶带 3 在卷筒两端密闭固定，注意保持卷筒和电缆在同一轴心线上。

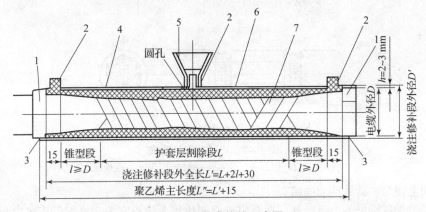

图 1 - 10 护套修补示意图

1—自粘橡胶带缠成凸肩；2—浇口；3—塑料粘胶带固定；4—聚乙烯片卷制模具；
5—浇注漏斗；6—浇注护套层；7—涂胶编织带包扎线束

（5）浇注。将冷补胶两份混合好后从漏斗注入卷制好的模具内，直到胶液自两端的浇口流出为止。操作应力求迅速，以防胶液凝固。如见到有气泡残存在模腔上部，用针在模具上穿刺小孔，放出气泡，使胶液注满。

（6）拆模具。静置到规定时间待胶料已固化成型后拆去模具。拆下的聚乙烯薄片、浇口漏斗应妥善保护，以便重复使用。

（7）用电工刀削去浇口凸起的冷补胶，检查修补段的外形是否光滑圆整，与原护套层的粘接是否良好，待检测安装质量合格后方可投入试运行。

六、如何检测电缆安装质量

1. 一般检查

（1）电缆规格应符合规定；排列整齐，无机械损伤；标志牌应装设齐全、正确、清晰。

（2）电缆固定挂钩的有关距离符合《煤矿安全规程》要求。

（3）电缆终端、电缆接头应固定牢靠；电缆接线端子与所接设备端子应接触良好。

（4）电缆线路所有应接地的接点应与接地极连接良好。

（5）穿墙电缆管口应封堵密实。

（6）变电所硐室电缆沟内应无杂物，盖板齐全。

（7）电缆标志牌的用途、电压和截面与实际相符。

（8）其他检查项目详见表1-7。

表1-7 矿用电缆检查项目及周期[4]

项目	周期
橡皮绝缘橡套电缆： 1. 绝缘电阻测定 2. 交流耐压试验 3. 检查电缆芯线的相位	1. 新安装和修补后，运行中1季度1次 2. 新安装，地面修补后 3. 新安装和更换接头，更换电缆后
聚氯乙烯绝缘电力电缆： 1. 绝缘电阻测定 2. 耐压试验（直流或交流） 3. 检查电缆芯线相位	1. 新安装和更换接头，运行中1年1次 2. 新安装和更换接头，运行中1年1次 3. 新安装和更换接头，更换电缆后
交联聚乙烯绝缘电力电缆： 1. 绝缘电阻测定 2. 直流耐压试验 3. 检查电缆芯线相位	1. 新安装和更换接头，运行中1年1次 2. 新安装和更换接头，运行中1年1次 3. 新安装和更换接头，更换电缆后

2. 检测电缆绝缘电阻及接地电阻

用兆欧表分别测相间绝缘、对地绝缘和电缆与设备的通路电阻，再用接地电阻测试仪检测电缆接地电阻，若无短路、漏电、接触不良及接地电阻超标等现象，则说明安装质量良好。

3. 检测电缆芯线相位

经电路检测合格后，两端相位还应一致，否则会出现电动机反转的问题，特别是并联运行的电缆相位不一致，送电时将发生短路事故。检查相位的方法如下：

（1）电缆两端同相芯线的测定。在电缆的一端，将一相芯线接外壳或地线，在电缆另一端用万用表欧姆挡测量各相对地阻值，电阻为零的芯线与之同相，同理再判断另外两相芯线。

电缆芯线
相位检测

（2）电缆两端同相电源的测定。即所谓的定相，包括核定相序和核定相位，需要测量并网的两电网对应相的相位差和相应的相序。一般采用并相器找相位，即将一台电压互感器的一次侧分别接至两个电源的某一相导线上，电压互感器二次侧与电压表连接，如图1-11所示。如电压互感器一次侧所接相线的相位相同时，一次侧两端等电位，其二次侧电压表指零，说明所接两个相线同相。如果电压表读数为线电压，说明两个相线异相。

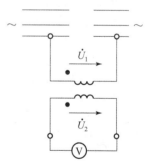

图1-11 电压互感器核
相接线图

4. 检查失爆或不完好

有下列情况均属失爆或不完好，不符合安全要求。

1）电缆线路失爆

（1）橡套电缆的连接不采用硫化热补或同等效能的冷补。

（2）电缆（包括通信、照明、信号、控制、监控以及高低压橡套电缆）的连接不采用接线盒。

（3）电缆的末端不安装防爆电气设备或防爆元件。

（4）电气设备和电缆有裸露导体或明火操作。

（5）橡套电缆的护套损坏，露出芯线或屏蔽层。

（6）橡套电缆伤痕深度达最薄处1/2以上，长度达20 mm以上，或沿电缆围长1/3以上。

2）电缆隔爆接线盒失爆

采用隔爆接线盒连接电缆，出现以下问题均属失爆。

（1）密封圈内径大于引入电缆外径并超过 1 mm。

（2）进线嘴内径 D_0 与密封圈外径 D 的差值超过 1.0 mm（$D \leq 20$ mm 时）或 1.5 mm（20 mm < $D \leq 60$ mm 时）或 2.0 mm（$D > 60$ mm 时）。

（3）密封圈厚度小于电缆外径的 0.7 倍，密封圈内外径差小于电缆外径的 0.3 倍。

（4）密封圈的硬度达不到邵氏硬度 45~55 度的要求，老化失去弹性、变质、变形，有效尺寸配合间隙达不到密封作用。

（5）密封圈的单孔内穿进多根电缆。

（6）密封圈没有完全套在电缆护套上或将密封圈割开套在电缆上。

（7）密封圈与电缆护套之间有其他包扎物。

（8）密封圈部分破损。

（9）一个进线嘴内有多个密封圈。

（10）空闲进线嘴没有密封挡板或挡板不合格：挡板直径比进线嘴内径小 2 mm 以上，挡板绝对厚度小于 1.82 mm；挡板放在密封圈里边；压盘式进线嘴或螺母进线嘴金属圈放在挡板与密封圈之间。

（11）进线嘴压紧后，没有余量或进线嘴内缘压不紧密封圈，或密封圈端面与器壁接触不严，或密封圈能活动。

（12）压盘式进线嘴缺压紧螺栓或压紧螺栓未上紧。

（13）压紧螺母式进线嘴因乱扣、锈蚀等原因紧不到位或用一只手的手指能使压紧螺母旋进超过半圈；在螺母与密封圈之间缺少金属垫圈。

（14）高、低压铠装电缆终端和中间接线盒未灌注绝缘胶。绝缘胶未灌至电缆三叉口以上，绝缘胶有裂纹能相对活动。

（15）电缆在进线嘴处能轻易来回抽动（电缆紧固程度合格与其判别方法：顺着电缆方向以用手不能将电缆推进接线室为合格）。

（16）橡套电缆在喇叭嘴出口处出现死弯，致使橡套电缆（包括四小线）绝缘外护套与相线分相绝缘橡胶分层。

（17）电缆护套深入器壁低于 5 mm。

（18）电缆喇叭嘴压线板压紧电缆超过电缆直径的 10%。

3）电缆接线盒不完好

（1）绝缘座不完整或有裂纹。

（2）接线螺栓和螺母的螺纹有损伤、放电痕迹，接线零件不全，无卡、弹簧垫、背帽。

（3）接线有毛刺，卡爪压绝缘胶皮或其他绝缘物，或接触屏蔽层。

（4）接线盒内导线的电气间隙（两不同电位裸露导体之间的直线距离）和爬电距离（两不同电位裸露导电部分之间沿绝缘材料表面的最短距离）不符合《爆炸性环境用防爆电气设备增安型电气设备"e"》[5] 的规定，见表 1-8。

表 1-8　电气间隙与爬电距离

工作电压 U/V	最小爬电距离/mm			最小电气间隙/mm
	Ⅰ	Ⅱ	Ⅲa	
$U \leq 15$	1.6	1.6	1.6	1.6
$15 < U \leq 30$	1.8	1.8	1.8	1.8

工作电压 U/V	最小爬电距离/mm			最小电气间隙/mm
	Ⅰ	Ⅱ	Ⅲa	
30 < U≤60	2.1	2.6	3.4	2.1
60 < U≤110	2.5	3.2	4	2.5
110 < U≤175	3.2	4	5	3.2
175 < U≤275	5	6.3	8	5
275 < U≤420	8	10	12.5	6
420 < U≤550	10	12.5	16	8
550 < U≤750	12	16	20	10
750 < U≤1 100	20	25	32	14
1 100 < U≤2 200	32	36	40	30
2 200 < U≤3 300	40	45	50	36
3 300 < U≤4 200	50	56	63	44
4 200 < U≤5 500	63	71	80	50
5 500 < U≤6 600	80	90	100	60
6 600 < U≤8 300	100	110	125	80
8 300 < U≤11 000	125	140	160	100

注：Ⅰ、Ⅱ、Ⅲa为绝缘材料按它们的相比漏电起痕指数（CTI）划分的组别。Ⅰ：600 < CTI、Ⅱ：400 < CTI < 600、Ⅲa：175 < CTI < 400。Ⅰ类电气设备额定电压1 140 V的最小爬电距离和最小电气间隙值可用线性内插法计算。

（5）隔爆开关的电源、负荷电缆引入装置颠倒使用。

（6）设备引入（出）线的终端线头未用线鼻子或过渡接头接线；不同材质芯线的连接未采用过渡接头，其过渡接头电阻值大于同长度芯线电阻值的1.3倍。

（7）导线连接不牢固可靠，电缆芯线的连接采用绑扎，未采用压接或焊接。连接后的接头电阻大于同长度芯线电阻的1.1倍，其抗拉强度小于原芯线的80%。接头温度超过导线温度。

4）试运行

在完成上述检查一切正常后，可以进行通电试运行。

（1）送电。解除上级电源的自动馈电开关的闭锁，合上电源开关。

（2）运行。合上控制电动机的电磁启动器的隔离开关，按下起动按钮，电动机起动运行，观察电动机的运转方向是否符合设备要求。如果反向，可对调电缆的任两相相序。

七、如何安全防护电缆

1. 防火

由于电缆不正常运行时发热产生的温度达到绝缘着火点就会引发火灾，不仅损坏电缆，更严重的是导致瓦斯煤尘爆炸，造成重大人员伤亡和矿井损坏。

1）电缆着火原因

（1）过流。当电流超过额定电流时称为过流。短路、过载、断相、欠压都可导致过流。短路是指金属导体直接将电源短接，又分为三相短路、两相短路、单相短路（三相四线制系统中）。由于金属导体电阻很小，因此短路电流很大，远远大于额定电流，其温度瞬间可达绝缘着火点，引发火灾，因此短路属于危害最大的过流。过载是指电动机负载超过额定负载。为了提高带载能力，电动机必须增大电流，从而导致过流，过载产生的温度与过载的程度成反比，过载程度不严重时，不会立即点燃电缆绝缘，但是长时间过载或严重过载有可能点燃电缆。断相又称为缺相或单相运行，使得电动机输入由三相功率变为单相功率，输出功率下降，即使负载没有超过额定值，也会由于带载能力下降导致过流，长时间单相运行也会导致电缆着火。欠压是指电动机的电压远小于额定电压，由于电动机的转矩与电压的平方成正比，欠压会使其输出力矩下降导致过流，长时间欠压也会导致电缆着火。

（2）接触不良。当电缆接头的触点接触不良产生较大的接触电阻时，随着采掘设备容量不断加大，较大的负载电流在接触电阻上产生的温度过高，引燃电缆绝缘。

（3）散热不良。当电缆表面覆盖煤尘或电缆盘圈堆放，通电产生的热量不易散发，长时间热量积累达到点燃温度，导致电缆着火。

2）电缆火灾预防

（1）防止过流。合理选择和校验设备防止过载。设置过流保护装置并正确整定保护动作值。过流保护包括短路保护、过载保护、断相保护等。支线电缆一般由隔爆真空电磁启动器实现过流保护（详见学习情境二的学习任务二）。干线电缆一般由隔爆真空馈电开关实现过流保护（详见学习情境二的学习任务一）。

（2）防止接触不良。电缆连接必须符合《煤矿安全规程》要求，电缆接头的压接、固定装置必须紧固。

（3）防止散热不良。带电的电缆不得盘圈或盘成"8"字形堆放，采取降尘、喷雾、清洁电缆护套等措施。

（4）严禁选用非煤矿用橡套电缆。由于普通电缆采用的天然橡胶易燃，故需采用具有阻燃特性的煤矿用橡套电缆。

3）电缆火灾扑灭

（1）直接灭火法。采用干式灭火器直接扑灭电缆火灾，如果采用泡沫灭火器灭火，必须将电缆电源断开，否则会由于泡沫导电造成人身触电事故。

（2）间接灭火法。当火势太大无法直接扑灭时，采用砌筑防火墙封闭着火区域，以隔绝氧气达到灭火目的。

2. 防触电

1）触电的危险因素

人触及带电体即为触电，并非人一触电就会身亡。研究发现人触电导致身亡的主要因素有：

（1）触电电流流经人体的内脏器官，且触电电流大于安全电流极限值 30 mA，导致神经麻痹、心跳紊乱、呼吸停止等，一般称为电击，大多数都有生命危险。

（2）触电电流大小又取决于触电电压和人体电阻两个因素。人体电阻为人的体内电阻和体表电阻之和，人的体内电阻为体液电阻，较小但比较稳定；人的体表电阻为皮肤电阻，因皮肤状况而变，当皮肤干燥时人体电阻较大，达 10~100 kΩ，但皮肤潮湿或受损，体表电阻则很小，人体电阻只有 1 kΩ 左右，井下环境潮湿加之工人劳动出汗或工作中皮肤受损，故人体电阻按 1 kΩ 计，因此根据欧姆定律很容易确定人的触电安全电压因环境不同而不同，一般来说，地面环境干燥，安全触电电压为 65 V；井下潮湿，故井下安全触电电压为 36 V。

（3）触电时间较长时，即使触电电流小于安全电流极限值，也会由于电流作用于人体时间加长使人出汗、人体电阻减小、人体触电电流大于安全电流极限值，导致生命危险；因此我国规定安全电流与触电时间的乘积不得大于 30 mAs。

（4）触电电流的种类不同，同样的电流值其危险程度也不同，一般与同样大小的交、直流电流相比，交流危险大于直流，而工频交流危险大于高频交流。

2）电缆触电的预防措施

预防电缆触电的措施从减少人触电的危险入手，主要有以下措施：

（1）向井下供电的变压器中性点严禁直接接地。

①中性点接地系统的触电分析。中性点接地系统中，人若触及一相带电体，人身的触电电压为相电压，如图1-12所示。对660 V电网，相电压 U_P 为380 V，人体电阻 R_h 为1 kΩ，则人身触电电流 I_h 为

$$I_h = \frac{U_P}{R_h} = \frac{380}{1\ 000} = 0.38\ A = 380\ mA \qquad (1-2)$$

式中 I_h——人身触电电流，A；

U_P——三相电网相电压，V；

R_h——人体电阻，Ω。

这个数值远大于安全极限值30 mA，所以是绝对危险的。

②中性点不接地系统的触电分析。中性点不接地系统如图1-13所示。若人体触及一相导体时，流过人体的电流经另外两相对地绝缘电阻r和电网对地分布电容C形成回路。

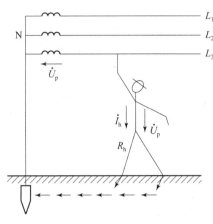

图1-12　变压器中性点接地时人身触电

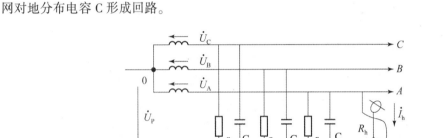

图1-13　中性点不接地系统时人身触电

当供电系统的线路总长度小于1 km时，可忽略电网对地分布电容的影响，此时流过人体的电流为

$$I_h = \frac{3U_p}{3R_h + r} \qquad (1-3)$$

式中各参数含义同式（1-2）。

当 r = 35 000 Ω，其他条件与上述相同时，此时流过人体的电流由式（1-3）求得

$$I_h = \frac{3U_p}{3R_h + r} = \frac{3 \times 660/\sqrt{3}}{3 \times 1\ 000 + 35\ 000} = 0.03\ A = 30\ mA \qquad (1-4)$$

此电流值为极限安全电流值。可见中性点不接地系统中，对地绝缘电阻大于35 kΩ时，人身是安全的。一般电缆绝缘正常时远大于此值，故此井下采用中性点不接地系统绝缘正常时，人体触及一相带电导体是安全的。因此《煤矿安全规程》规定："严禁井下配电变压器中性点直接接地。"

（2）设置漏电保护。

正常时电缆的绝缘电阻很大，因此流过人体的泄漏电流很小可以忽略，但由于绝缘受潮、受损等原因导致绝缘电阻下降，使得泄漏电流增大，当泄漏电流大于人体触电安全电流极限值30 mA时，就不能忽略了，此时称为漏电。由上例可见，660 V电缆对地绝缘电阻小于35 000 Ω

时，人体触电电流大于安全电流极限值，此时电缆即发生漏电，对应的绝缘电阻35 kΩ称为该电网的漏电电阻。因此必须加设漏电保护装置，当漏电时，绝缘电阻小于等于漏电电阻值时，漏电保护动作，切除电源，防止人身触电危险发生。故漏电电阻值亦即漏电动作电阻值（各电压等级下的漏电动作电阻值见表1-9）。其中单相动作电阻值为三相漏电动作电阻值并联总电阻，即为三相动作值的1/3，单相漏电闭锁值一般为单相动作值的2倍。

表1-9　各电压等级下的漏电闭锁值与漏电动作值[6]

额定电压/V	单相对地电容小于等于1 μF 单相对地动作电阻值/kΩ	三相漏电动作电阻值/kΩ	单相漏电闭锁值/kΩ	单相经1 kΩ电阻接地时漏电保护动作时间/ms
3 300	50	150	100	≤200
1 140	20	60	40	≤30
660	11	33	22	≤30
380	3.5	10	7	≤30
127	2	6	2	≤250

对于干线电缆，采用有选择性漏电保护作为主保护，无选择性漏电保护作为后备保护；对于支线电缆采用控制开关的漏电闭锁作为主保护，分开关的漏电保护作为后备保护。如图1-14所示。所谓"有选择"是指当干线电缆 S_1 点发生漏电时，只有漏电支路的分开关1跳闸实现保护，非漏电支路的分开关2不跳闸（如果该开关也跳闸即为"无选择性"），从而确保切除漏电的干线电缆电源，无漏电的干线电缆不受影响继续工作。但是当分开关1保护失灵未跳闸时，作为后备保护的总开关无选择性漏电保护动作，切除所有电缆的电源，此时无漏电的分支电缆电源也被切除，故为无选择性漏电保护。这里牺牲选择性以确保漏电保护的可靠性。为防止后备保护与主保护同时动作，失去选择

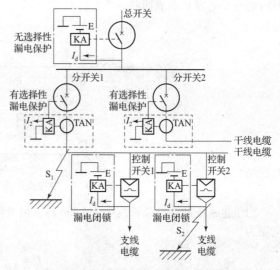

图1-14　低压电缆漏电保护系统

性，将主保护设定为瞬时动作，后备保护设定为延时动作。所谓"漏电闭锁"是指当电缆不带电时发生漏电，控制开关被闭锁无法送电，与漏电保护不同的是一旦电缆带电工作，发生漏电时漏电闭锁不起作用。因此在支线电缆 S_2 点发生漏电情况下，如果电缆不带电时漏电闭锁起保护作用，电缆无法通电，防止人身触电；如果电缆带电时控制开关2不跳闸，此时作为后备保护的分开关1跳闸，以确保漏电保护的可靠性。但是由于切除了所有支线电缆电源，因此分开关的漏电保护对于支线不具备选择性，可以依次将所有的控制开关合闸，发生漏电的支线控制开关有漏电闭锁无法合闸，其他未发生漏电的支线控制开关未被闭锁可以合闸继续工作，从而实现选择性。

①无选择性漏电保护。采用附加直流电源原理实现。图1-14中附加直流电源E加在总开关出线端的电缆芯线和地之间，相当于加在电缆的对地绝缘电阻两端，产生附加直流电流 I_d，由欧姆定律可知：

$$I_{d} = \frac{E}{r_{\sum} + \sum R} \qquad (1-5)$$

式中　E——附加直流电源电动势，V；

　　　$r_{\sum}$——三相对地绝缘电阻并联值，$k\Omega$；

　　　$\sum R$——除电缆绝缘电阻之外的直流回路电阻之和，$k\Omega$；

　　　I_{d}——附加直流电流，mA。

当电缆发生漏电（即对地绝缘电阻值小于等于漏电电阻值）时，$r_{\sum}$ 随之下降，附加直流电流则随之增加到大于直流继电器 KA 的动作电流值，使得 KA 动作，其触点触发总开关的跳闸机构，总开关跳闸实现保护。由于各条干线为并联关系，无论哪条干线发生漏电，其并联电阻均趋近于漏电电阻值，均可使得直流继电器动作实现总开关跳闸，切断所有干线电缆电源，因此附加直流电源原理无法实现有选择性漏电保护。

②有选择性漏电保护。采用零序电流保护和零序电流方向保护实现。

零序电流保护采用零序电流提供漏电信号，零序电流由接在分开关出线端的零序电流互感器 TAN 取得。零序电流互感器有一个环状铁芯套在被保护的电缆上，利用电缆三相芯线作为一次线圈，二次线圈绕在环状铁芯上，如图 1 – 15 所示。根据变流原理，二次线圈中的电流 I_{2} 正比于一次线圈中的电流 $\sum i$（三相电流相量之和）。当未发生漏电时，一次侧三相电流对称，相量和 $\sum i$ 为零，二次侧无电流输出。当一相发生漏电时，一次侧三相电流不对称，其相量和 $\sum i$ 不为零，二次侧有零序电流 I_{2} 达到继电器 KA 动作电流时，其触点接通分开关的跳闸机构，分开关跳闸实现漏电保护。

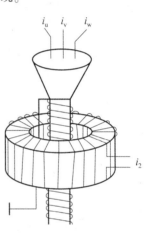

图 1 – 15　零序电流
互感器结构示意图

选择性实现原理如图 1 – 16 所示。当某条支线一相发生人身触电时，该相对地绝缘电阻近似于人体电阻 1 $k\Omega$（远小于漏电电阻值，相当于发生漏电，该支路称为故障支路），远小于未发生漏电线路的该相对地绝缘电阻，因此其他非故障支路的该相对地电流均从人体流回电源，使得发生漏电电缆的零序电流大于未发生漏电电缆的零序电流。设流出母线为正方向，则

$$\sum \dot{i}_{3} \propto \dot{i}_{03} - \dot{i}_{01} - \dot{i}_{02} - \dot{i}_{03} = -(\dot{i}_{01} + \dot{i}_{02}) \qquad (1-6)$$

式中　$\sum \dot{i}_{3}$——TAN_{3} 一次侧零序电流相量，A；

　　　$\dot{i}_{01} \sim \dot{i}_{03}$——各支路流回人体的零序电流相量，A。

根据这一特点，将继电器动作电流整定值大于非漏电电缆的零序电流 I_{01} 和 I_{02}，即可实现选择性漏电保护。但是当只有两条干线电缆（如没有干线1）时，漏电电缆的零序电流与未漏电电缆的零序电流相同，即

$$\sum \dot{i}_{3} = \dot{i}_{03} - \dot{i}_{02} - \dot{i}_{03} = -\dot{i}_{02} = -\sum \dot{i}_{2} \qquad (1-7)$$

仅从零序电流的大小无法区分漏电故障支路与非漏电故障支路，此时就需要采用零序电流方向保护实现选择性。

所谓零序电流方向保护就是利用零序电流方向不同来区分故障支路与非故障支路，由图 1 – 16 可知，上式中的故障支路的零序电流相量 $\sum \dot{i}_{3}$ 为流回母线，非故障支路的零序电流相量 $\sum \dot{i}_{2}$ 为流出母线，据此即可实现选择性。为了判明零序电流方向，必须与参考相量对比相位，由于各支路并联，电压相等，故以零序电压 $\dot{U}_{0}$ 为参考相量。由于电缆对地阻抗为对地电阻与对

地电容并联，对地电流属于容性电流超前零序电压一个锐角，相量图如图1-17所示。可见故障支路零序电流相量 $\sum \dot{i}_3$ 滞后零序电压，而非故障支路零序电流相量 $\sum \dot{i}_2$ 超前零序电压。采用零序电压互感器提供零序电压信号，与零序电流互感器提供的零序电流信号一同输入给相位比较电路，当零序电流相位滞后零序电压时，判定为故障支路，输出动作指令，使继电保护动作，故障支路分开关跳闸实现保护；而非故障支路零序电流相位超前零序电压，相位比较电路无动作指令输出，其分开关不跳闸，从而实现了选择性漏电保护。

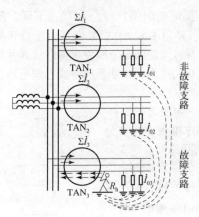
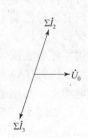

图1-16　零序电流保护系统　　　图1-17　零序电流方向保护

零序电压互感器与电压互感器的不同在于二次侧三相绕组采用开口三角形连接，如图1-18所示。根据变压原理，二次侧相电压正比于一次侧该相对地电压，开口端电压为二次侧三相电压之相量和 $\sum \dot{U}_0$。当一次侧三相对地绝缘正常时，三相对地电压对称，二次侧三相电压相量和 $\sum \dot{U}$ 为零，无零序电压信号输出；当一相对地漏电时，该相对地电压与其他两相对地电压不等，则二次侧三相电压相量和 $\sum \dot{U}$ 不为零，即有零序电压信号输出。

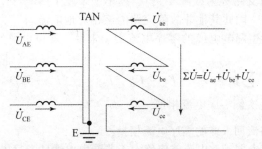

图1-18　零序电压互感器原理图

（3）保护接地。

电气设备的金属外壳及构架在正常情况下是不带电的。但如果电气设备的绝缘损坏，其金属外壳和构架就会带电。此时人若触及它们，会发生触电事故，井下中性点不接地系统中电网绝缘低于漏电动作值时，人就有生命危险，如图1-19a所示。为了预防这一事故，重要措施之一就是对电气设备实行保护接地。

所谓保护接地，就是把电气设备的金属外壳和构架用导线与埋在地中的接地极连接，如图1-19b所示。

接地装置与人体构成并联电路，根据并联电压相等的关系有 $I_h R_h = I_E R_E$，整理后得

$$I_h = I_E \frac{R_E}{R_h} \tag{1-8}$$

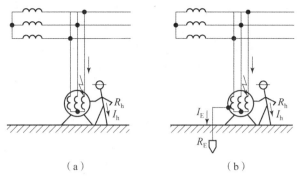

（a）   （b）

图 1-19 保护接地工作原理图

（a）无保护接地时；（b）有保护接地时

式中 I_h——通过人体的电流，A；

I_E——通过保护接地装置的电流，A；

R_E——保护接地装置的接地电阻，Ω；

R_h——人体电阻，Ω

由式（1-8）可知，保护接地装置的接地电阻 R_E 越小，通过人体的电流将越少，因而越安全。这是因为 R_E 越小，对人体的分流作用越大，绝大部分电流将通过保护接地装置入地，只有很少一部分电流通过人体，所以触电的危险性减小。由此可见，保护接地的关键是将保护接地装置的接地电阻值降低到规定的范围内，就可以使流过人体的电流不超过安全极限电流，达到减小触电危险的目的。《煤矿安全规程》规定："电压在 36 V 以上和由于绝缘损坏，可能带有危险电压的电气设备的金属外壳、构架，铠装电缆的钢带（钢丝）、铅皮（屏蔽护套）等必须有保护接地。"在煤矿井下指定的地点敷设 2 个主接地极、多个局部接地极，并用电缆铅包、铠装外皮或接地芯线相互连接起来，形成一个总接地网，称之为保护接地系统。保护接地组成系统的好处，一是将各接地极并联后可降低系统的接地电阻，提高保护的安全性；二是各接地极互为后备，一旦某接地极断路，可通过其他接地极实现保护，提高了保护的可靠性。而且，《煤矿安全规程》规定："任一组主接地极断开时，井下总接地网上任一保护接地点的接地电阻值，不得超过 2 Ω。每一移动式和手持式电气设备至局部接地极之间的保护接地用的电缆芯线和接地连接导线的电阻值，不得超过 1 Ω。"

八、如何日常维护电缆

1. 专人定期检查

对采区低压电缆敷设悬挂及防护措施，接线盒、接地极的连接状态，电缆的完好及工作状态的表面温度是否符合相关规定定期巡视检查：

①采区当班电工每班巡视一次并做好记录；

②防爆检查员每周检查一次（高瓦斯矿两次）并记录；

③机电区队长每周查阅一次检查记录，每两周带领电工组长巡查一次；

④矿机电主管每月查阅一次检查记录。

2. 专人日常维护

应有专人负责电缆的日常维护。做到"一齐""三无""三防"。

"一齐"即悬挂整齐：电缆不能落地、浸水、埋压。

"三无"即无"鸡爪子"、无明接头、无"羊尾巴"。所谓"鸡爪子"就是直接将三相电缆的三根芯线绞接后用绝缘胶布包裹，形似鸡爪子；所谓"明接

电缆的
日常维护

头"就是直接将电缆芯线连接后导体裸露;所谓"羊尾巴"就是伸入接线盒的电缆护套,没有穿入密封胶圈,露出电缆芯线,形似羊尾巴耷拉在接线盒的接线嘴下。

"三防"即防潮、防损伤、防"失爆"。电缆穿过淋水区时不应设接线盒,如有接线盒时要严密遮盖,电缆遭受淋水处要有雨搭,跌落在水中的电缆要重新悬挂,电缆不能及时敷设时端头在断开后应及时密封,防止潮气进入。防损伤:应有专人随时监视工作面采掘机械等移动设备的电缆,将电缆放入刮板机电缆槽内,防止电缆遭受机械挤压、撞击及拖断;超宽超长运输大型设备时,必须制定防止挤伤、刮断、撞伤巷道电缆的措施;回采工作面及端头电缆要包裹、捆扎,其附近电缆余下部分应呈"S"形悬挂,不准在带电情况下呈"0"字形盘放,防止煤块砸伤、机械挤伤、受力拉伤、炮蹦伤,冬季低温时切勿以摔打方式来校直电缆。防"失爆",即防止引起瓦斯、煤尘爆炸:

1)电缆的连接有下列情况之一的视为失爆

(1)电缆的连接不采用硫化热补或同效能冷补的。

(2)电缆(包括通信、照明、信号、控制电缆)若用接线盒接线时,非本质安全型设备,不采用隔爆型接线盒的(属于本质安全型的控制通信电缆应采用本质安全接线盒)。

(3)铠装电缆的连接不采用接线盒,中间盒不灌注绝缘充填物或充填不严密漏出芯线的接头。

(4)电缆的末端不接装防爆电气设备或防爆元件的。

(5)电气设备与电缆有裸露导体的。

(6)橡套、交联聚乙烯电缆护套损坏露出芯线的(屏蔽电缆露出屏蔽层或本安设备连接电缆露出导体除外,但应及时进行修补)。

2)电缆引入装置有下列情况之一者为失爆

(1)密封圈内径大于电缆外径超过1 mm。

(2)进线嘴内径与密封圈外径差超过以下规定值:进线嘴内径D,与密封圈外径D的差值超过1.0 mm($D \leqslant 20$ mm时)或1.5 mm(20 mm$< D \leqslant 60$ mm时)或2.0 mm($D > 60$ mm时)。

(3)密封圈宽度小于电缆外径0.7倍,或最小宽度小于10 mm。

(4)密封圈厚度小于电缆外径0.3倍(70 mm²及以上电缆除外),或最小厚度小于4 mm。

(5)密封圈的单孔内穿进多根电缆。

(6)将密封圈割开套在电缆上。

(7)密封圈硬度不满足邵氏硬度45~55度,老化(龟裂、发黏、硬化、软化、粉化、变色等现象)失去弹性,永久变形、有效尺寸配合间隙达不到要求起不到密封作用。

(8)密封圈没有完全套在电缆护套(或铠装电缆铅皮)上。

(9)密封圈与电缆护套(或铠装电缆铅皮)之间有其他包扎物;密封圈和进线嘴之间有充填物。

(10)一个进线嘴内用多个密封圈。

(11)带螺纹的电缆引入装置,螺纹啮合小于5扣,螺纹部分少于8 mm的长度且少于6扣螺纹。

(12)螺纹精度低于3级,螺距小于0.7 mm。

(13)不用的进线嘴缺密封圈或挡板;或挡板放在密封圈里面的;挡板直径比进线嘴内径小2 mm以上的;挡板厚度小于2 mm或挡板直径在110 mm及以上时,厚度小于3 mm的(所有挡板应镀锌)。

(14)在用的螺旋式进线嘴缺金属圈;金属圈与进线嘴不匹配的(闲置的进线嘴可以不用金属圈)。

(15)进线嘴压紧后,没有余量或进线嘴内缘压不紧密封圈;密封圈端面与器壁接触不严;或密封圈能活动。

（16）压盘式进线嘴缺压紧螺栓或压紧螺栓未上紧，用一只手能使进线嘴明显晃动。

（17）螺母式进线嘴因乱扣、锈蚀等原因紧不到位的或用一只手的拇指、食指、中指能使压紧螺母向旋进方向前进超过半圈。

（18）电缆在进线嘴处，顺着电缆进线方向用一只手能将电缆推动。

（19）高压铠装电缆接线盒使用绝缘胶时，绝缘胶没有灌到三叉口以上；绝缘胶有裂纹能相对活动。

九、如何检测运行电缆

（1）定期用兆欧表测电缆相间绝缘和对地绝缘电阻，满足表 1-2～表 1-5 要求。

（2）每天负荷高峰时测负荷电流不得超过电缆长时允许电流。

（3）每天负荷高峰时测电缆表皮，将温度计贴在电缆表面，用胶布固定，普通温度计测量 5～10 min，热敏温度计 1 min，橡套电缆表皮温度不得超过 50～55 ℃。

上述检查都应有数据记录，超过规定应及时处理。

十、如何查找电缆故障

电缆故障的类型主要有断路、短路、漏电三类，故障查找主要是判断故障类型及故障点。

1. 故障类型的判断

1）直观判断

故障类型可以通过保护装置指示信号判断，每一条电缆都有开关控制，而每一台开关都有相应的保护装置，一旦出现短路或漏电故障，相应的保护装置动作，切断电缆电源，同时发出短路或漏电信号；如果电缆一相断线，会出现断相故障，断相保护动作，并发出断相指示；如果电缆两相或三相断路，则电路不通，无电源指示。因此可以根据指示信号判断故障类型。

2）仪表判断

通过仪表测量判断故障类型，方法如下：

（1）用万用表测量断路和短路。将电缆与电源断开、与负载联通，用万用表欧姆挡测量三相相间电阻，阻值为无穷大即为断路。阻值大于负载电阻为接触不良。阻值小于负载电阻为短路，其中阻值较大为高阻短路，阻值较小为低阻短路，阻值为 0 属于金属性短路。

（2）用兆欧表测量漏电。将电缆与电源和负载均断开，用兆欧表测量相间电阻，相间电阻或一相对地绝缘电阻小于单相漏电闭锁值即不允许电缆通电运行，可认为将发生漏电。如绝缘电阻小于单相漏电动作值，即确认为漏电。如绝缘电阻为零属于单相接地。

2. 故障点的检测

1）直观检测

利用看、听、闻、摸等简易办法沿线路仔细寻找。凡听到被查电缆放炮声，或发现挤压、划伤、破口、发热、烧焦、穿孔及烧糊气味的地点，一般就是电缆故障所处位置。具体要检查电缆外观：

（1）有明显的砸痕、机械伤痕和粗细不均即可能为断路点，再用万用表测量相间电阻时，向不同方向弯曲该处电缆，如电缆太粗不易弯曲，也可采用木棒敲击振动，当万用表断续有示数时，表明该处发生断路。也可用该方法沿线逐段弯曲或敲击电缆来查找断路点。

（2）有明显焦痕、闻到焦味或机械伤痕、金属硬物刺穿电缆等现象即为短路点。

（3）有明显的绝缘破损、金属硬物刺穿电缆、电缆受潮或浸在水中的部位即为漏电点。

2）仪器检测

采用电缆探伤仪进行检测，根据测量原理不同有电桥法、脉冲法、音频法、击穿法等，也都存在一定的测量误差。不同的仪器用法不同，需根据说明书给出的步骤进行测试。一般低阻或金属性短路可用低压脉冲法或音频法测出故障点位置；高阻短路可用击穿法进行高压放电，将高压信号发生器加在电缆发生短路的两芯线上，逐步升高电压直至发生放电，使高阻短路变为金属性短路后再按低阻电路检测方法查找故障点。但对于屏蔽橡套电缆、绕包型编制结构监视导线的屏蔽电缆、铠装电缆的故障点很难测定，同时受环境潮湿、杂散电流的影响，故障点的准确度受到一定影响。

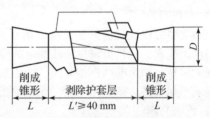
电缆的修复

十一、如何修复电缆故障

1. 割除护套

1）局部割除护套

当电缆局部破损，破损长度不超过电缆直径的 2 倍，横向破损不超过电缆圆圈的 1/2，且线芯未破或线芯断丝小于 15% 时，应使用局部割除法割除破损的护套层，割除区呈椭圆形；如系裂口，应用电工刀将裂口终端削成圆角，割除区边缘的护套层应削成小于 30° 的斜面，如图 1-20 所示。

2）整段剥除护套

如果破损情况较为严重，且线芯绝缘损坏面较大，尤其是二芯线或三芯线均有破损，采用整段割除法处理，割除段的长度应能满足修补线芯绝缘层和屏蔽层的需要，一般不宜大于 500 mm，如图 1-21 所示。

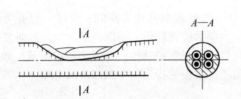

图 1-20 护套局部割除示意图

图 1-21 护套整段剥除示意图

2. 修复线芯

（1）断线或芯线钢丝折断 15% 以上，但不超过芯线截面积的 1/3 时，可剥掉芯线绝缘层，用 1~1.5 mm 的铜裸线绑扎，绑扎线头应埋插在芯线丝束内。

（2）芯线断丝面积超过 1/3 时，需将芯线截断，用相同截面面积的芯线和铜管对接单根芯线，将铜管截为 50~60 mm，用压线钳压接，对接的芯线和原芯线同样长度，并把铜管的毛刺用锉打掉。

3. 修复芯线绝缘及屏蔽层

先用芯线绝缘带缠绕 1~3 层，再用高压自粘胶带缠绕 1~2 层，然后用半导体自粘胶带或半导体胶布缠绕 1 层，其两端与原屏蔽层搭接，并且每一种绝缘带或自粘胶带两端都要超过芯线绝缘层剥离区域 5~10 mm。两端缠成应力锥形，缠绕自粘胶带时应拉力均匀，使其伸长率为 100%，缠绕厚度为原绝缘厚度的 1.2 倍。

4. 修复护套绝缘

1）局部修补

用木锉将修补区边缘表面锉毛，用三氯乙烷擦拭锉毛的护套层，待熔剂挥发后再擦一遍。将修补用胶料的两组分混合均匀，静置一定时间待呈胶状时，即用电工刀或木片将胶料涂抹在护套破口上，涂抹的厚度应大于原护套层的厚度；涂抹均匀后，用厚 1~1.5 mm 的聚乙烯片卷包使胶料压实、挤匀，以扩大与周围护套层的接触面积，卷包时不宜过紧，以免修补段呈扁圆形，然后用塑料胶粘带将卷包的聚乙烯片固定、静置到规定时间后，拆除卷包的聚乙烯片，检查修补段是否光滑完整，与原护套层的粘接是否良好。

2）整段修补

在井下采取冷补法，与前述橡套电缆的连接相同。在地面可以采取热补法，具体方法如下：用木锉将锥形斜面打成毛面，用汽油或三氯乙烷擦洗干净，然后用生胶带包缠，包缠处的电缆直径比原电缆外皮稍粗一些。把生胶带外涂抹一些滑石粉，选择合适的电缆热补器和比电缆外径大 1~3 mm 的模具，然后放到电缆热补器中硫化热补。当温度升到 150 ℃时，需上升一下模具，使上下模具接触吻合，热补器温度上升到 160~180 ℃时可断开电源，当温度自然冷却到 80~50 ℃时方可取下电缆（不可用其他方法迅速冷却，以免损坏热补器），然后用刀割除热补处的毛边。

十二、如何修后检验电缆

修后检测试验项目详见表 1-7。

1. 测绝缘

与安装前检测方法及要求相同，此处不再赘述。

2. 浸水耐压试验

对于热补或冷补后的橡套电缆，检查表面无缺陷下，在地面应作浸水耐压试验，先将修复段的电缆放入水中浸水 4 h 后，对每一根线芯按照表 1-6 所示试验电压进行交流耐压试验 5 min。方法同安装前检测，但电缆的两端应露出水面，将一根芯线接试验电源，其余接地。

3. 载流试验

检修后的电缆还应对芯线做载流试验，以检查接头连接质量。试验前把电缆主芯线串联后接入升流器，如图 1-22 所示。通电升压使电流达到 1.3 倍的电缆允许电流，保持 30 min，接头温度不超过电缆表面正常温度的 3% 为合格。

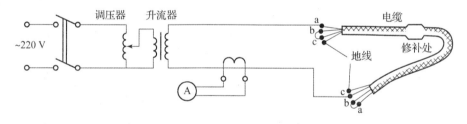

图 1-22 电缆载流试验

实操指导书

一、工作案例

1. 工作任务

安装维修 101 工作面运输平巷配电点干线低压橡套电缆（图 1-23 中 D5），所带负荷见图 1-24 的 D5 电缆负荷。根据任务要求，收集相关资料，学习任务引领书，制定工作计划书，设计工作记录表，按照计划书实施控制，并将工作记录填入工作记录表，最后对照评价反馈书进行自我评价。

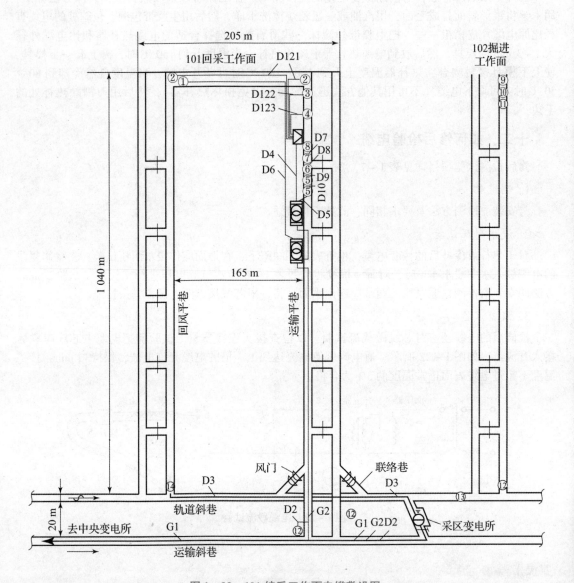

图 1−23　101 综采工作面电缆敷设图

G1—采区变电所进线高压电缆；G2—向隔爆移动变电站供电高压电缆；D2—可伸缩带式输送机机电缆；

D3—无极绳绞车电缆；D4—回采工作面配电点干线电缆；D5—工作面平巷配电点干线电缆；

D6—采煤机电缆；D7—小水泵电缆；D8—回柱绞车电缆；D9—喷雾泵电缆；

D10—乳化液泵电缆；D121—刮板机电缆；D122—破碎机电缆；

D123—转载机电缆；

①采煤机；②可弯曲刮板输送机；③转载机；④破碎机；⑤乳化液泵；⑥喷雾泵；⑦回柱绞车；

⑧小水泵；⑨综掘机；⑩探水钻；⑪调度绞车；⑫可伸缩带式输送机；

⑬局部通风机；⑭无极绳绞车

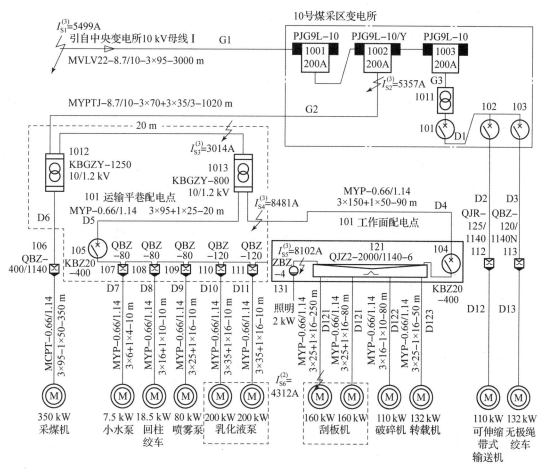

图 1-24　101 综采工作面供电系统图

2. 制定工作计划书（表 1-10）

表 1-10　安装维修 101 工作面运输平巷配电点干线低压橡套电缆工作计划书

制定人：　　　　　　　　　　　　　　　　　　　　　　　　　　制定日期：

工作任务	安装维修 101 工作面运输平巷配电点干线低压橡套电缆 D5	
责任分工	1 人负责按照计划步骤指挥操作，1 人负责监督，1 人负责执行指令，1 人记录	
阶段	实施步骤	防范措施
准备	1. 携带万用表、兆欧表、便携瓦检仪、验电笔、套扳、扳手、螺丝刀、电工刀、电缆敷设图	下井前检查万用表、兆欧表、便携瓦检仪、验电笔、矿灯是否良好。熟悉电缆敷设路径
	2. 穿戴工作服、安全帽、矿灯、自救器、手套、绝缘靴	检查矿灯、自救器、安全帽及绝缘靴是否完好
	3. 携铜连接管、铜绑线、手动液压钳、压模、100 号砂纸、克丝钳、电工刀、手锉、冷补胶、三氯乙烷、剪刀、聚酯薄膜	铜连接管和压模的规格必须与需连接的电缆线芯截面相适应

阶段	实施步骤	防范措施
准备	4. 断开电缆电源，闭锁，挂警示牌，测瓦斯	必须用相应电压等级的验电笔验电，瓦斯浓度≤1%
	5. 对所修的电缆验电、放电	放电时先接地线再接火线
故障查找	6. 直观法。①有焦痕、焦味、爆破声的点即为短路点；②摸电缆粗细不均匀点即为断路点；③电缆外皮有创伤、破损、金属物穿刺处即为漏电点	先根据保护动作确定其故障类型，再结合直观法和仪表法确认故障点
	7. 仪表法。①负载端开路时：测量相间电阻为0即短路；相对地绝缘电阻和相间绝缘电阻小于漏电电阻值即漏电；②负载接通时测量相间电阻为 x 即断路	单相漏电电阻小于等于 20 kΩ 视为漏电
修复	8. 对于短路、漏电和断路故障：将故障段电缆切除，重新将电缆冷补或用接线盒连接	符合局部修补条件的，可采用局部修补
	9. 做接头。①将两段电缆头护套各剥除规定长度，在割除段的两端削成锥形，锥形段的长度应不小于电缆的外径，然后拆除线芯的统包布带；②各芯线按阶梯式剪切，使各接头位置错开；③按照连接铜管的长度将各电缆芯线的绝缘护套剥切；④用克丝钳将芯线的铜丝挢直；⑤用砂纸逐一打磨芯线和铜连接管内壁氧化层	 $L_1 = 2$ cm；$L_2 =$ 连接管长度；总长大于 15 cm 芯线不得断股断丝或抽丝；各芯线连接管之间错开 2 cm
	10. 连接芯线。①用棉纱擦净线头表面的污垢和潮气；②所接电缆的两根线芯接头分别从铜管两端插入，插接后的两侧线头在管内相互交叉拢长度应大于铜套管长度，并且线头端应稍伸出铜套管 3~5 mm；③逆时针旋动卸荷阀钮，活塞退回原位后，再顺时针旋紧旋钮；④抽出活动插销，打开钳爪；⑤更换所需压模，使上下膜对齐；⑥把套好铜套管的线芯放入压模中央；⑦闭上钳爪，插入活动插销；⑧上下操纵加压手把，直至安全阀起作用而发出音响即可松开卸荷阀旋钮卸荷，打开钳爪，取出缆芯	插接过程中，铜套管内两线头的个别铜丝因顶碰弯曲变形而未全部进入铜套管时，应将其拔出铜套管，弄直后再重新插入铜套管内。对截面较大的芯线，在铜管内可以对接，不需叉接。如压模小于连接管的长度，需按先压中间，后压两侧分段压接。但各段要彼此略有重叠，最后使接头整体压成表面平整六角形 用细平锉和100号砂纸将接头的毛刺、尖棱、锐边打圆磨光 检查接头表面，应光滑平整，无裂纹、伤痕、异形等不良现象
	11. 线芯绝缘层的修补。将自粘带半幅重叠紧密绕包。缠绕方向为：中央—前端—后端—中央	绝缘带与原绝缘层连接长度应不小于绝缘线芯外径的1.5倍，两端应缠成锥型，缠绕厚度应为原绝缘层厚度的1.2倍

阶段	实施步骤	防范措施
修复	12. 护套层的修补。①将修补好绝缘层的线芯按原状绞紧，用棉线或白布带撕成的线束将修补过的线芯捆住，以免松开；②将两端护套缠绕自粘胶带，缠成环状凸肩；③用厚1.5 mm的无色聚乙烯薄片作为浇铸修补模具。裁剪长度＝浇铸修补段长度＋15 mm；宽度＝1.1×浇铸修补段要求外径D_1×π。薄片上剪有3个Φ10 mm的圆孔；④将聚乙烯薄片环绕修补段卷成筒状，两端搭在自粘胶带缠制的凸肩上，圆孔向上，用塑料粘胶带把卷筒两端密闭固定；⑤将冷补胶两份混合好后从漏斗注入卷制好的模具内，直到胶液自两端的浇口流出为止；⑥胶固化后脱模；⑦修剪毛边，将外形修成光滑圆整。检查无缺陷，且绝缘电阻合格就可使用	①护套层锥角部分与线芯相接处缠满，以免浇铸的胶料流入护套内 ②凸肩间距决定于修补护套层的长度，其外径应大于原护套，凸肩厚度一般2～3 mm，最小厚度要保证不小于原电缆护套标称厚度的1.2倍 ③模具两边搭接处的中央剪一个浇注孔，两边各一个排气孔 ④必须保持卷筒和电缆在轴线上的同心度，只在卷筒的两端用胶带纸密封 ⑤混合胶液后迅速搅拌倒入，以免胶液固化，见到气泡残存在胶腔上部，应迅速用针或剪刀在模具上刺或剪个小孔，放出气泡，使胶液充满 ⑥一般浇铸2 h后可脱模，但此时强度仅达18%，经过24 h才能达到100%
	13. 用兆欧表测电缆绝缘： ①检测摇表。摇表L、E端子开路，摇动手柄至120 r/min，表针打至无穷大；再将L、E端子短接，摇动手柄，表针指向0说明摇表正常 ②接线。测对地绝缘电阻时，摇表E接地，L接任意一相线芯，保护环G的屏蔽线接在所测相线外的绝缘护套上，使其尽量靠近L极所接芯线，这样可以减少保护环对地的表面泄漏电流，消除测量误差 ③测量。摇手柄120 r/min，待表针稳定后读数。停摇前，先将表线与电缆的连接断开，以免电缆向摇表反充电。测量完毕将电缆线芯对地放电	用2 500 V兆欧表，阻值大于等于表1－2要求的250 MΩ
	14. 确定悬挂点。沿敷设巷道按照小于3 m的要求用卷尺确定并标记电缆悬挂点 15. 打眼。用电锤按照标记悬挂点打眼 16. 固定膨胀螺栓。将膨胀螺栓插入眼内，用扳手紧固螺帽，至膨胀螺栓固定不能晃动拔出 17. 固定电缆挂钩。卸下螺帽、垫圈，依次套入挂钩，垫圈、弹簧垫、螺帽后紧固	打眼的深度不能小于膨胀螺杆的长度，要垂直打入，钻头不能来回晃，以免所打眼的直径偏大，打眼点要避开松软煤壁 膨胀螺栓放入眼内的深度以套管全部插入墙内为准，紧固螺帽时不能过，否则螺栓会拔出或松动
	18. 边移动矿车边将车上的电缆放开拖展。在没有轨道的巷道中，用人力敷设电缆。人员要拉开间距，以拉火车的形式拖展电缆到敷设巷道	人员间距不能太大，以不将电缆拖地强拉为宜，伸展电缆时顺着电缆绕向，不能直接拉展，以免打结或弯曲过急，电缆弯曲半径小于电缆外径的6倍
修复	19. 将电缆挂在电缆钩上 20. 电缆两端及拐弯、分叉处挂标志牌	电缆标志牌应标明其型号、电压、截面、长度、用途、施工者（或责任人）等

阶段	实施步骤	防范措施
电缆与设备连接	21. 测瓦斯浓度 22. 断开电缆所接设备的电源，验电（必须脱下手套），放电，挂警示牌	须测定周围 20 m 内瓦斯浓度小于 1% 确认断开的是电源开关；用相应电压等级电笔验电；放电线先接地，再接火线
	23. 用套扳卸下隔爆接线盒盖螺栓，打开接线盒外盖	不能丢失螺帽、垫片、弹簧垫等零件
	24. 按电缆护套伸入接线盒内壁长度 5～15 mm、接地芯线长度大于主芯线长度，预留主芯线和接地芯线长度，切剥橡套电缆头外护套	割护套时不能伤及内部绝缘橡套
	25. 按照导电芯线压入接线柱后裸露长度小于 10 mm，切剥导电芯线外绝缘套	裸露部分也不能太短，以免压住胶皮
	26. ①卸下喇叭嘴、钢圈，依次穿入电缆头；②取出密封胶圈，按照电缆外套的外径选取密封胶圈内径，去除密封胶圈内多余的胶圈，将电缆穿入密封胶圈内；③将密封圈连同电缆头穿入接线盒的接线嘴内，使得护套伸出 5～15 mm	切割密封胶圈时，不能大于电缆外径 1 mm，边缘必须圆滑，不能为锯齿状，可用手锉打磨圆滑 密封胶圈分层面需朝接线盒内，光面朝外 不用的接线嘴必须用钢板封堵
	27. 将电缆接地芯线做成羊眼圈套入接地接线柱上，依次套上垫片、弹簧垫、螺帽，并紧固到弹簧垫压平为止。将电缆主芯线裸露导线压入接线盒内主回路接线柱上的压线板下，依次套上弹簧垫、螺帽，用套扳紧固螺栓，直到弹簧垫压平为止。	导电芯线裸露部分不大于 10 mm，不得有毛刺。接地芯线长度大于主芯线长度。上压线板圆弧不能反向，保证芯线压成圆形，增大接触面。如电缆芯线较细无法压紧时，可将电缆芯线头折回成双股以增大接触面
	28. 将钢圈、喇叭嘴依次压在密封胶圈上，用螺栓紧固喇叭嘴，做到压紧且不偏。再将喇叭嘴上的电缆压线板螺栓拧紧且不偏，以压紧电缆，但电缆被压扁程度，不得大于电缆外径的 10%	两条紧固螺栓须拧紧，且拧入长度相等，即平行拧入防止"亲嘴"，即压盘与盘座、压线板与压线板座不得零距离接触。如电缆较细发生"亲嘴"，可用已剥下的橡套剪断，套在电缆外以增粗
	29. 分别测相间和对地绝缘。①检验兆欧表；②兆欧表连接被测电缆；③摇手柄至指针稳定后读数，并记录；④测完后放电	所测绝缘电阻必须如实记录，不满足要求者，必须查出故障并排除，方可试运行。井下冷补电缆因条件受限，可不进行浸水耐压试验，但须定期升井进行试验
试运行	30. 合上级自动馈电开关，拆除警示牌	必须确认无人在线路上工作
	31. 合上电磁启动器隔离开关，按下起动按钮	必须按启动器停止按钮同时操作隔离开关。手不离开关，一旦异常立即断电
维护	32. 运行维护：①每月测绝缘；②每天负荷高峰时测温度和负荷电流（用手摸着发热或烫手须采取措施消除过流）	测绝缘时，必须先按规定断电、闭锁、挂牌、测瓦斯、验电、放电。测负荷电流可通过开关中电流表观测
	33. 日常维护：①"三无"（无"鸡爪子"、无明接头、无"羊尾巴"）；②"三防"，即防潮（淋水、泡水），防损伤（煤块砸伤、机械挤伤、受力拉伤），防"失爆"；③"一齐"，即悬挂整齐	"鸡爪子"、明接头改为接线盒，"羊尾巴"改按防爆要求接人。有淋水处设置雨搭，落地电缆要悬挂；工作面及端头电缆要包裹、捆扎

阶段	实施步骤	防范措施
收尾	34. 检查工作质量	按安装验收规范、设备完好标准检查
	35. 整理工具，清理现场	检查工具或异物未落在开关接线盒内
	36. 恢复送电	由电源到负荷顺序合闸
	37. 填写记录	将出现故障及处理情况填入工作记录表
应急预案	1. 下井时，须注意避灾路线，一旦发生爆炸、水灾等重大事故，可从避灾路线上井 2. 通电或检修前，如瓦斯浓度大于1%，采取通风措施，降低瓦斯浓度到1%以下 3. 通电时，如冒烟、短路、触电，立即断电；如有人触电，立即脱离电源，并实施抢救。无呼吸者做人工呼吸；无心跳者做胸外心脏按压	

3. 制定工作记录表（表1-11）

表1-11 工作记录表

工作时间				工作地点		
工作内容						
人员分工						
检测记录						
绝缘电阻/MΩ	相间电阻			对地电阻		
	U-V	V-W	W-U	U-E-	V-E	W-E
敷设前						
连接后						
检修后						
出现故障	1. 2.					
处理措施	1. 2.					
处理结果	1. 2.					

填表人：

二、实操案例

安装维修101工作面可弯曲刮板机支线低压屏蔽橡套电缆（图1-23、图1-24中的D121），请同学自行写出工作计划书，按照计划书实施任务并检查控制完成任务，按评价反馈书进行评价反馈。

评价反馈书

安装维修井下低压屏蔽橡套电缆评价反馈书见表1－12。

表1－12　安装维修井下低压屏蔽橡套电缆评价反馈书

考评项目		考评指标	满分值	自评分	互评分	师评分
知识考评（40分）	1. 井下低压橡套电缆的型号含义、使用场所	能说明低压橡套电缆的型号含义（5分），说错一处扣1分；能说明各低压橡套电缆的使用场所（5分），说错一项扣1分	10分			
	2. 矿用低压橡套电缆型号选择	能说明干线和支线电缆型号选择原则，少说或说错一项扣1分	4分			
	3. 矿用低压电缆的敷设方法、连接方法及其适用场所和要求	能说明低压电缆的两种敷设方法、两种连接方法及其适用场所和要求，少说一项扣1分	8分			
	4. 矿用低压电缆的故障查找、运行检测和维护	能说明电缆短路、断路、漏电两种查找方法；电缆的运行检测、日常维护、安全防护项目，少说一项扣1分	18分			
能力考评（43分）	1. 识别不同类型电缆的能力	分别给出各种低压普通橡套、阻燃橡套、屏蔽橡套电缆头，请同学辨认，错认一种扣1分	3分			
	2. 敷设电缆的能力	会根据场所确定敷设方法，并进行操作，前项不会扣2分，不会操作扣5分，操作错误酌情扣分	7分			
	3. 连接电缆的能力	会进行电缆与设备的连接操作，电缆与电缆的连接操作，一项不会扣6分，操作错误酌情扣分	12分			
	4. 查找电缆故障的能力	会查找短路、断路、漏电故障，一项不会扣4分，操作错误酌情扣分	12分			
	5. 使用万用表、兆欧表、耐压测试仪的能力	会正确使用万用表、兆欧表、耐压测试仪，一种仪表不会用扣3分，操作错误酌情扣分	9分			

考评项目		考评指标	满分值	自评分	互评分	师评分
素质考评（17分）	1. 学习态度	迟到扣2分，不完成作业扣5分，学习态度认真记3分，学习态度一般记2分	3分			
	2. 质量把控	工作质量好记4分，工作质量一般记3分，工作敷衍记2分，工作马虎记1分，工作错误造成损失记1分，工作未完成不记分	4分			
	3. 团队协作	认真带领工作团队记5分，主动参与团队工作记3分；消极怠工不得分	5分			
	4. 创新意识	能读懂其他厂家设备电气原理图记5分，在工作中能提出和解决问题记3分，能提出或回答问题记2分，否则不得分	5分			
合计			100分			

学习任务二　安装维修井下高压电缆

学习任务书

一、学习任务

1. 工作情境

1）工作情况

该任务属于安装维修井下供电系统大型任务下安装井下电缆分项中安装维修矿用高压电缆子项任务。

2）工作环境

（1）电缆经过的巷道为副井（为倾角大于30°的立井或倾角小于30°的斜井岩巷）、胶带或轨道大巷、采区斜巷（倾角小于30°的煤巷）及工作面平巷。对于立井中的电缆由于要承受自身的重力，电缆有拉断和受到提升机械损伤的危险；对于斜井或轨道大巷有矿车掉道砸轧电缆的危险；采区斜巷容易冒顶、片帮等砸压电缆；上述电缆损伤导致电缆短路、漏电危险；电缆短路、漏电产生的电火花引爆瓦斯和煤尘的危险；高压电缆漏电导致人身触电及对地电容电流引起谐振过电压导致短路或漏电危险；高压电缆产生的上述危险远大于低压电缆。

（2）相关电源及负荷设备。包括隔爆高压配电箱、隔爆变压器、隔爆移动变电站和隔爆动力中心等。

（3）使用器具。包括万用表、兆欧表、便携瓦检仪、核相仪、套扳、扳手、螺丝刀、克丝钳、电工刀、手锉、电缆敷设图。

（4）使用材料。包括铜连接管、钢锯、手动液压钳、压模、100号砂纸、电缆冷缩中间接头及附件。

2. 任务要求和工作要求

该任务要求和工作要求与低压电缆相同。

二、学习目标

1. 知识目标

（1）明白矿用高压电缆的型号含义、结构分类及适用场所。
（2）明白矿用高压电缆的敷设、连接方法。
（3）明白井下高压电缆的安全防护、日常维护、运行检测、故障查找和修复方法。

2. 能力目标

（1）能识别不同类型的矿用高压电缆。
（2）能正确敷设、连接、维修矿用高压电缆。
（3）能正确使用万用表、兆欧表、耐压测试仪、核相仪检测高压电缆。
（4）具有紧急事件处理能力。
（5）具有工作现场处理能力。

3. 思政目标

（1）高压电缆的安装维修是一项集体作业项目，需要班组成员的密切配合，培养学生具有团队合作精神与集体荣誉感。
（2）任何情况下，井下作业必须遵守《煤矿安全规程》和相关质量标准，时刻做到质量在我手中，安全在我心中。培养学生追求精益求精的工匠精神。

 任务引领书

安装维修井下高压电缆与安装维修井下低压橡套电缆大同小异，相同部分参照任务一，在此仅对其不同部分进行叙述。

一、如何进行安装前检测

安装前需要检测电缆型号、规格是否符合设计要求，电缆外观是否损坏，并做如下检测。

1. 检测绝缘

对于矿用高压橡套电缆，需用 2 500 V 兆欧表检测矿用高压橡套电缆绝缘电阻，阻值应大于等于表 1 – 13 和表 1 – 14 规定。

2. 交流耐压试验

对于塑料铠装电缆需做 5 min 交流耐压试验。根据电缆额定电压 U_0，按照表 1 – 15 施加交流试验电压，持续 5 min，绝缘不发生击穿为合格。耐压试验方法同低压橡套电缆。

表 1 – 13 MYPTJ 型矿用高压橡套电缆绝缘电阻最小值[2]

导体标称截面 /mm²	20 ℃时动力线芯绝缘电阻最小值/（MΩ·km）			地线芯导体20 ℃直流电阻最大值 /（Ω·km⁻¹）
	额定电压 3.6/6 kV	额定电压 6/10 kV	额定电压 8.7/10 kV	
16	—	—	—	2.31
25	650	700	1 250	1.48

导体标称截面 /mm²	20 ℃时动力线芯绝缘电阻最小值/(MΩ·km)			地线芯导体20 ℃ 直流电阻最大值 /(Ω·km⁻¹)
	额定电压 3.6/6 kV	额定电压 6/10 kV	额定电压 8.7/10 kV	
35	550	650	1 150	1.05
50	500	550	1 000	0.731
70	450	500	900	0.515
95	400	450	800	—
120	350	400	750	—
150	350	350	700	—

表 1-14　MYP（MYPT）型矿用高压橡套电缆绝缘电阻最小值[2]

导体标称截面 /mm²	动力线芯绝缘 20 ℃时绝缘电阻最小值/(MΩ·km)			MYPT 型地线芯导体 20 ℃直流电阻最大值 /(Ω·km⁻¹)
	额定电压 1.9/3.3 kV	额定电压 3.6/6 kV	额定电压 6/10 kV	
16	—	750	850	2.31
25	—	650	750	1.48
35	500	550	700	1.05
50	400	500	600	0.731
70	400	450	550	0.515
95	350	400	450	—
120	300	350	450	—
150	300	350	400	—

表 1-15　塑料铠装电缆交流耐压试验例行试验电压[2]　　　　　　　kV

额定电压 U_0	0.6	1.8	3.6	6	8.7
试验电压	3.5	6.5	12.5	21	30.5

二、如何敷设矿用高压电缆[4]

（一）在立井井筒或倾角30°及以上巷道中敷设电缆

1. 基本要求

（1）在立井井筒或倾角30°及以上的井巷中敷设电缆，应用电缆卡子将电缆固定在支架上，支架和卡子必须能承担电缆的重量；金属卡具与电缆之间应有橡皮衬垫，以防电缆被卡紧变形甚至受到损伤。如果采用带有金属压盖的木卡子，木卡子必须做防腐处理。

（2）在立井井筒内，电缆悬挂点的间距不应超过6 m。

敷设矿用
高压电缆

（3）井筒中的电缆不应有中间接线盒，如果因井筒太深需有接线盒时，应将其设在中间水平巷道内，无中间水平巷道可利用时，可在井筒中设置接线盒，但仍应妥善固定在托架上，不应受力；中间接线盒必须进行铅封以防受潮或进水造成事故。

（4）在敷设电缆时应留出 10 m 以上的余量，以便施工或处理故障。

（5）井筒内的电话和信号、控制电缆，应与电力电缆分挂在井巷的两侧；如果受条件所限，应敷设在距电力电缆 0.3 m 以外的地方。

2. 在立井井筒中采用慢速绞车敷设电缆

1）敷设方法

在立井井筒中通常采用慢速绞车（俗称稳车）敷设电缆，将其安装在距井口 20～30 m 处，如图 1－25 所示。在距井口 5～20 m 处将电缆盘 4 架到支架 5 上支牢，电缆 6 经导向滚筒 7 弯向井筒与钢丝绳 2 汇合。用临时卡子 8 将电缆固定在钢丝绳上，并向下慢放，每隔 6 m 卡一对临时卡子；或者用直径 8～10 mm 的麻绳将电缆与钢丝绳绑扎在一起，但每 50 m 必须加一副金属卡子，当把电缆放到井下预定位置时，再由上而下把电缆用永久卡子逐步固定在井筒的永久支架上。每解下一副临时卡子或绑扎的临时麻绳时，就安上一副永久卡子，逐步换完为止。

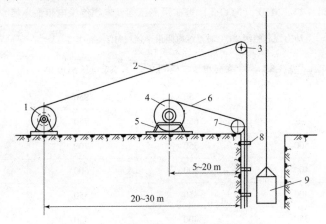

图 1－25　采用慢速绞车敷设电缆示意图

1—稳车；2—钢丝绳；3—滑轮；4—电缆盘；5—支架；6—电缆；7—导向滚筒；8—临时卡子；9—提升容器

2）施工准备与要求

（1）应根据所敷设电缆、绳卡子和钢丝绳的重量来计算出稳车与钢丝绳承担的静张力，再确定稳车和钢丝绳的型号规格。除了常用闸外，还要有一个紧急制动闸。稳车安装要考虑，出绳顺利、操作联络方便和安装基础稳固。

（2）稳车绳用不旋转钢丝绳，安全系数在 5 以上。

（3）导向滑轮直径为钢丝绳直径 10 倍以上，所用绳套及固定梁耐张程度应是全部张力 10 倍以上。转动要灵活可靠，最好用滚动轴承以减小阻力。

（4）电缆盘及支架要牢固可靠，以防意外拖倒，应设制动装置以便控制。

（5）导向滚筒直径应大于电缆最小允许弯曲半径的 2 倍，可以使用木制的。

（6）临时电缆卡子装配形式如图 1－26 所示，卡板厚度大于 5 mm。

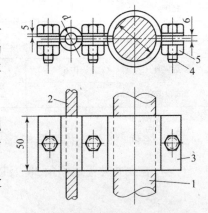

图 1－26　临时电缆卡子装配形式

1—电缆；2—钢丝绳；3—卡板；
4—螺栓 M10×40；5—螺帽

（7）电缆在井筒中的永久支架与卡具如图1-27所示，敷设电缆前必须把永久支架4用混凝土固定在井壁上，横过井壁部分要率先把支架固定好，安装角度应随其电缆路线变化。

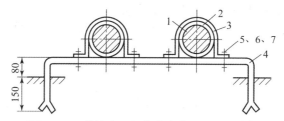

图1-27　井筒中两根电缆在支架上固定情况
1—电缆；2—橡胶垫；3—卡子；4—支架；5—螺栓M12×25；6—螺母M12；7—平垫直径12

多根电缆并列敷设时，电缆间的中心距取$2D$（D为电缆外径）。每个支架上的电缆数量不要超过6根，支架材料可用50 mm×8 mm的扁钢。电缆的永久支架及永久卡子在制作好后，要立即除锈、刷防锈漆。电缆卡子和电缆之间应垫2～3 mm厚的一层胶皮垫，个别可垫两层。对于有酸、碱性水的井筒，要选用耐酸碱的胶皮型。

（8）电缆在井筒中敷设时，可用一种对半形木卡子代替铁卡子。木卡子事先要做防腐处理。

（9）沿井壁向硐室或平巷的拐弯部分，如果暴露在井筒断面中，应做一个抗砸的保护顶盖。

3）施工安全措施

（1）明确分工，统一指挥。施工前认真贯彻施工措施与技术安全措施，施工负责人要根据现场的实际情况，对准备工作逐项检查。

（2）指定专人检查安全用具、使用工具、起重用具及安全带等。井筒作业中使用的工具用布带绑好，防止使用时掉入井筒。要设专人清点检查使用的零配件及材料，特别是电缆卡子，事先一定要在实物上试用，核对尺寸，以检查是否合适、配套、齐全。

（3）井筒施工人员要戴好一切防护用具（安全帽、工作服、胶靴、安全带等），系好安全带并绑在可靠的地方。

（4）井口、井架及井筒中间水平口及井底都设专人看守，非工作人员禁止靠近，以防止被掉入井内的物品砸伤。导向滑轮的工作情况可由井口人员兼顾。

（5）信号要规定明确，由专职信号员传到井口，井口信号员再传到司机，打信号要及时准确。

（6）施工中要求开车司机精神集中，要注意电流表和电动机声音变化，并观察钢丝绳的松紧以判断负荷的变化，发现问题及时停车；另外，还要设专人监视地锚绳套是否有变化。

（7）施工人员到达现场后，绑好搭板方可工作，不准多水平同时作业。在多间隔的井筒中下放电缆时，要有专人在罐笼上或专用容器上的安全地点观看钢丝绳头和电缆头的下放情况，防止弄错间隔或者挂住，发现问题及时联系。

（8）在向井筒下电缆之前，一定要将钢丝绳带上重物试放一次，进行放劲，以防下电缆时钢丝绳旋转与电缆扭到一起。

（9）电缆与钢丝绳在卡第一对临时卡子时，一定要用麻绳拉住电缆头，慢慢放至预定位置与钢丝绳卡牢。严防因电缆自重带动电缆盘转动，造成电缆坠入井筒事故。在第一道卡子之后每隔6 m卡一对临时卡子，在每两道卡子之间最好临时绑两道铁丝以防电缆出现弯曲现象。

（10）整根电缆下放到预定位置后，要把电缆按需要的长度拉到管子道或者总开关处。用永久卡子更换临时卡子时，要注意零件、工具不可掉入井筒中。

（11）如果电缆在施工中没有下放到井底而需要中间停工时，必须用卡子与绳套将钢丝绳牢固地卡在井口钢梁上，并将稳车停电并抱闸以防电缆与钢丝绳坠入井筒。同时还要检查悬吊在井筒中的电缆及钢丝绳与提升容器的最小距离是否合乎规程要求。

3. 在立井井筒中利用罐笼敷设电缆

当电缆布置在罐笼的同一间隔内或是钢丝绳罐道的井筒内时，如果电缆的截面和重量都不大，并能将电缆盘放在罐笼内，可利用罐笼敷设电缆。先把地面电缆沟内一段电缆敷设好，然后慢慢下放罐笼，同时放松电缆，每下放到一个电缆支架位置时就停车，安装固定卡子。依次一直进行到井底，再把井底一段电缆拉至接线位置。用此方法时要注意下放速度要合适，停车要及时，以免损坏电缆及发生人身事故，这种方法只适用于截面小的电缆。

4. 在暗井中用人力或绞车敷设电缆

(1) 在深度或斜长不超过50 m的暗井中敷设电缆时，可采用与立井井筒电缆敷设相似的方法，即将钢丝绳穿过滑轮，然后用卡子（或绳扣）将电缆固定在钢丝绳上。用人力或绞磨拉住钢丝绳慢慢下放电缆，并逐个用卡子固定好。这时，所用钢丝绳的长度要比通过暗井电缆的长度长出10～20 m。用人力施工时，要将绳的末端绕在一个可靠的柱腿上，由专人拉住缓慢放松。钢丝绳的强度、拉力和直径，应根据所承受的电缆重量按5倍以上安全系数来选择。

(2) 暗井的深度超过50 m时，就要考虑用慢速绞车（稳车）来带动钢丝绳将电缆卡在钢丝绳上慢慢下放。方法和要求可参照立井井筒电缆敷设。在暗井中敷设电缆时，每隔4～6 m固定一副卡子，可采用图1-28所示的金属卡子与支架；也可将卡在一起的钢丝绳与电缆悬挂在暗井里，如果暗井兼作人行道，应将电缆悬挂在人行道的另一侧，以防行人抓扶电缆。

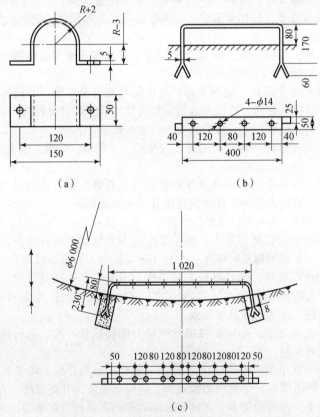

图1-28　电缆固定的卡子与支架
(a) 电缆卡子（R为电缆半径）；(b) 两根电缆的支架；(c) 五根电缆的支架

(二) 在硐室和巷道中敷设电缆

硐室和巷道中的电缆数量一般比较多，可采用图1-29所示电缆钩；如果是单根电缆，可采用图1-30a所示电缆钩；如果在硐室顶部敷设时，可采用图1-30b所示电缆钩；如果在室内顶部敷设照明电缆，可用直径10 mm的圆钢做成图1-30c所示的电缆钩。

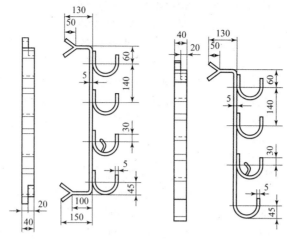

图 1-29 悬挂多根电缆的多层电缆钩

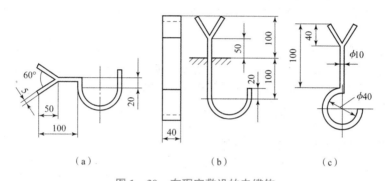

（a）　　　　　　　　　（b）　　　　　　　　　（c）

图 1-30　在硐室敷设的电缆钩
（a）单根电缆钩 （b）在顶部的单根电缆钩 （c）照明电缆钩

在硐室内通过底板引向电气设备的电缆不应裸露在地面上，应有电缆钩或者用穿管敷设以保护电缆。保护管应有一定的强度，内径要较电缆外径大 1.5 倍左右。弯曲半径不小于电缆允许弯曲半径。

铠装或橡套电缆出入硐室时，不得由门框或墙上直接出入，应用穿墙套管保护，以防电缆被挤压。为保证硐室灭火时密闭，在穿管内口与电缆的空隙之间应塞满黄泥，严密封堵管口。对于较大的井下中央变电所及大型的水泵房，可以采用电缆沟敷设电缆。巷道中高压电缆的敷设与低压电缆相同，此处不再赘述。

三、如何连接矿用高压电缆

1. 高压橡套电缆的连接

高压橡套电缆与设备、高压橡套电缆之间采用隔爆接线盒连接，连接方法基本与低压橡套电缆相同。高压橡套电缆之间也可采用热补或冷补，但由于安装质量及使用寿命不高，现场很少采用，故不予介绍。

高压电缆与
设备连接

2. 高压塑料铠装电缆的连接

1）高压塑料铠装电缆与设备之间连接
采用隔爆接线盒灌注绝缘胶方法连接，以井下与矿用隔爆高压配电箱连接为例，方法如下：
（1）测瓦斯（与低压橡套电缆操作相同）。
（2）断电（与低压橡套电缆操作相同）。

（3）验电、放电（与低压橡套电缆操作相同）。

（4）做电缆头。按照电缆护套伸入接线盒内壁长度 5~15 mm，主芯线可以连接到最远端接线柱的距离，预留主芯线长度，依次切剥铠装电缆头外被层、钢铠、统包绝缘层、内衬层、每个芯线外的铜屏蔽层、半导层和绝缘层，并将三根铜屏蔽层编成辫子供接地用。

（5）固定电缆头。①卸下接线盒喇叭嘴的 U 形固定卡子，电缆头全部穿入喇叭嘴，不能形成羊尾巴，为便于操作，可打开接线盒侧面的端盖，手伸入喇叭嘴内接应电缆头；②紧固 U 形卡子的螺栓，同时将编好的铜屏蔽层固定在喇叭嘴 U 形卡子的接地螺栓上，依次套上弹簧垫、螺帽，并紧固到弹簧垫压平为止。

（6）灌注绝缘胶。①将接线嘴底部的电缆三芯分开叉，用棉纱塞紧接线嘴底部电缆，以防绝缘胶渗漏；②将电缆冷补胶甲组与乙组按比例配合后搅拌均匀，从侧盖口浇灌到喇叭嘴内电缆三叉以上，灌注过程不要产生气泡，等待绝缘胶凝固后再固定喇叭嘴。

（7）固定芯线。①按照 3 根主芯线到各自接线柱的距离锯掉多余芯线，再按照导电芯线压入接线柱后裸露长度小于 10 mm，切剥导电芯线外塑料绝缘套；②将剥出的 3 根芯线头做成线鼻子，分别套在三相接线柱上，压上弹簧垫、螺栓，并紧固到弹簧垫压平为止。

（8）固定接线盒后盖和侧盖。分别盖好接线盒后盖和接线盒侧盖，并压上弹簧垫、紧固螺栓到弹簧垫压平为止。

2）铠装电缆之间的连接

铠装电缆之间的连接以往使用热缩头或冷缩头连接，但是由于其绝缘强度等不能得到保障，故已经停止使用，改为由隔爆接线盒连接。其接线方法同上。

四、如何检测高压电缆安装质量

检查和检测项目与低压电缆相同，这里仅对不同之处进行说明。

1. 高压核相

双回路电源并接时，需校核双电源的相位。为安全起见，采用高压无线核相仪，它由三部分组成：2 个发送装置，1 个接收装置，如图 1-31 所示。使用时发送装置用绝缘操作杆分别挂在电缆两端电源的导线上。发送装置上装有电极可以同被测导线相连，同时电极又作为发送装置发射信号的天线。接收装置具有接收天线和液晶显示屏，液晶显示屏显示哪根线路超前或滞后（即相序关系），同时显示相位差值的大小。从而核定两个电源之间的相位及相序。

图 1-31 高压无线核相仪

1）核相前准备

（1）检查绝缘杆。如果没有绝缘杆耐压试验合格报告则不允许进行试验。

（2）检测核相仪。在同一电网上检测核相仪是否正常，一人操作一人监护，应按规定穿绝缘靴和戴绝缘手套，保证人身和设备安全。操作时先将两个发射装置挂在电网同一导电体上，打开主机，正常工作时两发射器绿灯亮，如绿灯不亮及时充电。正常工作状态下接收器会显示两线路电压的相位角及频率，并显示线路电压波形，此时测量到的相位差应该为 0°左右。

（3）将其中一个发射装置挂在同一侧电网不同相导电体上，此时相位角应在 120°左右。

（4）若检查结果如上述所示，说明核相仪完好，可以正式进行核相工作。

2）核相操作

（1）正式核相操作时，按操作步骤逐项操作并做好记录。

（2）先用绝缘杆将两个发射装置分别挂在被测两个电网导电体上，此时仪器报出测试结果："相位相同"或"请注意，相位不同"。同时显示屏显示出两线路的相位差及线路频率，根据上述操作逐相确定两个电网的相位。

2. 直流耐压试验与泄漏电流的测量

《电气装置安装工程电气设备交接试验标准》[3]规定：当不具备条件时，额定电压 U_0/U 为 18/30 kV 及以下电缆，允许用直流耐压试验及泄漏电流测量代替交流耐压试验。因此，直流耐压试验便成为检查电缆耐压强度的常用方法。泄漏电流的测量可与直流耐压试验同时进行。

绝缘正常时所加的直流电压与泄漏电流的伏安特性近似于直线。当绝缘全部或局部有缺陷或者受潮时，则大部分电压将加在与缺陷串联的未损坏部分上，泄漏电流将急剧增加，其伏安特性也就不再呈直线了。因此，通过试验可以检出被试物有无绝缘受潮，特别是能发现绝缘的局部缺陷，所以从这种意义来说，直流耐压试验比交流耐压试验更易发现局部缺陷。泄漏电流的测量则对绝缘劣化、受潮等现象的检查比较有效。

1）接线

实际工作中和试验设备的接线与低压电缆的交流耐压试验相同，如图 1 – 5 所示，只需将图中高压硅堆的短路杆 D 卸除，并注意在测试电缆泄漏电流时，微安表应接在高压侧，在表的两端头加以屏蔽或采用消除杂散电流影响的其他接线方式，由于试验时正极性接于缆芯时，击穿电压往往比负极性接于缆芯约高 10%，因此在试验时应将负极接于缆芯。试验电压标准为电缆额定电压 U_0 的 4 倍，详见表 1 – 16。

表 1 –16 塑料电缆的直流耐压试验电压标准

电缆额定电压 U_0/kV	0.6	1.8	3.6	6	8.7	12	18	21	26
直流耐压试验电压/kV	2.4	7.2	15	24	35	48	72	84	104
试验时间/min	15	15	15	15	15	15	15	15	15

2）操作

操作步骤也与交流耐压试验基本相同，只是在加压过程中分别取 0.25、0.5、0.75、1 倍的试验电压，并在每点停留 1 min 读取泄漏电流值（微安表读数），最后在全试验电压下进行耐压试验。

若在试验电压下持续 5 ~ 10 min 的耐压试验，仍需读取在 1 min 和 5 min 时泄漏电流值读数。试验电压的升高速度为每秒 1 ~ 2 kV。当电缆连接于其他设备时，应尽量分开做耐压试验。三芯电缆试验时在一相上加电压，其他两相应与电缆地线一同接地。在测量电压时应在高压侧直接测量。由于电缆在直流电压下发热少，因此对运行中电缆的直流耐压持续时间为 5 min。

3）结果判定

直流耐压试验时，电缆在施加相应规定的试验电压和持续时间内无任何闪络放电，或者试验回路电流不随时间而增大，则可认为电缆通过耐受直流电压试验，如果在试验期间内出现电流急剧增加，甚而直流高压发生器的线路开关跳闸，或试样不可能再次耐受所规定的试验电压，则可认为电缆已击穿。

泄漏电流值只作为判断绝缘状况的参考，不作为是否能投入运行的判据。但如发现泄漏电流与上次试验值相比有很大变化，或泄漏电流具有下列情况之一者，电缆绝缘可能有缺陷，应找出缺陷部位，并予以处理：

（1）泄漏电流很不稳定。

（2）泄漏电流随试验电压升高急剧上升。

（3）泄漏电流随试验时间延长有上升现象。

（4）多芯电缆的泄漏电流应相对平衡。若有个别相的泄漏电流比其他相大许多，说明电缆的个别相已损伤。

4）注意事项

（1）在读取泄漏电流时应在规定的电压下停留一定的时间，以避免充电电流对测量结果的影响。

（2）微安电流表指针摆动。可能是由于电源波动、整流后电流电压的脉动系数比较大以及电缆有局部孔隙导致的充放电过程。当摆动幅度不大又难以消除时，可以读取其平均值作为测量结果。

（3）微安表指针突然出现不规则的很大冲击。可能是由于电缆产生间断性放电引起的。

（4）指针抖动。可能是微安表有交流分量通过，若影响读出数值，应检查微安表保护回路中的滤波元件是否完好。

（5）指针有较大冲击。可能是回路中或试品出现闪络或内部断续放电引起，应查明原因，经处理后再做试验。

（6）指示值过大。可能是试验设备或仪器的状况和屏蔽不良。在排除或扣除不带试品的泄漏电流值后，才能对试品作出正确的评价。

（7）指示值过小。可能是试验接线错误或实际所加直流试验电压不足。应改正接线或核实试品上的电压后确定是否升压。

（8）试验完毕，应先将升压回路中的单相调压器退回零位并切断电源。

（9）每次试验后，必须将被试品先经电阻对地放电，然后对地直接放电。放电时，应使用绝缘棒，并可根据被试品放电火花的大小大概了解其绝缘的状况。

五、如何维护检修矿用高压电缆

矿用高压电缆的安全防护、日常维护、运行检测、故障查找与修复、修后试验项目与方法与矿用低压电缆相同。但需测量高压接线盒表面温度，将温度计贴在接线盒（两端及 1/4 处）表面，接线盒表面与电缆表面的温度差不得大于 12 ~ 15 ℃。

 实操指导书

一、工作案例

1. 工作任务

安装维护 10 号煤采区变电所电源进线矿用高压塑料铠装电缆（图 1 - 24 的 G1）。根据任务要求，收集相关资料、任务引领书，制定工作计划书，编制工作记录表。按照计划书实施任务并检查控制工作过程，将工作记录记入工作记录表，最后对照评价反馈书进行自我评价。

2. 制定工作计划书

制定工作计划书见表 1 - 17。

表 1 - 17　安装维护矿用高压塑料铠装电缆工作计划书

制定人：　　　　　　　　　　　　　　　　　　　　　　　　　　　　　　　　　制定日期：

工作任务	安装维护 10 号煤采区变电所电源进线矿用高压塑料铠装电缆 G1	
责任分工	1 人负责按照计划步骤指挥操作，1 人负责监督操作，1 ~ 2 人负责执行指令	
阶段	实施步骤	防范措施
准备	1. 携带万用表、兆欧表、便携瓦检仪、套扳、扳手、螺丝刀、电工刀、电缆敷设图	1. 下井前检查万用表、兆欧表、便携瓦检仪，熟悉电缆敷设路径
	2. 穿戴工作服、安全帽、矿灯、自救器、手套、绝缘靴	2. 检查矿灯、自救器、安全帽及绝缘靴是否完好，不得带火种

阶段	实施步骤	防范措施
准备	3. 核验所安装电缆的型号为 MYJV22 - 6/10 3 × 50、额定电压 6/10、芯数 3、截面 50 mm²、长度 3 000 m	3. 所安装电缆必须有产品合格证
准备	4. 检测电缆外观。外观无绞拧、护层断裂和表面严重划伤、铠装压扁等	4. 外观严重损伤不得下井
准备	5. 检测电缆绝缘，进行耐压测试： ①设定球隙。应使保护球隙放电电压按式（1 - 1）为 $$U_{放} = (1.1 - 1.15) U_{试} = 1.1 \times 21 = 23.1 \text{ kV}$$ 式中 $U_{试}$ 试由表 1 - 6 查取。在球隙放电电压表中查出对应放电电压的球隙距离。调节好球隙距离后，应在不接试品的情况下测试球隙的放电电压是否正确，并检查球隙放电时操作台上的保护装置是否可靠动作 ②接线。按图 1 - 5 接线。接电源前用万用表测量电源电压是否为 220 V。将 220 V 输入电源接至控制箱 TCWJH 输入端 A、X，经过调压器 TC 接至试验变压器 T 的低压绕组 a、x 端。T 的 E、F 端接电压表。试验变压器高压绕组的输出端为 A、X。A 端由高压套管引出，直接接在套管的均压球上，高压尾 X 端必须直接或间接（串接电流表）接地。短路杆拧入将硅堆两端短接。将被测量电缆一相接至高压输出柱 A，其他相与地接 X（地）接线柱，用螺母牢靠地固定 ③试验。将控制箱调压器手把调至"0"位，检查电路连接无误后，合箱内电源开关 QS，电源灯 HL₂ 亮。按下起动按钮 SB₁，报警灯 HL₁ 亮，发出警告。调控制箱调压器手把缓慢升压至试验电压 $U_{试}$。1 min 内不发生击穿或闪烁为合格。按下停止按钮 SB₂，将调压器手把恢复"0"位，并用放电棒对试件及高压各部充分放电	5. 耐压试验人员应穿绝缘鞋，试验装置金属外壳可靠接地；接地线截面大于等于 4 mm²。高压引线尽量短而牢固，保持良好接触，避免尖端放电试验现场装围栏，悬挂"止步，高压危险！"警示牌，专人看守 电源电压如波动或偏离太大，需加入稳压器；加压前认真检查试验接线与调压器"0"位，正确无误，人员撤离到安全区域方可加压，加压中应有人监护并手指口述。精力集中，警戒异常现象发生；变更接线或试验结束时，先断开试验电源放电，将高压部分接地
准备	6. 运输电缆。①由吊车将电缆盘吊到载重汽车上，运输至副井井口，再由吊车将电缆盘吊下放置在平板车上，人工对其加以固定，由副井运输机械运至井下；②井下运输。用平板车将电缆盘从巷道轨道推至安装处	6. 施工人员不能站在吊车下。井下路面的坡度不宜超过 15°。为防止滑坡，中途停顿时，要及时在电缆车轮加锲制动
准备	7. 巷道敷设。①沿敷设巷道按照小于 3 m 的要求用卷尺确定并标记电缆悬挂点。②打眼。再用电锤按照标记的悬挂点打眼。③固定膨胀螺栓。将膨胀螺栓插入眼内，用扳手紧固螺帽，直至膨胀螺栓固定不能晃动和拔出。④固定电缆挂钩。卸下螺帽、垫圈，依次套入挂钩、垫圈、弹簧垫、螺帽，紧固螺帽。⑤边移动矿车，边将车上的电缆放开展铺。在没有轨道的巷道中，用人力敷设电缆。人要拉开间距，以拉火车的形式拖展电缆到敷设巷道。⑥将电缆挂在电缆钩上	7. 打眼的深度不能小于膨胀螺杆的长度，要垂直打入钻头不能来回晃，以免所打眼的直径偏大，打眼点要避开松软煤壁 膨胀螺栓放入眼内的深度以套管全部插入墙内为准，紧固螺帽时不能过，否则螺栓会拔出或松动 人力拉电缆时，用力要均匀，速度要平稳，人员间距不能太大，以不将电缆拖拉强拉为宜，伸展电缆时顺着电缆绕向，不能直接拉展，以免打结或弯曲过急，电缆弯曲半径小于电缆外径的 15 倍

阶段	实施步骤	防范措施
准备	8. 硐室敷设。①出入变电所硐室的电缆经穿墙套管，套管应采用钢管，内径较电缆外径大 1.5 倍。套管内用黄泥密封。②电缆敷设在电缆沟内，之后盖板。③在电缆两端及拐弯、分叉处、穿墙两侧挂标志牌	8. 钢管不应有穿孔、裂缝，内壁光滑，无显著凹瘪现象，管口无毛刺 电缆沟内应平整、清洁、不积水，盖板齐全；电缆标志牌应标明型号、电压、截面、长度、用途、施工（责任人）
电缆与设备连接	9. 测瓦斯浓度。测定周围 20 m 内瓦斯浓度小于 1%	9. 瓦斯浓度 >1% 时，应人工通风
	10. 断开电缆所接设备的电源，验电（必须脱下手套），放电，挂警示牌	10. 确认断开的是电源开关；用相应电压等级电笔验电；放电线先接地
	11. 用套扳卸下隔爆接线盒盖螺栓，打开接线盒外盖	11. 不能丢失螺帽、垫片、弹簧垫等零件
	12. 按照电缆护套伸入接线盒内壁长度 5~15 mm，主芯线可以连接到最远端接线柱的距离，预留主芯线长度，依次切剥端铠装电缆头外被层、钢铠、统包绝缘层、内衬层、每个芯线外的铜屏蔽层、半导层和绝缘层，并将三根铜屏蔽层编成辫子供接地用	12. 割护套时不能伤及内部绝缘
	13. 固定电缆头。①卸下接线盒喇叭嘴的 U 形固定卡子；②按照三根主芯线到各自接线柱的距离锯掉多余芯线，再按照导电芯线裸露长度小于 10 mm，切剥导电芯线外塑料绝缘套；③紧固 U 形卡子的螺栓，同时将编好的铜屏蔽层固定在喇叭嘴 U 形卡子的接地螺栓上，依次套上弹簧垫、螺帽，并紧固到弹簧垫压平为止；④将接线嘴底部的电缆三芯分开叉，用棉纱塞紧接线嘴底部电缆，以防绝缘胶渗漏	13. 电缆头全部穿入喇叭嘴，不能形成"羊尾巴"，为便于操作，可打开接线盒侧面的端盖，手伸入喇叭嘴内接应电缆头
	14. 灌注绝缘胶。将电缆冷补胶甲组与乙组按比例配合后搅拌均匀，从侧盖口浇灌到喇叭嘴内电缆三叉以上	14. 灌注过程不要产生气泡，等待绝缘胶凝固后再固定喇叭嘴，不用的接线嘴必须用钢板封堵
	15. 固定芯线。将剥出的 3 根芯线头做成线鼻子，分别套在三相接线柱上，压上弹簧垫、螺栓，并紧固到弹簧垫压平为止	15. 导电芯线裸露部分不大于 10 mm，不得有毛刺。接地芯线长度大于主芯线长度。裸露部分不能太短，以免压住塑料绝缘
	16. 固定接线盒后盖和侧盖。分别盖好接线盒后盖和接线盒侧盖，压上弹簧垫紧固螺栓	16. 弹簧垫不得缺失，紧固螺栓到弹簧垫压平为止
	17. 分别测相间绝缘和对地绝缘。①检验兆欧表；②兆欧表连接被测电缆；③摇手柄至指针稳定后读数，并记录；④测完后放电	17. 井下为防止瓦斯爆炸，不便进行交流耐压试验，只作绝缘电阻检测。每千米大于 1 000 MΩ 为合格

阶段	实施步骤	防范措施
试运行	18. 合上级自动馈电开关，拆除警示牌	18. 必须确认无人在线路上工作
	19. 按下电磁启动器停止按钮的同时合上隔离开关，再按下起动按钮	19. 按下起动按钮时，手不离停止按钮，注意观察，一旦异常，立即断电
维护	20. 运行维护：①每月测绝缘；②每天负荷高峰时测温度（用手摸着发热或烫手必须采取相应的措施）；③每天负荷高峰时测负荷电流（如过电流必须采取措施消除过流）	20. 测绝缘时，必须先按规定断电、闭锁、挂牌、测瓦斯、验电、放电。测负荷电流可通过开关中电流表观测
	21. 日常维护：①"三无"，即无"鸡爪子"、无明接头、无"羊尾巴"；②"三防"，即防潮（淋水、泡水），防损伤（煤块砸伤、机械挤伤、受力拉伤），防失爆；③"一齐"，即悬挂整齐	21. "鸡爪子"、明接头改为接线盒，"羊尾巴"改按防爆要求接入接线盒。有淋水处设置雨搭，落地电缆要悬挂；工作面及端头电缆要包扎
收尾	22. 检查工作质量	22. 符合验收规范、设备完好标准
	23. 整理工具，清理现场	23. 检查工具或异物未落在接头内
	24. 恢复送电	24. 由电源到负荷顺序合闸
	25. 填写记录表	25. 将故障及处理情况填入记录表
应急预案	1. 下井时，须注意避灾路线，一旦发生爆炸、水灾等重大事故，可以从避灾路线上井 2. 通电时，如冒烟、短路、触电，立即断电；如有人触电，立即脱离电源，并实施抢救。无呼吸者做人工呼吸；无心跳者做胸外心脏按压	

3. 制定工作记录表（表1-18）

表1-18 工作记录表

工作时间		工作地点			
工作内容	安装维护10号煤采区变电所隔爆高压配电箱进线矿用高压塑料铠装电缆				
人员分工					
检测记录					
绝缘电阻/MΩ	相间电阻			对地电阻		
	U-V	V-W	W-U	U-E	V-E	W-E
敷设前						
敷设后						
检修后						

绝缘电阻/MΩ	相间电阻			对地电阻		
	U – V	V – W	W – U	U – E	V – E	W – E
交流耐压试验电压/kV						
试验结果						
出现故障	1. 2.					
处理措施	1. 2.					
处理结果	1. 2.					

填表人:

二、实操案例

根据安装维修向 101 隔爆移动变电站供电的 G2（图 1 – 24）矿用高压双屏蔽橡套电缆任务要求，请同学自行收集资料，写出工作计划书，并按照计划书实施任务并检查控制完成，按照评价反馈书进行评价反馈。

安装维修井下高压电缆评价反馈书见表 1 – 19。

表 1 – 19 安装维修井下高压电缆评价反馈书

考评项目		考评指标	满分值	自评分	互评分	师评分
知识考评（40 分）	1. 井下高压电缆的型号含义、使用场所	能说明矿用高压电缆的型号含义（5 分），说错一处扣 1 分；能说明各矿用高压电缆的使用场所（5 分），说错一个扣 1 分	10 分			
	2. 矿用高压电缆型号、规格选择	能说明型号、电压、长度、芯数、截面选择原则，少说或说错一项扣 1 分	10 分			
	3. 矿用高压电缆敷设方法、连接方法及其适用场所	能说明高压电缆的两种敷设方法、两种高压电缆的连接方法及其适用场所，少说一项扣 1 分	8 分			
	4. 矿用高压电缆的故障查找、运行检测，维护	能说明电缆短路、断路、漏电的两种查找方法；能说明电缆的运行检测、日常维护、安全防护项目，少说一项扣 1 分	12 分			

考评项目		考评指标	满分值	自评分	互评分	师评分
能力考评（43分）	1. 识别不同类型电缆的能力	分别给出各种高压普通橡套、阻燃橡套、屏蔽橡套电缆头，请同学辨认，错认一种扣1分	3分			
	2. 敷设电缆的能力	会根据场所确定敷设方法，并进行操作，前项不会扣2分，不会操作扣5分，操作错误酌情扣分	7分			
	3. 连接电缆的能力	会进行高压铠装电缆与设备的连接操作、高压橡套电缆与设备连接的操作，一项不会扣5分，操作错误酌情扣分	10分			
	4. 查找电缆故障的能力	会查找短路、断路、漏电故障，一项不会扣5分，操作错误酌情扣分	15分			
	5. 使用万用表、兆欧表、耐压测试仪的能力	一项不会使用扣2分，操作错误酌情扣分	8分			
素质考评（17分）	1. 学习态度	迟到扣2分，不完成作业扣5分，学习态度认真记3分，学习态度一般记2分	3分			
	2. 质量把控	工作质量好记4分，工作质量一般记3分，工作敷衍记2分，工作马虎记1分，工作错误造成损失记1分，工作未完成不记分	4分			
	3. 团队协作	认真带领工作团队记5分，主动参与团队工作记3分；消极怠工不得分	5分			
	4. 创新意识	能读懂其他厂家设备电气原理图记5分，在工作中能提出和解决问题记3分，能提出或回答问题记2分，否则不得分	5分			
合计			100分			

 技能鉴定习题

一、应知

1. 说明下列电缆的各项含义及适用场所。

（1）MYP – 0.38/0.663 ×4 +1 ×4

（2）MCP – 0.66/1.14 3 ×50 +1 ×10

（3）MCPYJB – 0.66/1.143 ×95 +3 ×1.5 +3 ×1.5

（4）MCPTJ – 1.9/3.3 3 ×150 +1 ×70 +1 ×10

（5）MVV22 - 0. 6/1 3 × 240

（6）MYJV32 - 1. 8/3 3 × 300

（7）MYJV42 - 3. 6/63 × 50

2. 分别说明高低压电缆各类型适用场所及选择原则。

3. 已知回采工作面长度为150 m，工作面配电点距离工作面50 m，向配电点供电的隔爆移动变电站距离工作面150 m，型号为 KBSGZY - 630/6，额定容量为630 kVA，额定电压为6 kV。配电点所控各设备技术数据见表1 - 20。

（1）试选择采煤机、转载机及刮板机机头、机尾的各支线电缆型号。

表1 - 20　设备技术参数

设备名称	设备型号	所用电动机电压/kV	所用电动机数量×功率/kW
采煤机	MG132/320 - W	1. 14	2 × 132 + 55
刮板机	SGD630/220	1. 14	2 × 110
转载机	SZZ800/200	1. 14	110

（2）试选择向工作面配电点供电的干线电缆型号。

（3）试选择向隔爆移动变电站供电的高压电缆型号。

4. 分别说明倾角小于30°和大于30°的巷道电缆敷设方法及其要求；说明向采煤机设备供电的电缆敷设方法及其要求。

5. 说明电缆之间的连接方法及其要求；电缆与设备之间的连接方法及其要求。

6. 分别说出用直观和仪表查找电缆短路、断路及漏电的方法。

7. 分别说明电缆的运行检测、日常维护、安全防护项目。

8. 分别说明电缆安装前与检修后的检测项目及检测方法。

二、应会

1. 分别给出各种高压和低压普通橡套、阻燃橡套、屏蔽橡套、塑料铠装电缆头，请同学辨认。

2. 请编写小于30°巷道电缆敷设步骤及防范措施，并且实施。

3. 请编写大于30°巷道电缆敷设步骤及防范措施，并且实施。

4. 请编写电缆与隔爆设备连接步骤及其防范措施，并且实施。

5. 请编写各种同类型电缆与电缆接线盒连接步骤及防范措施，并且实施。

6. 请编写电缆故障类型判别及故障点的查找步骤及防范措施，并且实施。

7. 请编写万用表使用步骤及注意事项，并且用万用表检测电缆的短路和断路。

8. 请编写兆欧表使用步骤及注意事项，并且用兆欧表检测电缆的漏电。

9. 请编写耐压测试仪使用步骤及注意事项，并且用耐压测试仪检测电缆的耐压。

学习情境二　安装维修工作面配电点电气设备

学习任务一　安装维修隔爆馈电开关

学习任务书

一、学习任务

1. 工作情境

1）工作情况

该任务属于安装维修工作面配电点电气设备任务中安装维修隔爆馈电开关子项任务。工作面配电点电气设备包括隔爆馈电开关、隔爆启动器、隔爆组合开关、隔爆照明综合保护装置等。安装维修任务具体为隔爆馈电开关安装前的选择、检测、运输、安装、接线、调试、使用中的维护以及故障检修。

2）工作环境

（1）在井下工作面安装、检修、维护工作面配电点的隔爆馈电开关；与低压电缆安装环境一样有触电、短路、漏电、引爆瓦斯煤尘等危险。

（2）相关连接。电源来自隔爆移动变电站低压真空自动馈电开关的出线侧；负荷为回采工作面配电点的隔爆启动器、隔爆组合开关、隔爆照明综合保护装置等。

（3）相关设备。KBZ20 – 400/1140 型隔爆馈电开关；MCP – 0.66/1.14 – 3 × 25 + 1 × 10 型矿用橡套电缆；QJZ – 400/1140 型隔爆启动器。

（4）使用器具及材料。套扳、扳手、钢丝钳、电工刀、螺丝刀、万用表、兆欧表、便携式瓦检仪、塞尺、工业用凡士林油。

2. 任务要求

该任务具体包括安装和维修两大任务。安装包括使用设备以前的各任务，即安装前准备（根据安装场所选择设备型号、确认所安装设备型号、检测所安装设备质量、检测安装巷道情况）、安装（运输、安放、接线）、安装后验收（检测安装质量、调试、运行）。维修包括使用后的各任务，即运行维护（运行检测、安全防护、日常维护）、故障检修（故障检测、修复、试验）。收集相关资料、制订工作计划并做出决策、执行工作计划并检查控制，最后对工作任务完成情况进行评价反馈。

3. 工作要求

1）安全要求

（1）设备安全。所安装维修的设备不能产生过流断路、短路、漏电及失爆现象，不能因短路、漏电产生的电弧引爆瓦斯、煤尘，不能因过流及过热烧毁设备，不能因过电压导致绝缘击穿，不能因工作环境及操作不当造成机械损伤导致设备损坏。

（2）人身安全。严格按照《煤矿安全规程》不得带电安装检修的要求操作。以防漏电发生触电导致生命危险。

2）质量要求

（1）所安装维修设备的质量满足《煤矿机电设备检修技术规范》[7]"6.3.1 矿用隔爆型低压隔爆交流真空开关"以及《爆炸性环境第 13 部分：设备的修理、检修、修复和改造》[8]"5. 隔爆型电气设备'd'检修的补充要求"。

（2）按照所接电源和负荷调开关的保护装置，满足《矿井低压电网短路保护装置的整定细则》[9]要求。

二、学习目标

1. 知识目标

（1）了解防爆设备的特点、类型和用途。
（2）掌握隔爆馈电开关的结构、组成、特点及使用场所。
（3）熟知隔爆馈电开关的工作原理。
（4）明确隔爆馈电开关的电路图阅读方法。
（5）掌握隔爆馈电开关的安装、调试、维修步骤与要求。

2. 能力目标

（1）能阅读隔爆馈电开关的原理图、安装图。
（2）能对照说明书和电路图识别隔爆馈电开关的各组成部分。
（3）能按照要求拆装隔爆馈电开关。
（4）能按照要求调试隔爆馈电开关。
（5）能对隔爆馈电开关进行日常维护。
（6）能检测及排除隔爆馈电开关的故障。
（7）具有紧急事件处理能力。
（8）具有工作现场处理能力。

3. 素养目标

（1）培养学生重视生命，树立"安全就是政治、安全就是效益、安全就是市场"的安全价值观。严格遵守三大规程，坚决杜绝"三违"作业。
（2）培养学生具有工作现场和紧急事件处理能力。

任务引领书

一、如何选择隔爆馈电开关

安装前首先要根据使用场所选择设备，而不同设备的功能不同，其适用场所也不同。因此必须先明确隔爆馈电开关的结构类型及用途。

1. 用途及类型

隔爆馈电开关是将转换开关、真空断路器、保护装置组装在隔爆外壳内的一种成套配电装置，用于接受和分配低压电能、控制和保护低压动力线路。主要应用于井下变电所或配电点，作为低压配电总开关或分路开关使用，也可作隔爆移动变电站低压侧配电开关用。目前使用较多的有矿用隔爆型真空自动馈电开关和矿用隔爆型智能真空自动馈电开关。前者采用电子保护装置，后者采

矿用隔爆馈电开关介绍

用智能保护装置，保护功能齐全，具有信号显示装置，两者均可实现过负荷、断相、短路、有选择和无选择漏电等多种保护及闭锁功能。

2. 型号及选择

1）型号含义

根据《煤矿用电气设备产品型号编制方法和管理办法》[10]规定，型号编制方法如下：

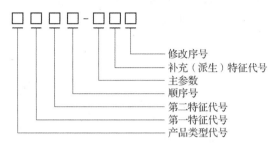

产品类型代号：产品的分类类别，一般用汉语拼音单字母表示，凡是出现区分困难时，允许用双字母表示。例如：B—保护、补偿；G—柜；K—开关、馈电开关；Q—启动器；P—屏、配电装置；X—配电箱；Z—组合装置。

第一特征代号：产品的防爆结构型式，用汉语拼音字母表示。例如：B—隔爆型；H—本质安全型；J—隔爆兼本质安全型；Z—增安型；A—隔爆兼增安型；K—矿用一般型。

第二特征代号和补充特征代号：结构、性能、原理及其他特征不同时需要区别用，用汉语拼音字母表示。例如：C—电磁；D—低压、动力电子保护；F—分；G—高压、固定；J—交流；K—空气、负荷；L—电流、漏电；M—照明；N—可逆；R—热保护、软起动；S—双速、手动、手车；W—微机、温度、无功功率；X—相敏、选择；Y—电压、液压；T—调速、通用；Z—真空、直流、自动、总开关、综合、组合。补充特征代号也可以表明与其主机配套时作识别或需进一步区分其有关特征之用，用汉语拼音字母表示。例如：B—刨煤机；C—采煤机；D—多功能设备；E—掘进机；F—风机；G—刮板机；J—绞车；S—输送机；Y—移动变电站、永磁式；Z—装载机、转载机、煤电钻。

顺序号：产品登记顺序，以阿拉伯数字表示。

主参数：产品的主要技术参数，如电流、电压、功率、主电路数（电流/电压、功率/电压），必要时可用配套机械的主参数。

修改序号：当产品设计有大的修改，作为区分识别之用，用带括号的字母依次表示，如（A），（B），（C）……

隔爆馈电开关的型号如下：

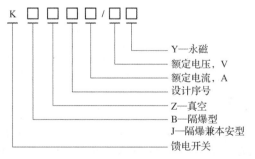

2）按使用场所选择型号

用作总开关时，选择无选择性漏电保护的馈电开关；用作分开关时，选择有选择性漏电保护的馈电开关。对于目前的大部分隔爆馈电开关已经将总开关与分开关合二为一，只需通过调整

"总、分"选择开关实现总开关与分开关的选择。用作移动变电站低压侧总开关时，选择与移动变电站配套的隔爆馈电开关。注意：BKD9系列矿用隔爆型真空馈电开关及DW80系列矿用隔爆型空气馈电开关属于国家明令淘汰设备，严禁使用。

二、如何维修隔爆馈电开关

首先要熟悉开关的结构及工作原理。各种隔爆馈电开关的结构原理大同小异，下面以八达电器公司的KBZ20-400（200）/1140型为例进行介绍。

（一）认识结构

该开关由隔爆外壳及本体组成。

1. 隔爆外壳

外壳具有防爆功能，具体体现为耐爆性和隔爆性，故称隔爆外壳。具有隔爆外壳的设备称隔爆型电气设备，其外壳上均标注有ExdI，用于有爆炸危险场所，如井下工作面、回风巷等地。

1）隔爆外壳的耐爆性

隔爆性是指壳内的爆炸性气体混合物爆炸时，在最大爆炸压力的作用下，外壳不会破裂，也不会发生永久变形，爆炸时产生的火焰和高温气体不会直接点燃壳外的爆炸性混合物。因此，隔爆外壳应具有足够的机械强度，能承受壳内爆炸时产生的最大爆炸压力。

试验证明，外壳内的爆炸性混合气体爆炸时，其最大爆炸压力不是一个定值，此值与瓦斯浓度、外壳的净容积、外壳的间隙和形状等有关。当电火花或灼热导体的温度达到650~750℃以上时，就有引起瓦斯爆炸的可能。电火花最容易引起瓦斯爆炸的浓度是8.5%，而爆炸压力最大的瓦斯浓度是9.5%。爆炸时需要的最小能量为0.28 mJ。外壳的净容积越大，爆炸的压力越大；外壳的散热面积对其容积之比越小，爆炸压力越大；外壳的间隙越小，爆炸压力越大；外壳的形状为长方形时压力最小。隔爆外壳应能承受1.5倍参考压力、加压时间至少为10 s的过压试验，如果没有规定参考压力，ExdI类设备的试验压力为1 000 kPa。过压试验时，若外壳未发生影响防爆型式的永久性变形或损坏，并且没有通过外壳壁泄露，在接合面任何部位的间隙都不应有永久性的增大，则认为耐爆性合格。

为保证隔爆外壳的耐爆性，还必须防止产生压力重叠。如图2-1所示，主腔A和接线腔B间，当接线柱丢失导致有小孔连通时，在A腔发生爆炸后，压力波将以声速涌入B腔，使B腔中的爆炸性气体受到预压。A腔中爆炸生成的火焰传入B腔引爆，在B腔发生爆炸时，其爆炸压力将按B腔内预压力的大小成正比增加，有时可达40个大气压。这一现象就称为压力重叠。为防止压力重叠，贯穿接线盒和主腔的连接螺栓必须牢固密封，螺栓不能丢失。

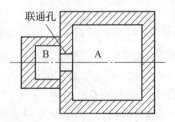

图2-1　多空腔连通示意图

2）隔爆外壳的隔爆性

隔爆性又称不传爆性，当爆炸性混合物在壳内爆炸时产生高温气体或火焰，通过外壳与外盖各接合面处的间隙喷向壳外时能得到足够的冷却，使之不会点燃壳外的爆炸性混合物。这种具有隔爆性的接合面，称为隔爆接合面，如图2-2中的19所示。

试验表明，爆炸产生的高温气体或火焰只要通过一个狭长且光洁的隔爆间隙传到壳外，就能得到足够的冷却，不致点燃壳外的爆炸性混合物。因此，要严格控制各接合面的间隙（图2-2中的21）、最小宽度（火焰外泄通过接合面的最小路径长度）和粗糙度。表2-1给出了矿用电气设备隔爆外壳接合面结构参数。

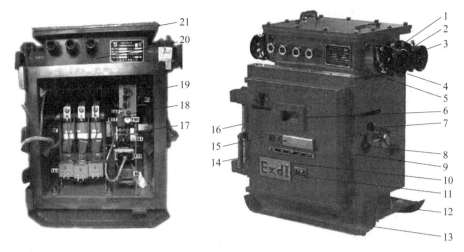

图 2－2　KBZ20－400/1140 型隔爆馈电开关外壳

1—压盘压紧螺栓；2—压线板及其压紧螺栓；3—电源电缆喇叭嘴；4—负荷电缆喇叭嘴；5—控制电缆喇叭嘴；
6—观察窗；7—转换开关操作手柄；8—闭锁螺栓；9—锁块；10—防爆标志；11—煤安标志；
12—接地螺栓；13—拖撬；14—前门把手；15—操作按钮排；16—前门铰轴；17—侧板；
18—隔爆主腔；19—隔爆接合面；20—接线盒；21—隔爆间隙

表 2－1　矿用隔爆电气设备隔爆外壳接合面结构参数

接合面类型		接合面最小宽度 L/mm	最大间隙/mm				粗糙度/μm
			$V \leqslant 100/cm^3$	$100 < V \leqslant 500/cm^3$	$500 < V \leqslant 2\,000/cm^3$	$V > 2\,000/cm^3$	
平面接合面圆筒形接合面或止口接合面		6	0.3	—	—	—	接合面的平均粗糙度不允许超过6.3
		9.5	0.35	0.35	0.08	—	
		12.5	0.40	0.40	0.40	0.40	
		25	0.50	0.50	0.50	0.50	
旋转电机转轴接合面	滑动轴承	6	0.30	—	—	—	接合面的平均粗糙度不允许超过6.3
		9.5	0.35	0.35	—	—	
		12.5	0.40	0.40	0.40	0.40	
		25	0.50	0.50	0.50	0.50	
		40	0.60	0.60	0.60	0.60	
	滚动轴承	6	0.45	—	—	—	
		9.5	0.50	0.50	—	—	
		12.5	0.60	0.60	0.60	0.60	
		25	0.75	0.75	0.75	0.75	
		40	0.80	0.80	0.80	0.80	

不能满足耐爆性和隔爆性要求的一律视为"失爆"，失爆的电气设备严禁在井下有爆炸危险的场所使用。

3）KBZ20－400/1140 型隔爆馈电开关隔爆外壳

开关外壳为方形，如图 2－2 所示。分隔爆接线盒与隔爆主腔。

（1）隔爆接线盒。外壳的顶部为隔爆接线盒 20，接线盒的两侧设有 4 个动力电缆接线引入装置（又称接线嘴俗称喇叭嘴），可穿不大于 φ68 mm 的橡胶电缆，其中后两个为电源进出线喇叭嘴 3，前两个为负荷出线电缆喇叭嘴 4。喇叭嘴座内有密封胶圈用于电缆与喇叭嘴之间的密封，密封圈上有不同内径的分层，可适用于不同外径的电缆；密封圈外侧有钢圈，钢圈外侧有喇叭嘴压盘，通过上下两个螺栓1将喇叭嘴压盘与喇叭嘴座压接，压盘上还有压线板及其压紧螺栓2，以压紧穿入喇叭嘴的电缆，防止电缆拔脱。接线盒的前面有控制电缆接线嘴5可穿不大于ϕ20 mm的橡胶电缆，接风电闭锁、远方分励、辅助接地引出线。接线嘴座内也有分层密封圈和钢圈，采用压紧螺母压接。接线盒内设有各电缆的接线柱，实现引入电缆与主腔内元件的连接。

（2）隔爆主腔。外壳的中部为主腔17，主腔内壁顶部设与接线腔连接的端子，内壁右侧为转换开关SA_1，主腔内设开关本体，右侧设侧板。主腔前门为铰轴平移快开门，门关闭时，前门的锁块9扣住壳体的门槛；扳动左侧门把手14向右平移使锁块脱离门槛，方可打开前门，使前门支撑在左侧的铰轴16上。前门右侧有转换开关操作手柄7与前门闭锁螺栓8实现机械闭锁，转换开关在合闸（通电）状态下，将闭锁螺栓顶入前门的锁块旁，阻挡锁块不能向右脱离门槛而无法开门，实现防止带电开门的闭锁；只有转换开关在分闸（断电）位，才能使闭锁螺栓退入转换开关操作轴上的槽内，解除对锁块的阻碍，方可打开前门。闭锁螺栓的顶入和退出需用专门的钥匙操作，只有持有钥匙的电工有权操作，以防无关人员任意通断。前门有综合保护装置及其外围设备：液晶显示器与观察窗6可观察开关工作状态及查询故障；"分闸""合闸""向上""向下""复位""确认"等操作按钮15可进行开关操作和液晶显示器中的菜单操作。前门还有隔爆设备标志10（有此标志者方可井下使用）、煤矿矿用产品安全（简称煤安）标志11（无此标志者不可井下使用）等。主腔的下方为拖撬13以便开关拖动，拖撬侧面还有接地螺栓12，实现外壳与接地极的连接。

2. 本体

本体由真空断路器、电流互感器、零序电流互感器等组成，如图2-3所示。

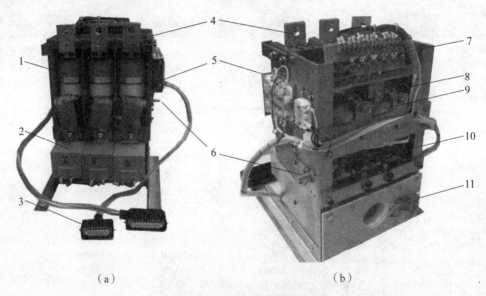

（a） （b）

图2-3 真空断路器结构

(a) 正视图 (b) 后视图

1—真空管；2—电流互感器；3—插头；4—主回路进线端子；5—辅助触点；6—脱扣按钮；7—整流二极管；
8—复位弹簧；9—断路器合闸线圈；10—脱扣机构；11—零序电流互感器二次端子

1）真空断路器

正常情况下用于接通、断开主回路负荷；故障情况下执行保护指令，断开主回路，并且可以切断负载电流和短路电流产生的电弧。真空断路器由分合闸机构（合闸线圈9和脱扣机构10）、真空管1及其辅助触点5等组成。

（1）分合闸机构。分合闸机构原理示意如图 2-4 所示。合闸前 T_1、T_2 有电，不漏电时 K_4 线圈有电，$K_{4.1}$、$K_{4.2}$ 闭合为合闸做准备。合闸时按下合闸按钮 SB_1，K_3 线圈有电，其触点闭合，接通合闸线圈 QF，产生磁力带动图中的 QF 主触头闭合，同时带动锁扣机构 2 与 3 锁扣（如图示状态），并且在复位弹簧 1 的拉力下保持主触头 QF 在合闸状态；同时辅助触头 QF_1 闭合，为脱扣线圈 YA_1 接通做准备。分闸时按下分闸按钮 SB_2，接通脱扣线圈 YA_1，YA_1 产生磁力克服衔铁 4 右侧的弹簧 1 作用，使其左端向上推动 3 与 2 脱扣，在主触头复位弹簧 1 的作用下，主触头断开，断路器分闸。此外在故障状态下，如过流或漏电，保护装置使 A_2 闭合接通 YA_1，其衔铁推动 3 与 2 脱扣；同时 A_1 断开欠压脱扣线圈 YA_2，其衔铁失去磁力，在其上方弹簧 1 的作用下，衔铁向上推动 3 与 2 脱扣，使断路器跳闸，实现保护。欠压脱扣线圈 YA_2 还可以实现欠压保护和失压保护，当电源电压过低或停电时，欠压脱扣线圈磁力过低或消失，不能克服衔铁上的弹簧力，衔铁在弹簧作用下使 3 脱扣，断路器跳闸，实现保护。

（2）真空管。真空管结构及外形如图 2-5 所示，主触头（静触头与动触头）实现动力线路（又称主回路）的通断；玻璃或陶瓷外壳内为真空状态可以防止由于空气被电离产生的电弧；静触头与外壳密封以保证真空；动触头经波纹管与外壳密封，波纹管可以随动触头伸缩；由于触头表面电离产生的金属粒子扩散到壳内表面形成动静触头短路，在管子内壁与触头中间设置铜管做成的屏蔽罩，以阻断其短路通道。

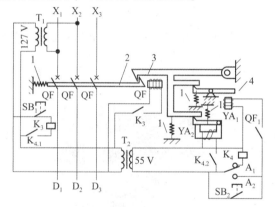

图 2-4　分合闸机构原理示意图（忽略整流器）
1—弹簧；2—锁扣机构；3—脱扣机构；4—衔铁

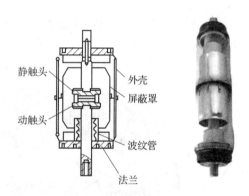

图 2-5　真空管结构及外形图

（3）辅助触点。如图 2-3 中的 5 所示，为常闭触点与常开触点组成的行程开关。在合闸机构带动下压动动触点，使常开触点闭合，常闭触点断开。

（4）整流器。如图 2-6 所示，其中 U1 为大功率二极管，向合闸线圈供电，U2 为集成电路向脱扣线圈 YA_1 供电，U3 为集成电路向欠压脱扣线圈 YA_2 供电。

（a）

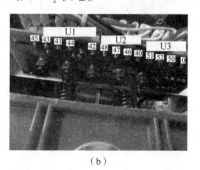

（b）

图 2-6　整流器结构图

（a）整流元件及接线端子编号；（b）整流印刷电路及对应端子编号

2）电流互感器

电流互感器结构如图2-7所示。由铁芯及其一、二次侧绕组组成。电流互感器利用变压器的变电流原理，将主回路大电流信号变小，用于向电子过流保护及监测装置提供主回路电流信号。

图2-7　电流互感器示意图
1—次侧绕组（主回路导线）从此穿过；
2—铁芯；3—二次侧绕组

为了检测主回路电流，一次侧绕组必须串入主回路，二次侧与保护或监测装置相连。由于电流与绕组匝数成反比，故一次侧电流较大、匝数较少，甚至为被测主回路自身。由于电流与电压成反比，故二次侧电流较小、电压较大，为此，二次侧绕组不许开路。为防止一、二次侧间绝缘破损导致二次侧带有大电流，烧毁所接保护和监测装置，需将二次侧绕组一端与铁芯共同接地。

3）零序电流互感器

零序电流互感器结构与电流互感器结构基本相同，区别在一次侧绕组为主回路三相电缆自身。与电流互感器同为利用变压器的变电流原理来工作，但不同的是零序电流互感器将主回路一次侧三相电流相量和变为二次侧零序电流信号，为有选择性漏电保护装置提供信号。

3. 侧板

侧板结构如图2-8所示，侧板正面设有电源变压器1、滤波电路板2、三相电抗器3、阻容过电压保护装置4、接线端子排插座5、零序电压互感器6、转换开关7、电源变压器一次侧熔断器8、工作方式选择开关9、电源变压器二次侧熔断器10等组成。侧板背面有中间继电器11。

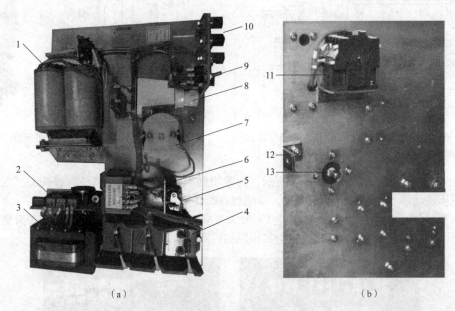

（a）　　　　　　　　　　　　　　（b）

图2-8　侧板结构

（a）侧板正面；（b）侧板背面

1—电源变压器T1；2—滤波电路板；3—三相电抗器L；4—阻容过电压保护装置RC；5—接线端子排插座；
6—零序电压互感器T_3；7—转换开关SA_1；8—一次侧熔断器FU_1；9—选择开关SA_2；10—二次侧熔断器FU_2；
11—中间继电器K_5；12—侧板螺栓孔；13—转换开关操作轴

1）电源变压器

电源变压器是由铁芯，一、二次侧绕组，接线端子组成，将主回路的1 140 V或660 V变为

127 V，为控制、保护、信号等回路提供电源。

2）三相电抗器

三相绕组绕在"日"形闭合铁芯上。三相绕组的首端接在三相电网上，尾端短接制成人工中性点，用于实现直流附加电源与三相电网的连接，利用电抗器"通直阻交"的特性，使直流电源 E 同时加到三相电网上，并且防止三相交流短路。

3）零序电压互感器

零序电压互感器一、二次侧线圈绕在闭合铁芯上，一次侧接到三相电抗器的中性点与地之间。一次侧产生的电压即为中性点对地电压，当三相电网正常时三相电压对称，其中性点对地电压为零，互感器二次侧无电压信号；当一相绝缘破损接地时导致中性点对地电压不为零，互感器二次侧的电压即为零序电压，可为综合保护中的选择性漏电保护装置提供漏电信号；另一方面，即使绝缘没有漏电，但是由于电缆较长，对地电容增大，导致人身触电后流过人体的电容电流超过安全值危及人身，或者导致一相接地后的对地电容电流大于规定值而产生串联谐振过电压危害电网绝缘，甚至接地电弧会引爆瓦斯，危及矿井。接入零序电压互感器后，增加了对地电感电流，因其与对地电容电流相量相反，使对地电流相量和减小甚至为 0，称其为补偿甚至完全补偿，从而减小了人身触电电流和对地电容电流，保证了人身、电网及矿井的安全。

4）阻容吸收装置

三相电容与电阻并联后再与电阻串联连接成星形，用于释放操作真空断路器产生的过电压，串联的电阻起分压作用，防止电容击穿，并联的电阻起分流和电容放电作用。

5）转换开关与选择开关

转换开关控制电源变压器的电源，通过隔爆外壳右侧的手柄操作。选择开关可根据开关的作用选择，做总开关使用时，选择在"总"位置；做分开关使用时，选择在"分"位置。

6）熔断器

熔断器俗称保险，由熔断管（保险管）、管座组成，做过流保护。熔断管内装有低熔点的金属作熔体，一旦过流既熔断，切断电路实现保护。由于变压器一次侧的电流较大，一次测的熔断管内填装石英砂以便灭弧，管子的一端有红点做指示，一旦管内的熔体熔断红点即消失，由管座顶端的玻璃窗即可看到，此时需更换熔断管。变压器二次侧电流较小，其熔断管内没有灭弧装置，为一玻璃管，一旦熔体熔断即可看到，需立即更换。

7）中间继电器

中间继电器是由电磁铁和触点组成，电磁铁由线圈和铁芯组成，触点由多个常开触点和常闭触点组成，用于传递和放大控制指令。线圈由主令控制器如按钮控制，发出起动或停止指令，接通或断开线圈，产生或消除电磁力，带动触点动作或复位。由于触点数量多、容量大，从而产生传递和放大指令的作用。

4. 门板

门板结构如图 2−9 所示，门板正面由智能综合保护装置 4 及其输入输出设备组成，输入设备有控制变压器 1、操作按钮排 2；输出设备有液晶显示器 3。门板背面有中间继电器 10、12 和时间继电器 11 及其电源侧的整流器 6 和熔断器 7，还有与主腔连接的插销 8、9。

1）智能综合保护装置

由单片机组成信号转换、信号比较、信号驱动等电路，通过插销 5 与输入输出电路连接。信号转换电路将互感器等提供的保护信号转换为电压信号和数字信号供给信号比较电路，与整定信号比较，当转换信号大于整定信号时，确认故障发生，输出动作指令经信号驱动电路放大后，驱动断路器的脱扣线圈，执行脱扣跳闸，从而实现保护。根据提供的主回路电流信号、漏电信号、电压信号可以分别实现过流、漏电、欠压等保护。

(a)   (b)

图2-9 门板结构

(a) 门板正面;(b) 门板背面

1—控制变压器 T_2;2—操作按钮排;3—液晶显示器;4—智能综合保护装置;5—保护装置插销;
6—整流器 U_4;7—熔断器 FU_3、FU_5;8—航空插销;9—与本体连接插销;10—中间继电器 K_3;
11—时间继电器 KT;12—中间继电器 K_4;13—螺栓

2)按钮

由按钮帽、按钮杆、复位弹簧、动触点、静触点及其接线柱组成常开按钮与常闭按钮。如图
2-10所示。当按下按钮后,常开触点闭合接通回路,发出合闸指令,常闭按钮断开,发出分闸
指令。可根据控制要求进行连接。

3)控制变压器

将电源变压器127 V电源变成100 V、55 V、9 V,向智能综合保护装置供电。

4)时间继电器

时间继电器是由电磁铁和延时触点组成,实现延时控制。电磁铁线圈由中间继电器触点控
制,通电后产生磁力,通过延时机构延时后使触点动作,接通或断开所控电路。这里主要是用于
按下合闸按钮后延时断开合闸线圈。

5)插销

插销由插头和插座组成,各自有接线端子实现与外电路连接,每个接线端子都有编号,其中
航空插销8的编号直接标注在插头和插座上,插销9的编号如图2-11所示,插头以凸块为标
志,凸块位于右端时,上排从右到左依次为1至10,凸块下排从右到左依次为11到20;插座以
缺口为标志,缺口位于右端时,下排从右到左依次为1至10,上排从右至左依次为11到20。

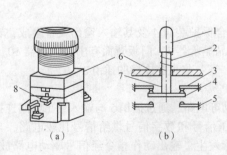

图2-10 按钮结构

(a) 外形图;(b) 内部结构

1—按钮帽;2—复位弹簧;3—静触点(常闭);4—动触点;
5—静触点(常开);6—外壳;7—按钮杆;8—接线柱

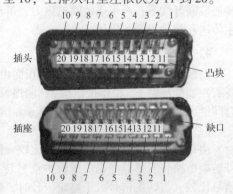

图2-11 插头与插座
及其编号规则

（二）如何分析故障

欲分析电路故障，首先要明白电路工作原理，而欲明白电路工作原理，就需读懂电路图。

1. 电路图的绘制与阅读

电路图是指由各种电气设备和电气元件符号所组成的图形，这些设备和元件符号要用国家规定的标准图形符号和文字符号来表示。为了掌握电路组成、工作原理及故障分析，必须学会阅读电路图，而阅图的前提是明白其绘制的原则。

电气原理图
的绘制

1）电气符号绘制

20世纪60年代初期，国家颁布了电气领域中图形符号和文字符号的国家标准（简称国标）。为了适应生产技术的发展和国际间的技术交流，分别于1985年、2000年、2008年进行了3次修订，同时废除旧国标。表2-2为常用的电气图形符号和文字符号新旧对照表。

表2-2　电路图用图形符号和文字符号新旧对照

名称		新国标		旧国标出现的不同符号	
		图形符号	文字符号	图形符号	文字符号
电力电路开关类			Q		
隔离开关			QS	单极　三极(单线)　三极(多线)	GK
负荷开关			QL	三极(单线)　三极(多线)	FK
断路器			QF	二极(单线)　三极(单线)　三极(多线)	DL
辅助电路开关类			S		
控制开关		动合(常开)　动断(常闭)	SA	动合(常开)　动断(常闭)	K
选择开关	中间断开双向选择		SA		XZK
	先断后合选择开关		SA		XZK
	多位选择		SA		XZK

名称		新国标		旧国标出现的不同符号	
		图形符号	文字符号	图形符号	文字符号
按钮	旋钮		SB		NK
	起动按钮		SB		QA
	停止按钮		SB		TA
	复合按钮		SB		QA TA
位置开关	常开触头		SQ		XWK
	常闭触头		SQ		XWK
	复合触头		SQ		XWK
接触器、继电器开关类			K		
接触器	主触点	动合(常开) 动断(常闭)	KM	动合(常开) 动断(常闭)	C
	辅助触点	动合(常开) 动断(常闭)	KM	动合(常开) 动断(常闭)	C
	线圈		KM		C
中间继电器	线圈		KM		ZJ
	触点	动合(常开) 动断(常闭)	KM	动合(常开) 动断(常闭)	ZJ
电流继电器	线圈		KA		J
	触点	动合(常开) 动断(常闭)	KA	动合(常开) 动断(常闭)	

名称		新国标		旧国标出现的不同符号	
		图形符号	文字符号	图形符号	文字符号
欠压继电器	线圈	$U<$ 50···80 V 整定范围从 50 V 到 80 V	KV	$U<$	QYJ
	触点	动合（常开） 动断（常闭）	KV	动合（常开） 动断（常闭）	QYJ
时间继电器	线圈	缓慢释放 缓慢吸合	KT	缓慢释放 缓慢吸合	SJ
	动合（常开）触点	延时闭合 延时断开	KT	延时闭合 延时断开	SJ
	动断（常闭）触点	延时断开 延时闭合	KT	延时断开 延时闭合	SJ
保护电器类			F		
过流继电器	线圈	$I>$	FA	同左	GLJ
	触点	动合（常开） 动断（常闭）	FA	同左	GLJ
热继电器	驱动元件		FR		RJ
	触点	动合（常开） 动断（常闭）	FR	动合（常开） 动断（常闭）	RJ
熔断器			FU		RD
避雷器			FV		
变压器类			T		
变压器	电力变压器	多线表示 单线表示 双绕组	TM	同左	B
	控制变压器	多线表示 单线表示 三绕组	TC	同左	KB
互感器	电压互感器		TV		YH
	电流互感器	单线表示 多线表示	TA	同左	LH
	零序电流互感器	单线表示 多线表示	TAN	同左	LH

名称		新国标		旧国标出现的不同符号	
		图形符号	文字符号	图形符号	文字符号
电感器类		L			
电抗器		(符号)	L	同左	L
电感器		(符号)	L	同左	L
电动机类			M		
直流电动机		直流串励电动机　直流并励电动机	M	多线　多线　单线　单线　串励　并励	D
交流电动机		M 3~　M 3~　三相鼠笼式　三相绕线式	M	多线　多线　单线　单线　三相鼠笼式　三相绕线式	D
同步电动机		MS 1~　MS 3~　单相同步电动机　三相同步电动机	M	多线　单线　单线　单相凸极　三相凸极	D
调制器变换器类			U		
整流器		整流器　桥式全波整流器	U	(符号)	U
逆变器		(符号)	U	(符号)	U
传输通道、导线类			W		
导线、电线、电缆、传输线	一般符号	——一根　或 ——三根	W	同左	X
	附加标注的符号　可标注附加信息,如电流种类、配电系统、频率、电压、导线数、每根导线的截面积、导线材料的化学符号	3/N~400/230V50Hz　3×120 mm²+1×50 mm²　注:三相四线制电路,400/230V、50Hz,三根120 mm²的导线,一根50 mm²的中性线	W	单线　多线	X
	电缆中的导线	(符号)	W	R多线　R单线	X

名称	新国标 图形符号	新国标 文字符号	旧国标出现的不同符号 图形符号	旧国标 文字符号
端子、插头、插座类		X		
接点	接点　T型连接　双重连接	X	或　接点　T型连接　双重连接	
接线端子	端子　端子板可加端子标志	XT	可拆卸的端子　11 12 13 14 15 16 端子板加端子标志	DZ
插座		XS		CZ
插头		XP		CX
插头、插座		X		CX
多级插头插座	单线表示	X		CX
连接片	接通的连接片　断开的连接片	XB	连接片　换接片	LP
电缆接线盒	电缆密封终端，带有一根三芯电缆	X	电缆终端头（电缆终端套管）	
电缆分接盒	多线表示（单线表示见右）	X	电缆分接头	
测试设备类		P		
电流表	A	PA	同左	
电压表	V	PV	同左	
电度表	Wh	PJ	同左	

（1）电气图形符号。通常用于图样或其他文件以表示一个设备或概念的图形、标记，统称为图形符号。它是按照电气设备和电气元件的原理设计的，简明易懂，阅读方便。图形符号通常由一般符号和限定符号两个部分组成。如开关的一般符号是由动触点和静触点两部分组成（表2－2中的控制开关），如果在静触点上加一些限定符号，就可分别表示隔离开关、接触器、断路器等触点；如果在动触点上加一些限定符号，就可分别表示按钮、行程开关等。

（2）电气文字符号。用于标明电气设备、装置和元器件的名称、功能、状态及特征的字符统称为电气文字符号，一般标注在电气设备、装置和元器件图形符号之上或其近旁。20世纪60年代的旧国标中，文字符号采用汉语拼音字母。为了适应国际交流，新文字符号采用了通用的拉丁字母和英文字母。新文字符号由三部分组成，第一个字母表示电气设备的类别（见表2-2中各类设备的文字符号），第二个字母表示该类中的某一种设备即组别，通常即表示设备名称（如表2-2中QS的"S"即表示"隔离开关"），第三部分用于辅助说明其功能、特征等。一般采用英文单词缩写，如A—电流、模拟；AC—交流；AUX—辅助；BW—向后；C—控制；D—延时、数字；DC—直流；E—接地；L—低；LA—闭锁；P—保护、压力；PE—保护接地；ST—起动；STP—停止；T—温度、时间；IN—输入；OUT—输出；ON—闭合；OFF—断开；V—电压、真空、速度。如不特别强调时，第三部分甚至第二部分也可省略。如真空断路器的文字符号QFV中，Q表示电力开关类，F表示断路器，V表示真空。若"QF"只表示"断路器"，"Q"就只表示"电力开关"。

2）电路原理图的绘制原则

电路图通常分为电路原理图和安装接线图。电路原理图按照便于阅读与分析电路的原则，根据电路连接关系绘制而成，图中包括所有电气元件的导电部件和接线端子，但是并不反映元件的实际安装位置。如接触器的主触点画在主回路，而辅助触点和线圈画在辅助回路。安装接线图按照便于安装和检修电气设备的原则绘制，它既表示了电路中各电气元件的接线情况，又反映了实际安装位置。绘制电路原理图的原则如下：

（1）画框。画标题框，写明图名、绘图人、审图人等基本信息；画元件明细表，标出元件名称、符号、型号等基本信息。

（2）画路。将全部电路分为主回路（也称为一次回路）和辅助回路（称为二次回路）。从电源向电动机、电热设备等负载提供电能的强电流回路为主回路；主回路以外的回路统称辅助回路，如控制回路、信号回路、测量回路等。绘制电路时，一般将主回路画在图纸的上方或左方，辅助回路画在图纸的下方或右方，电源画在左上方，负荷画在另一端。为了便于看清电路的工作原理，尽可能按工作顺序排列。

（3）画件。图中的电气设备和元件应按照规定的图形符号和文字符号表示，同一种电器必须用相同的文字符号表示，如两个相同的接触器KM，可用1KM、2KM表示或用KM_1、KM_2表示。而每个接触器有多个触点可用$1KM_1$、$1KM_2$或$KM_{1.1}$、$KM_{1.2}$表示。但在绘图时一定要注意，同一电路图中应采用相同的表示方法。电路图中，所有开关和触点都按"常态"（即未施加外力或电磁线圈未通电的状态）画出。

（4）画线。导线按实线画出。非电气联系用虚线表示，如机械传动装置、电路板等。

（5）画点。圆点表示接点。十字交叉的导线，在交叉处用圆点表示电气上的连接，无圆点则表示导线不连接，而是跨越；圆圈表示可拆卸的接点，即接线柱。

（6）编号。为安装检修及读图方便，电器的接线端子及导线的连接点最好要标记编号。

2. 原理图的阅读

由于电路图纸的种类及内容的差别，识图的方法、步骤也有所不同，但看图的基本步骤大体一致，一般为：①看框。从标题栏到元件明细表，了解基本信息。②看路。从主回路到辅助回路，了解各个回路。③看件。从电源、开关到负载，了解各回路组成。④看线。从电路连接到机械联系，了解机电连接关系。⑤看点。从接点到接线柱，了解电路接点。在此将以图2-12所示KBZ20-400/1140（660）型自动馈电开关原理图为例，说明电路图的读图方法。

电气原理图的阅读

1）识别电路组成及元件

首先识别主、辅回路，其次识别各回路导线连接的电源、开关、保护及负荷等组成元件。

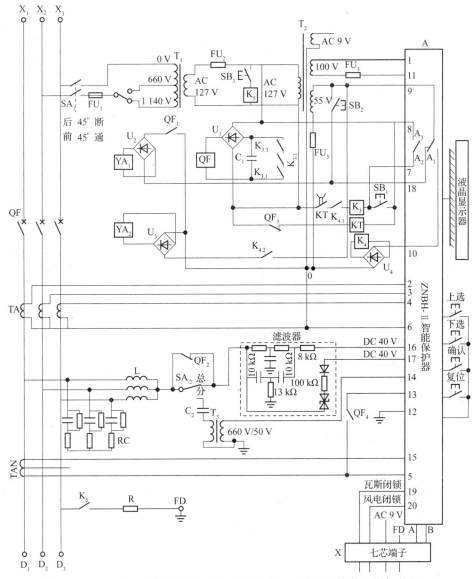

图 2 – 12 KBZ20 – 400/1140（660）矿用隔爆型智能自动馈电开关电路原理图

（1）主回路。主回路最明显的特征是三相交流，因此图中左侧的三根导线即为主回路。由位于左上方的电源端 X_1、X_2、X_3，真空断路器 QF 主触头开关，为过流保护提供信号的电流互感器 TA 一次侧，为漏电保护提供信号的零序电流互感器 TAN 一次侧，负荷端 D_1、D_2、D_3 组成。

（2）辅助回路。主回路以外的即为辅助回路。根据负荷的不同分别组成以下回路。

电源变压器 T_1 二次侧回路。由转换开关 SA_1 控制、熔断器 FU_1 保护，分别向 K_5 线圈、U_1 整流器及其断路器 QF 合闸线圈、中间继电器 K_3 线圈、时间继电器 KT 线圈、辅助变压器 T_2 供电。

检漏试验继电器 K_5 回路。由 FU_2 保护、SB_3 控制及负荷 K_5 线圈组成。

中间继电器 K_3 线圈回路。由 127V 供电、SB_1 与 A_3 并联及 $K_{4.1}$ 与 KT 触点串联控制及负荷 K_3 线圈组成。

断路器合闸回路 QF。由直流电源 U_1 整流器供电、$K_{3.1}$ ~ $K_{3.3}$ 中间继电器触点控制及负荷 QF 合闸线圈组成。

时间继电器 KT 线圈回路。由 127 V 供电、QF_3 常闭触点控制及负荷 KT 线圈组成。

辅助变压器 T_2 一次侧回路。由保护 FU_2 及负荷 T_2 辅助变压器组成。本身无控制开关，一旦 T_1 工作，T_2 既可接通，将 127 V 变为 9 V、100 V、55 V 分别向以下回路供电：

100 V 向智能保护 A 的回路供电。智能保护器实际上是单片机（微机），可根据输入的各种信号或指令进行逻辑运算，发出指令或信息给输出回路，实现控制和信息显示。智能保护内部电路一般不需维修，一旦损坏更换智能保护插件即可，因此只需检修和阅读其外围电路，外围电路根据信号进出综合保护，分为输入回路与输出回路，输入回路有：提供电流信号 2、3、4 对 6 端的电流互感器 TA 二次回路，提供附加直流漏电流信号的 16 对 17 端经三相电抗器 L 中性点到三相对地绝缘电阻回路，提供零序电流信号的 15 对 5 端的零序电流互感器 TAN 二次回路，提供零序电压信号的 14 对 12（地）端零序电压互感器 T_3 二次回路，提供 QF 状态信号的 13 对 5 端 QF 触点回路，提供瓦斯电闭锁和风电闭锁信号的 19、20 分别对 12（地）端的外接瓦斯断电仪触点和局部通风机启动器触点回路，提供通信信号的 A、B 端子的外接回路，提供人工指令信号的"上选""下选""确认""复位"按钮回路。智能保护的输出回路有：控制脱扣线圈 YA_1 的 9 对 18 端 A_2 常闭触点回路，控制 K_4 线圈的 9 对 10 端 A_1 常开触点回路，控制中间继电器 K_3 线圈的 8 对 7 端 A_3 常开触点回路，输出信息的液晶显示器回路。

55 V 向 U_2 及其 YA_1 脱扣线圈回路、U_3 及其 YA_2 欠压脱扣线圈回路、U_4 及其 K_4 线圈回路供电。其中，SB_2 与 QF_1 串联控制 U_2 及其 YA_1 线圈，$K_{4.2}$ 控制 U_2 及其 YA_2 线圈，A_1 控制 K_4 线圈。

9 V 向风电闭锁、瓦电闭锁回路供电。其中 19 端与 AC9V 端子外接瓦斯闭锁触点，20 与 AC9V 端子外接风电闭锁触点。

2）识别元件之间的机、电联系

根据电路符号识别元件之间的电气联系，如标有 QF 的元件之间有着电气联系，即 QF 线圈一旦有电，就会产生磁力使其各触点动作：主触点 QF、辅助触点 QF_1 和 QF_4 等常开触点闭合，辅助触点 QF_2、QF_4 等常闭触点断开。同理标有 K_3、K_4、KT 的线圈与各自的触点间也都有电气联系，一旦线圈有电自身的触点同时动作。

根据虚线识别元件之间的机械联系。如 SA_1 两个常开触点之间用虚线连接，表示两个触点有机械联系，即两个触点联动。有时为了图纸简洁，一些机械联系并不画出，要靠我们的常识来联系，如脱扣线圈 YA_1 及欠压脱扣线圈 YA_2 均与断路器 QF 有机械联系，YA_1 有电或 YA_2 失电都会通过脱扣机构使得 QF 脱扣跳闸。

3）阅读工作原理

电路的工作状态主要有起动（包括反向起动）、停止（包括保护跳闸），各自的分析方法是相同的。

馈电开关
工作原理

（1）起动原理分析。起动就是将主回路的负荷与电源接通，也就是接通之间的开关，因此分析的第一步就是"负荷出发到电源，手动开关要找出"。如图中负荷端 $D_1 \sim D_3$ 到电源端 $X_1 \sim X_3$ 之间的开关为 QF，但是需要判断该开关是手动还是电动，判断方法是看其有无电磁线圈，如果无电磁线圈即为手动。图中 QF 有合闸线圈属于电动开关，需继续查找控制其线圈通电的开关，即 $K_{3.1} \sim K_{3.3}$。同理该开关也由 K_3 线圈控制，找出 K_3 线圈的控制开关有 KT、$K_{4.1}$、A_3 或 SB_1，其中 KT 由 QF_3 常闭触点控制，即已接通；K_4 线圈由智能保护 A_1 触点控制，A_1 又是由智能保护 A 控制，根据保护装置设计，只要 A 的 16、17 端输入漏电流信号没有超过动作值（即无漏电故障）时，就可使 A_1 闭合；A_3 也是由 A 控制，根据保护装置设计可由通信端子输入远方控制指令而接通 A_3，实现远方控制；按下按钮 SB_1 也可接通 K_3 线圈，SB_1 正是要找的手动开关。但是将 K_3 线圈作为负荷继续向电源找，发现其电源 T_1 的一次侧还有一个手动开关 SA_1。因此一共找到 2 个手动开关。

找到手动开关的目的是通开关，因此分析的第二步是"电源出发到负荷，手动开关通回路"。首先合 SA_1，接通 T_1、T_2 及其整流电源 $U_1 \sim U_4$ 和智能保护 A，A 的 16、17 端输出附加直流电源，经滤波器 L "通直阻交" 接至三相电网对地绝缘电阻上，检测有无漏电。如果未发生漏电，A 控制 A_1 接通 K_4 线圈，$K_{4.1}$ 闭合，为接通 K_3 线圈做准备；$K_{4.2}$ 闭合接通 YA_2，为 QF 合闸做准备（否则 YA_2 失压脱扣、QF 不能锁扣）。同时 KT 线圈也得电，KT 触点闭合，为接通 K_3 做准备。此时按下 SB_1，即可接通 K_3 线圈，$K_{3.1} \sim K_{3.3}$ 触点闭合，接通 QF 合闸线圈，主触头 QF 闭合实现合闸；辅助触头 QF_1 闭合，为 YA 接通保护做准备；QF_2 断开附加直流电源回路，以便分开关使用时实现选择性漏电保护；QF_3 断开时间继电器 KT，其触点延时断开合闸线圈 QF，以防长期通电导致过热烧毁 QF 线圈；QF_4 闭合给智能保护反馈信号，以便显示器显示 "合闸" 状态。如果发生漏电，绝缘电阻低于漏电动作值，使得回路漏电电流值大于漏电保护整定值，A 则不接通 A_1，从而 K_4 线圈无电，$K_{4.1}$ 及 $K_{4.2}$ 不动作，使得 K_3 线圈和 QF 线圈无法接通，实现了漏电闭锁，防止漏电状态下的起动。

（2）停止原理分析。停止就是将负荷与电源断开，也就是断开已闭合的开关。关键是断开顺序为 "负荷出发断开关"，也就是先断开控制负荷的 QF，再断开控制电源的 SA_1。这是因为断开负荷时产生电弧，必须有灭弧装置，而断路器有灭弧装置，电源开关没有灭弧装置。根据控制关系找到断开 QF 的手动开关 SB_2，即按下 SB_2，接通脱扣线圈 YA_1，使得 QF 脱扣分闸，断开主回路。

（3）保护原理分析。保护实际上就是发生故障后自动停止。因此要解决的问题就是，如何知道发生故障？如何判断故障？如何发出指令？如何执行指令？解决的办法就是，首先设置提供故障信号的装置：如用电流互感器提供主回路过流信号，零序电流互感器和零序电压互感器提供主回路的选择性漏电信号，附加直流回路提供主回路无选择性漏电流信号。其次由综合保护装置与设定的保护动作值比较进行判断，如大于过载保护动作值即为过载故障、大于短路保护动作值即为短路故障、大于零序电流动作值及其相位滞后零序电压即为选择性漏电故障、附加直流回路对地绝缘电阻小于漏电电阻动作值即为无选择性漏电故障。然后就是由综合保护装置发出动作指令，如过载保护时延时（短路保护时瞬时）使 A_2 触点闭合、A_1 触点断开。最后就是由脱扣线圈 YA_1、YA_2 执行指令，实现断电，同时发出故障指示。所以分析保护原理的方法，就是找到保护装置的各种故障输入信号和保护指令输出信号，从而实现相应的保护。为了防止保护动作跳闸后，在未消除故障下继续送电，一般都设有记忆功能，即将 A_1 触点锁定不能接通，从而无法起动，称之为保护闭锁。只有排除故障后按下复位按钮或使装置断电解除记忆，方可解除闭锁。同时记忆功能还可以通过菜单重显故障类型及故障参数，帮助查找故障。

（4）保护试验原理分析。保护试验是为了验证保护是否可靠设置的，采取人为地模拟故障发生，看其保护是否可靠动作。馈电开关设置了漏电保护试验回路，即在电网与地之间设置了模拟漏电的试验电阻（其阻值为漏电电阻动作值），由漏电试验按钮 SB_3 控制，一旦按下 SB_3，接通试验继电器 K_5 线圈，其触点接通试验回路，模拟漏电发生，此时开关断路器应跳闸，说明保护正常；如开关不跳闸，说明漏电保护失灵。

4）分析故障原因

阅读工作原理的目的是分析故障原因。根据故障现象，按照工作原理分析故障原因。下面以常见的不合闸原因为例分析故障原因。导致不合闸的原因简单说就是电源没有通到负载，按照合闸的工作过程，从电源一直分析到负载，找到电路不通的可能原因如下：

（1）电源没电。可能是上级开关未合或保护动作跳闸所致。

（2）SA_1 不通。可能是 SA_1 未合或接触不良。

（3）FU_1 不通。可能是 FU_1 熔断，或其接触不良。

（4）T_1 一次侧抽头连接不当。如电源电压为 660 V 时，接至 1140 抽头导致二次侧电压过低，达不到起动所需工作电压；反之电源电压为 1 140 V 时，接至 660 V 抽头导致二次侧电压过高，烧毁二次侧线圈、整流器和保护装置。此外抽头接触不良也可导致电路不通。

（5）T_1 绕组不通。可能是一次侧或二次侧绕组开路，或短路导致熔断器熔断。

（6）FU_2 不通。可能是熔断或接触不良。

（7）T_2 绕组不通。可能是一次侧或二次侧绕组开路，或短路导致熔断器熔断。

（8）FU_3 不通。可能是熔断或接触不良。

（9）综合保护 A_1 不通。可能是发生漏电闭锁，或是 A 损坏不动作。

（10）SB_1 不通。可能是未按合或是接触不良。

（11）K_3 线圈回路不通。可能是 $K_{4.1}$ 触点未闭合（接触不良或其线圈回路未接通），KT 触点未闭合（接触不良或其线圈回路不通），整流器 U_1 二极管断路。

（12）QF 线圈回路不通。可能是线圈本身断路或接触不良，$K_{3.1} \sim K_{3.3}$ 接触不良。

（13）QF 主触点不通。可能是接触不良，或机械锁扣装置故障无法锁扣。

（14）负荷端接触不良或出线电缆断路。

（三）如何查找故障

所谓查找故障就是按照故障分析可能出现的原因，对实际电路进行查找，以确定故障原因，这里明确实际元件的安装位置及接线就成为基础，因此看懂安装图又是查找故障的前提。

1. 安装图的阅读

1）安装图的绘制原则

安装图又分为电器位置图和互连图两种。下面介绍常用的电器互连图。

电器互连图用来表明电气设备各单元之间的接线关系。它清楚地表明了电气设备外部元件的相对位置及它们之间的电气连接。图 2 - 13 所示为 KBZ20 - 400/1140（660）矿用隔爆型智能自动馈电开关电器互连图。其绘制原则如下：

（1）同一电器的各部件画在一起，其布置尽可能符合电器实际情况。如图 2 - 13 中分别将属于同一电路板的部件画在"门板""本体""侧板"三大区域内，将组装在一起的部件用虚线框住，如断路器的主辅触点及其合闸线圈 QF、脱扣线圈 YA 均画在同一个虚线框内。

（2）不在同一电路板上的各电气元件的连接，必须经接线端子板连接。如图中本体与门板的电气连接采用门板上的 XT_1 端子排，本体与侧板的电气连接采用侧板上的 XT_2 端子排。门板与接线盒中的电气连接采用门板上的 X_2、X_3、X_4 与接线盒内的 X_5 端子排。

（3）各电气元件的图形符号、文字符号和回路标记均以电气原理图为准，并保持一致。每个元件及端子排的端子上应标有端子编号，每个端子的连接导线应注明导线线号。

2）安装图的阅读方法

（1）按路找件。阅读电路安装图要以电路连接为线索，因此需对照原理图的电路连接查找元件的实际安装位置。譬如查找断路器的主触头，根据原理图可知其与进线端 X_1、X_2、X_3 连接，因此在安装图中首先找出接线盒的进线端 X_1、X_2、X_3，顺着其导线就可找到 QF 的主触头，知道其安装位置为本体。同理顺着主回路的导线还可以找到 TA、TAN 的安装位置，主回路引出的 T_1、L、RC 等元件安装位置，还有 T_1、TA、TAN 的二次回路各元件的安装位置。

（2）按件找线。找到各元件安装位置后，就可以按照元件的端子所接导线编号找连接导线。如由 TA 的二次侧接线端子可以找到 26、27、28、0 号线。

（3）按线找点。再由导线找到其接点。如由 26 号线可以找到其 2 个接点：位于门板上的 XT_1 的 20 端子和智能保护器的 4 端子。

按照以上顺藤摸瓜的方法可以找到电路的全部元件、导线及其接线端子的安装位置，为我们查找故障奠定了基础。

2. 断路故障查找

1）直观法

在紧急时可用直观法快速检测：即根据开关通不上电，判断为断路故障。再观察主回路及辅助回路中发生下列现象处即为断路点：①接线柱接触不良或压绝缘胶皮；②导线断线、断头；③开关被卡合不上或合上接触不良。如果直观法查不出就需采用仪表法。

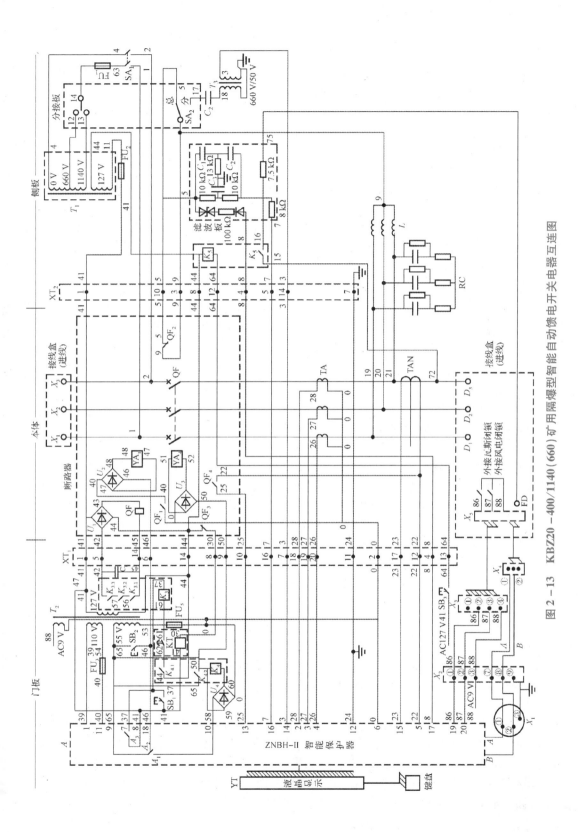

图 2-13 KBZ20-400/1140 (660) 矿用隔爆型智能自动馈电开关电器互连图

2）仪表法

在断电（断电、测瓦斯、验电、放电步骤及要求与电缆连接时相同）下，用万用表电阻挡分别测量各回路首尾端电阻，阻值无穷大即为断路，电阻大于回路正常阻值为接触不良。对于有开关的回路，可将开关合上测量，如果开关无法合上，就需以开关为界，将该回路分为两段，分别测量各段首尾端电阻。如果发现断路，则将回路一分为二进行分段测量，以缩小故障范围。对于电阻为无穷大的段，再分段测量，直至找到断路点。例如该馈电开关主回路的断路器无法手动合闸，因此以断路器主触头为界，分为进线侧与出线侧两段测量，步骤如下：

（1）切断馈电开关的上级电源开关，并闭锁挂"有人工作严禁送电"警示牌，测瓦斯、验电放电。

（2）将万用表打至电阻挡，并验表，分别测量各路首尾端电阻：主回路各相进线接线柱 X_1、X_2、X_3 到 QF 静触头间的电阻；QF 动触头到出线端 D_1、D_2、D_3 间的电阻。

对于无法合上的电动开关也可以将其两端作为首尾端，将其他开关合上检测回路，如综合保护的 A_3 触点无法合上，则以 A_3 的 7、8 端子作为首尾端测量 K_3 线圈回路，但是需按下 $K_{4.1}$ 和 KT 触点的衔铁（模拟电动闭合），所测回路如下：7 端→K_3 线圈→$K_{4.1}$ 触点→KT 触点→T_1 二次侧127V 绕组→FU_2→8 端。如测得该回路电阻等于 K_3 线圈和 T_1 二次侧绕组的电阻之和，说明回路正常；如测得电阻大于上述二者电阻之和，说明回路有接触电阻；如测得回路电阻无穷大，说明回路断路。再以 T_1 为界分段测 7～T_1、8～T_1；如后者电阻无穷大，再以 FU_2 为界分段测 T_1～FU_2、FU_2～8，直至找出断路点。

3. 短路故障查找

1）直观法

通电时根据短路保护动作指示判断为短路，再在断电下观察主回路导线或触点有下列现象处即为短路点：①有焦痕；②有焦味；③火线搭接。

2）仪表法

将万用表打至低阻挡，并验表，上级电源开关断电（步骤及要求与前相同）下，分别测主回路各相间电阻，电阻为零方为短路；尤其相间并联变压器，如图 2-12 中的 X_2、X_3 相间电阻很小，只要其相间电阻与其变压器电阻相等即为正常。切忌电阻挡不要打至高阻挡，特别是 MΩ 挡，由于其量程较大，对于较小的变压器绕组电阻可能显示为 0，从而误判为短路。如发现短路，拆开并联电路，缩小查找范围测量，直至找到短路点。对于辅助回路只需测首尾端电阻，其阻值应为回路正常电阻，如果小于其正常电阻即为局部短路，如果电阻为零就全部短路。如上述 A_3 首尾端回路电阻应为 T_1 二次侧绕组和 K_3 绕组正常电阻之和，如果只等于 T_1 绕组电阻，说明 K_3 线圈短路。

4. 漏电故障查找

1）直观法

通电后根据漏电保护动作指示判定为漏电。再在断电下观察主回路导线或触点有下列现象处即为漏电点：①绝缘破损；②绝缘受潮；③火线碰壳。

2）仪表法

用兆欧表前先验表，上级电源开关断电（步骤及要求与前相同）下，分别测主回路各相间绝缘电阻和对地绝缘电阻：电阻小于漏电闭锁值方为漏电。尤其注意兆欧表测量并有变压器的相间电阻值可能为零，需拆除变压器进一步测量相间电阻。对于并联回路（如并有三相电抗器或三相阻容过电压保护），如发现漏电，需拆开所并电路进一步测量，直至查找出漏电点。

（四）如何修复故障

针对不同的故障采取不同的方法修复。

1. 修复断路故障

对于断路故障，接通断路点即可。对于开关触点接触不良导致的断路，可以用细砂纸打磨触点表面氧化层和污垢；对于开关弹簧力消失导致的触点不接触，需修复弹簧弹力或更换弹簧；对于接线柱接触不良或接线错误导致的断路，需重新正确接线。

2. 修复短路故障

对于短路故障，需恢复短路点的绝缘，如无法恢复，则需更换损坏的元件。

3. 修复漏电故障

对于漏电故障，需恢复绝缘水平。如绝缘受潮导致的漏电，则需加热烘干受潮的绝缘；对于绝缘破损导致的漏电，需修补破损处的绝缘，无法修补的则需更换；对于火线碰壳的，则消除火线接地处。

常见故障及排除详见表 2-3。

表 2-3　KBZ20-400 型智能真空自动馈电开关常见故障及排除

故障现象	原因分析	查找排除
SA_1 至"电源"位时无显示（黑屏）	1. 电源没电 2. 电源没有加到保护插件上 3. 电源没有加到显示面板上 4. 显示屏损坏 5. 智能综合保护损坏 6. 三相电源接至 D_1、D_2、D_3	1. 检查 T_1、T_2 输入端电压及 $FU_1 \sim FU_3$；修复断路点及故障元件 2. 检查综合保护插头 1、11 脚回路电阻；修复断路点及故障元件 3. 将保护与显示板连线插接牢固 4. 更换显示屏 5. 更换智能综保 6. 三相电源接至 X_1、X_2、X_3
电压显示不正常	T_2 变压器 100 V 输出故障	测 T_2 回路 A_1、A_{11} 端电阻，修复断路点
电流显示不正常	电流互感器二次侧断线故障	测 TA 二次侧回路电阻，即分别测 A 的 2、3、4 端对 6 端电阻。修复断点
显示正常，按"合闸"按钮不合闸	1. K_3 继电器不吸合 2. QF 合闸线圈不吸合 3. QF 线圈磁力不够（吸合时有嗡嗡声）	1. 测 K_3 回路以下元件。（1）SB_1 未接通（行程不够、触点氧化、掉线等）。（2）$K_{4.1}$ 触点未接通。（3）K_4 线圈回路不通：①K_4 接头或绕组断开；②A_1 未闭合（发生漏电或 A 损坏）；③U_4 二极管损坏。（4）KT 触点未接通。（5）KT 线圈回路不通：①KT 线圈接头或绕组断开；②QF_3 触点未接通 2. 测 QF 线圈回路以下元件：①$K_{3.1} \sim K_{3.3}$ 触点未接通；②U_1 二极管损坏 3. 磁力不足的原因有以下几点。（1）电压不足：①交流电源电压不足（输电线路电压损失过大）；②T_1 输出电压不足（660 V 时 T_1 一次侧抽头错接为 1 140 V 或 T_1 局部短路）；③直流电压不足（U_1 二极管中的 1 个开路导致半波整流）。（2）衔铁与铁芯间隙过大或夹杂异物 修复所查断路点及更换故障元件

故障现象	原因分析	查找排除
按"合闸"按钮能合闸，但不能保持	1. 失压脱扣线圈 YA_2 无电 2. 锁扣机构失灵	1. 分别对 U_3 交流侧和直流侧检测。(1) 交流侧50、0端开路：①$K_{4,2}$ 触点未接通；②K_4 线圈回路不通（同上）。(2) 直流侧51、52端开路：①U_3 二极管损坏；②51、52接头不良；③YA_2 线圈损坏。修复所查断路点及更换故障元件 2. 拆下本体调整锁扣机构
合闸正常，但按"分闸"按钮不跳闸	1. 分励脱扣线圈 YA_1 无电 2. 脱扣机构失灵	1. 分别对 U_2 交流侧和直流侧检测。(1) 40、46端开路：①分闸按钮 SB_2 未接通，打磨触点，增大按钮弹力，紧固接线；②QF_1 触点未接通，同上。(2) 47、48端开路：①U_2 二极管损坏；②47、48接头掉线；③YA_1 线圈断线 2. 拆下本体调整脱扣机构
合闸后，按"漏试"按钮不跳闸	1. 漏电试验回路不通 2. K_5 回路不通 3. 智能保护失灵	1. ①"FD"未接或接触不良，重新接好；②K_5 触点未接通（触点氧化，机械卡阻，掉线等），打磨触点氧化层，消除卡阻，重新接线；③漏试电阻开路，修复开路点或更换滤波板 2. ①"漏试"按钮 SB_3 接不通，排除方法同 SB_2；②K_5 线圈接头或绕组断开，重新接通 3. 智能保护的 A_2 未闭合，更换保护
远方单相接地漏试时，二相分别接地跳闸，另一相接地则不跳闸	1. 三相电抗器 L 不平衡导致不跳闸相回路阻抗较大 2. 零序电流互感器性能不稳	1. 分别测三相电抗器 SK 绕组感抗 X_L，偏差较大时更换 SK 2. 更换零序电流互感器
上电后显示"漏电闭锁"，不能复位	1. 电缆或负载漏电 2. 馈电开关内部漏电 3. 智能保护损坏	1. 断开负荷电缆，若恢复正常，则故障发生在电缆或负载，分别检查排除电缆或负载漏电点 2. 若断开负荷后故障依旧，用 2 500 V 摇表测绝缘电阻小于漏电值，则为开关内部漏电：①主回路接线柱绝缘体有裂痕、接头有毛刺或压接电缆屏蔽层，导电带绝缘套管有破损等检查并修复；②滤波电路有元件接地，更换一块好的滤波板一试；③阻容装置 R 或 C 有损坏或接地，更换 3. 测绝缘电阻正常则为智能保护损坏，用替代法换一个已知功能正常的保护一试
分闸待机、空载运行正常，带电机起动就"漏电跳闸"	电缆软漏电（摇表摇不出来）。有电流时就产生漏电	更换电缆，升井后进行耐压试验，必有击穿处
上电后有很大的交流声	因为运输振动导致电源变压器 T_1 铁芯松动引起	用胶木片或竹片填充，使铁芯固定即可

故障现象	原因分析	查 找 排 除
上电显示正常，一按 SB_1 合闸按钮就烧 127 V 保险 FU_2	1. K_3 线圈回路发生短路 2. QF 线圈回路发生短路	1. K_3 线圈烧毁或绕组层间短路导致 U_1 二极管短路，更换 K_3 线圈和二极管 2. QF 线圈烧损或层间短路导致二极管短路，更换 QF 线圈和二极管
上电（待机或运行）一段时间后，烧控制变压器 T_2	1. 用户接风电闭锁，其接点是有源的，致 AC9 V 绕组过电流 2. U_4 整流桥（在门板的保险板上）软击穿（无电时正常，有电时击穿），导致 AC55 V 绕组过电流	1. 检测 9 V 绕组电阻为 0，风电闭锁改用无源接点 2. 检测 55 V 绕组电阻为 0，更换整流桥
合闸运行正常，带电焊机时断相跳闸	这是正常现象，因为电焊机用二相电，所以负荷电流缺一相导致断相保护动作	把 3 个电流互感器（400 A/0.5 A，在本体最下面、前部）6 个出线端全部短接起来即可。注意不要开路，以免损坏电流互感器（注意此法只用于电焊机控制！）
空载运行正常，带电机起动就"断相跳闸"	1. 电源发生断相 2. 断路器发生断相 3. 负荷电缆发生断路 4. 电流信号回路断相 5. 智能保护损坏	1. 测电源侧电压不对称：①上级开关断相；②进线电缆断相。修复断路点 2. 合闸后检查断路器负荷侧电压不对称：①三相真空管不平衡，需调整平衡度；②一相真空管损坏，更换 3. 分别测负荷电缆三相回路，查断路点，修复断路点 4. ①测某相电流互感器二次侧电阻正常值约 6 Ω，若偏大或开路，则内部损坏，更换；②电流互感器与保护器中间过线、XT_1 插头、插座有开断处或接触不良，分别查处 5. 上述问题均不存在，为保护装置故障，更换智能保护装置
空载运行正常，带负荷一起动就"短路跳闸"	1. 负荷有短路现象 2. 短路保护误动作	1. 测负荷侧相间电阻为 0 说明短路，排除短路 2. ①"短路倍数"整定值小，未躲过起动电流，调大并校核；②"电流整定值"小，调大并校核
空载运行正常，带负荷运行一段时间后"欠压跳闸"	1. 电网电压过低 2. 负载严重过载使电压降低，而欠压延时 5 s 比过载延时短而先于过载保护动作	1. 检查电网电压，如果低于动作值，采取降低电网电压损失的措施以恢复电压 2. 通电后观察电动机转轴不转即堵转：①负载过重；②转轴机械部分阻力过大。排除原因
经常"过压跳闸"（实际不过压）	因为 U_{ac} 显示值太高（CPU 判断以 U_{ac} 显示值为准）	调整 $U_{ac} \approx 100$ V 即可，调整完成后再到"运行信息"屏里，检查"电网电压"，应与实际进线一致，否则再继续校准 U_{ac} 至满足要求

（五）如何运行维护

馈电开关的维修检查应按照《煤矿安全规程》以及《煤矿机电设备检修技术规范》进行。

1. 隔爆外壳的维护

以不失爆为原则维护隔爆外壳，参考情景二中隔爆电气设备检查的内容。

2. 本体的维护

抽屉式馈电开关芯架滑动灵活；真空断路器动作次数达到技术条件规定的寿命时，应将真空断路器退出运行重新更换。

在安装或更换零序电流互感器和电流互感器时，一定要注意极性，不可随意改动，否则会造成保护装置的误动或拒动；同时注意互感器二次侧一端和铁芯必须接地。

3. 日常检查

（1）按照《煤矿安全规程》规定，每天都要对漏电保护装置进行试验，以确保保护可靠。如发现保护失灵，必须停止工作，修复完好后方可继续工作。

（2）检查外壳有无失爆的情况。

（3）检查主接地线和辅助接地线是否完整齐全符合规定。

（4）运行中有无不正常的声响、温度过高及其他接线异常现象。

（5）操作机构、闭锁机构、液晶显示等是否正常。

三、如何安装隔爆馈电开关

（一）检测

1. 检查

馈电开关在安装使用前，应先检查真空馈电开关的技术条件是否与被控制电网条件相符合；仔细检查有无失爆现象，是否有出厂合格证书、煤矿安全标志，否则不准使用。

馈电开关
安装调试

2. 测量

使用前应用 1 000 V 摇表测得主回路绝缘电阻数值（综合保护装置拔出、阻容吸收装置断开），380 V 及 660 V 不低于 100 MΩ，1 140 V 不低于 200 MΩ。用 500 V 摇表测 36 V 控制电路绝缘电阻不低于 5 MΩ。

（二）运输与安装

运输方法与电缆相同。馈电开关水平安放在工作面配电点的巷道底板上，顶底板坚固，且无淋水，其倾斜度不得大于 15°。

（三）接线

根据《煤矿安全规程》规定，先断开上级电源开关，并闭锁，挂"有人工作严禁送电"警示牌，用便携式瓦检仪测周围 20 m 内瓦斯浓度 <1% 时，打开开关接线盒，验电放电后方可开始电路连接。

1. 主回路连接

（1）将接线盒内电源端 X_1、X_2、X_3 经电缆与电源（移动变电站二次侧总开关）连接。

（2）将接线盒内负荷端 D_1、D_2、D_3 经电缆与控制开关（电磁启动器或组合开关等）连接。

（3）将接线盒内接地端子与电缆接地芯线连接。

注意事项：①端子不能接错，固定时不能缺少弹簧垫、垫片，螺帽要紧固，但不能过紧，以免滑扣；②放入本体时小心，不要碰损按钮、插件等，不要将电路板接地线与火线短路；③一旦丢失零件或损坏部件，必须立即更换备件。

2. 辅助回路连接

（1）连接辅助接地端。接线盒内 FD 端用辅助电缆经辅助喇叭嘴接至辅助接地极；应保证辅助接地极和主接地极之间距离大于 5 m，且接地良好。

（2）连接风电闭锁。使用风电闭锁时，接线盒内 87、88 端应与风机电磁启动器接线盒内的辅助触点连接；不用时将其断开。

（3）连接瓦电闭锁。使用瓦电闭锁时，接线盒内 86、88 端应与瓦斯断电仪的接线盒内触点连接；不用时将其断开。

（四）调试

1. 调控制方式

（1）作总开关。作变压器低压侧总开关时将侧板上的钮子开关 SA_2 打至"总开关"。由图 2-12 可知，通过滤波器、SA_2、L 形成回路，此时附加直流通路接入对地绝缘电阻，可实现无选择性漏电保护。应注意一台变压器二次侧系统只能有一台总开关存在，其他出线均为分开关，以确保漏电保护动作的准确性。

（2）作分开关。作低压各出线电缆的分路开关时将 SA_2 打至"分开关"。由图 2-12 可知，此时切除附加直流通路、接入零序电压互感器 T_3，与零序电流互感器配合可实现选择性漏电保护。

2. 调电源电压

如果电网电压与开关电源变压器一次抽头不一致，及时调整变压器一次侧抽头防止烧毁元件。根据所接电网电压调节侧板上的抽头接至所接电网电压（1 140 V 或 660 V）位。

3. 调菜单参数

接通上级电源开关，合上隔爆馈电开关辅助回路电源开关 SA_1 后，液晶屏显示如图 2-14 所示的信息。

其中第 2 行表示状态，根据不同情况可显示为：初始化中、分闸待机、合闸运行、整定出错及相关故障信息（短路跳闸、漏电故障、过载跳闸、漏电闭锁、断相跳闸、过压故障、欠压故障、瓦斯闭锁、风电闭锁）；第 3 行显示日历时钟的 ×年×月×日；第 4 行显示当时具体的 ×时×分（日历及时钟可调至实际值）。

```
智能化馈电开关
  分闸待机
 2007-04-26
   08：00
 中国八达电气
```

图 2-14 菜单参数

在该显示屏下，按"确认"键时进入如下的"菜单"屏。

1）"菜单"屏

"菜单"屏显示如图 2-15 所示。

第 2 项在分闸待机时显示"保护试验"；合闸运行时显示"跳闸试验"。

第 7 项"出厂设置"项是为产品出厂调试时用，用户不必关心此项。

按上选、下选键，可上下移动菜单并反白显示；按确认键执行反白显示菜单项的下级菜单或相应功能，各子菜单显示信息和说明分别如下。

```
1 运行信息
2 保护试验
3 累计信息
4 故障追忆
5 保护整定
6 装置设置
7 出厂设置
8 返回上屏
```

图 2-15 "菜单"屏

2）"运行信息"屏

运行信息屏显示如图 2-16 所示。

注：若开关中主回路电压 U_{ac} 相序接错，合闸运行后"有功功率"一直显示为 0，需重新调相序至显示正常。

3）"保护试验"屏

"保护试验"屏显示如图 2-17 所示。

电网电压	1 140 V
负荷电流	400 A
有功功率	420 kW
按确认键返回	

图 2 - 16 "运行信息" 屏图

短路试验完好
漏电试验故障
按确认键返回

图 2 - 17 "保护试验" 屏

显示 "完好" 表示保护装置正常;显示 "故障" 表示保护装置失灵,需立即修复。

4) "累计信息" 屏

"累计信息" 屏显示如图 2 - 18 所示。第一行显示已耗电能值;后两行显示累计故障及短路跳闸次数。

5) "故障追忆" 屏

"故障追忆" 屏显示如图 2 - 19 所示。

电度	××××度
累计故障	××××次
短路跳闸	××××次
按确认键返回	

图 2 - 18 "累计信息" 屏

前99次	07-11: 06-32: 30: 25
短路故障	
U_{ne}=1 468 V	
I_a=3 260 A I_c=3 260 A	
按确认键返回	

图 2 - 19 "故障追忆" 屏

液晶屏左上角显示所追忆的第几次故障,右上角显示故障发生时刻的年、月、日、时、分、秒。"故障追忆" 信息包括:短路故障、漏电故障、过载故障、断相跳闸、过压故障、欠压故障、风电闭锁故障、瓦斯闭锁故障及相应的电网故障参数。

6) "保护整定" 屏

"保护整定" 屏显示如图 2 - 20 所示。"保护整定" 的整定内容如下。

(1) 系统电压:电网电压选择,选择与电源电压一致的 "1 140 伏" 或 "660 伏"。

(2) 整定电流:总开关和分开关分别按照过载保护标定值 $I_{\text{op. o}}$ 调整,可调范围为 5 ~ 400 A,以 5 A 为一个变化间隔递增。

(3) 欠压保护:欠压保护功能选择,可选 "打开" 或 "关闭",无特殊原因选择 "打开"。

1 系统电压	1 140伏
2 整定电流	400安
3 短路倍数	10倍
4 欠压保护	打开
5 系统状态	总开关
6 漏电延时	0 ms
7 风电闭锁	常闭
8 瓦斯闭锁	常闭
9 保存整定	放弃
10	返回上屏

图 2 - 20 "保护整定" 屏

(4) 系统状态:开关在电网中的位置选择,可选 "总开关" 或 "分开关";注意应与开关侧板上的 SA_2 一致。

(5) 漏电延时:选择性漏电保护动作延时时间,0 ~ 250 ms 连续可调。作分开关使用时小于等于 30 ms,作系统总开关时小于等于 200 ms。

(6) 风电闭锁:风电闭锁保护 87 号、88 号外接常开和常闭接点功能选择,选择外控接点实施闭锁时的状态。如外接风机启动器的 "常闭" 触点,当风机工作时,"常闭" 触点断开,风机停止时,"常闭" 触点闭合,实施风电闭锁,故选择 "常闭"。如未外接时,相当于正常时断开,实施闭锁时为闭合,故也选 "常闭"。

(7) 瓦斯闭锁:瓦斯闭锁保护 86 号、88 号外接常开、常闭接点功能选择,选择与风电闭锁同理。

（8）保存整定：可选"放弃"或"执行"。修改完整定内容后，只有选中"执行"并按下"确定"键时，本次修改的内容才存入保护单元，否则返屏后维持原整定内容不变。本次修改无效。

7）"装置设置"屏

"装置设置"屏显示如图 2 - 21 所示。

"装置设置"屏上可进行整定的内容如下。

（1）通信地址：本保护单元在通信网络中的地址选择，可选范围 1 ~ 99。

（2）波特率：本保护单元通信速率选择，可选 1 200、2 400、4 800、9 600 bps。

（3）电度清零："电度清零"信息清零选择，可选"放弃"或"执行"。

（4）累计清零："累计信息"中"累计故障"与"短路跳闸"次数清零选择，可选"放弃"或"执行"。

1 通信地址	99
2 波特率	4 800
3 电度清零	放弃
4 累计清零	放弃
5 追忆清零	放弃
6 时钟设置	
07 - 04 - 26	8:00
7 返回上屏	

图 2 - 21 "装置设置"屏

（5）追忆清零："故障追忆"信息清零选择，可选"放弃"或"执行"。

（6）时钟设置：日历时钟的校准、修改。

8）"出厂设置"屏

只能在分闸状态时才能进入，该屏包含本保护的重要参数，其中数值不得随意更改，否则将影响计算精度。但是当 U_{ac} 显示过高导致"过压跳闸"误动作时，须调整 $U_{ac} = 100$ V，方法如下：进入"出厂设置"后，按"下选"键选择"U_{ac} 校准"菜单，按 2 次"确认"键进入"起动校准"界面，按"上选"或"下选"至显示"$U_{ac} = 100$ V"后，按"确认"2 次进入"保存校准"界面，再按"确认"返回至"分闸待机"，调整完成。

4. 试运行

KBZ20 - 400/1140（660）型馈电开关是通过操作手柄 SA₁ 与分、合闸按钮配合完成的。SA₁ 手柄有两个位置，即后 45°"闭锁"（分闸）、前 45°"电源"（预合闸）。

1）预合闸

当 SA₁ 处于"电源"位置时，主腔电源侧带电，开关的智能保护器有电，此时，保护处于功能自检、漏电闭锁检测状态。如果保护系统运行正常，供电线路的绝缘电阻低于漏电闭锁值时，显示器显示"漏电闭锁"，智能保护器立即断开合闸回路，并实现漏电闭锁。若供电线路的绝缘电阻大于漏电闭锁值时，显示器将循环显示"分闸待机"，此时允许断路器合闸；按下合闸按钮"SB₁"断路器合闸，显示器显示"合闸运行"。

当系统因某种原因停电后而系统恢复，此时馈电开关的操作手柄 SA₁ 即使在预合闸位置，开关也不能自动吸合，显示器将显示"分闸状态"。此时须先分闸，再重新按送电程序进行合闸操作。

2）分闸

按下分闸按钮"SB₂"，断路器分闸。当 SA₁ 直接打至"闭锁"位置时，即使不按分闸按钮也可使断路器分闸，以便分闸按钮失灵时也能可靠断电；且实施电气闭锁，此时按下"合闸按钮"也无法合闸。

5. 保护试验

利用馈电开关上的"漏试"按钮"SB₃"可对其保护系统进行模拟检验，断路器 QF 跳闸，同时显示器显示"漏电故障"，说明保护电路工作正常，否则，应对其保护系统进行维修。

也可利用菜单的保护试验进行不跳闸试验，可防止试验导致的停电，但是该试验不能对脱扣机构进行试验。显示保护"完好"即为正常，如果显示"故障"说明保护有故障。如保护装置有问题，需切断电源开关，更换智能保护插件，重新试验到正常。

一、工作案例

1. 工作任务

安装维修工作面配电点总开关 KBZ20 - 400 型隔爆馈电开关。根据任务要求收集相关资料、任务引领书、制定工作计划书、编制工作记录表。按照计划书实施控制，并将工作内容记入工作记录表，最后按照评价反馈书进行自我评价。

馈电开关
安装维修实操

2. 制定工作计划书（表 2 - 4）

表 2 - 4　安装维修工作面配电点总开关 KBZ20 - 400 型隔爆馈电开关工作计划书

制定人：

工作任务	安装维修工作面配电点总开关 KBZ20 - 400/1140（660）型隔爆馈电开关	
责任分工	1 人负责按照计划步骤指挥操作，1 人负责监督操作，1 人负责执行指令，1 人负责记录，然后轮换岗位	
阶段	实施步骤	防范措施
准备	1. 携带万用表、兆欧表、便携瓦检仪、套扳、扳手、螺丝刀、塞尺、直尺、放电线、设备说明书、备件、矿灯、自救器	下井前检查万用表、便携瓦检仪、备件、矿灯是否良好，不得带火种
	2. 断上级电源开关，挂警示牌	必须确认断开的是电源开关
	3. 测定周围 20 m 内瓦斯浓度小于 1%	浓度大于 1% 时，通风使浓度小于 1% 方可继续
	4. 打开自动馈电开关接线盒外盖，用相同电压等级的验电笔验电	各螺母、垫片不得丢失。仍带电时，需核查是否断开本机电源
	5. 用放电线依次将三相对地放电	放电线一端先接地，另一端再分别接三相回路
检测开关故障	6. 按现象判断故障类型： （1）开关无显示或合不上闸为断路故障 （2）短路保护动作为短路故障 （3）漏电保护动作为漏电故障	此步骤须在断电源前通电下完成
	7. 检测主回路故障点。将万用表打至最小电阻挡并验表，分别测： （1）各相进、出线首尾端电阻无穷大为断路；大于回路正常阻值为接触不良。如发现上述问题，需缩小查找范围，即将电路一分为二，分段测量，对有断路或接触不良的路段，再分段测量，直至找到故障点。一般断路点为①接线柱接触不良或压绝缘胶皮；②导线断线、断头；③开关被卡合不上或合上接触不良 （2）测进、出线侧各相间电阻为零即为短路。一般短路点有焦痕和焦味或有火线搭接 （3）用兆欧表分别测进、出线侧各相间电阻和各相对地电阻小于漏电闭锁值为漏电；一般有绝缘破损或绝缘受潮或导线碰壳处或主接线柱压绝缘屏蔽层为漏电点	（1）测断路时，必须确认电阻表笔接触导体，以防表笔接触不良导致误判断 （2）相间并联变压器后电阻较小，用高阻挡显示为零导致误判。如并联电路发现短路，需拆除所并联电路后分别测量 （3）需将智能保护 XT₁ 的插头及阻容吸收装置 RC 接线拔出，以防兆欧表高压串入；再验表。须防止并联变压器的相间电阻小于漏电值的误判，对并联电路需拆除后分别测量

阶段	实施步骤	防范措施
检测开关故障	8. 检测各辅助回路故障点。卸下侧板螺栓，抽出侧板。将各回路的所有触点按合，卸下 FU_2 熔断器，用万用表电阻挡分别测以下各回路首尾端电阻：①测 FU_2 两端变压器 T_1 二次侧与 T_2 一次侧串联回路及 T_1 二次侧与 T_2 一次侧各自线圈两端的电阻并判断；②测 SB_3 两端的继电器 K_5 线圈回路电阻及 K_5 线圈两端电阻并判断；③测 SB_1 两端的 K_3 线圈回路电阻（需按下 KT 与 $K_{4.1}$ 触点）及 K_3 线圈两端电阻并判断；④按断 QF_3，测 QF_3 两端的 KT 线圈回路电阻及 KT 线圈两端电阻并判断；⑤按断 QF_3，测 U_1 交流侧 41 号、44 号线端的 127 V 线圈回路电阻并判断；⑥按合 K_3 触点测 U_1 直流侧 42 号、43 号线端的断路器合闸线圈 QF 回路及其线圈电阻并判断；⑦按合 QF_1，测 U_2 交流侧 40 号、46 号线端 T_2 的 55 V 回路电阻与 55 V 线圈两端的电阻并判断；⑧测 U_2 直流侧 47 号、48 号线端的脱扣线圈 YA_1 回路电阻并判断；⑨按合 $K_{4.2}$ 触点，测 U_3 交流侧 0 号、50 号线端 55 V 回路电阻并判断；⑩测 U_3 直流侧 51 号、52 号线端 YA_2 线圈回路电阻并判断；⑪测 U_4 直流侧 59 号、60 号线端的 K_4 线圈回路及其线圈电阻并判断；⑫测智能保护插头 1、11 端的 T_2 二次侧 100 V 线圈回路及 100 V 线圈两端的电阻并判断；⑬分别测智能保护器的过流、漏电、断路器、风电闭锁、瓦斯闭锁、菜单键等信号输入回路电阻并判断；⑭按下 K_5 触点测 FD 与 D_3 端漏电试验回路电阻及试验电阻 R 的电阻并判断	测各辅助回路时，首尾端电阻应等于回路的各线圈电阻之和。如果阻值无穷大为断路；阻值为零乃短路；阻值大于回路各线圈电阻为接触不良；阻值小于回路各线圈电阻为局部短路（所以必须对开关正常时的各线圈电阻测量并保存记录，以便这里比对用）。辅助回路中的各线号端可根据图 2-13 查找 ⑤~⑩步骤中测整流器 U_1、U_2、U_3 交直流侧线端时，不需拆出本体
修复开关故障	9. 修复断路点。①接通断路点；②接触不良者，要用细砂纸打磨掉连接处氧化层；③开关弹簧力消失导致的触点不接触，需修复弹簧弹力或更换弹簧；④对于接线柱接触不良或接线错误导致的断路，需重新正确接线	对于导线或接线头断线，用电烙铁焊接 修复后必须用万用表检测，至电路正常为止
	10. 修复短路点。①将短路部分导线缠绕自粘绝缘胶带；②检测绝缘正常为止。无法修复绝缘的必须更换	①需恢复短路点的绝缘；②注意有焦痕处或炭化处，要用砂纸打磨去除，以免仍经其发生短路
	11. 修复漏电点。①将导线绝缘破损处缠绕足够的自粘绝缘胶带；②绝缘受潮可用干布擦除；③对于绝缘破损导致的漏电，需修补破损处的绝缘；④对火线碰壳的，消除火线接地处；⑤去除主接线柱所压绝缘屏蔽层	如绝缘内部受潮导致的漏电，则需加热烘干受潮的绝缘，无法修补的则需更换，测绝缘电阻正常为止

阶段	实施步骤	防范措施
安装	12. 安装挡板与侧板。①安装本体电源侧前面防触电的有机玻璃挡板；②放入侧板用螺栓紧固	放入侧板时不要碰损元件。一旦丢失零件或损坏部件，必须立即换上备件
安装	13. 连接电缆。打开隔爆接线盒上盖，卸下主回路引入装置压盘：①将电源进出线电缆的主芯线分别与 X_1、X_2、X_3 端连接，接地芯线与接地端连接；②将负荷电缆的主芯线分别与 D_1、D_2、D_3 端连接，接地芯线与接地端连接；③拧下辅助回路压线嘴，将风电闭锁控制电缆的芯线与 87、88 端连接，再将瓦电闭锁电缆的芯线与 86、88 端连接；④将 FD 端经电缆与辅助接地极连接；⑤将外壳的接地接线柱经 25 mm^2 的裸铜线与辅助接地母线连接	接线工艺必须符合防爆要求 注意：辅助接地极与局部接地极之间大于 5 m
安装	14. 连接抽头。将电源变压器一次侧抽头连接至"0"与电网电压相同的端子上（本例为 1 140 V）	确认所接抽头与电源电压相符，用万用表检测是否接至 0 与 1 140 V 端子上。测 0 端与另外两端电阻，阻值大的为 1 140 V 抽头
安装	15. 检测安装质量。将万用表打至低阻挡并验表，分别测进出线侧各相间电阻。一旦发生短路必须立即处理，否则不得继续工作	进线侧如多个馈电开关并联时，且各转换开关闭合下，各开关内电源变压器并联，故电阻变小属于正常 负荷侧如多个电磁启动器并联，且各启动器隔离开关闭合下，也会电阻变小 只有相间电阻为零方是短路
安装	16. 善后工作。①清理接线腔内的毛刺；②两个隔爆接合面涂凡士林油；③安装并紧固接线盒上盖；④关闭隔爆主腔前门；⑤用塞尺检查隔爆间隙，若间隙过大必须重新安装、检测，直至符合要求	隔爆接合面包括隔爆接线盒与隔爆主腔前门，必须分别涂凡士林油和检查间隙，并且符合表2-1要求 紧固上盖时，请对准螺孔、插入全部螺栓，再按对角方向依次紧固螺栓 安装门板时门按钮须对准，按下不卡；关前门时需防止门夹断内部连线
调菜单	17. 通电。①检测周围 20 m 范围内瓦斯浓度；②解除上级开关闭锁、摘警示牌，闭合上级开关；③解除本馈电开关闭锁，合上转换开关，显示器显示"分闸待机"	瓦斯浓度小于1%方可通电，否则必须人工通风，降低瓦斯浓度
调菜单	18. 调电压。①进入主菜单；②进入"保护整定"；③进入"系统电压"；④选 1 140 V 确认	系统电压必须与所接电网电压一致；必须与 T_1 一次侧所接分压抽头一致

阶段	实施步骤	防范措施
调菜单	19. 调过载保护。 根据过载保护整定计算，结果为 330 A 可调范围为 5~400 A，以 5 A 为一个变化间隔递增。故调整为 330 A。光标移至"整定电流"进入，选"330 A"确认	确认整定值为 330 A
	20. 调短路保护。 根据调路保护整定计算结果为 1 354 A 短路倍数 1 354/400 = 3.39 因保护短路倍数为 3.0~10.0 连续可调，故调整为 3.4。进入"短路倍数"菜单，选"3.4"确认	确认整定值为 1 354 A 确认短路倍数为 3.4
	21. 调欠压保护。进入"欠压保护"菜单，选"打开"，确认返回	
	22. 调工作方式。移至"系统状态"菜单，选"分开关"，确认返回	这里虽是配电点总开关，但对于整个低压电网，仍是分开关
	23. 调漏电保护。移至"漏电延时"菜单，选"0 ms"，确认返回	分开关为漏电主保护，选择瞬时动作
	24. 调闭锁。①移至"风电闭锁"菜单，选"常闭"，确认返回；②移至"瓦斯闭锁"菜单，选"常闭"，确认返回。进入"保存整定"菜单，选择"执行"，按确认键返回	风电闭锁未接相当于"常开触点"，故障闭锁时为闭合状态，故选"常闭" 瓦电闭锁同理
试运行	25. 进入主菜单。移至"保护试验"菜单并确认。显示"短路试验完好""漏电试验完好"，确认返回	如果显示"故障"，则需排除故障再继续
	26. 按下"合闸"按钮，显示器显示"合闸运行"	如果显示相关故障信息，排除故障后再继续
	27. 漏电试验。按下"漏试"按钮，观察是否跳闸	如不跳闸，说明漏电保护或脱扣机构有故障
收尾	28. 清理现场 29. 整理工具 30. 填写工作记录单	
预案	须注意避灾路线，一旦发生爆炸、火灾、水灾等重大事故，可以从避灾路线上井。如有人触电，立即断电，快速施救。如发现冒烟、短路、触电等，立即断电	

3. 制定工作记录表（表 2-5）

表 2-5 工作记录表

工作时间	
工作内容	
人员分工	
工作地点	

检测记录

主回路检测端子

主回路 检测端子	测断路						测短路						测漏电					
	进线侧			出线侧			进线侧			出线侧			进线侧			出线侧		
	X_1 QF	X_2 QF	X_3 QF	D_1 QF	D_2 QF	D_3 QF	X_1 X_2	X_2 X_3	X_3 X_1	D_1 D_2	D_2 D_3	D_3 D_1	X_1 地	X_2 地	X_3 地	D_1 地	D_2 地	D_3 地
阻值/Ω																		
判断																		

线圈回路

线圈回路 检测 A 的端子	T_1 与 T_2			K_5 回路		K_3 回路		KT 回路		100V 回路		55V 回路			YA_1 回路		YA_2 回路		K_4 回路	
	FU_2 两端	T_1 线圈	T_2 线圈	SB_3 两端	T_2 线圈	SB_1 两端	K_3 线圈	QF_1 端按断后	KT 线圈	1 11	100 V 线圈	U_2 交流测	U_3 交流测	55 V 线圈	U_2 直流侧	YA_1 线圈	U_3 直流侧	YA_2 线圈	U_4 直流侧	K_4 线圈
阻值/Ω																				
判断																				

综保回路	过流输入	漏电输入	QF_4 输入	瓦斯、风电闭锁	AB 输入	键盘输入	漏电实验

检测 A 的端子	2	3	4	16	14	15	QF$_4$按下时测 13、5	接线盒 86、87 短接测 19、20	接线盒 X$_1$ 的 ①、② 短接时测 X$_4$①、②	显示器插头分别与 上选、下选、确认、复位端子	按合 K$_5$ 时测 FD、D$_3$
	6	6	6	D$_1$－D$_3$	12	5					
阻值/Ω											
判断											
主触头检测 超行程			D$_1$相				D$_2$相	D$_3$相			
主触头检测 三相触头同期度									D$_1$相	D$_2$相	D$_3$相
出线问题											
处理措施											
处理结果											

填表人:

二、实操案例

按照安装维修 KBZ16-400/1140 型矿用隔爆真空智能馈电开关（母联）任务要求，请同学自行收集资料，写出工作计划书，按照计划书实施并检查控制完成任务，按照评价书评价反馈。

附：KBZ16-400/1140 型矿用隔爆智能馈电母联开关原理图（图2-22）。

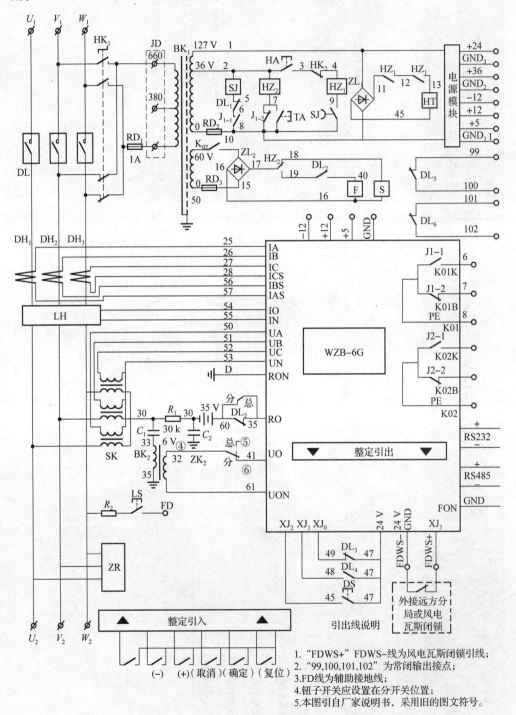

图 2-22 KBZ16-400/1140 型矿用隔爆智能馈电母联开关原理图

 评价反馈书

安装维修隔爆馈电开关评价反馈书，见表2-6。

表2-6 安装维修隔爆馈电开关评价反馈书

	考评项目	考评指标	满分值	自评分	互评分	师评分
知识考评（40分）	1. 能说出矿用隔爆真空自动馈电开关的结构、作用、使用场所	少说或说错一项扣2分	6分			
	2. 能说明矿用隔爆真空自动馈电开关如何工作	少说或说错一项扣2分	6分			
	3. 能说明矿用隔爆真空自动馈电开关的电路图阅读方法	少说或说错一项扣3分	8分			
	4. 矿用隔爆真空自动馈电开关安装、维护、检修步骤与要求	少说或说错一项扣4分	20分			
能力考评（40分）	1. 能阅读矿用隔爆真空自动馈电开关的原理图、安装图	少说或说错一项扣2分	10分			
	2. 能对照说明书识别真空自动馈电开关的各组成部分	少说或说错一项扣2分	10分			
	3. 能按照要求拆装矿用隔爆真空自动馈电开关	少做或做错一项扣2分	10分			
	4. 能按照要求调试矿用隔爆真空自动馈电开关	少做或做错一项扣2分	10分			
素质考评（20分）	1. 学习态度	迟到扣2分，不完成作业扣5分，学习态度认真记5分，学习态度一般记3分	5分			
	2. 质量把控	工作质量好记5分；工作质量一般记4分，工作敷衍记3分，工作马虎记2分，工作错误造成损失记1分，工作未完成不记分	5分			
	3. 团队协作	认真带领工作团队记5分，主动参与团队工作记3分；消极怠工不得分	5分			
	4. 创新意识	能读懂其他厂家设备电气原理图记5分，在工作中能提出和解决问题记3分，能提出或回答问题记2分，否则不得分	5分			
合计			100			

学习任务书

一、学习任务

1. 工作情境

1) 工作情况

该任务属于安装维修井下供电系统设备这一大型任务下安装维修工作面配电点分项中安装维修隔爆启动器子项任务。具体包括隔爆启动器安装前后的检测、运输、安装、连接、调试、使用中的维护以及发生故障时的检修。

2) 工作环境

(1) 在井下工作面安装、检修、维护工作面配电点的隔爆启动器；与低压电缆安装环境一样有触电、短路、漏电、引爆瓦斯等危险。

(2) 相关连接。电源来自工作面配电点总开关的出线侧；负荷为回采工作面 MGTY250/600 – 1.1D 型电牵引采煤机。

(3) 相关设备。KBZ20 – 400/1140 隔爆馈电开关；QBZ – 400 型隔爆启动器；MCP – 0.66/1.14 – 3×25 + 1×10 型矿用橡套电缆；MGTY250/600 – 1.1D 型采煤机。

(4) 使用器具及材料。包括套扳、扳手、克丝钳、电工刀、螺丝刀、万用表、兆欧表便携式瓦检仪、塞尺、工业用凡士林油。

2. 任务要求和工作要求

同学习任务一。

二、学习目标

1. 知识目标

(1) 隔爆启动器的结构特点及使用场所；

(2) 隔爆启动器的工作原理；

(3) 隔爆启动器的电路图阅读方法；

(4) 隔爆启动器的安装、调试、维修步骤与要求不同于自动馈电开关之处。

2. 能力目标

(1) 能阅读隔爆启动器的原理图、安装图。

(2) 能对照说明书和电路图识别隔爆启动器的各组成部分。

(3) 能按照要求拆装隔爆启动器。

(4) 能按照要求调试隔爆启动器。

(5) 能对隔爆启动器进行日常维护。

(6) 能检测及排除隔爆启动器的故障。

(7) 具有紧急事件和工作现场处理能力。

3. 素养目标

了解精益化管理的基本知识，以"6S"管理为目标培养学生作业现场和作业行为的自我管理能力。

一、如何选择隔爆启动器

（一）用途及类型

1. 用途

隔爆型电磁启动器是一种组合电器，它将隔离开关、接触器、按钮、保护装置等元件装在隔爆外壳中，适用于含有爆炸性气体（甲烷）和煤尘的矿井中。在额定电压为 3 300、1 140、660、380 V，电流在 400 A 以下，用于控制和保护矿用隔爆型三相异步电动机，控制方式分为就地控制（近控）、远方控制（远控）和联锁控制（智能型启动器为程序控制）。由于控制方便、保护完善，所以在煤矿井下广泛使用。

启动器介绍

2. 类型

矿用隔爆电磁启动器的类型较多。按结构特点分：有隔爆空气型（已淘汰）、隔爆真空型和隔爆兼本安真空型，均可用于井下电动机控制和保护。

按功能特点分为智能型、可逆型、双速型、软启动器、分级闭锁型和组合型。智能型具有就地控制、远方控制、程序控制、红外遥控等多种控制，过流、过压、欠压、漏电闭锁等多种保护，以及菜单调试整定操作、工作故障参数显示以及环境监测和通信联网的扩展功能，用于现代化煤矿井下电动机控制保护；可逆型具有频繁换向控制功能，用于井下小绞车控制保护；双速型具有低速和高速两组接触器，用于有双速电动机的刮板运输机控制保护；软启动器具有降压起动功能，用于重型运输机降压起动控制；分级闭锁型具有电源接线盒与负载接线盒的分级闭锁功能，打开电源接线盒压盖时，使闭锁行程开关闭合造成电网一相通过电阻接地，使上一级馈电开关自动断电，保证了接线腔端子均不带电，防止带电检修。组合型又称组合开关，具有多台设备集中程序控制和保护功能，用于工作面设备的集中控制。按电压分为高压电磁启动器和电磁启动器，前者可用于 10 kV、6 kV、3.3 kV 高压设备的控制和保护，后者用于 1 140 V、660 V 的设备控制保护。电磁启动器的型号含义如下：

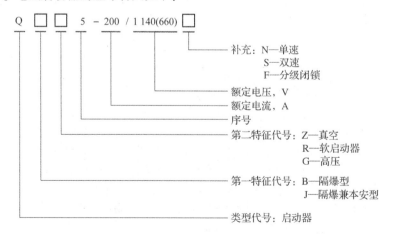

```
Q □ □ 5 - 200 / 1 140(660) □
```

补充：N—单速
　　　S—双速
　　　F—分级闭锁

额定电压，V

额定电流，A

序号

第二特征代号：Z—真空
　　　　　　　R—软启动器
　　　　　　　G—高压

第一特征代号：B—隔爆型
　　　　　　　J—隔爆兼本安型

类型代号：启动器

（二）选型

（1）对于有爆炸危险且需要远方控制、联锁控制的机械，如采煤机、运输机等，一般选用隔爆启动器；对于综采工作面设备采用程序控制的可选用隔爆组合开关或负荷中心。

（2）对于需要经常正、反转运行的机械，如调度绞车等，一般选用可逆型隔爆启动器。

（3）对于起动阻力较大重型运输机，如可弯曲刮板运输机、带式输送机，应选用隔爆软启动器；其中双速电动机拖动的刮板机选用隔爆双速型启动器或隔爆组合开关。

（4）对于 40 kW 及以上的电动机，应当采用真空电磁启动器控制；需要连接智能电网及遥控、摇测的设备，应选用隔爆智能型真空电磁启动器。

（5）对于 127 V 供电的煤电钻及照明分别选用隔爆煤电钻综合保护装置和隔爆照明综合保护装置。

注意：QC8、QC10、QC12 系列电磁启动器，采用 CJ8、CJ10 系列接触器及 JR0，JR9，JR14，JR15，JR16 – A、B、C、D 系列热继电器的矿用隔爆型电磁启动器和综合保护装置属于国家明令淘汰设备，严禁使用。

二、如何检修隔爆启动器

为了便于检修，首先要熟知隔爆启动器的结构、工作原理。各类电磁启动器结构大同小异，这里以 QJZ – 200（315 或 400）/1140（660）矿用隔爆兼本质安全型智能真空电磁启动器（本书简称为智能启动器）为主介绍。

（一）认知结构

1. 隔爆兼本质安全型设备组成

隔爆兼本安型设备是由隔爆型设备与本安型设备组成。本质安全（以下简称本安）型电气设备也属于防爆设备，标注为 Exib，其特点是采用本质安全电路。本安电路就是通过合理地选择电路的电压、电流及元件，使电路在正常或故障情况下产生的电火花或电弧都不能点燃瓦斯和煤尘，故又称为安全火花电路。试验表明，当瓦斯浓度为 8.2%~8.5% 时最容易爆炸，所需点燃瓦斯的最小能量为 0.28 mJ，只要将电路中的能量限制在点燃瓦斯的最小能量之内，就可实现安全火花。因此，在设计本质安全电路时，常采用以下措施来降低电火花能量：

（1）在合理选择继电器等电气元件的基础上，尽量降低供电电压。

（2）在电路中串接限流电阻或利用导线本身电阻来限制电路的电流。

（3）电感元件两端并联二极管，消耗电感元件释放出来的磁场能量。

（4）电容元件两端并联二极管或电阻，消耗电容元件释放出来的电场能量。

图 2 – 23 所示的先导控制回路就是采用的本安电路。本安变压器 T_2 用来降低供电电压，电阻 R 及回路的连接导线电阻用来限制电路的电流（因此维修时必须更换同种规格的电阻和导线），与先导继电器 KA 线圈并联的二极管 V_1 用来消耗线圈释放的磁场能量，V_2、V_3 实现半波整流。近控时，SA_1 打至"近"接通 V_2，按下近控起动按钮 SB_1，形成直流通路如下：由 T_2 上端经 R、KA 线圈、SB_2、K（设未发生漏电，该综合保护触点闭合）、上 SA_1"近"端、SB_1、V_2、下 SA_1"近"端，回到 T_2 下端，先导继电器 KA 通电动作，其触点控制启动器起动，此时 V_1 由于反偏不工作；当按下近控停止按钮 SB_2 时，先导回路断开，KA 线圈产生的感应电动势 e 阻止电流减少，其方向如图 2 – 23 所示，在 e 的作用下，V_1 正偏导通形成续流，将感应电动势释放，防止通过 SB_2 断点产生的电火花释放感应电动势，实现了安全电火花，因此 V_1 又称为续流二极管。远控时 SA_1 打至"远"接通 V_3。当按下远控起动按钮 SB_2 时，接通远控直流通路如下：由 T_2 上端经 R、KA 线圈、SB_2、K、上 SA_1"远"端、远控 SB_3、SB_4、V_3、下 SA_1"远"端，回到 T_2 下端。同样使 KA 通电动作，控制启动器起动。一旦控制电缆被砸短路，远控起动按钮被短接导致自起动，但 V_3 同时被短接，失去整流，由于直流继电器 KA 线圈的交流阻抗很大，回路电流很小，使得 KA 无法动作，从而防止控制电缆短路产生的自起动事故发生。先导回路采用本安电路的好处是远控按钮不需采用笨重的隔爆按钮，因此本安型防爆设备广泛用于有爆炸危险的井下通信、信号、控制等低电压、小电流的小功率电路，但是不能用于大功率的主回路。

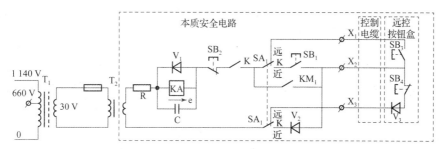

图 2 – 23　隔爆兼本安型电磁启动器先导回路

隔爆兼本安型设备就是将主回路做成隔爆型,采用隔爆外壳实现防爆;控制回路做成本质安全型,采用本质安全电路。这种电气设备要注意两种电路之间的相互隔离,防止出现故障时导致非本质安全电路影响本质安全电路的安全。隔爆兼本安型启动器电路中采用变压器隔离,如图 2 – 23 中的 T_2。

2. 智能启动器结构

由于生产厂家不同,该型号的产品结构形式也有所不同,这里以八达电气公司生产的 QJZ400/1140 型隔爆兼本安型智能启动器(以下简称智能启动器)为例介绍。该启动器由方形隔爆外壳和机芯小车组成。

1)隔爆外壳

如图 2 – 24 所示,隔爆外壳的前门采用快开门结构。前门上安装液晶显示器 3 用于显示菜单。显示器右侧为煤安标志"MA",表明该设备性能符合防爆设备标准,没有此标志者不准在煤矿井下使用,显示器下方为操作按钮排 5,从左到右分别"上选"是"上选""下选""确认""复位""启动""停止",按钮排下方为方式选择旋钮 7,从左到右分别是"过载试验""正常""漏电试验"位。旋钮的下方为隔爆兼本安型设备的标志"Exd〔ib〕I",其中"Ex"表示防爆类,"d"表示"隔爆型","ib"表示"本安型","I"表示"矿用"("II"表示"工厂用")。外壳的右侧为隔离开关操作手柄 4,从左到右依次为"正向""断开""反向"位,手柄操作轴的左侧为闭锁螺栓 6,实现前门与隔离开关的机械联锁,防止带电开门,保证只有隔离开关在断开的位置时前门才能打开。开门时,先将隔离开关操作手柄转动至"断开"位,再用螺丝刀顺时针旋转门右侧闭锁孔里的闭锁螺栓,直至螺栓完全脱离前门闭锁孔、退入手柄转轴上的凹槽,然后将门操作手把 10 抬平后向左转,使得门向右平移,门上的卡板 9 脱离外壳,沿铰链轴 11 旋转打开。外壳的后面有接地螺栓 17,实现保护接地。

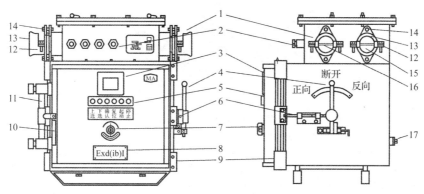

图 2 – 24　QJZ400/1140 型智能启动器外形

1—主回路引入装置;2—辅助回路引入装置;3—显示器;4—隔离开关操作手柄;5—按钮排;6—闭锁螺栓;
7—选择旋钮;8—防爆标志;9—卡板;10—门操作手把;11—前门铰链轴;12—压板螺栓;13—压盘;
14—压盘螺栓;15—挡板;16—压板;17—接地螺栓

隔爆外壳分上、下腔两部分，上腔为接线腔，下腔为主腔。接线腔内装有 3 个主电路进线端子 X_1、X_2、X_3，3 个出线端子 D_1、D_2、D_3；1 个控制线接线端子排及其相应的 3 个圆形接线端子座，均为本质安全回路的出线端子；接线腔两侧有 4 个主回路进出线引入装置 1，由压盘 13 及固定螺栓 14、压板 16 和固定螺栓 12、挡板 15 组成；前侧有 4 个控制回路进出线引入装置 2。主腔内放置机芯小车，主腔上壁安装与接线腔相通的主回路与本安回路的接线座，主腔后壁安装 6 个与上壁主回路接线座相连的插座，机芯小车上主回路进线为插板，实现机芯小车的主回路与之插接，从而方便机芯小车的拆装及检修。

2）机芯小车

如图 2-25 所示，机芯小车安装着启动器的大部分组成元件，隔离换向开关 10 及其进出线 12、13，控制变压器一、二次侧接线端子 9，一、二次侧熔断器 4、8，中间继电器 15，开关电源 16，智能综合保护（图中已拔出）及其插槽 17，阻容过电压保护装置 18，电流互感器 20，真空接触器 21。启动器前门打开后，放倒机芯小车前挡的导轨，用套扳松开小车紧固螺栓 1，拉动小车拉手 3，小车轨槽 3 沿导轨滑出，便于安装和维修。机芯小车与箱体的电气连接采用插接方式，机芯上主回路的导电插板 19 是依靠小车架上的螺旋机构插入箱体的插座。这里只介绍与馈电开关不同的元件特点。

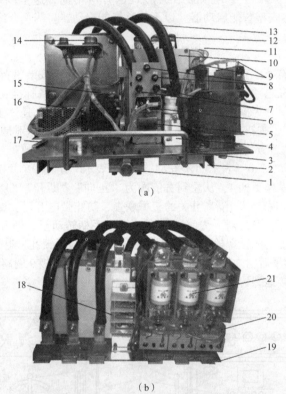

图 2-25　QJZ-400/1140 型智能启动器机芯小车
（a）正面（拿掉综保后）；（b）背面

1—小车紧固螺栓；2—小车轨槽；3—小车拉手；4—控制变压器一次侧熔断器；5—滤波器；6—整流器；
7—控制变压器调压抽头；8—控制变压器二次侧熔断器；9—控制变压器一、二次侧接线端子；10—隔离开关；
11—隔离开关辅助触点；12—隔离开关进线；13—隔离开关出线；14—航空插座；15—中间继电器；
16—开关电源；17—智能保护插槽；18—阻容过电压保护装置；19—导电插板；20—电流互感器；21—真空接触器

（1）隔离换向开关。与馈电开关的转换开关不同之处是有隔离电源和换向以及紧急断电功能。由于隔离开关一般不允许带负荷分断，与真空接触器之间通过隔离开关辅助触点 11 来实现电气联锁，这样就可以避免隔离开关带负荷分断，紧急情况下，如接触器触头粘连而无法断开，允许隔离开关非正常的带负荷切断电源，因此隔离开关有灭弧罩。转动操作手柄可带动鼓形动触头旋转，改变电路连接状态，分别实现电动机的断开、正向和反向操作。

（2）真空接触器。与馈电开关的真空断路器不同之处是真空接触器采用电磁线圈实现开关的通断，即线圈有电吸合开关动作，线圈无电释放开关复位，因此当线圈电压过低或失压后可自动断电，实现欠压和失压保护，不需设分闸脱扣线圈和欠压脱扣线圈，但是因为合闸前线圈与衔铁之间的间隙导致磁阻较大，需要较大的动作电流；一旦合闸后其间隙变小，维持电流较小，必须采取限流措施，否则长时间通过动作电流会烧毁电磁线圈。其外形结构如图 2－26 所示。电磁线圈 8 通电产生磁力，吸合拐臂 4 绕轴 6 转动，压合真空管内的动触头与静触头，同时压紧动触头弹簧 3 产生超行程，以增加触头压力、减少接触电阻。拐臂 4 同时压动辅助触点压板 5，使辅助触点 7 动作。一旦线圈断电或电压小于动作值，磁力小于分闸弹簧 9 的弹力，从而在 9 的作用下分闸，主、辅触头同时复位。

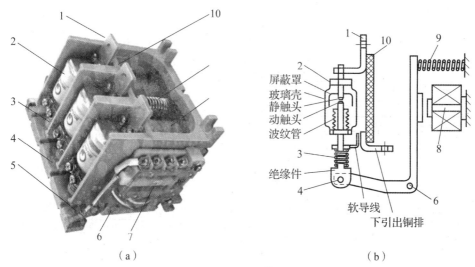

图 2－26　真空接触器结构

（a）外形图；（b）示意图

1—上引线；2—真空管；3—动触头弹簧；4—拐臂；5—辅助触点压板；
6—拐臂轴；7—辅助触点；8—电磁线圈；9—分闸弹簧；10—绝缘座

（二）阅读隔爆启动器电路图

1. 电路组成

QJZ－400/1140 型智能启动器电路原理如图 2－27 所示。电路图阅读方法同馈电开关，也是看主回路和辅助回路的电源、开关到负载的组成。

启动器电路组成

主回路由换向隔离开关 QS、真空接触器 KM、电流互感器 TA、阻容过电压吸收装置 FV 组成。

辅助回路由控制变压器 T_1 二次侧的 100 V 和 2 个 36 V 电路组成。

（1）100 V 经过开关电源向智能保护装置 CA9、CA16～CA20 端供直流电。

（2）第一个 36 V 向智能保护的本安变压器及其本安先导回路供电，同时提供主回路电压信号。

（3）第二个 36 V 向时间继电器 KT 回路、接触器线圈 KM 回路供电。其中 KT 回路由隔离开关的辅助触点 QS_1 及智能保护装置内的先导继电器 K_1 触点及远近控启停按钮 $SB_1 \sim SB_4$ 控制；KM 回路由隔离开关的辅助触点 QS_1 及时间继电器的瞬动触点 KT_1 控制。

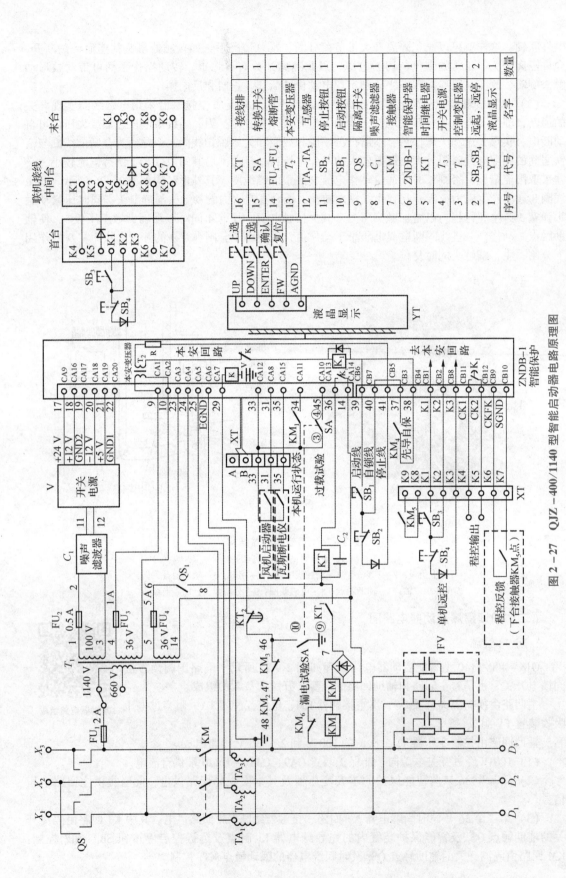

图 2-27 QJZ-400/1140 型智能启动器电路原理图

序号	代号	名字	数量
16	XT	接线排	1
15	SA	转换开关	1
14	FU₁~FU₄	熔断管	1
13	T₂	本安变压器	1
12	TA₁~TA₃	互感器	1
11	SB₂	停止按钮	1
10	SB₁	启动按钮	1
9	QS	隔离开关	1
8	C₁	噪声滤波器	1
7	KM	接触器	1
6	ZNDB-1	智能保护器	1
5	KT	时间继电器	1
4	T₃	开关变压器	1
3	T₁	控制变压器	1
2	SB₃、SB₄	远起、远停	2
1	YT	液晶显示	1

（4）智能保护的外围电路。输入回路有：电流互感器 TA 的过流信号输入 CA3～CA5 与 CA6 端给内部的过流保护提供信号；漏电检测回路的漏电信号输入 CA7 与 CA6 端给内部的检漏继电器 K 提供信号；外接通信线路的信号输入端 A、B；风电闭锁与瓦斯闭锁信号输入 CA8、CA15 与 CA12 端可外接闭锁接点；本机运行信号输入 CA11 与 CA12 端提供 KM_1 状态信号；过载试验信号输入 CA10 与 CA12 端接过载试验开关 SA；单机近控先导回路的启停信号输入 CB6、CB5 与 CB7 端；先导自保信号输入 CB3 与 CB4 端；单机远控先导回路的启停信号输入 CB1、CB3 与 CB2 端；程控反馈信号输入 CB9、CB10 端；上选、下选、确认、复位等菜单指令输入 UP、DOWN、ENTER、FW 与 AGEND 端。智能保护的输出回路有：CA13、CA14 端先导继电器 K_1 触点的远、近控指令输出；CB11、CB12 延时常开触点 K_1 的程控指令输出；液晶显示连接端的信息输出。

2. 工作原理

智能启动器采用智能保护中的微处理器完成控制信号的采集和运算处理，实现各种保护功能和智能启动器的通断控制。原理的分析方法也同馈电开关为"找开关、动开关"两步。请自行找开关，下面直接从"动开关"分析。

启动器工作原理

1）单机近控

近控即利用启动器自身按钮 SB_1、SB_2 实现的控制，当被控电动机距离启动器较近时采用，如非工作面的机械一般采用近控，将菜单中的"控制方式"设置选择至"单近"即可实现这一功能。

（1）准备。当合上隔离换向开关 QS 时，T_1 有电，智能保护有电，开始检测主回路绝缘，主回路发生漏电时，保护内部的检漏继电器 K 动作，其触点断开本安回路，智能保护的继电器 K_1 不允许起动，实现漏电闭锁；反之，如未发生漏电等故障时，智能保护的继电器 K_1 允许起动。

（2）起动。按下单机近控起动按钮 SB_1，接通由智能保护内部的本安变压器 T_2 供电的先导继电器 K_1 线圈回路，其接点 K_1 闭合接通中间继电器 KT 线圈，其瞬动触点 KT_1 闭合使真空接触器 KM 线圈得电，KM 主触点闭合使主电路接通；同时辅助触点 KM_1 闭合发出本机运行信号，智能保护显示器显示"合闸运行"；KM_2、KM_3 常闭触点断开检测漏电回路，防止主回路电流串入智能保护导致其损坏；KM_4 闭合实现自锁；KM_6 常闭触点断开串入另一组接触器线圈实现限流，以防烧毁接触器线圈。

（3）停止。当按下停止按钮 SB_2 时，切断智能保护内部的先导继电器回路，其 CA13、CA14 触点 K_1 断开时间继电器 KT 回路，KT_1 瞬动触点断开接触器 KM 线圈，KM 所有的触点复位，与起动过程相反，KM 主触点断开主回路实现停止；KT_2 触点延时闭合，等待操作过电压被 FV 吸收后方可全部接通检漏回路，以防操作过电压加于智能保护导致其毁坏。此外，未按停止按钮下误操作隔离开关带负荷断电时，由于隔离开关的辅助触点 QS 先于其主触头断开 KM 线圈，KM 主触头先行断开电动机负荷，确保隔离开关不带负荷断电。

2）单机远控

远控即利用远离启动器的远方控制按钮 SB_3、SB_4 实现的控制，当被控电动机距离启动器较远时采用，如工作面的机械大都采用远控。将菜单中的"控制方式"设置选择至"单远"即可实现这一功能。工作过程基本与单机近控相同，只是需要接入远控起动和停止按钮，按下远控起动按钮 SB_3 实现起动；按下远控停止按钮 SB_4 实现停止。如果连接远控按钮的控制电缆被短接，则接在先导回路中的二极管被短接，先导继电器因无直流工作电源而拒动，防止因控制电缆被砸导致先导回路短路造成的自起动。

3）程序控制

程序控制即多台电动机按照程序顺序起动和停止，如多台运输机按逆煤流顺序起动和停止。各台智能启动器按照图 2-27 右侧的联机接线图接线，并且设置"控制方式"首台为"程控近控"或"程控远控"（外接远控按钮时），中间台为"程控远控"，末台为"单机远控"，即可实现程控。

①程控起动。按下首台起动按钮，第一台起动；第一台中的 CB11、CB12 端触点 K_1 延时 1~3 s 闭合，输出程控指令使中间台起动，中间台的 KM_5 端闭合，反馈给首台启动器，说明程控起动成功；同理，中间台的 K_1 触点又延时向末台输出程控指令，使得末台起动。若某台发出程控指令经延时 9 s 未接到下一台 KM_5 闭合的反馈信号，则发出停止指令，本台先导继电器 K_1 触点断开，停止本台启动器，说明程控起动失败，显示"程控故障"；同时它的反馈信号又使前一台断电，这样由后向前，逐级使全部启动器瞬时断电。

②程控停止。按下首台停止按钮，第一台启动器停止，同时该台程控输出触点瞬时断开中间台启动器，中间台的程控输出触点断开末台启动器，从而使各台启动器同时停止。

4）智能综合保护

智能综合保护可以实现短路、过载、欠压、过压、风电闭锁、瓦斯闭锁、漏电闭锁等保护，同时显示故障信息，并且记忆和闭锁，以便故障查询和防止故障扩大。智能综合保护由输入、输出及主控板电路组成。输入电路输入各种故障信号给主控板，由主控板与保护整定值进行比较，从而判断故障，输出停止指令并且记忆状态，使启动器停止并闭锁，同时输出故障类型、故障值及故障时间等信息给显示屏。只有排除故障后，按下复位按钮方可解除闭锁，允许再次起动。

（1）过流保护。当主回路过流时，电流互感器输出与一次侧电流成正比的电流信号给主控板。主控板与保护整定值进行比较判断。当大于短路保护整定值时，确认短路故障发生，使先导继电器 K_1 触点瞬时断开，使得启动器停止，同时显示"短路跳闸"及短路电流值并实现闭锁，只有排除故障后，按下复位按钮方可解锁；当大于过载保护整定值时，确认过载故障发生，使先导继电器 K_1 触点延时断开，使得启动器停止，同时显示"过载跳闸"及过载电流值并闭锁，当延时 2 min 待电动机降温后自动解锁。

（2）欠压保护。当主回路欠压时，T_1 二次侧 36 V 电压成比例下降，输出给主控板的值小于欠压保护整定值，即判断为欠压故障，经 5 s 延时后发出指令，断开先导继电器 K_1 触点，使得启动器停止，同时显示"欠压跳闸"及电压值并闭锁，当电压恢复后自动解锁。

（3）过压保护。当主回路过压时，T_1 二次侧 36 V 电压成比例上升，输出给主控板的值大于过压保护整定值，即判断为过压故障，瞬时发出指令，断开先导继电器 K_1 触点，使得启动器停止，同时显示"过压跳闸"及电压值。

（4）风电闭锁。在风机正常工作下，其风电闭锁触点为断开时，设置风电闭锁为"常开"。一旦风机停止时，其风电闭锁触点闭合，主控板据此发出闭锁指令，断开先导继电器 K_1 触点，使得启动器停止供电，同时显示"风电闭锁"；反之，设置为"常闭"，风机停止时，其风电闭锁触点断开，智能保护发出指令，其 K_1 断开实施闭锁并显示。

（5）瓦斯闭锁。瓦斯闭锁设置及闭锁原理与风电闭锁相同。即按瓦斯正常时，瓦斯断电仪触点的状态为断开时设置为"常开"，反之设为"常闭"。当瓦斯超限时，瓦斯断电仪的触点与设置相反状态，智能保护据此发出闭锁指令，断开 K_1 触点，使得启动器停止并显示。

（三）故障查找与处理

可通过菜单查询故障，按"确认"键进入主菜单，将光标移至"2 故障追忆"，按"确认"键，显示屏显示：故障类型、故障时间及故障电流和故障时的系统电压。故障类型有：过载、短路、漏电闭锁、风电闭锁、欠压、过压等。然后，根据所显示的故障进行相应处理。QJZ-400（315、200）/1140（660）型启动器常见故障分析及处理见表 2-7，故障点的查找方法步骤与隔爆馈电开关相同。

表 2 – 7　QJZ – 400（315、200）/1140（660）型启动器常见故障分析与处理

故障现象	查找原因	处理方法
合隔离开关通电后，显示屏不亮（黑屏）	1. 电源无电（用验电笔测进线端不亮）或 QS 不通（测 QS 出线端电笔不亮） 2. T_1 一次侧回路不通（检测 A、C 相间电阻∞）：①FU_1 断开；②一次侧各接头断开 3. T_1 二次侧 100 V 回路不通（检测 11、12 端电阻∞）：①FU_2 断开；②1、2、3、11、12 接头断开 4. 开关电源不通（检测各电压输出回路电阻∞）：①开关电源输出端开路；②智能保护电源输入端开路 5. 三相电源接至输出端 D_1、D_2、D_3	1. 接通上级电源或接通 QS 2. ①更换 FU_1；②修复断开的接头 3. ①更换 FU_2；②修复断开的接头 4. 修复断开的接头 5. 三相电源接至输入端 X_1、X_2、X_3
通电后屏幕显示电压 380 V	660 V 电源下，T_1 一次侧抽头调至 1140 端	将一次侧抽头调至 1 140 V 端
通电后显示电压 0 V 或显示"硬件故障"	1. FU_3 断开或接触不良 2. 4、9 号线断开 3. 10 号线断开	1. 更换 FU_3 或修复接触不良 2. 连通 4、9 号线 3. 连通 10 号线
通电后屏幕亮无显示（光屏）	1. 复位按钮被短接（检测复位按钮两端电阻为 0） 2. 复位按钮误接为常闭	1. 消除短路点 2. 改接为常开触点
通电后显示混乱	1. 显示板连线故障 2. 综合保护器故障	1. 更换显示板连接线 2. 更换综合保护器
通电后，显示"漏电闭锁"	1. 试验开关打到"漏电试验"位 2. 试验开关 9、10 号线短接 3. 负载一相接地 4. KT_2 接地（29 号线接地） 5. KM_2、KM_3 接地（46、47 或 48 号线接地） 6. 阻容过电压保护装置被击穿短路（拆开与主回路的连线测阻容两端电阻为 0）	1. 打在"正常"位，再按"复位"按钮解除闭锁 2. 消除短接 3. 消除接地点 4. 消除接地线 5. 消除接地线 6. 更换击穿的电阻电容
通电后，显示"过载跳闸"	1. 试验开关打在"过载试验"位 2. 试验开关③、④号线短接（测③、④端电阻为 0）	1. 将试验开关打至"正常"位，按"复位"按钮解锁 2. 修复短接点
通电后，显示"风电闭锁"	1. 如果连接风电闭锁时，风机停止导致闭锁 2. 风电闭锁设置错误，按风机停止时的闭锁触点状态设置	1. 起动风机，解除闭锁 2. 按风机工作时的闭锁触点状态设置风电闭锁
通电后，显示"瓦斯闭锁"	1. 如果连接瓦斯闭锁时，瓦斯超限导致闭锁 2. 瓦斯闭锁设置错误，按瓦斯超限时的闭锁触点状态设置	1. 降低瓦斯浓度，解除瓦斯闭锁 2. 按瓦斯正常时的闭锁触点状态设置

故障现象	查找原因	处理方法
屏幕显示正常，但按下起动按钮接触器不吸合	1. 无 KM 回路 36 V 电源：①FU$_4$ 熔断或接触不良；②QS$_1$ 未闭合或错接为常闭触点；③整流桥损坏 2. KT 线圈回路不通：①CA13、CA14 触点未闭合（主回路漏电或智能保护损坏）；②起动或停止按钮接触不好；③KT 线圈端子接错或开路；④线圈内部开路 3. 接触器线圈回路不通：①KT$_1$ 触点未闭合；②线圈端子接错或开路；③线圈内部开 4. KM$_6$ 端子错接为常开触点或接触不良	1. ①更换 FU$_4$；②修复 QS$_1$ 触点；③更换二极管 2. ①修复主回路漏电故障或更换智能保护；②修复按钮；③修复 KT 端子；④更换 KT 线圈 3. ①修复 KT$_1$ 端子；②修复线圈端子；③更换接触器线圈 4. 修复 KM$_6$ 端子
按下起动按钮起动，松开即停止	1. 自锁接点 KM$_4$ 接触不良或开路 2. K$_1$ 线与 K$_2$ 线互换 3. 本机运行信号接点 KM$_1$ 接触不良或开	1. 修复 KM$_4$ 接点 2. 正确连接远控电缆 3. 修复 KM$_1$ 触点
通电后即起动，按下停止按钮停止，松开后又起动	1. KT$_1$ 错接为常闭或者被短接 2. CA13、CA14 被短接 3. 起动线与自锁线对调	1. 将 KT$_1$ 接为常开或消除短路 2. 消除短路 3. 正确连接远控电缆
按起动按钮接触器不吸合。但按停止按钮后松开时起动，且停不了	1. 起动按钮 SB$_1$ 短接或错接为常闭触点 2. 自锁接点 KM$_4$ 被短接或错接为常闭触点 3. SB$_3$ 被短接或错接为常闭触点 4. 远控电缆 K$_1$、K$_2$ 端短路	1. 消除短接点或改为常开触点 2. 消除短接点或改为常开触点 3. 消除短接点或改为常开触点 4. 消除控制电缆短路点
程序控制时，第一台起动后，第二台不起动	1. 第一台程控输出故障：①第一台 K$_4$、K$_5$ 线开路或错接（短接第二台接线盒 K$_1$ 与 K$_3$ 端，测第一台 CB11 与 CB12 电阻为∞）；②第一台 K$_5$ 端二极管接反或损坏；③智能保护无指令输出，K$_2$ 不通	1. ①修复 K$_4$、K$_5$ 接线；②更正二极管极性、更换损坏的二极管；③更换智能保护
程序控制时，第一台起动后，第二台不起动	2. 第二台程控接收故障：其 K$_1$、K$_3$ 线开路或错接（分测接线盒 K$_1$、K$_3$ 与保护 CB1、CB3 端电阻为∞） 3. 第二台未设置为"程远"	2. 修复 K$_1$、K$_3$ 接线 3. 第二台设置为"程远"
阻容保护器电阻烧坏	1. 电源电压三相严重不平衡 2. 电容器击穿	1. 检查电源，调整负荷 2. 更换电容器
三相电压严重不同步	1. 接触器动导杆锁紧螺母松动 2. 三相触头不同步	1. 调整三相触头，锁紧螺母 2. 调整三相触头同步
电机过载，保护器不动作	1. 电流整定值大 2. 智能保护故障	1. 正确整定电流值 2. 更换保护器
熔断器烧毁	1. 所接控制变压器绕组短路或引线短路 2. 所接整流桥二极管被击穿	1. 排除短路故障后更换保险管 2. 更换二极管

三、如何维护隔爆启动器

1. 维护

对需要更换的元器件，要选择与之对应的型号、规格和技术参数，不能随意以其他元器件代替，内部控制电路的导线均采用耐压为 500 V 的 RV 型绝缘导线，其中本质安全型电路的导线为蓝色，不得随意更换导线的规格及颜色，也不能改变导线的布线。内部电源侧设置的有"带电"字样警示标志的绝缘隔离盖板完整、可靠。所有黑色金属部件（电磁铁的工作面除外）均应有可靠的防锈蚀措施。对于电磁启动器 1 140 V 的产品外壳涂黄色、660 V 的产品外壳涂灰色防锈漆。主腔与接线盒内壁涂耐弧漆。操作手柄闭合和断开位置有清晰的指示标志和可靠的定位。

定期检查以下项目：①检查启动器前门的控制按钮、观察窗玻璃、电缆引入装置、接线柱是否完好；②检查隔爆外壳有无失爆现象；③隔离开关操作手柄、门把手是否转动灵活，机械联锁是否可靠；④检查箱体内有无因运输而掉落的零件，导线有无松动现象和断线；⑤检查启动器各电器元件、保护器、熔断器等是否完好；⑥检查启动器是否受潮，若受潮时应进行烘干处理；⑦检查接地装置是否有油漆等接触不良因素，若有，需及时处理；⑧检查启动器的进出电缆接线是否可靠，暂不使用的喇叭嘴应按规定封堵挡板，进行可靠密封。

2. 日常检查

每班运行前，应先对启动器进行检查及试验，确认外壳无失爆，接地良好，启停动作和保护正常，显示正确后再投入运行。在额定容量下，通电 30 min，介质温度在 25 ℃时，各导电部分的温度不超过 70 ℃。

四、如何安装调试隔爆启动器

安装前的检测与安装同隔爆真空馈电开关。

1. 接线

根据《煤矿安全规程》规定，先测周围 20 m 内瓦斯浓度不大于 1%，再断开上级电源开关，并闭锁、挂"有人工作严禁送电"警示牌，打开接线盒外盖，验电放电后方可开始电路连接。

1）主回路连接

（1）连接电源。将电源端 X_1、X_2、X_3 经电缆与电源连接。

（2）连接负荷。将负荷端 D_1、D_2、D_3 经电缆与电动机连接。

注意事项：①端子不能接错；②接线工艺严格按照防爆要求进行。

2）控制回路连接

（1）近控接线。智能启动器内部已经连接，不需接线。

（2）远控接线。①K_1、K_2 端接远控起动按钮；②K_2、K_3 端接远控停止按钮。

（3）程控接线。①经控制电缆连接首台 K_4、K_5 端与中间台 K_1、K_3；首台 K_6、K_7 端与中间台的 K_8、K_9。②经控制电缆连接中间台 K_4、K_5 与末台 K_1、K_3 端，中间台 K_6、K_7 与末台 K_8、K_9 端。

2. 调试

1）调电压

断电下，将控制变压器一次侧抽头调至所接电网电压的抽头上。

2）调保护整定

通电后，利用门上的菜单按钮："上选""下选""确定"及"复位"进行菜单调试。按"确认"钮可以进入下级菜单或返回上级菜单。按"上选"或"下选"钮用来选择待操作的项或对参数进行调整。按"复位"钮可解除各种保护闭锁，或返回实时显示界面。合隔离开关后，显示器实时显示电流、电压值及当前状态，如图 2-28 所示。

可按"上选""下选""确认"进入主菜单界面，显示如图2-29所示。

按"下选"键使光标移至系统设置，按"确认"按钮可进入子菜单，显示如图2-30所示。

负荷电流	0000 A
电网电压	0000 V
绝缘电阻	0000 kΩ
分闸待机	00：00
控制方式	程近

图2-28 显示界面

1 运行信息
2 故障追忆
3 系统设置
4 跳闸试验
5 短路试验
6 漏电试验
7 装置信息
8 出厂设置
9 返回上屏

图2-29 主菜单界面

1 保护整定
2 时钟设置
3 累计清零
4 通信设置
5 密码设置
6 控制设置
7 返回

图2-30 子菜单界面

按"下选"键使光标移至"保护整定"，按"确认"按钮可进入子菜单，显示如图2-31所示。

将光标移到系统电压后按下"确认"键，光标移到1 140 V，再按"上选"或者"下选"键，1 140 V、660 V可选，选择与所接电网电压相符的数值，再按"确认"键。以下各项选取方法相同，其中整定电流从5～400 A，步长为5，按照所接电动机的额定电流选取；短路电流倍数为整定电流的8～12倍，按所接电动机的起动电流与启动器额定电流的倍数选取；过载常数为1～5，可根据过载情况选取；过压保护、欠压保护、漏电保护、启动频繁、起动过长均为"打开"或"关闭"，选取"打开"；风电闭锁、瓦斯闭锁为"常开"或"常闭"，未接时可选取"常开"，如果连接闭锁触点时，按不闭锁时的触点状态选取。当选取保护参数后，最后在"保存整定"选取"保存"。保存密码为0000。保存密码时"确认"键为"移位"键，"上选""下选"为数字选择。否则所有修改无效。光标移至"返回"，按"确认"键返回"系统设置"子菜单。完成"保护整定"设置。

1 系统电压	1 140 V
2 整定电流	400 A
3 短路电流	8倍
4 过载常数	3倍
5 过压保护	打开
6 欠压保护	打开
7 漏电保护	打开
8 风电闭锁	常闭
9 瓦斯闭锁	常闭
10 起动频繁	打开
11 起动过长	打开
12 保存整定	保存
13	返回

图2-31 子菜单界面

3）调控制方式

光标移至"控制设置"后，按"确认"键进入，控制方式为"单近""单远""程近""程远"，可根据实际控制方式选取。如果不控制另一台时，采用本机按钮控制选择"单近"，如果采用外接按钮控制或程序控制时则选择"单远"；如果还要控制另一台时，采用本机按钮控制选择"程近"，如果非本机按钮控制则选择"程远"。需按下"确认"键2次，然后再按"上选"或"下选"键，选取控制方式。再按2次"确认"进入"程控延时"设置，按照大于前台电动机起动时间设定后，光标移到"确认"后，按"确认"键返回。

4）试运行

（1）起动。按起动按钮，电动机起动。

（2）停止。按停止按钮，电动机停止。

（3）反向。反向扳动隔离开关，再按起动按钮，电动机反转。

（4）保护试验。①跳闸试验：按"确认"键进入主菜单，选择"跳闸试验"，将门选择开关打至"过载试验"，启动器跳闸并显示"过载跳闸"；②不跳闸试验：在主菜单下，将光标分别移至"短路试验""漏电试验"进行不跳闸试验，显示"短路保护完好""漏电保护完好"。否则说明保护失灵。

实操指导书

一、工作案例

1. 工作任务

安装维修 QJZ－400 型矿用隔爆真空智能电磁启动器。根据任务要求，收集相关资料，任务引领书，制定工作计划书，编制工作记录表。按照计划书实施检查控制工作过程，并将工作记录记入工作记录表，最后按照评价反馈书进行自我评价。

安装维修
启动器

2. 制定工作计划书

制定工作计划书，见表 2－8。

表 2－8　安装维修 QJZ－400 型矿用隔爆真空智能电磁启动器工作计划书

制定人：

工作任务	安装维修 QJZ－400 型矿用隔爆真空智能启动器		
责任分工	1 人负责按计划指挥操作，1 人负责监督，1 人负责执行指令，1 人负责记录		
阶段	实施步骤	防范措施	应急预案与注意项
准备	1. 穿戴工作服、安全帽、矿灯、自救器、手套、绝缘靴 2. 携带万用表、兆欧表、验电笔、放电线、便携式瓦检仪、套扳、扳手、螺丝刀、塞尺、直尺、说明书、常用备件	下井前检查万用表、兆欧表、便携式瓦检仪、验电笔、备件、矿灯是否良好，不得带火种	下井时注意避灾路线，一旦发生爆炸、火灾、水灾等重大事故，可以从避灾路线上井
	3. 断上级电源开关，闭锁、挂警示牌	必须确认断开的是电源开关	有人触电，立即断电，实施抢救
	4. 用便携式瓦检仪测瓦斯浓度	必须测定周围 20 m 内瓦斯浓度小于 1%	瓦斯超限需通风，降低瓦斯浓度小于 1%
	5. 用套扳逆时针松开顶盖紧固螺栓，打开电磁启动器顶盖	隔爆接合面不许朝地上放，以防划伤隔爆面	隔爆面有划痕用细砂纸打磨平
	6. 用相同电压等级的验电笔点击电源侧 X_1、X_2、X_3 进行验电	验电时必须脱手套	如仍带电，须再核查断开电源开关，确认无电方可继续
	7. 戴手套依次用放电线将三相电源侧和负荷侧对地放电	先接地，再分别接三相回路	

阶段	实施步骤	防范措施	应急预案与注意项
检修开关本体故障	8. 开门。将隔离开关分断，用螺丝刀旋入闭锁螺栓，解除闭锁；用门把手打开前门		
	9. 检测断路故障点。将万用表打至低阻挡，并验表，分别测量： （1）主回路各路电阻：①将隔离开关合闸，测电源侧各相首尾端（电源接线柱与接触器主触头电源侧接线柱）间电阻；②反向合隔离开关，再测上述电阻；③测负荷侧各相首尾端（接触器主触头负荷侧接线柱与负荷接线柱间）电阻 （2）辅助回路各路电阻：①控制变压器 T_1 一次侧回路：测 X_1、X_3 端电阻；②100 V 侧回路：测 11 与 12 端电阻；③KT 线圈回路：按下 QS_1，测 CA13 与 CA14 端电阻；④KT 线圈回路：按下 QS_1、KT_1，测 14 与 7 端电阻 （3）智能保护外围电路：①开关电源回路：CA9 与 24 V 端电阻，CA16 与 12 V 端电阻，CA17 与 GND2 端电阻，CA18 与 –12 V 端电阻，CA19 与 5 V 端电阻，CA20 与 GND1 端电阻；②36 V 电源回路：测 CA1 与 CA2 端电阻；③电流互感器回路：分别测 CA3、CA4、CA5 与 CA6 端电阻；④检漏回路：测 CA7 与 D_3 端电阻；⑤闭锁回路：分别测 CA12 与 33 端、CA8 与 31 端、CA15 与 35 端电阻；⑥KM 触点回路：测 CA11 与 CA12 端电阻（按下 KM_1 时），测 CB3、CB4 端电阻（按下 KM_4 时）；测 K_8、K_9 端（按下 KM_5）；⑦试验开关回路：CA10 与 CA12 端电阻（打至"过载试验"位），46 与 地端电阻（SA 打至"漏电试验"位）；⑧近控回路：CB6 与 CB7 端电阻（按下近控起动按钮），CB5 与 CB7 端电阻；⑨远控回路：CB1 与 CB2 端电阻（按下远控起动按钮），CB8 与 CB2 端电阻；⑩程控输出回路：CB11 与 CB12 端电阻（K_4 与 K_5 端短接）；⑪程控反馈回路：CB9 与 CB10 端电阻（K_6 与 K_7 端短接）；⑫菜单键回路：分别测 UP、DOWN、ENTER、FW 与 AGND 端电阻（按下相应的按钮）	测每一回路首尾端电阻时必须将回路内的开关闭合，无法闭合的开关（如接触器主触头）需以开关为界，分段测量 电阻无穷大为断路，电阻大于回路正常阻值为接触不良 如发现上述问题，需缩小查找范围，即将电路一分为二，分段测量，对有断路或接触不良的路段再进一步缩小范围、分段测量。直至找到故障点 表笔必须接触良好，以防表笔接触不良导致误判断 为防止漏测，必须按照顺序测量 CA 与 CB 各端子号的判别方法参见图 2-1	紧急时可用直观法快速检测： （1）根据开关通不上电，且上级电源有电，判断为断路故障 （2）观察主回路及辅助回路发生下列现象处即为断路点：①接线柱接触不良或压绝缘胶皮；②导线断线、断头；③开关被卡合不上或合上接触不良 （3）不抽出本体下用万用表低阻挡测量各回路电阻。各接线端可在接线盒、综合保护装置插头上找到

阶段	实施步骤	防范措施	应急预案与注意项
检修开关本体故障	10. 修复断路点。将断路点接通，并检测回路正常为止	用细砂纸打磨掉连接处氧化层，或修复弹簧，或紧固螺丝	导线或接头断线，需用电烙铁焊接，严禁直接缠绕
	11. 检测短路故障点。将万用表打至低阻挡，并验表，隔离开关合闸，分别测下列电阻：①主回路进线侧各相间电阻（分别测隔离开关正向和反向合闸时的）；②主回路出线侧各相间电阻；③控制变压器二次侧各绕组间电阻	电阻为零方为短路，尤其相间并联变压器、三相阻容装置等，只要相间电阻与其电阻相等即正常。发现短路，拆开并联电路，分别测量至找到短路点。辅助回路首尾端电阻不为零即无短路	时间紧急下可用直观法快速检测故障：根据短路保护动作指示判为短路。再观察导线或触点有下列现象处即短路点：①有焦痕；②有焦味；③火线搭接
安装	12. 连接电缆。量取剥除长度，做电缆头，根据电缆外径割除密封圈分层圈；电缆依次穿入压线嘴、钢圈、密封圈 （1）连主回路电缆。将电源端 X_1、X_2、X_3 经电缆与电源连接；②将负荷端 D_1、D_2、D_3 经电缆与负荷连接；③将电缆接地芯线与接地端连接 （2）连远控电缆：①K_1、K_2 端接远控起动按钮，K_2、K_3 端接远控停止按钮；②将外壳的接地接线柱经 25 mm^2 的裸铜线与辅助接地母线连接	端子不能接错。电缆接线必须满足防爆要求：①接地线略长于主芯线；②电缆护套伸入接线盒内壁 5～45 mm；③不得压芯线胶皮，芯线裸露长度小于 10 mm；④不能缺少弹簧垫、垫片，螺帽要紧固，但不能滑扣	螺栓滑扣或丢失必须更换补齐
	13. 检测安装质量。 （1）测主回路相间绝缘 （2）测主回路对地绝缘	检测前，必须先拔开阻容过压保护与主回路连线，综合保护与外电路的插销 CA 及 CB，以防兆欧表产生的高压击穿综合保护和阻容保护装置	一旦短路、漏电必须立即排除故障，否则不得通电
	14. 关门闭盖紧固。 （1）紧固电缆引入装置。①压入电缆压盘；②紧固压盘螺栓；③紧固压线板螺栓；④紧固控制电缆压线嘴 （2）涂防锈油。用毛刷给前门及接线盒的接合面涂防锈油或凡士林油 （3）关闭前门，并且闭锁 （4）盖上接线盒外盖，并且拧入螺栓，用套扳紧固	（1）引入装置满足防爆要求：①密封圈分层面朝接线盒；②钢圈平面压密封圈；③压盘和压板平行压入；④螺栓紧固不得"亲嘴"；⑤电缆压扁程度小于外径的 10% （2）接合面两面涂油 （3）关门不要夹住导线 （4）需全部螺栓拧入后，再按对角关系紧固	（1）不用的接线嘴要用钢挡板封堵 （2）如果压线板出现"亲嘴"，可在电缆外垫入割开的电缆护套
调试	15. 调变压器。将控制变压器一次侧接至电网电压 1 140 V（采煤机用电电压）抽头	用万用表测试是否接至 1 140 V 抽头	分别测 T_1 一次侧 0 端与另两端电阻，阻值大的是 1 140 V 端子

阶段	实施步骤	防范措施	应急预案与注意项
调试	16. 调保护。 （1）通电。合上级电源开关、启动器隔离开关 （2）按"确认"键进入主菜单，选择"系统设置"进入"保护整定"。按"下选"键选择菜单和参数，按"确认"键进入菜单和确认参数 （3）进入"系统电压"，调至 1 140 V （4）进入"整定电流"，调至 235 A （5）进入"短路电流"，调至 8 倍 （6）进入"过载常数"，调至 3 倍 （7）进入"过压保护"，选择"打开" （8）进入"欠压保护"，选择"打开" （9）进入"漏电保护"，选择"打开" （10）进入"风电闭锁"，选"常开" （11）进入"瓦斯闭锁"，选"常开" （12）进入"起动频繁"，选"打开" （13）进入"起动过长"，选"打开" （14）进入"保存整定"，选"保存"。保存密码为 0000，此时按确认键移位 （15）进入"返回"，按确认键返回	（1）通电前确认无人工作 （2）据采煤机功率可估算额定电流为 $0.76 \times 350/1.14 = 236$ A，式中 350 为采煤机功率 （3）采煤机的起动电流按照额定电流的 6 倍估算 （4）采煤工作面无风电闭锁风电闭锁设为"常开" （5）不实施瓦斯闭锁时设为"常开" （6）若整定有误时，可不执行"保存"，选择"放弃"则所有参数修改无效	通电后发现冒烟、电弧、有人触电等，立即切断电源
	17. 调控制方式 （1）进入"控制方式" （2）按 2 次"确认"键，选择"单机近控" （3）按"确认"键返回	需按 2 次"确认"键方可进入选择	
	18. 试运行 （1）按下起动按钮，启动器起动 （2）按下停止按钮，启动器停止 （3）试验开关打至"漏电试验"，按起动按钮，启动器不起动，按下复位按钮，解除闭锁 （4）按起动按钮，启动器起动，试验开关打至"过载试验"，启动器跳闸，按复位按钮解除闭锁 （5）断开隔离开关，调试结束	如启动器故障，可按照表2-7进行查找检修	如保护装置有问题，需首先切断电源开关，更换综合保护插件，重新试验到正常为止
收尾	19. 清扫现场卫生 20. 整理工具 21. 填写工作记录单	检查工具或异物未落在外壳内	

3. 制定工作记录表（表2-9）

表 2-9 工作记录表

工作时间		指挥者		监督者		操作者	
工作内容	QJZ-400 型矿用隔爆真空智能电磁启动器维修安装			工作地点			

检测记录

综合保护装置

辅助回路	开关电源 本安电源			电流互感器			检漏回路	风电闭锁	瓦电闭锁	本机运行	过载实验	KT 线圈	近控			远控		程控		显示器输入				KM 线圈 复位	变压器 100 V
	24 V	12 V	-12 V 5 V										起动	停止	自保	起动	停止	输出	反馈	上选	下选	确认	复位		
测断路点	CA9	CA17	GND2	CA1	CA3	CA5	CA7	CA8	CA15	CA11	CA10	CA13	CB6	CB5	CB3	CB1	CB2	CB11	CB9	UP	DOWN	ENTER	FW	14	11
	CA16	CA18 CA19 CA20	GND1	CA2	CA6	CA6	D3	CA12	CA12	CA12	CA12	CA14	CB7	CB7	CB4	CB2	CB8	CB12	CB10		AGND			7	12
阻值/Ω																									
断路点																									

主回路

	电源侧			变压器一次侧	负荷侧		
主回路	$X_1 - X_2$	$X_2 - X_3$	$X_3 - X_1$	短路点	$D_1 - D_2$	$D_2 - D_3$	$D_3 - D_1$
测短路点 阻值/Ω		短路点				短路点	
主回路	电源侧 短路点				负荷侧 短路点		

续表

工作时间		指挥者		操作者
工作内容	QJZ-400型矿用隔爆兼本质安全型真空智能电磁启动器维修安装	监督者		工作地点

检测记录

	电源侧正向				电源侧反向				负荷侧						
测漏电点	$X_1 - X_2$	$X_2 - X_3$	$X_3 - X_1$	漏电点	$X_1 - E$	$X_2 - E$	$X_3 - E$	漏电点	$D_1 - D_2$	$D_2 - D_3$	$D_3 - D_1$	$D_1 - E$	$D_2 - E$	$D_3 - E$	漏电点
绝缘阻值/MΩ															

	电源侧正向				电源侧反向				负荷侧			
主回路 测断路点	X_1路	X_2路	X_3路	断点	X_1路	X_2路	X_3路	断点	D_1路	D_2路	D_3路	断点
首尾阻值/Ω												

备注	QS正向闭合	QS反向闭合	未接电动机负载时

主触头检测	超行程			三相接触同期度		
	U	V	W	U	V	W

出现问题	1.
	2.
处理结果	1.
	2.

二、实操案例

安装维修10号煤采区控制无极绳绞车的 QBZ－120/1140N 矿用隔爆兼本安真空可逆型启动器（图1－24中113）。根据任务要求，请同学自行查找资料，写出工作计划书，按照计划书实施并检查控制完成任务，按评价反馈书评价。

QBZ－120/1140N 矿用隔爆兼本安真空可逆型启动器工作原理如图2－32所示。

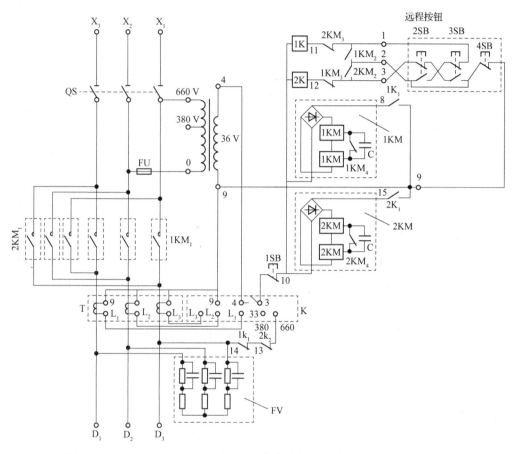

图2－32   QBZ－120/1140N 矿用隔爆兼本安真空可逆型启动器工作原理图

评价反馈书

安装维修隔爆启动器评价反馈书见表2－10

表2－10   安装维修隔爆启动器评价反馈书

考评项目		考评指标	满分值	自评分	互评分	师评分
知识 考评 （40分）	1. 能说出矿用隔爆真空电磁启动器的结构特点、类型、使用场所	少说一点扣2分	10分			

考评项目		考评指标	满分值	自评分	互评分	师评分
知识考评(40分)	2. 能说出矿用隔爆真空电磁启动器的工作原理	少说或说错一项扣1分	15分			
	3. 能说明矿用隔爆真空电磁启动器电路图阅读方法	少说或说错一项扣2分	10分			
	4. 能说出矿用隔爆真空电磁启动器的安装、维护、检修步骤与要求不同自动馈电开关之处	少说或说错一项扣1分	5分			
能力考评(40分)	1. 能阅读矿用隔爆真空电磁启动器的原理图、安装图	少说或说错一项扣2分	10分			
	2. 能对照说明书识别真空电磁启动器的各组成部分	少说或说错一项扣2分	10分			
	3. 能按照要求拆装、调试矿用隔爆真空电磁启动器	少说或说错一项扣2分	10分			
	4. 能按照要求维护、检修矿用隔爆真空电磁启动器	少说或说错一项扣1分	10分			
情态考评(20分)	1. 学习态度	迟到扣2分,不完成作业扣5分,学习态度认真记5分,学习态度一般记3分	5分			
	2. 质量把控	工作质量好记5分;工作质量一般记4分,工作敷衍记3分,工作马虎记2分,工作错误造成损失记1分,工作未完成不记分	5分			
	3. 团队协作	认真带领工作团队记5分,主动参与团队工作记3分;消极怠工不得分	5分			
	4. 创新意识	能读懂其他厂家设备电气原理图记5分,在工作中能提出和解决问题记3分,能提出或回答问题记2分,否则不得分	5分			
合计			100			

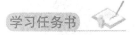

学习任务二　安装维修隔爆组合开关

一、学习任务

1. 工作情境

1）工作情况

该任务属于安装维修井下供电系统设备这一大型任务下安装维修工作面配电点分项中安装维修隔爆组合开关子项任务。具体包括隔爆组合开关安装前的检测、运输、安装、连接、调试、使用中的维护以及发生故障时的检修。

2）工作环境

（1）在井下工作面安装、检修、维护工作面配电点的隔爆组合开关；与低压电缆安装环境一样有触电、短路、漏电、引爆瓦斯等危险。

（2）相关连接。电源来自工作面配电点总开关的出线侧，负荷为回采工作面采掘运等设备。

（3）相关设备。QJZ2 – 2000/1140（660）– 6 型隔爆组合开关、MCP – 0.66/1.14 – 3 × 50 + 1 × 10 型矿用橡套电缆。

（4）使用器具及材料。套扳、扳手、克丝钳、电工刀、螺丝刀、万用表、兆欧表、便携式瓦检仪、塞尺、工业用凡士林油。

2. 任务要求和工作要求

任务要求和工作要求同学习任务一中的要求

二、学习目标

1. 知识目标

（1）隔爆组合开关的结构特点及使用场所。

（2）隔爆组合开关的工作原理。

（3）隔爆组合开关的电路图阅读方法。

（4）隔爆组合开关的安装、调试、维修步骤。

2. 能力目标

（1）能阅读隔爆组合开关的原理图、安装图。

（2）能对照说明书和电路图识别隔爆组合开关的各组成部分。

（3）能按照要求拆装隔爆组合开关。

（4）能按照要求调试隔爆组合开关。

（5）能对隔爆组合开关进行日常维护。

（6）能检测及排除隔爆组合开关的故障。

3. 素养目标

践行社会主义核心价值观，热爱煤矿电工这个职业，一丝不苟，在实践中不断学习，提高技术技能，对不同厂家同一类型的设备能够触类旁通，具有创新能力。

组合开关应用

一、如何选择隔爆组合开关

1. 用途及类型

1）用途

隔爆组合开关是一种组合电器，它将多路电磁启动器组装在隔爆外壳中，适用于含有爆炸性气体（甲烷）和煤尘的矿井中。在额定电压为 330 V、1 140 V、660 V、380 V，单台电流在 400 A 以下，用于控制和保护多台矿用隔爆型三相异步电动机，控制方式可远方控制、集中控制和程序控制。由于它集中控制、功能多、保护全，免去多台启动器之间的连接，减少故障发生率及移动列车长度，减少电缆连接和设备搬迁以及安装维修的工作量，所以在煤矿井下将取代电磁启动器而广泛使用。

2）类型

隔爆组合开关的类型较多。其型号含义如下：按结构特点分为隔爆真空型和隔爆兼本安真空型；按功能特点分为智能型、可逆型、软起动、双电源组合，其中可逆组合具有频繁换向控制功能，用于井下多台小绞车集中控制保护；软起动组合具有降压起动功能，用于多台重型运输机降压起动控制；双电源组合具有自动切换电源功能，用于多部局部通风机的控制保护。按电压分为高压（10 kV、6 kV、3 300 V）组合和低压（1 140 V、660 V）组合；按组合路数分为 2 组合、4 组合、6 组合、7 组合、8 组合、9 组合、10 组合、11 组合、12 组合、14 组合。

隔爆组合开关的型号含义如下：

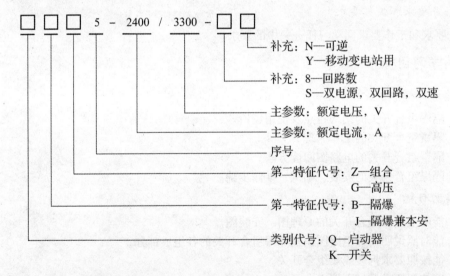

2. 选型

（1）对于需要集中程序控制的综采工作面设备采用 QJZ 型或 KJZ 型多路组合开关。其中对于高压设备采用 QJGZ 型高压组合开关。

（2）对于需要经常正、反转运行多台调度绞车集中控制选用隔爆型真空可逆绞车控制组合开关，如 QBZM - 120/1140（660）N 型。

（3）对于起动阻力较大的多台重型输送机（大型可弯曲刮板输送机、带式输送机）的控制，应选用 QJR 型软起动组合开关。

（4）对于需要双电源自动切换的多台局部通风机的控制，应选用隔爆兼本质安全型双电源2组合开关，如QJZ8－2×60/660（380）S型。

（5）选择额定电压。组合开关的额定电压应等于所接电网的额定电压。如接于660 V电网的电磁启动器，可选用电压为1 140/660 V的电磁启动器，但是必须将电压调在660 V。

（6）选择组合路数。根据所控电动机数量确定组合路数。如控制采煤机、可弯曲刮板输送机、转载机就需要选择4组合，因为刮板机为双机拖动；如果综放工作面为前后刮板机，则需要选择6组合。

（7）选择额定电流。组合开关的额定电流应不小于所接电动机的额定电流总和。其中最大一路的额定电流应大于最大一台电动机的额定电流，当然也可以按照需求向厂家订购各路启动器的额定电流。如QJZ2－2000/1140（660）－6型6组合开关，每条动力回路的标配电流为400 A，单路的最大电流可达630 A，最小的为63 A，还有250 A和125 A可供选择，但是总电流不得超过2 000 A。

二、如何检修维护隔爆组合开关

组合开关工作原理
和故障分析

维护隔爆组合开关与维护隔爆启动器相同，此处不再赘述。检修组合开关，首先要从阅读电路原理图入手，分析工作原理及故障原因，再结合安装图阅读，查找故障点。各类组合开关结构大同小异。这里以八达电气生产的QJZ2－2000/1140（660）－6型矿用隔爆兼本质安全型6组合开关为例进行介绍。

（一）分析故障原因

1. 分析电路组成

八达组合开关原理图如图2－33所示，由主回路及辅助回路组成。

1）主回路

主回路由3条主回路并联后，分别由3个隔离换向真空开关GHZ$_1$～GHZ$_3$控制，每个主回路再分为2条支路，共为6条支路。分别由熔断器FU$_{11}$～FU$_{61}$保护、真空接触器KM$_1$～KM$_6$控制，由电流互感器CT11～CT61经电流变送器BS$_{11}$～BS$_6$和数据处理器DCU，向CPU提供主回路电流信号，由阻容保护TBP$_1$～TBP$_6$做过电压保护。此外还可选一路接照明综合保护的干式变压器，变为127V后控制和保护照明设备，其电路及原理参见学习任务四，此处不再赘述。

2）辅助回路

辅助回路主要由电源、本安回路、可编程控制器（以下简称PLC）及其输入输出回路、接触器线圈回路组成。

（1）电源。主回路1 140（660）V电源经GHZ$_2$接至T$_1$一次侧，经T$_1$变为220 V、36 V。220 V分别向KM$_1$～KM$_6$线圈、开关电源、CPU供电，其中开关电源将220 V变为直流24 V和5 V，直流24 V向触摸屏TPC、CPU输入回路、数字量模块M2和模拟量模块M3、电压变送器BS$_0$供电，直流5 V向ST通信板供电；T$_1$二次侧的36 V向中间继电器J$_1$～J$_7$和本安继电器JHK$_1$～JHK$_6$线圈回路和数据采集器DCU供电，并向BS$_0$提供主回路电压信号。

（2）本安回路。由9个本安继电器JHK$_1$～JHK$_9$及其输入输出端组成。其中JHK$_1$～JHK$_6$为先导回路，输入端A$_1$、B$_1$分别由急停按钮1TA$_1$～6TA$_1$、远方停止按钮TA$_1$～TA$_6$、远方起动按钮QA$_1$～QA$_6$及自锁触点KM$_{1-1}$～KM$_{6-1}$控制；JHK$_7$为远方急停回路，输入端由远控急停按钮JT$_2$控制；JHK$_8$、JHK$_9$为闭锁回路，输入端分别为风电闭锁和瓦斯闭锁触点。本安回路的输出端A$_6$、B$_6$分别控制CPU的输入端I0.0～I1.2。

（3）PLC回路。PLC主要由CPU（M1）、存储器、I/O接口、通信接口和电源等几部分组成。CPU执行逻辑运算、算术运算、定时和顺序控制等程序操作指令，并通过I/O接口控制各种类型生产机械的起动停止。I/O接口中的I（输入）接口如图2－34所示，通过内部光电耦合器，将外部电路输入SB信号转换为内部的数字信号，实现外部触点对内部逻辑继电器的控制，同时

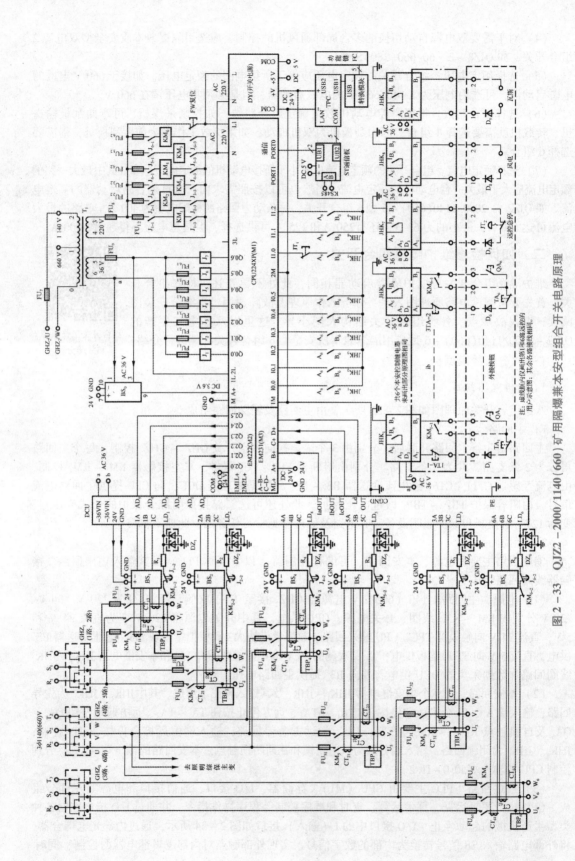

图 2-33 QJZ2-2000/1140 (660) 矿用隔爆兼本安型组合开关电路原理

外部与内部电路之间电隔离，以防外部大电压、大电流损坏内部电路。其中 1M 为外部输入电路电源端子（公共端），+V 为外部输入电源 + 极端子。O（输出）接口可分为继电器输出、晶体管输出和晶闸管输出，如图 2-35 所示，分别实现内部逻辑继电器的触点通断外部的强电控制电路、晶体管控制电路和晶闸管控制电路，同时与外部电路之间电隔离。图中 1L 为输出信号回路的公共端，OUT 为输出端。

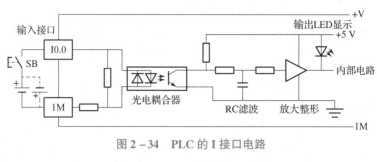

图 2-34　PLC 的 I 接口电路

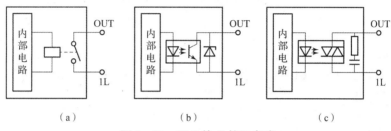

（a）　　　　　　　（b）　　　　　　　（c）

图 2-35　PLC 的 O 接口电路

（a）继电器输出；（b）晶体管输出；（c）晶闸管输出

为了增加 I/O 接口，主机 M1 还连接了模拟量输入 M2、数字量输出 M3 的扩展模块。

（4）PLC 外部输入回路。除输入端 I0.0 ~ I1.2 与 1M（2M）输入的本安继电器触点控制信号外，还有输入端 A+ 与 M 输入端的电压变送器的主回路电压信号，M3 模块输入的主回路电流信号和漏电信号。其中：主回路电流信号→电流互感器 CT_1 ~ CT_6 变流信号→电流变送器 BS_1 ~ BS_6 转换为电压信号→数据采集器 DCU 转换为数字信号 I_aOUT ~ I_cOUT→M3 模块；主回路 V 相漏电信号→KM_{1-2} ~ KM_{6-2} 常闭触点→J_{1-2} ~ J_{6-2} 常闭触点→分压电阻 R_1 ~ R_6 电压信号→DCU 信号 L_dOUT→M3 模块。

（5）PLC 外部输出回路。由 Q0.0 ~ Q0.5 与 1L（2L）端口输出控制指令给中间继电器 J_1 ~ J_6，Q0.6 端口输出控制指令给双机双速自锁继电器 J_7，由 PORT1 端口输出显示信息经通信板 ST 给触摸屏 TPC 显示，由 M2 模块 Q2.0 ~ Q2.5 端口输出时序控制指令给 DCU 循环采集 6 路主回路电流信号和漏电信号。

（6）接触器线圈回路。KM_1 ~ KM_6 线圈分别由中间继电器触点 J_{1-1} ~ J_{6-1} 和 J_{1-3} ~ J_{6-3} 控制，$FU_{1.2}$ ~ $FU_{6.2}$ 做短路保护。

2. 分析工作原理

由于采用 PLC，可通过编程实现单路控制（控制乳化液泵、清水泵、喷雾泵等）、顺序控制（控制采掘运设备）、双速控制（控制双速电动机拖动的工作面刮板机，根据刮板机电动机数量不同又分为单机双速控制和双机双速控制）等不同控制方式。

1）单路控制

（1）准备。①设定"运行方式"。在"运行方式"菜单中设定：若全部回路采用单路控制时，将菜单中"顺序控制"和"双速控制"的各回路框中均设定为"0"，如图 2-36 所示。若某一路采用单路控制时，该路号将不在"运行方式设定"回路框中出现。在确定运行方式生效后即可按程序执行单路控制操作。

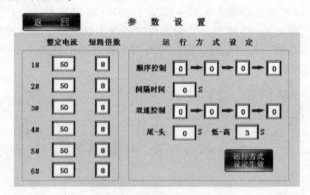

图 2–36 "参数设置" 对话框

②接线。以 1 号回路为例，将该路远控按钮中起动按钮 QA_1 的 3 端与 JHK_1 的 B_1 连接；QA_1 的 2 端经 KM_{1-1} 自锁触点与 JHK_1 的 B_1 连接；停止按钮 TA_1 的 2 端接 QA_1，另一端与二极管 D_1 的阳极端连接，注意二极管的阴极接 1 端，不得接反。

下面以控制第 1 路启动器为例说明单路控制，其他各路工作原理相同，读者可自行分析。

（2）通电。闭合 $GHZ_1 \sim GHZ_3$，辅助回路电源 T_1 有电，开关电源 DY 向显示屏供电，显示主菜单；数据采集器的 LD 端输出 12 V 直流电源经 R_1、J_{1-2}、KM_{1-2} 附加到电网对地绝缘电阻上，检测电网绝缘信号经 DCU 给 CPU，如果绝缘电阻大于漏电闭锁值允许起动，否则不允许起动实施漏电闭锁，同时显示 "漏电闭锁" 及其绝缘电阻值。

（3）起动。按下第 1 路外接起动按钮 QA_1，接通该路先导回路，本安继电器 JHK_1 接通，其触点 A_1、B_1 闭合，给 PLC 的 I0.0 端输入指令，单路控制程序运行，发出动作指令，PLC 的输出端 Q0.0 接通 J_1 继电器，J_{1-2} 触点断开检漏回路以防主回路接通后电压加至 DCU 造成其损坏；J_{1-1} 和 J_{1-3} 闭合接通 KM_1 线圈。KM_1 主触点接通主回路，KM_{1-1} 触点闭合实现自锁；KM_{1-2} 触点也断开检漏回路以增大端口绝缘，同时作为 J_{1-2} 的后备。

（4）停止。按下第 1 路停止按钮 TA_1，断开先导回路，本安继电器 JHK_1 断开，其触点 A_1、B_1 断开 PLC 的 I0.0 端，程序发出停止指令使 PLC 输出端 Q0.0 断开 J_1 继电器，J_{1-1}、J_{1-3} 触点断开 KM_1 线圈，KM_1 主触头断开主回路，KM_{1-1} 触点断开解除自锁，KM_{1-2} 触点闭合为接通检漏回路做准备；J_{1-2} 延时闭合以等待操作过电压被阻容保护吸收后，再接通检漏回路，防止主回路操作过电压进入数据采集器导致损坏。

2）顺序控制

（1）准备。①设定 "运行方式"。将需要的顺序起动回路号依次输入到 "顺序控制" 下的回路框中，在确定运行方式生效后可按程序执行顺序控制操作。

②接线。只需在首路起动的先导回路上连接远控按钮（接线同单路控制），其他相关先导回路不需接远控起动按钮，只需将 1、2 端用二极管经远控停止按钮连接，以便实现顺序起动、自锁及停止。下面以第一、第三、第五、第六路顺序起动为例说明，先将远控按钮接至第一路先导回路，再将第三、第五、第六路的先导回路 1 端接二极管 D_1 阴极、D_1 阳极经远控停止按钮接至 2 端。

（2）通电。同单路控制不再赘述。

（3）起动。按第一路的起动按钮 "QA_1"，第一路电动机起动，起动过程同单路控制，不再赘述。当延时到设定的间隔时间后，在程序控制下 PLC 的 Q0.2 自动接通 J_3 线圈，第三路电动机起动，起动过程同前。再经过延时后自动起动第五路电动机，最后经延时起动第六路电动机。起动时只有首路起动按钮有效，其他各路起动按钮无效。

（4）停止。按 $TA_1 \sim TA_6$ 中的任意一路停止按钮，各路在程序控制下反序（与起动顺序相反）间隔停止，间隔时间 0.1 s。例如，按下 TA_1 后，PLC 的 Q0.5 自动断开 J_6 线圈，同单路控制停止过程使得第六路停止；经过 0.1 s 延时后再自动断开 J_5 线圈使得第五路停止；再经过 0.1 s 延时后自动断开 J_3 线圈停止第三路；最后经过 0.1 s 延时断开 J_1 线圈停止第一路。此外，起动过程中，任意一路不能正常起动或出现漏电闭锁，PLC 将后续几路停止起动，同时已经起动的各路间隔 0.1 s 反序停止。运行过程中，任意一路出现故障，保护动作导致停止时，PLC 将其他各路也以 0.1 s 的间隔反序停止。

3）双速控制

（1）准备。①设定"运行方式"。第一、第二个数字框为低速回路输入框，将所选定的"回路号"输入其中，第三、第四个数字框为高速回路输入框，将选定的高速"回路号"输入。若单台双速电动机控制时，将第二、第四个数字框设为 0；若两台双速电动机控制式时，第一、第三个数字框分别设为机尾电动机的低速和高速回路数，第二、第四个数字框分别设为机头的低速和高速回路数，所用的回路号需与实际控制的回路相一致。

②接线。除按顺序控制连接各台先导回路外，还需在首台先导回路的 2、3 端与 X_1 端子排 19、20 端（图 2-42）的双速自锁继电器 J_7 常开触点并接。下面以一组控制按钮控制单台双速电动机为例，先将"运行方式"设为 1→0→3→0；再将远控起动和停止按钮分别接至第一路的先导回路 1、2 和 2、3 端上，J_7 常开触点并接在第 1 路的先导回路 2、3 端子上，实现第"一"路的停止按钮对第"三"路高速绕组的停止控制；其他路的先导回路 1、2 端用二极管短接，实现一个远控按钮盒对单台双速电动机的起动和停止控制。

（2）起动。按第一个回路起动按钮 QA_1，起动电动机低速绕组，延时到达设定的低速—高速的切换时间（高于 3 s），且电动机低速绕组电流下降到整定电流的 1.2 倍时，PLC 通过第一先导回路的双速自锁继电器 J_7 触点自动停电动机低速绕组，并延时 100 ms 后接通第三回路的 J_3 继电器，起动电动机高速绕组。若延时到设定的低速—高速切换时间后，电动机低速绕组电流没有下降到 1.2 倍，电动机低速绕组停机，同时电动机高速绕组禁止运行，并显示"双速切换失败"，需通过菜单中"参数设置"延长低速—高速的切换"间隔时间"重新起动至成功为止。

（3）停止。按第一回路的"停止"按钮，即可停止高速和低速绕组运行。

4）保护原理

（1）短路保护。采用双重保护：任一主回路一旦发生短路，除主回路熔断器熔断外，其相应的电流互感器电流信号经电流变送器及数据采集器送给 PLC 的 CPU，大于 CPU 设定的短路保护动作值时，CPU 发出指令断开相应的中间继电器及其接触器，从而实现保护并闭锁；同时显示故障类型和发生故障的时间以及故障时的电流值。若该回路为顺序控制运行或者双速控制运行方式的回路之一，则投入运行的所有电动机将逆起动顺序停机。

（2）过载保护和断相保护。原理同上，不同的是 CPU 延时动作。

（3）过压和欠压保护。若发生电源电压过压（欠压），T_1 的 36 V 信号经电压变送器送给 PLC 的 CPU，大于（小于）CPU 设定的保护动作值时，CPU 发出停止信号，使所有电动机同时停机，并在显示器上显示系统电压异常故障以及故障时的电压值和发生故障的时间。

（4）先导回路短路保护。一旦由于控制电缆短路，会短接先导回路的整流二极管 D_1，使短路电流为交流，无法接通本安回路的直流继电器，从而防止了先导回路短接导致的自起动发生。

3. 分析故障原因

在运行中出现故障时，显示屏实时显示故障类型、故障参数及故障时间，也可通过菜单查询故障。控制系统加电后屏幕显示主菜单，主菜单中包含了 7 个功能窗口，如图 2-37 所示。用右门的"上、下、左、右"键移动光标到相应的按钮上，按右门的"确认"键，则切换到相应的画面上。

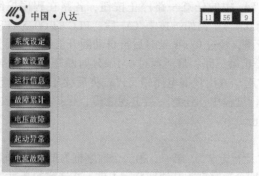

图 2 – 37　主菜单

如将光标移至"电压故障",按"确认"键,显示最近发生过的 8 次电压故障,包括故障电压、日期和时间,按"返回"按钮返回主菜单。将光标移至"起动异常"。按"确认"键,显示最近发生过的 8 次起动异常的回路号、日期和时间,按"返回"按钮返回主菜单。将光标移至"电流故障",按"确认"键,显示最近发生过的 8 次电流故障的故障回路,故障类型(短路、断相、相不平衡、过载)、故障电流、日期和时间,按"返回"按钮返回主菜单。然后,根据所显示的故障进行相应故障点分析、查找与处理。

(二)查找故障点

1. 熟悉结构组成

八达组合开关由隔爆外壳与内部元件组成。隔爆外壳如图 2 – 38 所示,分为进线腔 2、主控腔 18、出线腔 17。

图 2 – 38　QJZ2 – 2000/1140(660) – 6 型组合开关外形

1—起吊钩;2—进线腔;3—停止按钮;4—隔离开关手柄;5—急停按钮;6—右门手柄;7—菜单显示屏;
8—菜单键;9—铭牌;10—照明信号显示屏;11—照明信号操作按钮;12—煤安标志;13—警告牌;
14—左门手柄;15—主回路出线嘴;16—辅助回路出线嘴;17—出线腔;18—主控腔

1)进线腔 2

外侧为 3 个进线嘴、2 个电源进线、1 个电源出线;内部装有 3 组接线柱:R_1、S_1、T_1、R_2、S_2、T_2、R_3、S_3、T_3,通过连接片分别并联供 1140(660)V 进线使用。若使用不同移动变电站的多路电源给开关供电,须拆开进线的并联母排;若使用同一隔爆移动变电站的多路电源给开关供电,需要计算各路电源的短路阻抗、连接组别、电压比等是否满足并联条件,如果满足,须确保并联的多路电源各相的相序一致。

2)主控腔 18

装有组合开关所有的主回路和控制保护元件。主腔正面为两扇长方形快开门,为止口型隔爆机构，灵活的铰链与操作机构，使门的开启、关闭操作都非常简单、轻便。后面也设有隔爆的三开门结构，可方便对隔离换向开关、各回路的电源和负荷进行接线及检修。同时，对发生故障的控制单元可快速整体更换，减少故障处理的工作量和时间。

（1）真空隔离换向开关 GHZ_1 ～ GHZ_3 及其闭锁装置。分别安装在腔体的右侧（图 2－38 中 4），每一个可同时控制 2 路电源正向—断开—反向三个位置的无载转换，并且与停止按钮 3 之间闭锁，如图 2－39 中 1 所示。只有按下停止按钮由接触器切除负荷，方可分合隔离开关手柄 4，防止带负荷操作隔离开关，接触器熔焊等特殊情况下也可带负荷分断隔离开关，因此隔离开关也采用真空管灭弧。隔离开关与门之间设有机械闭锁，只有将 3 个隔离开关均打至分闸位，方可用专用扳手旋动闭锁块 2，解除闭锁爪 3 的限制，水平扳动右门手柄 7 开门，否则隔离开关闭合带电下无法开门，从而防止带电开门。

图 2－39　隔离开关及其闭锁装置
1—停止按钮；2—闭锁块；3—闭锁爪；
4—隔离开关手柄；5—急停按钮；
6—127 V 电源开关；7—右门手柄

（2）驱动单元。共有 6 个驱动单元安装在腔体中部，每个单元为每个回路的抽屉式小车，以第一路为例，包括交流真空接触器 KM_1 及其操作机构、中间继电器 J_1、电流互感器 CT_{11} ～ CT_{13}、阻容过电压保护装置 TPB_1、熔断器 FU_1 和 FU_2。每一个单元可控制一台电动机或双速电动机的一个低速（或高速）绕组。

（3）控制变压件 T_1。包括一、二次侧熔断器 FU_7 ～ FU_9 及其接线端子，安装在主控腔底部，为辅助回路提供电源。

（4）主回路熔断器 FU_{11}（FU_{12}）～ FU_{61}（FU_{62}）。安装在主控腔背部，打开后门即可看到，为限流式熔断器，与 PLC 共同对主回路短路故障进行双重保护。

（5）照明信号综合保护组件。包括照明变压器及其一、二次侧开关和保护装置，安装在主腔底部，可将主回路电压变为 127 V 并控制保护井下照明、信号装置。其 127 V 电源由图 2－39 中的电源开关 6 控制通、断。

（6）门板组件。右门板上方装有触摸式显示屏 TPC（图 2－38 中 7）；第二排为菜单键"上、下、左、右、确认、复位"（图 2－38 中 8）；第三排为通信板 ST、可编程控制器及其扩展模块 M1、M2、M3；第四排为电压变送器 BS_0、电流变送器 BS_1 ～ BS_6、数据采集器 DCU、开关电源 DY。左门板上部为照明信号显示屏 10；中间为照明控制试验按钮"起动、停止、短路、漏电/绝缘"11；下部装有 9 个本质安全型继电器 JHK_1 ～ JHK_9。其中 PLC 主机（M1）面板如图 2－40 所示，右侧有模式选择开关 6，分别为运行"RUN"和停止"STOP"（实现程序的运行和停止）以及终端"TERM"（通过编程软件控制 PLC）三种模式，前盖板下方还有连接数字模块 M2 的扩展端口 5；顶部为输出端子 Q0.0 ～ Q1.1 与 1L、2L、3L，交流电源端子 L1、N 及接地端子接线柱 1。底部为输入端子 I0.0 ～ I1.5 与 1M、2M，直流电源端子 L＋、M 接线柱 9。左下部为通信口 PORT0（图 2－38 中 7），左上部为状态指示灯 12，分别为 SF/DIAG（系统错误/诊断）、RUN（运行）和 STOP（停止）指示。

3）出线腔 17

腔内右侧设有 6 排主回路的接线端子，照明回路的 Z_a、Z_b、Z_c/X_c、X_b 和 FD 辅助接地共 5 个接线柱，还有辅助回路的 X_1、X_2 端子排以及 1X ～ 5X 九芯接线柱；底部设有 2 个接地接线柱。腔内左侧及出线腔外部设有相应的 6 个主回路出线嘴（电缆引入装置）15（图 2－38），18 个辅助回路出线嘴 16（图 2－38）。

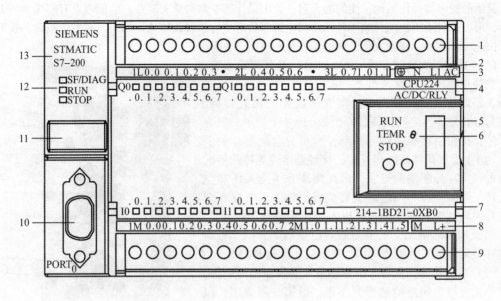

图 2 - 40　PLC 主机结构

1—输出端子接线柱；2—输出端标注；3—交流电源端子标注；4—输出端指示灯及端口编号；
5—扩展端口；6—模式选择开关；7—输入端指示灯及端口编号；8—输入端标注；
9—输入端接线柱；10—通信端子；11—可选卡槽；
12—状态指示灯；13—型号

2. 阅读电路互连图

驱动单元接线图如图 2 - 41 所示，出线腔与主控腔接线图如图 2 - 42 所示，右门板组件接线图如图 2 - 43 所示。接线图的阅读方法详见学习任务一。

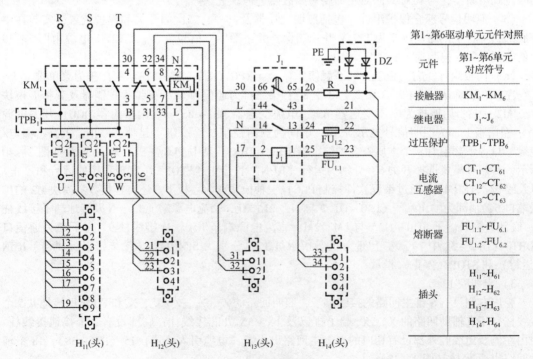

第1~第6驱动单元元件对照

元件	第1~第6单元对应符号
接触器	$KM_1 \sim KM_6$
继电器	$J_1 \sim J_6$
过压保护	$TPB_1 \sim TPB_6$
电流互感器	$CT_{11} \sim CT_{61}$ $CT_{12} \sim CT_{62}$ $CT_{13} \sim CT_{63}$
熔断器	$FU_{1.1} \sim FU_{6.1}$ $FU_{1.2} \sim FU_{6.2}$
插头	$H_{11} \sim H_{61}$ $H_{12} \sim H_{62}$ $H_{13} \sim H_{63}$ $H_{14} \sim H_{64}$

图 2 - 41　QJZ2 - 2000/1140(660) - 6 隔爆兼本安型组合开关主控腔第一驱动单元接线图

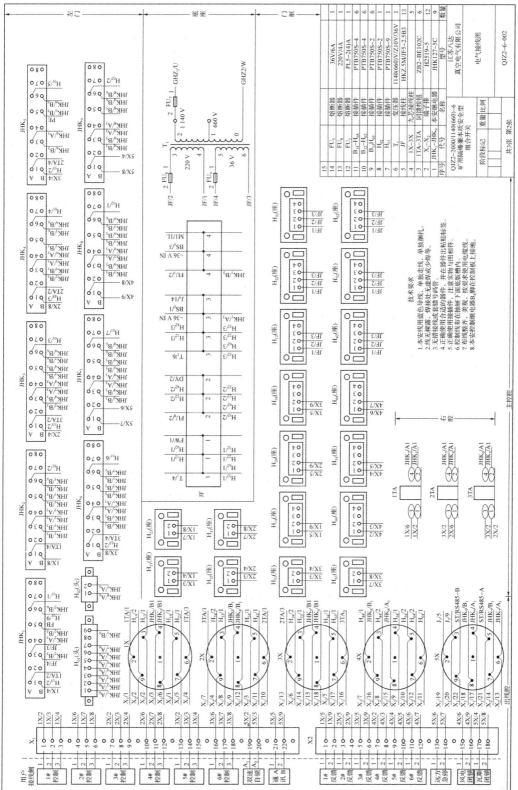

图 2-42 QJZ2-2000/1140(660)-6 隔爆兼本安型组合开关出线腔与主控腔接线图

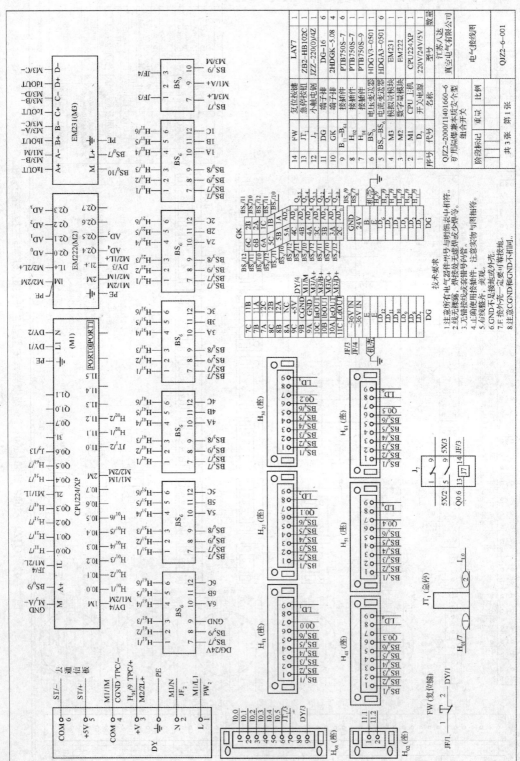

图 2-43 QJZ2-2000/1140(660)-6隔爆兼本安型组合开关右门板组件接线图

3. 故障查找与处理

故障点的查找与修复方法步骤与隔爆馈电开关相同，参见学习任务一。常见故障分析、查找及处理见表2-11。

表2-11　QJZ2-2000/1140（660）-6型组合开关常见故障分析与处理

故障现象	查找原因	处理方法
合隔离开关后，显示屏黑屏或光屏（屏幕亮但无显示）	断开隔离开关，验电、放电后，用万用表欧姆挡检测： 1. T1一次侧回路不通（检测图2-33中的GHZ_2/U、GHZ_2/W相间电阻∞）：①FU_7断开；②一次侧各接头断开；③一次侧绕组烧毁、断路或短路 2. T1二次侧220 V回路不通（检测DY的L、N端电阻∞）：①FU_8断开；②T_1的3、4接头断开；③二次侧绕组烧毁、断路或短路；④复位按钮FW接触不良或错接为常开 3. 开关电源24 V输出回路不通（检测TPC的＋、－端电阻∞）：①输出端＋V、COM接头断开或接反；②TPC的＋、－接头断开或接反；③开关电源损坏 4. 显示屏损坏 5. 显示屏TPC的24 V和COM端对调	1. ①更换FU_7；②修复断开的接头；③更换变压器 2. ①更换FU_8；②修复断开的接头；③更换T_1变压器；④修复FW触点或改接为常闭 3. ①修复断开的接头；②调整接反的接头；③更换开关电源 4. 更换显示屏 5. 将DY的3端接TPC的"＋"，4端接"－"
合隔离开关后，面板显示电压380 V	660 V电源下，T_1一次侧抽头调至1 140端	将一次侧抽头调至660 V端
合隔离开关后，面板显示电压0 V且不起动	1. BS_0输入回路不通（测36 V进线端电阻为∞）：①图2-43中BS_0的3端、JF/4端断开或接错位（接入BS_0的2端）；②FU_9断开或接触不良；③T_1二次侧5、6端接头开路；④T_1的36 V绕组烧毁、短路或开路；⑤BS_0的1端、JF/3端接头开路 2. BS_0电源回路不通（测图2-43中BS_0的7端与DY的3端电阻为∞；BS_0的10端与DY的4端电阻为∞）：①开关电源24 V输出3与4端的接头断开；②BS_0的24 V输入7、10端接头断开或对调 3. M1的A＋、M回路不通（测A＋、M端电阻为∞）：①A＋、M接头断开；②BS_0输出9或10端接头断开或接入空挡；③BS_0损坏	1. ①接通JF/4线与BS_0的3端；②更换FU_9或修复接触不良；③连通5、6号线；④更换T_1；⑤连通BS_0的1端、JF/3端 2. ①接通开关电源24 V输出端；②接通BS_0的24 V输入7、10端或对调回来 3. ①接通A＋、M端；②接通BS_0输出9、10端；③更换BS_0
合隔离开关后，显示"风电闭锁"	1. 如果连接风电闭锁时，风机停止导致闭锁 2. 风电闭锁设置错误	1. 起动风机，解除闭锁 2. 正常为常开触点设为1；正常为常闭触点设为2
合隔离开关后，显示"瓦斯闭锁"	1. 如果连接瓦斯闭锁时，瓦斯超限导致闭锁 2. 瓦斯闭锁设置错误	1. 降低瓦斯浓度，解除瓦斯闭锁 2. 正常为常开触点设为1；正常为常闭触点设为2
合隔离开关后，显示某一路"漏电"（如1号回路）	1. 1号回路负载一相接地 2. 1号回路DCU的LD_1端子接地 3. 1号回路KM_{1-2}或J_{1-2}接地 4. 1号回路的阻容过电压保护装置TBP_1被击穿短路（拆开与主回路的连线测阻容两端电阻为0）	1. 消除接地点 2. 消除接地点 3. 消除接地线 4. 更换击穿的电阻或电容

故障现象	查找原因	处理方法
电压显示为 0 V，运行信息中各路漏电信息显示"漏电"	1. 数据采集器 36 V 电源不通：①图 2 - 43 中 DG 的 36VIN 接头断开或接触不良；②图 2 - 42 中与 36VIN 连接的 JF3、JF4 接头断开或接触不良；③数据采集器熔断器 FU_9 熔断 2. BS_0 输入输出及电源回路不通，见"面板显示电压 0 V" 3. PLC 主机（M1）上的模式选择开关（图 2 - 40 的 6）打至"STOP" 4. BS_0 的 7 端开路	1. ①接通数据采集器 36 V 接头；②接通 JF3、4 接头；③更换熔断器 FU_9 2. 见面板显示电压 0 V 3. 将 PLC 主机上的开关打至"RUN" 4. 将 BS_0 的 7 端接 BS_1 的 7 端
电压显示正常，按下各路起动按钮均不起动	1. 系统设定画面中，电压未选择为"1"或"2" 2. 参数设定画面中，设定完运行方式后，未按"运行方式设定生效按钮"，覆盖以前的运行方式 3. 系统电压不正常 4. 系统设定为"近控" 5. 急停回路不通，PLC 输入口"I1.0"灯不亮：①I1.0接头断开或接错位（如与 I1.1 接头对调）；②急停按钮接触不良或接头断开、接错位；③JHK_7 的 A_6、B_6 触点接触不良或接错或 JHK7 损坏；④图 2 - 42 中 X_2 的 13、14 对调导致二极管极性接反	1. 按所接电网电压为 660 V 选择"1"；为 1 140 V 选择"2" 2. 重新设定运行方式并按下"运行方式设定生效按钮" 3. 查找电压不正常原因，恢复电压 4. 系统设定改为"远控" 5. ①正确连接 I1.0；②修复急停按钮触点或接头；③修复 JHK_7 的触点或改正接线，或更换 JHK_7；④对调 X_2 的 13、14 端
	6. J 回路无 36 V 电源：①FU_9 熔断或接触不良；②T_1 的 5、6 端接头断开；③T_1 的 36V 绕组断开、短路	6. ①更换 FU_9；②接通 5、6 接头；③更换 T_1
屏幕显示正常，但按下某路起动按钮接触器不吸合（如 1 路不起动）	1. 1 号主回路漏电（同前） 2. 1 号先导回路不通（按下 QA_1 测 JHK_1 的 A_1、B_1 回路电阻∞）：①1TA - 1 触点接触不良；②QA_1 或 TA_1 按钮接触不好；③二极管 D_1 接反或损坏；④1、2、3 端接头断开 3. PLC 输入回路不通：①I0.1 与 JHK_1 的 A_6 未接通掉线（电阻∞）；②JHK_1 的 A_6、B_6 触点不通或 JHK_1 损坏；③JHK_1 的 B_6 与 DY 的 24V 未接通（电阻∞） 4. PLC 输出回路不通（测 Q0.0 与 1L 端电阻∞）：①FU_{11} 熔断或接触不良；②J_1 线圈内部或接头断开；③Q0.0 或 1L 接头断开或接错位 5. 接触器线圈回路不通（测图 2 - 41 中 J_1 的 24 号与 L 端电阻为∞）：①图 2 - 41 中 KM 线圈两端的连线 L、N 断开或接错位；②FU_{12} 接触不良或熔断；③J_{1-1}、J_{1-3} 触点未闭合（接触不良或接错位）；④KM_1 线圈内部开路 6. 运行方式设置错误，顺序控制、双速控制下第一个数字框不为 1	1. 同前 2. ①修复 1TA - 1 触点；②修复按钮；③重接 D_1 或更换 D_1；④接通 1、2、3 端 3. ①接通 I0.1、A_6；②更换 JHK_1；③接通 B_6、24 V 接头 4. ①更换 $FU_{1.1}$ 或修复接触不良；②更换 J_1 线圈或接通接头；③接通 Q0.0 或 1 L 接头 5. ①接通断开的接头；②修复 $FU_{1.2}$ 接触不良或更换熔断器；③接通 J_{1-1}、J_{1-3} 触点和改正接线；④更换 KM 6. 单路控制时将运行方式中的所有数字框均设为 0；顺序控制时将第一个数字框设为 1；双速控制时将第一个数字框设为 1

故障现象	查找原因	处理方法
按起动按钮两路同时起动。例如按下 QA1，第一、第二路同时起动	1. PLC 两个相邻的输入端子对调：例如①图 2-43 中 M1 的第一路 I0.0 和第二路 I0.1 对调；②图 2-43 中右门板 H_{01} 的 1、2 端接头对调；或图 2-42 中左门 H_{01}（头）的 1、2 端对调 2. PLC 两个相邻的输出端子对调：例如①图 2-43 中 M1 的第一路 Q0.0 和第二路 Q0.1 对调；②图 2-43 中 $H_{11}/7$ 和 $H_{21}/7$ 的接头对调	1. ①调回 I0.0 与 I0.1；②调回 H_{01} 的 1、2 端接头 2. ①调回 Q0.0 与 Q0.1 的接头；②调回 $H_{11}/7$ 和 $H_{21}/7$ 接头
按下起动按钮有打枪声音。例如按下第四路 QA4	先导回路的 1 号、2 号线对调。例如①图 2-42 中出线腔 9 芯 $X_1/11$ 和 $X_1/10$ 接头对调；②出线腔 9 芯 2X/7 和 2X/6 接头对调	①调回 $X_1/11$ 和 $X_1/10$ 接头；②调回 2X/7 和 2X/6 接头
按下起动按钮起动，松开即停止，例如第一路	自锁接点 KM_{1-1} 回路接触不良或开路。①KM_{1-1} 的自锁触点接触不良，驱动单元图 2-41 中的 31 端与 32 端不通（按下 KM 辅助触点时测得电阻∞）；②H_{13} 的 1、2 端接头断开或接触不良；③出线腔图 2-42 中的 X_1 的 2 端接头断开或接触不良	①修复 KM_1 的 5、6 接点；②接通驱动单元中 H_{13} 的 1、2 端接头；③接通出线腔中 X_1 端子排的 2、3 端接头
按起动按钮不起动，但按停止按钮起动	1. 图 2-42 中 $X_1/2$ 和 $X_1/6$ 对调 2. 图 2-42 中 1X/9 和 1X/8 对调	1. 调回 $X_1/2$ 和 $X_1/6$ 2. 调回 1X/9 和 1X/8
按右门上下左右按钮，鼠标箭头不动作	显示屏 USB 插头接触不良或插到另外的孔中	接通 USB 接头
阻容保护器电阻烧坏	1. 电源电压三相严重不平衡 2. 电容器击穿	1. 检查电源，调整负荷 2. 更换电容器
三相电压严重不同步	1. 接触器动导杆锁紧螺母松动 2. 三相触头不同步	1. 调整三相触头，锁紧螺母 2. 调整三相触头同步

三、如何安装调试隔爆组合开关

（一）安装接线

安装使用前应检查在运输过程中有无损坏，各部件及线路接线有无松动，发现后应及时处理。根据《煤矿安全规程》规定，先断开上级电源开关，并闭锁，挂"有人工作严禁送电"警示牌，测瓦斯，验电放电后方可开始电路连接。

组合开关维修

1. 主回路连接

连接电源。将进线腔的三相电源端经电缆与馈电开关出线侧连接。

连接负荷。将出线腔的各路负荷端 U、V、W 经电缆与各电动机连接。

连接照明信号装置。将出线腔的 Z_a、Z_b、Z_c 分别并接各路照明装置；X_c、X_b 接信号装置。

连接地线。将各路进出线电缆的接地芯线与接线腔内的接地接线柱连接。

注意事项：①端子不能接错。固定时不能缺少弹簧垫、垫片，螺帽要紧固，但不能过紧，以免划扣。②放入本体时小心，不要碰损按钮、插件等。不要将电缆接地线与火线短路。

2. 控制回路连接

根据所选控制方式分别将远方起动、停止、急停等按钮及二极管与出线腔 X_1 端子排的相应端子连接。

(二) 运行调试

1. 调菜单

接通上级电源开关，再分别合上隔爆组合开关内的 3 个隔离开关手柄进行送电，液晶显示屏显示主菜单。

1) 系统设置

用组合开关右侧门上的上、下、左和右按键移动光标移到主菜单中的"系统设定"按钮，按"确认"键，进入系统设定画面；再移动光标到要设定参数的区域框内，按"确认"键，屏幕自动弹出数值输入窗，如图 2-44 所示。

(1) 电压设置。将光标移至电压框，在 660 V 电网中需设为 1，并将控制变压器的一次侧接在 660 V 抽头上，程序按 660 V 的基准电压判断过压或欠压；在 1 140 V 电网中需设为 2，并将控制变压器的一次侧接在 1 140 V 抽头上，程序按 1 140 V 的基准电压判断过压或欠压。

(2) 远控/近控设置。将光标移至近控/远控数据框。用"运行信息"画面上的各路起动、停止按钮控制电动机的启停，称作近控。此时设为 1，远控起动无效，但远控停止有效。由远方集中控制台或防爆按钮盒经开关上的本安继电器控制电动机启停，或经网络由上位机控制电动机启停。此时设为 2，近控起动无效，但近控停止有效。

(3) 自动/手动设置。将光标移至第 3 行复位数据框。设为 0 时为自动复位，发生电流故障（短路、断相、相不平衡、过载）和起动异常时，不闭锁故障回路，任意回路故障后自动复位，都允许起动。发生电压故障时，仅在电压恢复正常后，自动复位。设为 1 时为手动复位，发生电流故障和起动异常时，闭锁故障回路。必须在"电压故障记录""起动异常记录"或"电流故障记录"画面中按"复位"按钮方可解锁，允许下次起动。发生电压故障时，仅在电压恢复正常后，按"复位"按钮方可解锁。

(4) 瓦斯闭锁和风电闭锁选择。光标分别移至第四行、第五行，不需该功能时设为 0；闭锁输入正常为常开触点时设为 1，当触点闭合时，禁止所有电动机起动；闭锁输入正常为常闭触点时设为 2，当触点开断时，禁止所有电动机起动。

(5) 时间日期设定。按照实际时间设置年月时分后，须将光标移至"时间日期生效"按钮，按下"确认"键以确认修改 PLC 的基准时间完成。将光标移至"返回"，确认后返回。

2) 参数设置

光标移至主菜单中的"参数设置"，按下"确认"按钮，进入参数设置画面，如图 2-45 所示。

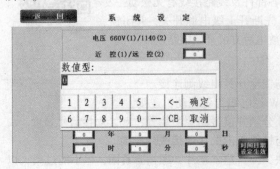

图 2-44　数值输入窗

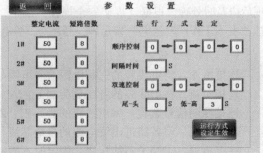

图 2-45　"参数设置"对话框

（1）电流整定。根据各路使用电动机的额定电流设置各路整定电流参数，根据大于电动机的起动电流和整定电流的比值确定各路短路倍数参数。根据实际使用的真空接触器容量，设定了整定电流的最小电流限制，整定值小于此限制时输入不进去。例如：使用 400 A 真空接触器时，最小电流限制为 10 A。当输入完成整定值和短路倍数后，程序依此检测判断负载运行电流，并对电动机实施各级保护。

（2）运行方式设定。按所需的运行方式分别设置各回路参数及切换时间。在设定参数结束后，如图 2 - 46 所示，必须按下窗口右下角的"运行方式设定生效"按钮，结束本次设置。

当输入的回路号码无重复时，自动显示出有效运行方式画面，表示所设定的运行方式已经记录在 PLC 内部，有效运行方式显示正确时，组合开关可以起动。若出现回路有重复设定时，在画面下方滚动显示"运行方式设定中有重号，请返回重新设定"，如图 2 - 47 所示。此时无法修改 PLC 内部有效运行方式，且所有回路禁止起动，必须按"返回"按钮后重新设定。

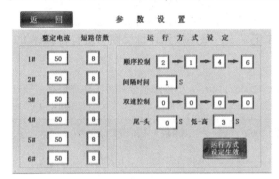

图 2 - 46 "参数设置"对话框

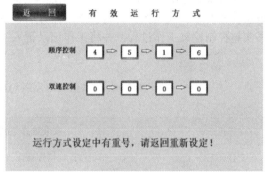

图 2 - 47 "有效运行方式"对话框

2. 试运行

（1）单路近控。将系统设定为近控，进入"运行信息"子菜单，如图 2 - 48 所示，用右门上的方向键移动光标到画面左侧各路的起动、停止按钮上，按"确认"键，控制各路电动机的起动、停止。

电流栏中实时显示各路的三相电流，图 2 - 47 中 1 号回路起动状态灯亮但三相电流为 0，说明接触器起动了，但电动机回路不通无电流产生。漏电信息栏中显示电动机对地的绝缘状态为"正常"。

（2）单路远控。将系统设定为远控，并按单路远方控制连接后，即可分别按下各路的远方起动、停止按钮实施电动机的起停，同时显示"运行信息"。

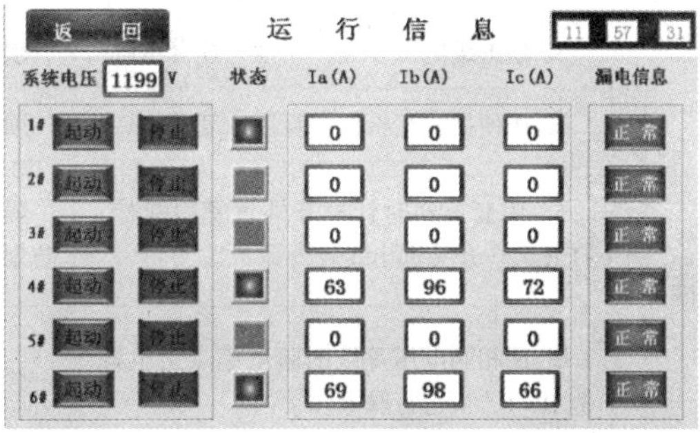

图 2 - 48 "运行信息"对话框

（3）顺序控制。将系统设定为顺序控制，并按顺序控制连接后，即可按下首台远控起动、停止按钮实施顺序控制，同时显示"运行信息"。

（4）双速控制。将系统设定为双速控制，并按双速控制连接后，即可按下第一台的起动、停止按钮实施双速控制，同时显示"运行信息"。

（5）急停控制。将远方急停按钮与二极管串联后接入 X_2 端子排的 13、14 端，注意二极管的阴极与 13 端连接，不得接反。在上述任何一种控制方式下起动后，按下急停按钮均可同时停止各路电动机。

（6）照明控制及试验。将右侧 127 V 电源开关（图 2 - 39 中 6）打至"通电"位，左门窗口中的"电源指示"亮，说明照明信号综合保护单元输入侧已经送电，按下窗口下方"短路"试验按键，窗口中的"照明短路""信号短路"灯亮，说明短路保护起作用，当按下"漏电/绝缘"键后窗口中的"漏电保护""绝缘危险"灯亮，说明这两项保护功能正常，再按下窗口的"起动"按钮和"停止"按钮可起动和停止照明及信号装置，无异常，说明电路工作正常。

实操指导书

一、工作案例

1. 工作任务

安装维修 101 工作面配电点用 QJZ2 – 2000/1140 – 6 型隔爆组合开关（图 1 – 24 的 D121）。根据任务要求，收集相关资料、学习任务引领书，制定工作计划书，编制工作记录表。按照计划书实施控制检查工作过程，并将工作记录记入工作记录表，最后按照评价反馈书进行自我评价。

2. 制定工作计划书（表 2 – 12）

表 2 – 12 安装维修 101 工作面配电点用 QJZ2 – 2000/1140 – 6 型隔爆组合开关工作计划书

制定人：

工作任务	安装维修 QJZ2 – 2000/1140 – 6 型隔爆组合开关		
责任分工	1 人负责按计划指挥操作，1 人负责监督，1 人负责执行指令，1 人负责记录		
阶段	实施步骤	防范措施	应急预案与注意项
准备	1. 穿戴工作服、安全帽、矿灯、自救器、手套、绝缘靴 2. 携带万用表、兆欧表、验电笔、放电线、便携式瓦检仪、套扳、扳手、螺丝刀、塞尺、直尺、说明书、常用备件	下井前检查万用表、兆欧表、便携式瓦检仪、验电笔、备件、矿灯是否良好，不得带火种	下井时注意避灾路线，一旦发生爆炸、火灾、水灾等重大事故，可以从避灾路线上井
	3. 断上级电源开关，闭锁，挂警示牌	须确认断开的是电源开关	有人触电，立即断电、抢救
	4. 用便携式瓦检仪测瓦斯浓度	须测 20 m 内瓦斯浓度小于 1%	瓦斯超限需通风降低浓度
	5. 用套扳逆时针松开外盖紧固螺栓，打开组合开关进出线腔外盖	隔爆接合面不许朝地上放，以防划伤隔爆面	隔爆面有划痕用细砂纸打磨平
	6. 用相同电压等级的验电笔点击电源侧 R、S、T 进行验电	验电时必须脱手套	如仍带电，须再核查断开电源开关，确认无电方可
	7. 戴手套依次用放电线将三相电源侧和负荷侧对地放电	先接地，再分别接三相回路	
	8. 开门。①分别按下 3 个停止按钮，同时断开相应的隔离开关；②用内六角扳手旋转闭锁螺帽解除闭锁；③拉起门把手右旋打开前门		

阶段	实施步骤	防范措施	应急预案与注意项
检修组合开关故障	9. 检测主回路故障点。打开后盖，将万用表打至低阻挡，并验表。隔离开关正向和反向合闸，分别测： （1）主回路断路。将真空接触器的三相主触头分别短接，分别测主回路进线侧与出线侧各相首尾端电阻应为 0 （2）主回路短路故障。分别测主回路进出线侧各相间电阻。测完拆除主触头的短接线	保证外盖的隔爆面不受到损害。电阻 $=\infty$ 为断路；电阻 $=0$ 为短路。电阻小于漏电动作值为漏电。尤其相间并联变压器、三相阻容装置等，只要相间电阻等于其电阻即正常。如短路或漏电，拆除并联电路再测，直至找到故障点	时间紧急下可用直观法快速检测故障：根据开关通不上电，且上级电源有电下，判断为断路故障。根据短路保护动作指示判为短路。再观察导线或触点有下列现象处即短路点：① 有焦痕；②有焦味；③火线搭接
	10. 检测辅助回路故障点。将万用表打至低阻挡，并验表，分别测量： （1）控制变压器 T1 回路。①一次侧：测进线腔 R_2、T_2 端电阻，应不等于 0 或 ∞；②220V 侧：测 DY 的 N 与 L 端电阻，应不等于 0 或 ∞；③36V 侧：测 BS_0 电源 1、3 端电阻，应不等于 0 或 ∞ （2）PLC 输出回路。①KM 线圈：分别打开驱动单元面板，按下各 J 触点，测 M1 的 L_1 与 N 电阻，应相同；②J 线圈：分别测 M1 的 1L 与 Q0.0～Q0.6 电阻，应相同；③M2 指令输出：分别测 M2 输出 Q2.0～Q2.5 及对应 GK 的 AD_0～AD_5 电阻，应等于 0 （3）PLC 输入回路。①M1 指令输入：分别测门板上开关电源 DY 的 ＋V 端与 I0.0～I1.2 电阻，应等于 0（短接相应的 JHK_1～JHK_9 触点）；②M1 信号输入：分别测 M1 的 A ＋与 BS_0 的 9、M1 的 M 与 BS_0 的 10 端电阻，应等于 0；③M2 输入电源：测 M2/1L ＋与 DY 的 ＋V 端、M2 的 2M 与 DY 的 COM 端电阻，应等于 0；④M3 输入电源：测 M3/L ＋与 DY 的 ＋V 端、M3 的 M 与 DY 的 COM 端电阻，应等于 0；⑤M3 信号输入：分别测 M3 输入 A ＋～D ＋与其对应 I_aOUT～I_cOUT、L_dOUT 电阻，应等于 0	测每一回路首尾端电阻时必须将回路内的开关闭合 电阻为 0 属于短路（触点或导线两端为 0 除外），电阻无穷大为断路。电阻大于回路正常阻值为接触不良 如发现上述问题，需要缩小查找范围，即将电路一分为二，分段测量，对有断路或接触不良的路段，再进一步缩小范围、分段测量，直至找到故障点 表笔必须接触良好，以防表笔接触不良导致误判断 为防止漏测，必须按照顺序测量。本安回路按外接远控按钮下测量。如已外接远控按钮时，可直测 JHK_1～JHK_6 的 A_1、B_1 端（按下相应的远控起动按钮）电阻为二极管正偏电阻，如果电阻无穷大，可对调表笔，仍无穷大说明开关 地面可通电测 BS_0。BS_0 的 7、10 端电压为 24 V，说明电源输入回路正常；BS_0 的 1、3 端为 36 V，BS_0 的 9、10 端为 36 V，说明交流输入、输出正常。否则，BS_0 坏	紧急时可用直观法快速检测： 观察辅助回路发生下列现象处即为断路点：① 接线柱接触不良或压绝缘胶皮；②导线断线、断头；③开关被卡合不上或合上接触不良

阶段	实施步骤	防范措施	应急预案与注意项
检修组合开关	(4) 本安回路。①先导停止：分别测 JHK_1/A_1 与 $X_1/1$、JHK_2/A_1 与 $X_1/4$、JHK_3/A_1 与 $X_1/7$、JHK_4/A_1 与 $X_1/10$、JHK_5/A_1 与 $X_1/13$、JHK_6/A_1 与 $X_1/16$ 电阻，均应等于 0；②先导起动：分别测 JHK_1/B_1 与 $X_1/3$、JHK_2/B_1 与 $X_1/6$、JHK_3/B_1 与 $X_1/9$、JHK_4/B_1 与 $X_1/12$、$JHK_5/B1$ 与 $X_1/15$、JHK_6/B_1 与 $X_1/18$ 电阻，均应等于 0；③先导自锁：分别测 JHK_1/B_1 与 $X_1/2$、JHK_2/B_1 与 $X_1/5$、JHK_3/B_1 与 $X_1/8$、JHK_4/B_1 与 $X_1/11$、JHK_5/B_1 与 $X_1/14$、JHK_6/B_1 与 $X_1/17$ 电阻，均应等于 0；④分别测 $JHK_1 \sim JHK_9$ 的 A_3 与 B_3 电阻，应不等于 0 或 ∞。 (5) 数据采集器回路。①电源输入：测 36VIN 两端电阻，应不等于 0 或 ∞。②电流信号：分别测 $1A \sim 6A$、$1B \sim 6B$、$1C \sim 6C$ 与其对应 $BS1 \sim BS6$ 的 10、11、12 电阻，应等于 0。③检漏信号：分别测 $LD_1 \sim LD_6$ 与主回路 $V_1 \sim V_6$ 电阻，应等于 0。 (6) 电流变送器回路。①电源输入：分别测 $BS_1 \sim BS_6$ 的 7、9 与 DY 的 3、4 间电阻，应等于 0。②信号输入：分别测 $BS_1 \sim BS_6$ 的 1 与 4、2 与 5、3 与 6 电阻，应不等于 0 或 ∞	测量时，根据图 2-41~图 2-43 找出相应的端子	在维护中应注意电流变送 $BS_1 \sim BS_6$ 的 8、9 口应分别与 24 V 电源地、设备外壳地相接
	11. 修复故障点。将断路点接通，并检测回路正常为止。恢复短路点绝缘，检测相间绝缘正常为止	用细砂纸打磨断路触点的氧化层或短路电触点碳粉	对导线或接头断线，需用电烙铁焊接
	12. 合前后门。①清除主腔内短接线、工具等杂物；②用专用扳手固定后接线箱外盖螺栓；③关闭前门并用专用扳手旋转闭锁螺帽	关门时不要碰损坏元件等，不要挂断、夹断连线	一旦损坏部件或挂断、夹断连线，必须立即更换
	13. 连接电缆。量剥除长度，做电缆头，据电缆外径割除密封圈分层圈；电缆依次穿入压线嘴、钢圈、密封圈。		

阶段	实施步骤	防范措施	应急预案与注意项
安装组合开关	（1）连主回路电缆。①将电源端 R_1、S_1、T_1 经电缆与电源连接；②将负荷端 $U_1 \sim W_1$、$U_2 \sim W_2$、$U_3 \sim W_3$、$U_4 \sim W_4$ 分别经电缆与转载机、破碎机、刮板机的机头与机尾电动机连接；③将电缆进、出线侧接地芯线与接地端连接；④将外壳的接地接线柱经 25 mm² 的裸铜线与辅助接地母线连接 （2）连远控电缆：①转载机远控。出线盒 1、2 端分别接其二极管和停止按钮串联的两端，2、3 端接其起动按钮。②破碎机远控。出线盒 4、5 端分别接其二极管与停止按钮串联的两端，5、6 端接其起动按钮。③刮板机机头远控。出线盒 7、8 端分别接其二极管和停止按钮串联的两端，8、9 端接其起动按钮。④刮板机机尾远控。出线盒 10、11 端与其二极管和停止按钮串联的两端，10、11 端接其起动按钮	端子不能接错 电缆接线必须满足防爆要求：①接地线略长于主芯线；②电缆护套伸入接线盒内壁 5~15 mm；③不得压芯线胶皮，芯线裸露长度小于 10 mm；④不能缺少弹簧垫、垫片，螺帽要紧固，但不能滑扣 出线盒的 1、4、7、11 端必须接二极管的阴极，不得接反 如果选择顺序控制方式，则转载机连接不变外，其他各台的远控只在 4、5 端，7、8 端，11、12 端分别接二极管的阴极与阳极和停止按钮的串联，其他端子不接	螺栓滑扣或丢失必须更换补齐
	14. 检测安装质量 （1）用兆欧表测主回路相间绝缘 （2）用兆欧表测主回路对地绝缘	检测前，须拔出各驱动单元上的 $H_{11} \sim H_{61}$ 插口，以防兆欧表高压串入 DCU 导致损坏	一旦短路、漏电，必须立即排除故障，否则不得通电
	15. 关闭进、出线盒外盖并紧固 （1）紧固电缆引入装置。①压入电缆压；②紧固压盘螺栓；③紧固压线板螺栓；④紧控制电缆压线嘴 （2）涂防锈油。用毛刷给接线盒的接合涂防锈油或凡士林油 （3）盖接线盒外盖，并且放入弹簧垫、套螺栓，用套扳紧固；	（1）引入装置满足防爆要求：①密封圈分层面朝接线盒；②钢圈平面压密封圈；③压盘和压板平行压入；④螺栓紧固不得"亲嘴"；⑤电缆压扁程度小于外径 10% （2）接合面两面涂油 （3）套入全部螺栓后，再按对角关系紧固	不用的接线嘴要用钢板封堵，如果压线板出现"亲嘴"，可在电缆外垫上割开的电缆护套
	16. 调变压器。将控制变压器一次侧接至电网电压 1 140 V（设备用电电压）抽头	用万用表测试是否接至 1 140 V 头	测 T_1 一次侧 0 端与另两端电阻阻值大的是 1 140 V 端子
	17. 调菜单。 （1）通电。合上级电源开关、组合开关的隔离开关 （2）调"系统设定"。按"上、下、左、右"键选择"系统设定"，按"确认"键进入。光标移至"电压"区域，按"确认"键弹出数字框，光标移至"2"按"确认"键。同上述方法，光标分别移至各行，按"确认"键弹出数字框，分别选择远控"2"、手动"1"、风电闭锁"0"、瓦斯闭锁"0"按"确认"键确定。按实际时间设置并将光标移至"时间日期设定生效"后按"确认"键确认。按"返回"键返回主菜单	（1）通电前确认无人工作。 （2）电压设为 1 140 V，复位方式选择"手动"风电闭锁和瓦斯闭锁馈电开关实现，故此不选	通电后发现冒烟、电弧、有人触电等，立即切断电源

阶段	实施步骤	防范措施	应急预案与注意项
调试组合开关	（3）调"参数设置"。光标移至"参数设置"按"确认"键进入：①光标分别移至"整定电流"下方1~4号的数字框，按"确认"键弹出数字框，分别按各负荷电动机的额定电流选择数字，按"确认"键确认。②光标分别移至"短路电流"下方的1~4号对应的数字框，按"确认"键弹出数字框，均调至8倍。③光标移至顺序控制的各数字框，均输入0后确定，不选顺序控制。④其他各数字框均输入0后确定。⑤光标移至"运行方式设定生效"后按"确认"键，自动切换到有效运行方式	（3）①整定电流分别为 转载机 = 0.76 × 132/1.14 = 88 A， 破碎机 = 0.76 × 110/1.14 = 73 A， 刮板机 = 0.76 × 160/1.14 = 107 A；②短路倍数按大于起动电流倍数（4~7）选择；③如采用顺序控制，则在数字框顺序输入1、2、3、4后确定，并且按照实际起动时间设定间隔时间	
	18. 试运行 （1）起动。远控时，分别按下各远控起动按钮，相应的接触器起动；顺序控制时，只需按下转载机的远控起动按钮即可按顺序间隔起动 （2）停止。远控时，分别按下各停止按钮，相应的接触器停止；顺序控制时，只需按下转载机的停止按钮，各路反向间隔0.1 s停止。当顺序控制时某台因故未起动，后续回路停止起动，同时已经起动的各台反向间隔0.1 s停止 （3）急停。无论何种控制方式均可按下急停按钮反向间隔停止各台负荷	如组合开关故障，可按照表2-11进行查找检修	如有问题，需首先切断电源开关并闭锁
收尾	19. 整理工具 20. 填写工作记录单	检查工具或异物未落在外壳内	

3. 制定工作记录表（表2-13）

二、实操案例

实操任务为安装维修控制局部通风机的 QJZ-2×80(120)/1140(660)SF 矿用隔爆兼本质安全型双风机用双电源真空组合开关。根据任务要求，请同学自行查找资料，写出工作计划书，按照计划书实施并检查控制完成任务，按评价书评价反馈。

图2-49和图2-50分别是 QJZ-2×□/□SF 系列煤矿双风机用隔爆兼本质安全型双电源真空组织开关原理图与接线腔接线图。

表 2 – 13　工作记录表

工作时间		指挥者	监督者	操作者
工作内容	维修安装 QJZ2 – 2000/1140 – 6 型组合开关	工作地点		

检测记录（仅列出第一回路）　注：测断路时，需将测路点之间的常开触点闭合

主回路

		电源进线侧			负荷出线			检漏回路
		短路点	漏电点	断路点	短路点	漏电点	断路点	
测点		R₁ S₁ T₁ / S₁ T₁ R₁	R₁ S₁ T₁ / S₁ T₁ R₁	R₁ S₁ T₁ / 对应的 KM₁ 进线侧	U₁ V₁ W₁ / V₁ W₁ U₁	U₁ V₁ W₁ / V₁ W₁ U₁	U₁ V₁ W₁ / 对应的 KM₁ 出线侧	检漏回路
阻值								
判断								

辅助回路

		T₁绕组回路	M₁输出回路	M₁输入回路	M₂输出回路	M₃输入回路	先导回路	电源回路	JHK₁回路	BS₀回路	BS₁回路	主回路
接线图中测点	一次	220 V 36 V 电源	KM₁	电源 JHK₁	电源信号	电源信号	电源信号	接地	电源	电源	输入 电源 输出	V₂
	R₂	DY/2 BS₀/1 M GND	M₁/L₁	1M DY/4 0.0	DY/3 Q/2.0	BS₀/10	A₁ B₁ X₁/1	B₅	BS₀	BS₁	BS₁ 输出	DG/LD₁
	T₂	DY/3 BS₀/1	M₁/N	DY/4 0.0 DY/3	DY/4 0.0 DY/3 AD0	A+/10 Ia/7	A₁/1 X₁/1	B₃ X₁ JF X₁ /2 /3 /4	BS₀ /7 /10 /1 /9	BS₀ /9 /1	BS₁ /1 /2 /3 /4 /5 /6	
阻值			Q/0.0			BS₀/7		PE	DY /3 /4 /3	DY M1 DY /3 /A+ /3 /4	BS₁ /7 /10 /11 /12	
判断										1A 1B 1C	
出现问题 1. 2.											
处理结果 1. 2.											

学习情境二　安装维修工作面配电点电气设备　■　133

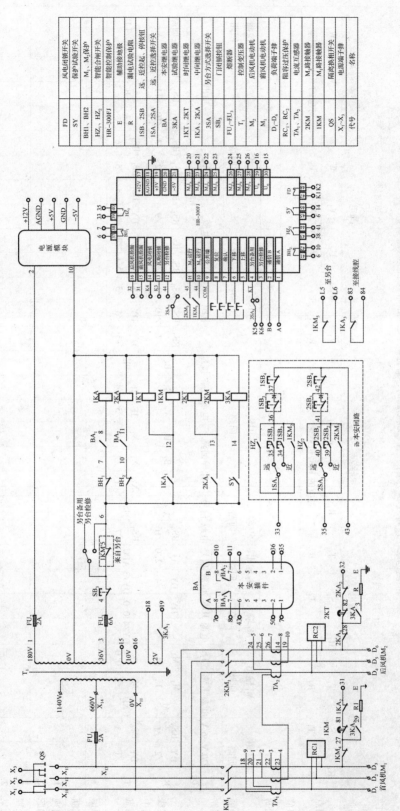

代号	名称
FD	风电闭锁开关
SY	保护试验开关
BH1、BH2	M1、M2保护
HZ1、HZ2	智能合闸开关
HR-300FJ	智能控制保护器
E	辅助接地极
R	漏电试验电阻
1SB、2SB	远、近控按钮，停按钮
1SA、2SA	远、近控选择开关
3KA	本安继电器
1KT、2KT	试验继电器
1KA、2KA	时间继电器
3SA	中间继电器
FU1~FU3	另台方式选择开关
T1	门时间控按钮
M2	熔断器
M1	控制变压器
D1~D6	后风机电动机
RC1、RC2	前风机电动机
TA1、TA2	阻容过压保护
2KM	负荷端子排
1KM	电流互感器
X1~X3	M1路接触器
	M2路接触器
	隔离换相开关
	电源端子排

图 2-49 QJZ-2×80（120）/1140（660）FS 型双风机双电源组合开关原理图

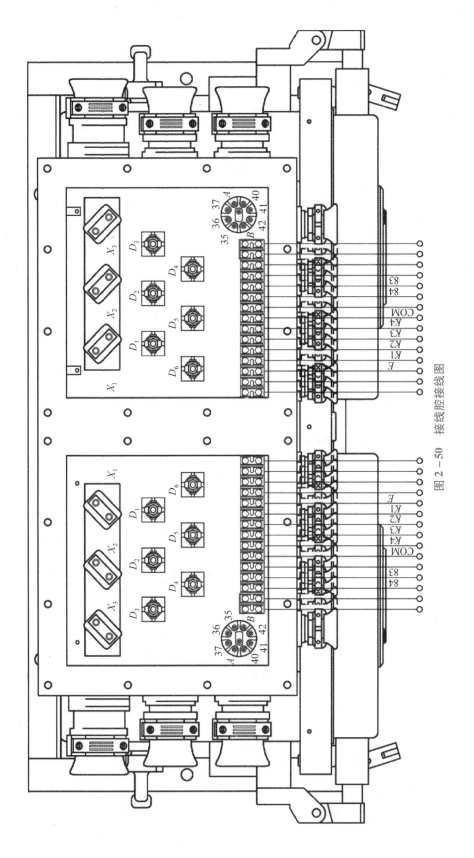

图 2 –50 接线腔接线图

安装维修隔爆组合开关评价反馈书见表2-14。

表2-14 安装维修隔爆组合开关评价反馈书

考评项目		考评指标	满分值	自评分	互评分	师评分
知识 考评 (40分)	1. 能说出隔爆组合开关的结构特点、类型、使用场所	少说一点扣2分	10分			
	2. 能说出隔爆组合开关工作原理	少说或说错一项扣1分	15分			
	3. 能说明隔爆组合开关电路组成	少说或说错一项扣2分	10分			
	4. 能说出隔爆组合开关安装、维护、检修步骤与隔爆启动器要求不同点	少说或说错一项扣1分	5分			
能力 考评 (40分)	1. 能阅读隔爆组合开关的原理图、安装图	少说或说错一项扣2分	10分			
	2. 能对照电路图识别隔爆组合开关的各组成部分	少说或说错一项扣2分	10分			
	3. 能按照要求拆装、调试隔爆组合开关	少说或说错一项扣3分	10分			
	4. 能按照要求维护、检修隔爆组合开关	少说或说错一项扣1分	10分			
素质 考评 (20分)	1. 学习态度	迟到扣2分,不完成作业扣5分,学习态度认真记3分,学习态度一般记2分	5分			
	2. 质量把控	工作质量好记5分;工作质量一般记4分,工作敷衍记3分,工作马虎记2分,工作错误造成损失记1分,工作未完成不记分	5分			
	3. 团队协作	认真带领工作团队记5分,主动参与团队工作记3分;消极怠工不得分	5分			
	4. 创新能力	能读懂其他厂家设备电气原理图记5分,在工作中能提出和解决问题记3分,能提出或回答问题记2分,否则不得分	5分			
合计			100			

学习任务四　安装维修隔爆照明综合保护装置

学习任务书

一、学习任务

1. 工作情境

1）工作情况

该任务属于安装维修井下供电系统设备这一大型任务下安装维修工作面配电点分项中安装维修照明综合保护装置子项任务。具体包括隔爆照明综合保护装置安装前的检测、运输、安装、连接、调试、使用中的维护以及发生故障时的检修。

2）工作环境

（1）在井下工作面安装、检修、维护工作面配电点的隔爆照明综合保护装置；与低压电缆安装环境一样有触电、短路、漏电、引爆瓦斯等危险。

（2）相关连接。电源来自工作面配电点总开关的出线侧；负荷为回采工作面隔爆照明装置。

（3）相关设备。ZBZ－4.0/1140(660)M 型隔爆照明综合保护装置、MYP0.66/1.14－3×10＋1×10 矿用移动屏蔽型橡套电缆、MYQ0.3/0.5－4×1.5 矿用移动轻型橡套电缆、HLA1－DJS18/127L 隔爆兼本质安全型 LED 巷道照明灯。

（4）使用器具及材料。套扳、扳手、克丝钳、电工刀、螺丝刀、万用表、兆欧表、便携式瓦检仪、塞尺、工业用凡士林油。

2. 任务要求和工作要求

任务要求和工作要求同本学习情境的学习任务一。但质量应满足《煤矿机电设备检修技术规范》[7]中的"6.4.3 矿用照明信号综合保护装置"要求。

二、学习目标

1. 知识目标

（1）隔爆照明综合保护装置的结构特点及使用场所；

（2）隔爆照明综合保护装置的工作原理；

（3）隔爆照明综合保护装置的电路图阅读方法；

（4）隔爆照明综合保护装置的安装、调试、维修步骤。

2. 能力目标

（1）能阅读隔爆照明综合保护装置的原理图、安装图；

（2）能对照说明书识别隔爆照明综合保护装置的各组成部分；

（3）能按照要求拆装隔爆照明综合保护装置；

（4）能按照要求调试隔爆照明综合保护装置；

（5）能对隔爆照明综合保护装置进行日常维护；

（6）能检测及排除隔爆照明综合保护装置的故障。

3. 素养目标

凡经自己安装、维修、调试、维护的设备或项目，应建立相应的技术档案。记录工作过程中相关数据和关键内容，按要求回访、维护、测试，掌握设备动态。

一、如何维修隔爆照明综合保护装置

1. 用途及类型

综合保护装置包括煤电钻综合保护装置和照明综合保护装置。由于煤电钻电缆较细且在工作面使用环境较差，很容易造成电缆短路及漏电，导致瓦斯爆炸和人身触电事故。因此，煤电钻已被风煤钻取代，故煤电钻综合保护装置已经淘汰。本任务仅以 ZBZ – 4.0/1140(660)M 型照明综合保护装置为例进行介绍。

照明
综保结构

2. 组成结构

ZBZ – 4.0/1140(660)M 型照明综合保护装置的结构如图 2 – 51 所示。隔爆外壳为圆筒形。壳盖与壳体采用转盖止口连接结构。外壳上部有方形线箱，接线箱两侧有接线嘴作为引进和引出电缆用，其中，大接线嘴引进 1 140 V 或 660 V 进线电缆，小接线嘴引出 127 V 照明和信号电缆。外壳右侧装有隔离开关的操作手柄，送电及停电按钮，以及检验短路、漏电保护试验按钮。隔离开关与壳盖有机械联锁装置，以防带电开盖检修。壳盖上方有一小透明窗，可以从外面观察状态指示灯。机芯与机壳连接采用滑道结构和电子线路板插接方式，以便检修。

图 2 – 51 ZBZ – 4.0/
1140(660)M 型照明综合
保护装置结构

3. 电路组成

1) 主电路

电路原理如图 2 – 52 所示。由隔离开关 QS，一次熔断器 1FU、2FU，主变压器 T，二次熔断器 3FU、4FU，交流接触器主触头 $KM_1 \sim KM_3$，电流互感器 TA 等部件组成。隔离开关作为电源开关，检修时切断；主变压器将 1 140 V 或 660 V 变为 127 V 电源，由接触器主触头控制向照明和信号电路供电；1FU ~ 4FU 分别作为主变压器一、二次侧短路保护；电流互感器将主回路电流信号变为小电流信号提供给短路保护电路。

照明综保
电路组成

2) 控制电路

控制电路由接触器 KM 线圈、送电按钮 1SB、停电按钮 2SB、控制继电器常闭接点 KA_1 等组成。其中停送电按钮实现照明和信号电路的停送电控制，KA_1 触点实现故障时的断电保护。触点 KM_4 实现自锁。

3) 保护电路

保护电路由稳压电源、照明短路保护、信号短路保护、漏电保护、绝缘危险指示、保护试验等电路组成。

（1）稳压电源。

稳压电源由变压器 TC（一次电压 127 V、二次电压 20 V）及其熔断器 5FU，整流桥堆 VC，阻容滤波 R_1、C_1、C_2，集成稳压器 W_1 等元件组成。

控制变压器 TC 输出 20 V 交流电经整流桥堆 VC 变为直流脉动电流，经 R_1、C_1、C_2 滤波和集成稳压 W_1 稳压后，输出 +15 V 直流电压，作为保护电路的稳压电源。

（2）照明短路保护电路。由集成运放电路 T1 的二分之一及其输入端 8、9、10、11、14，输出端 13 和电源端 3、12 所接的半导体元件组成。

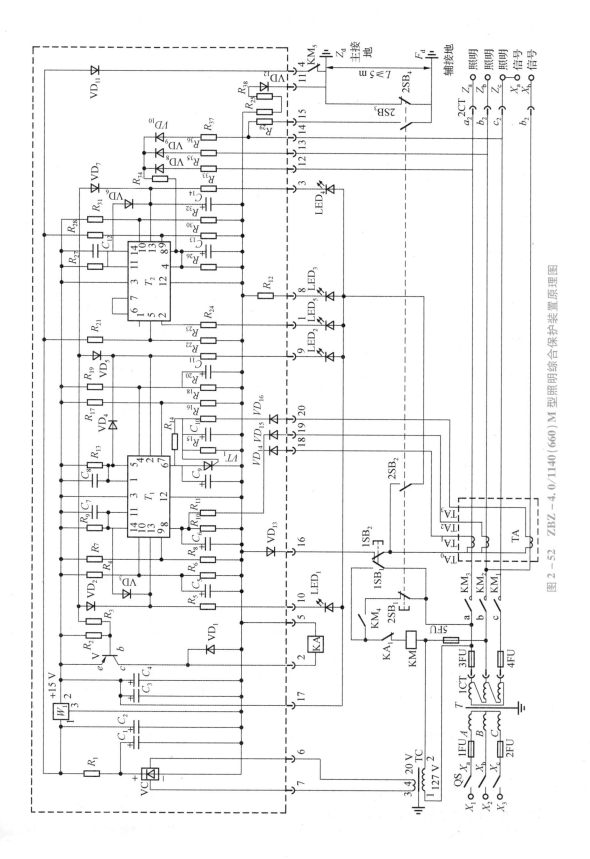

图 2-52 ZBZ-4.0/1140（660）M 型照明综合保护装置原理图

（3）信号短路保护电路。由集成运放电路 T_1 的另二分之一部分电路及输出端2、输入端1、4、5、6、7和电源端3、12所接元件组成。

（4）漏电保护电路。由集成运放电路 T_2 的二分之一及其电源端3、12，输入端8、9、10、11、14，输出端13所接元件组成。

（5）电缆绝缘危险指示电路。由集成运放电路T2的另二分之一及输入端4、9、10、11、14，输出端2和电源端3、12所接元件组成。

4. 工作原理

1）通断电源

闭合隔离开关 QS，使主变压器 T 及控制变压器 TC 有电，稳压电源产生 15 V 直流电压。接通以下回路：①由 W_1 的 +15 V→插销17→LED_3→W_1 的 3 端，运行发光二极管 LED_3（绿色）通电发光，显示电源接通；②由 VC 的 +极→R_1→

照明综保
通电

VD_{11}→KM_5→Zd→三相对地绝缘电阻→三相电网 $Z_a \sim Z_c$→插销 12～14→$R_{35} \sim R_{37}$→$VD_8 \sim VD_{10}$→R_{34}、R_{26}→VC 的 -极，绝缘危险指示电路接通，如果绝缘电阻小于 10 kΩ 但大于 3 kΩ，则 T_2 管脚 4 端输入的 R_{26} 端电压信号触发 T_2 管脚 2 翻转，输出为 0 电位，相当于接通 12 脚（VC 的 "－" 极），由 W_1 的 15 V→插销17→LED_5→插销1→R_{24}→T_2 的 2 脚→T_2 的 12 脚→W_1 的 3 端，接通 LED_5，发出绝缘危险指示；③漏电保护电路接通，如果绝缘电阻小于 1.5 KΩ，则 T_2 管脚 8 的 R_{26} 端电压触发 T_2 管脚 13 端翻转，输出为 0 电位，相当于接通 12 脚（VC 的 "－" 极），接通 V 的基极（+15 V→V 的 E→B→R_3→VD_2→T_2 的 13→T_2 的 12→W_1 的 3 端）使三极管 V 导通，接通 KA 继电器线圈，其回路为电源正极→三极管 V 的 E 极到 C 极→插销2→继电器 KA 线圈→插销5→VC 负极。常闭触点 KA_1 断开 KM 线圈，不允许 KM 通电，从而无法向照明和信号电缆送电，实现漏电闭锁；如果绝缘电阻大于 1.5 kΩ，则允许向负荷送电；反之，必须断开 QS，切断主回路与辅助回路电源。修复电路绝缘，正常后方可再送电。

2）通断负荷

在未发生漏电闭锁下，按合送电按钮 $1SB_1$，接通 KM 线圈，吸合其主触头 $KM_1 \sim KM_3$，127 V 网路负荷得电工作，同时 KM_4 触点闭合，实现自保。按停电按钮 2SB，KM 线圈断电释放，主触头 $KM_1 \sim KM_3$ 断开负荷，KM_4 断开，解除自锁。

3）保护

（1）照明短路保护。

正常工作时，电流互感器的信号不足以使 T_1 触发翻转动作。Z_a、Z_b、Z_c 之间发生短路故障时，TA_1、TA_2 二次侧感应较大的电流信号，该信号由 TA_1、TA_2→VD_{14}、VD_{15}→R_{11}→R_{10}→电源负极→VD_{13}→插销 16→$1SB_2$→TA_0 形成回路，在 R_{10} 产生的压降信号大于 T_1 管脚 8 触发电压，触发 T_1 翻转，其输出端 13

短路保护

由高电位降为 0 电位，接通三极管 V 基极。电流由 W_1 正极→三极管 V 的 E 极到 B 极→R_3→VD_2→T_1 管脚 13→T_1 的 12→W_1 负极形成回路。基极电流使 V 导通，继电器 KA 线圈通电吸合，KA 的常闭接点 KA_1 断开 KM 线圈回路，KM 释放，$KM_1 \sim KM_3$ 断开，切断 127V 主电源。同时，发光二极管 LED_1 导通发出红光，给出照明短路指示信号。

T_1 的 13 降为 0 电位同时使 VD_3 导通，输入端 14 钳位于 13 端的低电位，使输出端 13 保持 0 电位，实现自锁，只有排除故障后，将 QS 开关分断停电才能解除自锁，重新送电方可正常工作。

（2）信号短路保护。

当信号负载线路发生短路故障时，电流互感器 TA_3 产生较大电流信号。该信号由 TA_3→插销20→VD_{16}→R_{16}→R_{15}→电源负极→VD_{13}→插销16→$1SB_2$→TA_0 形成回路，并在 R_{15} 上产生电压大于 T_1 管脚 6 的触发电压，触发 T_1 翻转，其输出端 2 由高电位下降为 0 电位与 12 脚导通，电源正极→三极管 V 的 E 极到 B 极→R_3→VD_5→T_1 管脚 2→12 脚→电源负极，流过基极电流，V 管导通。继电器 KA 吸合，KA_1 接点断开 KM 接触器线圈回路，切断主电源。同时发光二极管 LED_2 导通发出黄光，给出信号短路指示信号。T_1 的 2 脚下降为 0 电位同时使 VD_4 导通，输入端 5 经 T_1 的 2 脚→电源负极钳位于 0 电位，使输出端 2 钳位于 0 电位实现自锁。只有排除故障，重新分、合 QS，才能解锁。

由于《煤矿安全规程》规定打点信号回路必须声光具备，又因光信号白炽灯的灯丝由冷变热其电阻相差很大。在起动瞬间电流之大相当于短路，在打点瞬间短路保护有可能产生误动，所以在信号短路保护电路中设有充电延时、放电加速电路（VT_1、C_9、R_{14} 等元器件组成）。在信号打点瞬间，电流互感器的信号在 VT_1 控制极与阴极间电压（R_{15} 端电压）高于 C_9 两端电压（VT_1 阳极与阴极之间电压），即 VT_1 的控制极高于阳极电位，VT_1 处于截止状态，经 R_{14} 向 C_9 充电延时；打点与打点的停顿之间，电流互感器的电压信号降低，此时 C_9 两端充电电压高于 R_{15} 两端电压，即 VT_1 的阳极电位高于控制极电位。VT_1 阳极对阴极击穿导通，C_9 两端电荷迅速放电，从而防止了连续打点 C_9 两端产生积累电压大于 T_1 的触发翻转电压而产生的误动。

（3）漏电保护。

如前所述，当 127 V 照明与信号线路未送电状态下存在漏电故障时，漏电保护电路可实现漏电闭锁。T_2 的 13 脚下降为 0 电位的同时，发光二极管 LED_4 发出红光漏电指示；使 VD_6 导通，T_2 输入端 14 钳位于 0 电位，输出端 13 钳位于 0 电位，实现自锁。当 127 V 照明与信号线路在送电状态下漏电时，漏电保护可实现动作跳闸。其动作回路与上述相同。R_{26} 上的电压信号触发 T_2 翻转，V 管导通，KA 吸合，KM 释放，切断主电源。同时 LED_4 发出红光漏电信号指示，并实现自锁。

漏电保护

（4）电缆绝缘危险指示。

电缆绝缘危险指示的漏电触发电路与漏电保护电路相同，只是动作值不同（漏电动作值为 1.5 kΩ，绝缘危险值为 10 ± 2 kΩ。因此，前者由 T_2 管脚 8 输入触发翻转，后者由 T_2 管脚 4 输入触发翻转。

当电缆绝缘电阻降到 10 ± 2 kΩ 时，如前所述，LED_5 通电发出黄色绝缘危险指示信号，当绝缘故障排除，电阻值大于危险值时，T_2 管脚 2 恢复高电位，LED_5 断电而熄灭，解除危险指示信号。

4）试验

当按下 2SB 按钮后，短路及漏电试验按钮 $2SB_2$、$2SB_3$ 同时被压合，接通两种试验电路。

（1）短路动作试验。

按下 2SB 按钮，其按钮 $2SB_2$ 闭合，接通回路：电源 + →插销 17→$2SB_2$→TA_0→电流互感器 TA→TA_1（TA_2、TA_3）→插销 18（19、20）→VD_{14}（VD_{15}、VD_{16}）→R_{11}、R_{10}（R_{16}、R_{15}）→电源负极。R_{10}（R_{15}）得到信号电压，T_1 两半部分同时翻转，T_1 的 13、2 端变为 0 电位，V 管导通，继电器 KA 动作，KM 断开；同时 LED_1 和 LED_2 点亮给出短路信号，说明保护正常；否则保护失灵。

（2）漏电动作试验。

按下 2SB，$2SB_3$ 闭合、$2SB_4$ 断开，接通回路：VC 电源 + →VD_{11}→插销 4→KM_5→主接地极→大地→辅助接地极→$2SB_3$→插销 15→R_{29}→R_{37}→VD_{10}→R_{34}→R_{26}→电源 –。由于 R_{29} 为模拟漏电电阻，按下 $2SB_3$ 相当于 ZC 相经 R_{29}、$2SB_3$ 接地，R_{26} 得到触发信号使 T_2 翻转。输出端 13 由高电位变 0 电位，继电器 KA 动作，KM 主触点断开，LED_4 经 T_2 的 13 端接通电源发光，给出信号，说明保护装置正常。

（3）短路和漏电保护闭锁试验。

若 2SB 按钮按下进行短路试验后释放，发光二极管 LED_1、LED_2、LED_4 仍能继续发光，则表明各保护电路闭锁功能正常；反之，则说明不发光二极管的相应保护电路闭锁功能失灵。

照明综保试验

5. 故障查找与处理

综合装置连续使用时，每班应做一次保护性能试验。此外还应进行定期检查。当发生故障时，可根据指示灯来判断故障类型，并采取相应的处理措施，见表2-15。使用中如出现误动作或按下试验按钮产生拒动时，可更换晶体管线路板、插件试之。KM 触点有一定使用寿命，损伤严重时应及时更换。故障点的查找与修复方法步骤与隔爆馈电开关相同，参见学习任务一。

表2-15　照明综合保护装置常见故障查找与处理方法

故障现象	故障分析	处理
闭合 QS 开关 LED₁红灯亮	1. 照明电缆出现短路故障，使照明短路保护动作； 2. 在未发生短路的情况下，T_1 的 8 脚电压小于 3.2 V 未达触发 T_1 翻转电压，而 13 脚电压为 0，说明 T_1 损坏，导致误动 3. 在未发生短路的情况下，T_1 的 8 脚电压大于 3.2 V 达触发电压，说明 R_{11} 阻值太小或烧坏，导致误动	1. 查找排除短路故障 2. 更换 T_1 3. 更换 R_{11}
闭合 QS 开关 LED₂黄灯亮	1. 信号电缆出现短路故障，使信号短路保护动作 2. 在未发生短路的情况下，T_1 的 6 脚电压小于 5.4 V 未达触发电压，而 13 脚电压为 0，说明 T_1 损坏而误动 3. 在未发生短路的情况下，T_1 的 6 脚电压大于 5.4 V 达触发电压，说明分压电阻 R_{16} 太小或烧坏，导致 6 脚电压升高导致误动	1. 查找排除短路 2. 更换 T_1 3. 更换 R_{16} 电阻
闭合 QS 开关 LED₅黄灯亮	1. 照明电缆出现漏电故障，使漏电闭锁动作 2. 在未发生漏电的情况下，T_2 的 8 脚电压小于 5.4 V 未达触发电压，而 13 脚电压为 0，说明 T_2 损坏而误动 3. 在未发生漏电的情况下，T_2 的 8 脚电压大于 5.4 V，说明分压电阻 R_{34} 太小或烧坏，导致 8 脚电压升高导致误动	1. 查找排除短路 2. 更换 T_2 3. 更换 R_{34} 电阻
闭合 QS 开关 LED₅黄灯亮	1. 照明电缆绝缘值小于等于 10 kΩ，发出绝缘危险指示 2. 照明电缆绝缘值大于 10 kΩ 的情况下，T_2 的 4 脚电压小于 4 V 未达触发电压，而 13 脚电压为 0，T_2 触发翻转，说明 T_2 损坏 3. 照明电缆绝缘值大于 10 kΩ 的情况下，T_2 的 4 脚电压大于 4 V 达触发电压，说明分压电阻 R_{34} 太小或烧坏，导致 4 脚电压升高导致误动	1. 查排短路故障 2. 更换 T_2 3. 更换 R_{34} 电阻
闭合 QS 开关 LED₃ 绿灯不亮	1. 熔断器 1FU~5FU 任一个熔断，无交流 20 V 2. 整流桥 VC 损坏，无直流电压 3. 稳压电源 W_1 损坏，无 15 V 直流电压输出 4. LED₃ 损坏	1. 更换已坏熔断器 2. 更换已坏二极管 3. 更换稳压电源 4. 更换 LED₃

故障现象	故障分析	处理
按下送电按钮 1SB 接触器不动作	1. 按钮 1SB 触点接触不良 2. 发生短路或漏电，闭锁 3. 未发生短路或漏电而闭锁，说明 T_1 或 T_2 或其外围元件损坏，导致保护误动作	1. 修复或更 1SB 2. 查排短路、漏电 3. 更换损坏的 T_1 或 T_2 或其外围元件
按下试验按钮 2SB 保护之一不动作	1. 红灯 LED_1 不亮，T_1 的 8 脚电压小于 5.4 V，说明 C_6 或 R_{10} 烧坏短接，导致拒动；T_1 的 8 脚电压大于 5.4 V，但 T_1 的 13 脚电压为 15 V，说明 T_1 损坏 2. 黄灯 LED_2 不亮，T_1 的 6 脚电压小于 3.2 V，说明 C_9 或 VT_1 烧坏短接，导致拒动；T_1 的 6 脚电压大于 3.2 V，但 T_1 的 13 脚电压为 15 V，说明 T_1 损坏 3. 红灯 LED_4 不亮，T_2 的 8 脚电压小于 5.4 V，说明 C_{13} 或 R_{26} 烧坏短接，导致拒动；T_2 的 8 脚电压大于 5.4 V，但 T_2 的 13 脚电压为 15 V，说明 T_2 损坏 4. 检漏回路不通：辅助接地极和主接地极没有接通或接触不良；或二极管 VD_8、VD_9、VD_{10} 损坏；电阻 R_{35}、R_{36}、R_{37} 损坏	1. 换 C_6 或 R_{10} 或 T_1 2. 换 C_9 或 VT_1 或 T_1 3. 换 C_{13} 或 R_{26} 或 T_2 4. 接通辅助接地极、主接地极，换损坏件

6. 运行维护

除与隔爆启动器相同之外，还需注意以下几点：

（1）使用前应检查产品出厂电压与实际使用电压是否相符，并核对其他主要技术参数。短路、漏电保护装置动作灵敏可靠，模拟试验三次，每次均应可靠动作。

（2）井下使用时，严禁将接触器三个主要点短接或以机械外力方式使主接点强行闭合，否则将会烧毁线路板插件。严禁将综合保护切除不用。

（3）交流接触器触点有一定使用寿命，损伤严重时，应及时更换。

（4）集成电路板插件，包括控制保护等线路的电子元件需防潮、防尘。

二、如何安装调试隔爆照明综合保护装置

1. 接线

根据《煤矿安全规程》规定，先断开上级电源开关，并闭锁、挂"有人工作严禁送电"警示牌，测瓦斯、验电放电后方可开始电路连接。ZBZ - 4.0/1140（660）M 型照明综合保护装置接线腔布置如图 2 - 53 所示。

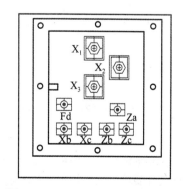

（1）将电源端 X_1、X_2、X_3 经电缆与电源连接。

（2）将负荷端 Za、Zb、Zc 经电缆与照明负荷连接。

（3）将电缆接地芯线与接地端连接。

（4）将辅助接地端 FD 与辅助接地极连接。

（5）将底座上的主接地螺检经 25 mm^2 及以上的裸铜线与局部接地极连接。

图 2 - 53 ZBZ - 4.0/1140（660）M 型照明综合保护装置接线腔布置图

注意事项：①端子不能接错。②接线方式。出厂时产

品的主变压器一次侧均按 1 140 V 电源接成星形接线。若接于 660 V 电源时，需将主变压器搬出外壳，一次侧改接成三角形接线。另外，电缆的连接要按说明书进行。接线前用 500 V 兆欧表测量高低压侧绝缘电阻值，应不低于 5 MΩ。③综合装置外壳应可靠接地，辅助接地极与局部接地极距离大于 5 m。

2. 调试

综合保护装置下井前应在地面进行检查试验。根据《煤矿安全规程》规定，先断开上级电源开关，并闭锁、挂"有人工作严禁送电"警示牌，测瓦斯浓度，验电放电后方可开始。

1）调电源电压

660 V 电源时，将主变压器一次侧 △ 接；1 140 V 电源时，将主变压器一次侧 Y 接。

2）调保护装置

（1）调过载保护。按过载保护动作值小于等于所接负荷电流调整。

（2）调短路保护。照明变压器一次侧保护，其熔体额定电流可按下式计算[9]：

$$I_{RN1} \approx \frac{1.2 \sim 1.4}{k_r} I_N \qquad (2-1)$$

式中　I_N——照明负荷的额定电流，A；

　　　K_r——变压器的变比，当电压为 660/133 V 时，$k_r = 4.96$；当电压为 1 140 V/133 V，$k_r = 8.57$；

　　　1.2 ~ 1.4——可靠系数。

照明变压器二次侧保护，熔体额定电流按下式选择：

$$I_{RN2} \geqslant \sum I_N \qquad (2-2)$$

式中　　$\sum I_N$——照明负荷的额定电流之和，A。

3）保护试验

接通上级电源开关及照明综合保护装置的隔离开关，按下 2SB 按钮，LED_1 和 LED_2 点亮给出短路信号，说明保护正常，否则保护失灵。如保护装置有问题，需切断隔离开关，更换保护插件，重新试验到正常。

在 KM 接点未闭合（即未按下 1SB）状态下，将 2SB 按钮压下，此时发光二极管 LED_5 应发光，并当 2SB 松开后，发光仍能保持，说明漏电闭锁正常。

若 2SB 按钮按下进行短路试验后释放，发光二极管 LED_1、LED_2、LED_4 仍能继续发光，则表明各保护电路自锁功能正常；反之，则说明相应于不发光二极管的保护电路自锁功能失灵。

注意要按《煤矿安全规程》规定，每班应做 1 次保护性能动作试验。装置应进行定期检修。

井下安装完毕后，应先进行 3 次短路试验和漏电试验，每次均应可靠动作，并给出光信号指示。其中漏电保护部分如产生拒动，可适当减小试验电阻 R_{29} 的阻值。

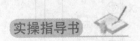

一、工作案例

1. 工作任务

安装维修综采工作面 ZBZ－4.0/1140（660）M 型隔爆照明综合保护装置（图 1－24 的 131）。根据任务要求，收集相关资料、学习任务引领书，制定工作计划书，编制工作记录表。按照计划书实施检查控制，并将工作记录记入工作记录表，最后按照评价反馈书进行自我评价。

2. 制定工作计划书（表 2－16）

表 2-16　安装维修隔爆照明综合保护装置工作计划书

制定人：

工作任务	安装维修 101 综采工作面 ZBZ-4.0/1140(660)M 型隔爆照明综合保护装置		
责任分工	1 人负责按计划步骤指挥，1 人负责监督，1 人负责执行指令，1 人负责记录		
阶段	实施步骤	防范措施	应急预案
准备	1. 携带万用表、兆欧表、便携式瓦检仪、验电笔、套扳、扳手、螺丝刀、塞尺、直尺、设备说明书、备件、矿灯、自救器、放电线	下井前检查万用表、兆欧表、便携式瓦检仪、验电笔、备件、矿灯是否良好，不得带火种	下井时熟悉避灾路线，发生重大事故时，从避灾路线上井
	2. 断上级电源开关，闭锁，挂警示牌	必须确认断开的是电源开关	触电即断电抢救
	3. 用便携式瓦检仪测瓦斯浓度	须测定周围 20 m 内瓦斯浓度小于 1%	如瓦斯浓度大于 1%，需通风
准备	4. 打开照明综合保护装置外盖，并验电	保证外盖隔爆面不受到损坏必须用相同电压等级验电笔	如带电，再核查断开电源开关，再次验电
	5. 依次将三相对地放电	先接地，再分别接三相回路	
	6. 拆卸。①依次拆开本体与外壳之间的各连线；②卸下本体座的螺栓，抽出本体	①各螺母、垫片等零件不得丢失；②本体抽出时不要碰损按钮、插件等易损件	一旦零件丢失或元件损坏，立即换备件
检修开关本体故障	7. 检测断路故障点。将万用表打至低阻挡，并验表，分别测量 （1）主回路各相回路电阻：因变压器三相已连接成回路，变压器一、二次侧可直接测三相相间电阻：①将隔离开关合闸，测三相电源接线柱 X_1、X_2、X_3 之间的电阻；②测接触器主触头进线侧接线柱 a、b、c 相间电阻；③测接触器主触头负荷侧接线柱之间电阻 （2）接触器线圈 KM 回路电阻：①1SB 按钮两端电阻；②测自锁接点 KM_4 两端电阻 （3）拔出插件测插件各输入输出回路电阻。①TC 二次侧回路：6、7 端；②KA 线圈回路：2、5 端；③LED_1 ~ LED_5 回路：17 端分别与 10、9、8、3、1 端（用万用表测二极管挡）；④TA 二次侧各回路：16 端分别与 18、19、20 端；⑤检漏回路：12 与 a_2 端、13 与 b_2 端、14 与 c_2 端；⑥检漏试验回路：15 与 Fd 端（按下 2SB），11 分别与 Fd 端、Zd 端	电阻无穷大方为断路。电阻大于回路正常阻值为接触不良，电阻等于 0 为短路。每测完一个回路必须对数据进行分析，判断有无断路点和接触不良点。需注意控制变压器影响 如发现上述问题，需缩小查找范围，将隔离开关分闸、电路一分为二，分段测量，对有断路或接触不良的路段，再进一步缩小范围、分段测量，直至找到故障点，并记入工作表 表笔必须接触良好，以防表笔接触不良导致误判 为防止漏测，必须按照顺序测量 测含有二极管的回路时，注意将指针式万用表电池正极（黑表笔）接二极管阳极，万用表电池负极（红表笔）接二极管阴极，但数字式万用表与其相反，红表笔接二极管阴极	紧急时可用直观法快速检测： 即根据开关通不上电，且上级电源有电下，判断为断路故障 观察主回路及辅助回路发生下列现象处即为断路点：①接线柱接触不良或压绝缘胶皮；②导线断线、断头；③开关被卡合不上或合上接触不良 不拆卸本体下用万用表低阻挡测量各回路电阻。各接线端可在接线盒、综合保护装置的插座上找到

阶段	实施步骤	防范措施	应急预案
检修开关本体故障	8. 修复断路点。将断路点接通，并检测正常为止	接触不良者，要用细砂纸打磨掉连接处氧化层，或修复弹簧	导线或接线头断线，需用电烙铁焊接
	9. 检测短路故障点。根据已测下列电阻判断是否短路：①主变压器一次侧各相间电阻；②主变压器二次侧各相间电阻；③主回路出线侧各相间电阻	电阻为零方为短路。尤其通过变压器绕组时，若相间电阻与其电阻相等即为正常。如发现短路，拆开并联电路，缩小查找范围测量，直至找到短路点	紧急时可据短路保护指示判为短路。再查有下列现象即为短路点：①焦痕；②焦味；③火线搭接
	10. 修复短路点。①将短路的导线缠绕自粘绝缘胶带；②检测绝缘正常为止	注意有焦痕处或炭化处要用砂纸打磨去除，以免仍发生短路	无法修复绝缘的必须更换
	11. 测漏电故障点。将万用表打至 MΩ 挡，并验表，合上隔离开关，分别测：①主变压器一次侧各相间电阻、对地电阻；②主变压器二次侧各相间电阻及对地电阻；③主回路负荷侧各相间电阻及各相对地电阻	若用兆欧表，检测前须拔下保护插件，并验表。电阻小于漏电闭锁值方为漏电。尤其注意通过变压器绕组回路，其阻值可能为零，但低阻挡检测时不为零既可。如发现漏电，需拆开所并电路进一步测量，直至查找出漏电点	时间紧急下可直观：据漏电保护指示定为漏电。再观察有下列现象为漏电点：①绝缘破损；②绝缘受潮；③火线碰壳
	12. 修复漏电点。①将导线绝缘破损处缠绕足够的自粘绝缘胶带；②绝缘受潮可用干布擦干或烘干	测绝缘电阻正常为止	一旦绝缘烧毁，应更换
调电压	13. 调变压器。660 V 电源时，将主变压器一次侧△接；1 140 V 电源时，将主变压器一次侧 Y 接。本例中电源为 1 140 V（由图 1 – 24 可知）	用万用表测试是否接至相应的抽头。切忌 1 140 V 电网下调至 660 V 抽头，导致二次侧过电压	
调保护装置动作值维护	14. 调过载保护。按过载保护动作值小于等于所接负荷电流调整。本例中将热继电器旋钮打至 16 A 15. 调短路保护。由式（2 – 1）可知主变压器一次侧熔体额定电流 $I_{RN1} = 1.4 \times 16/8.57 = 2.6$ A 取熔体额定电流为 3 A； 主变压器二次侧熔体额定电流按式（2 – 2）： $I_{RN2} \geqslant I_N = 16$ A 取熔体额定电流为 16 A	本开关所带负荷为照明 2 kW，127 V。$I_N = 2/0.127 = 16$ A	
	16. 检测开关。①接触器触头平滑、接触良好、接触面积不小于触头总面积的 75%，触头开距、材质符合原出厂规定；②隔离开关绝缘无损伤、触头无卡位，接触良好，开合位置正确		

阶段	实施步骤	防范措施		应急预案
调保护装置动作值维护	17. 检查导线。接线合格，紧固。导线绝缘及断面符合出厂要求，电气间隙及爬电距离符合规定	导线不能出现断线、甩头、接触不良；螺栓、卡爪及弹簧垫等齐全、紧固		
	18. 检查主变压器。线圈绝缘电阻值，127 V 不低于 2 MΩ，660（380）V 不低于 10 MΩ，1 140 不低于 20 MΩ	交流耐压试验：一次对二次、对地用工频 3 000 V，二次对地用工频 1 000 V 试验，1 min 无击穿		
	19. 外观检查与维护。隔爆外壳要防止受损、锈蚀，定期涂防锈漆。检查壳体是否有永久变形、裂纹、锈蚀。闭锁、外壳螺栓及局部接地和辅助接地是否齐全、可靠。熔断器熔体合格。螺旋式旋合牢固、不滑扣，保险管无焦痕，接触良好	拆卸隔爆外盖不能重锤敲打，打开外盖后，隔爆接合面朝上；不许用接合面作为工具台；在隔爆接合面上涂凡士林油或防锈油，但不准涂油漆；接线盒与主腔间不得通气		如发现隔爆外壳失爆（失去耐爆性和隔爆性），必须修复，对于无法修复者，必须更换
	20. 检测隔爆性能。接合面不得锈蚀、损伤。检查隔爆间隙、粗糙度、宽度及喇叭嘴密封圈满足规定要求，固定螺栓、垫片无丢失松动	最小有效长度 L/mm	最大间隙 W/mm	用塞尺检查间隙，用直尺检查宽度
		<6	≤0.3	
		<9.5	≤0.35	
安装	21. 安装本体。①放入本体；②拧紧固定螺栓；③旋入外盖	放入本体时小心，不要碰损按钮、插件等		
	22. 连接外电路。①将电源端 X_1、X_2、X_3 经电缆与电源连接；②将负荷端 D_1、D_2、D_3 经电缆与负荷连接；③将电缆接地芯线与接地端连接；④将辅助接地端 Fd 与辅助接地极连接；⑤将主接地接线柱与局部接地极连接	端子不能接错电缆连接工艺满足防爆要求接地导线截面≥25 mm²		
	23. 检测断路故障点。将万用表打至低阻挡，并验表，将隔离开关合闸，分别测量主回路各相进出线接线柱间的电阻	同步骤 7 的防范措施		
	24. 检测短路故障点。万用表打至低阻挡，并验表，分闸下分别测进出线侧各相间电阻	同步骤 9 的防范措施		
	25. 测漏电故障点。用兆欧表，并验表，合上隔离开关，分别测各相对地电阻	同步骤 11 的防范措施		
	26. 固定接线盒外盖。测试正常后，依次盖好，用螺栓固定	不缺弹簧垫、垫片，螺帽要紧固，但不过紧以免划扣		零件丢失或损坏，须换备件

阶段	实施步骤	防范措施	应急预案
试运行	27. 通电。合上级电源开关,拆除警示牌	必须确认无人在开关上检修工作	如有人触电,立即断电抢救
	28. 起动。合上照明综合保护装置隔离开关。按下起动按钮,照明起动	必须按下停止按钮,同时操作隔离开关手柄	通电后发现冒烟、短路,立即断电触电
	29. 短路试验。①先按下短路试验按钮;②观察是否跳闸;③再按起动按钮 1SB;④观察是否闭锁	如不跳闸,说明短路保护失灵。如还能起动,说明短路闭锁失效	保护装置有问题时,需断开隔离开关,更换保护重新试验
	30. 漏电试验。①分合隔离开关,解除闭锁;②按下漏电试验按钮;③观察是否跳闸;④按下起动按钮;⑤观察是否起动	如不跳闸,说明漏电保护失灵。如还能起动,说明漏电闭锁失效	发生漏电保护失灵时,更换插件并试验正常,否则不准交付使用
收尾	31. 合上隔爆外盖,整理工具,填写工作记录单	检查工具或异物有无落在外壳内	

3. 制定工作记录表(表 2 – 17)

表 2 – 17　工作记录表

工作时间			工作地点			指挥者		
监督者			操作者			记录者		
工作内容								

检测记录																					

检测开路 / 主变压器(合 Q_1S)一次测 / 二次测 / 负荷侧 / KM 线圈 ab 端 / 插件回路(拔下插件)

检测端子	X_1 X_2 间	X_2 X_3 间	X_3 X_1 间	ab 间	bc 间	ca 间	a_2 相	b_2 相	c_2 相	1SB 两端	KM_4 两端	6 7	2 5	17 10	17 9	17 8	17 3	17 1	16 18	16 19	16 20	12 a_2	13 b_2	14 c_2	15 Fd	11 Fd	4 Zd
电阻 Ω																											
判断																											

检测漏电	电源侧			负荷侧		
	X_1 – Zd	X_2 – Zd	X_3 – Zd	a_2 – Zd	b_2 – Zd	c_2 – Zd
绝缘电阻/MΩ						
判断						

检测开路	主变压器（合 Q_1S）		负荷侧	KM 线圈 ab 端	插件回路（拔下插件）
	一次测	二次测			
出现故障					
处理措施					
处理结果					

填表人：

二、实操案例

根据安装维修 1 140 V 电网 10 kW 照明用隔爆照明综合保护装置任务要求，收集资料，写出工作计划书，按照计划书实施，并控制检查完成任务，按评价书进行评价反馈。

评价反馈书

安装维修隔爆照明综合保护装置评价反馈书见表 2－18。

表 2－18　安装维修隔爆照明综合保护装置评价反馈书

考评项目		考评指标	满分值	自评分	互评分	师评分
知识考评（40 分）	1. 能说出隔爆照明综合保护装置的结构特点、类型、使用场所	少说一点扣 2 分	5 分			
	2. 能说出隔爆照明综合保护装置工作原理	少说或说错一项扣 1 分	15 分			
	3. 能说明隔爆照明综合保护装置电路图阅读方法	少说或说错一项扣 2 分	5 分			
	4. 能说出隔爆照明综合保护装置安装、维护、检修步骤及要求	少说或说错一项扣 1 分	15 分			
能力考评（40 分）	1. 能阅读隔爆照明综合保护装置的原理图	少说或说错一项扣 2 分	10 分			
	2. 能对照电路图识别隔爆照明综合保护装置的各组成部分	少说或说错一项扣 2 分	10 分			
	3. 能按照要求拆装、调试隔爆照明综合保护装置	少说或说错一项扣 2 分	10 分			

考评项目		考评指标	满分值	自评分	互评分	师评分
能力考评（40分）	4. 能按照要求维护、检修隔爆照明综合保护装置	少说或说错一项扣1分	10分			
素质考评（20分）	1. 学习态度	迟到扣2分，不完成作业扣5分，学习态度认真记5分，学习态度一般记3分	5分			
	2. 质量把控	工作质量好记5分；工作质量一般记4分，工作敷衍记3分，工作马虎记2分，工作错误造成损失记1分，工作未完成不记分	5分			
	3. 团队协作	认真带领工作团队记5分，主动参与团队工作记3分；消极怠工不得分	5分			
	4. 创新意识	能读懂其他厂家设备电气原理图记5分，在工作中能提出和解决问题记3分，能提出或回答问题记2分，否则不得分	5分			
合计			100			

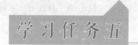

学习任务五　安装维修工作面配电点电气设备

  学习任务书

一、学习任务

1. 工作情境

1）工作情况

本任务属于安装维修井下供电系统设备这一大型任务下工作面配电点安装维修分项任务。具体包括隔爆自动馈电开关、隔爆电磁启动器、隔爆组合开关、隔爆照明变压器综合保护装置安装前的检测、运输、安装、连接、调试、使用中的维护以及发生故障时的检修。

2）工作环境

（1）在井下工作面安装、检修、维护工作面配电点的隔爆电气设备与井下安装低压电缆工作环境一样，也有触电、短路、漏电、引爆瓦斯等危险。

（2）相关连接：电源来自隔爆移动变电站或采区变电所低压总开关的出线侧；负荷为回采工作面的设备；

（3）相关设备：KBZ20-400型隔爆馈电开关；MCP-0.66/1.14-3×25+1×10型矿用橡套电缆；QBZ-120型隔爆启动器；QJZ2-2000/1140（660）-6型隔爆组合开关MCP-0.66/1.14-3×25+1×10型矿用橡套电缆；MGTY250/600-1.1D型采煤机；ZBZ-4.0型隔爆照明综

合保护装置；MCP - 0. 66/1. 14 - 3 × 25 + 1 × 10 型矿用橡套电缆。

（4）使用器具及材料。套扳、扳手、克丝钳、电工刀、螺丝刀、万用表、兆欧表、便携式瓦检仪、塞尺、工业用凡士林油。

2. 任务要求和工作要求

同学习任务一和学习任务四的要求。

二、学习目标

1. 知识目标

（1）了解工作面配电点的组成、位置及其布置；
（2）掌握工作面供电系统图的绘制、阅读方法；
（3）掌握工作面配电点的安装步骤；
（4）掌握局部接地极和辅助接地极的安装、维护要求；
（5）掌握接地电阻的检测方法。

2. 能力目标

（1）能独立收集资料，会阅读工作面供电系统图；
（2）能独立制订工作计划；
（3）能独立做出决策；
（4）能独立实施计划，会安装、维护、测试局部接地极和辅助接地极；
（5）能独立检查控制；
（6）能独立评价反馈。

3. 素养目标

工作面配电点的安装维修是一项烦琐的工作，要有耐心，有热心，必须遵守作业规程，按质量、按工期安全地完成工作，加强时间观念的培养，做好每个环节交接时的质量把控。

任务引领书

一、如何安装工作面配电点电气设备

（一）工作面配电点组成、位置及其布置

为了便于操作工作面的动力设备，必须在工作面附近巷道中设置控制开关和配电设备，这些设备的放置地点即为工作面配电点。因此工作面配电点是由隔爆自动馈电开关、隔爆电磁启动器、隔爆组合开关、隔爆照明综合保护装置等组成。

工作面配电点可分为采煤与掘进两种。采煤工作面配电点，一般距采煤工作面50～70 m；掘进工作面配电点，一般距掘进工作面80～100 m，工作面配电点也随工作面的推进而前移。图2－54所示是采煤工作面配电点的布置及配电示意图。

（二）工作面配电点设备安装

1. 准备工作

（1）核实整套安装所需要的电气设备、电缆、五小电气（防爆按钮、防爆灯、防爆低压接线盒、防爆电铃、皮带机各种传感器等）的型号、规格、数量，备好与工作电压相符的验电器、万用表、兆欧表、便携式瓦检仪、放电线、接地线、停送电警示牌，并对其做完好检查和性能测试，严禁带隐患入井。

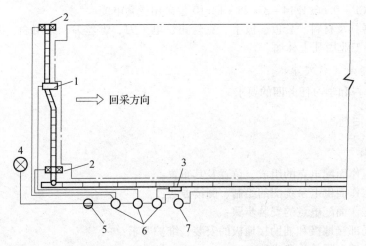

图 2-54 采煤工作面配电点的布置及配电示意图

1—采煤机；2—输送机；3—转载机；4—隔爆照明灯；5—照明综合装置；6—启动器；7—馈电开关

（2）核实隔爆移动变电站、各电气开关的配电电压与各负荷电机电压等级及其接线方式是否相符。

2. 井下安装

1）运输与安装

（1）所有电缆盘放到特制花拦车上进行下放。

（2）所有开关均捆在特制平板车上下放，每个开关捆绑为 3 道，每道为四股 8 号铁丝，每台开关逆运行方向必须加防滑拉紧措施，要求用 4 股 8 号铁丝，一头挂在开关上腔上，一头挂在车上，用塑料布搭好，防止井下水淋。

（3）通信控制系统及各种综保、五小电器及备件，井上装箱后，用 U 形矿车下放。

（4）下放绞车开车速度要慢，控制在 0.5 m/s 左右，沿途有人跟随，有情况时，打信号至车房及时停车；人力推车严格按《煤矿安全规程》第 389 条规定作业，1 次只准推 1 辆车。严禁在矿车两侧推车。同向推车的间距，在轨道坡度小于或等于 5‰ 时，不小于 10 m；坡度大于 5‰ 时，不小于 30 m。推车时必须时刻注意前方。在开始推车、停车、掉道、发现前方有人或有障碍物，从坡度较大的地方向下推车以及接近道岔、弯道、巷道口、风门、硐室出口时，推车人必须及时发出警号。巷道坡度大于 7‰ 时，严禁人力推车。绞车运输、人力推车时严格执行"行车不行人"制度，严禁放飞车等违章作业。

（5）配电点开关就位时，采用"一梁二柱"或三脚架倒链进行起吊，起吊装置及使用器具要安全可靠。安装位置应便于检修、维护，且不影响行人。

2）停电

（1）停送电前，必须由瓦检员先检测隔爆移动变电站附近 20 m 范围内瓦斯浓度不超过 1% 后，方可进行。

（2）停电由专人操作、专人监护。先断开向工作面配电点供电的隔爆移动变电站低压侧开关，再由监护人打开已停电的电源开关外盖，用与工作电压相符的测电笔对出线侧接线柱验电，确证无电后再放电，挂接地线和"有人工作、不准送电"警示牌后，工作人员方可开始作业。

3）接线

（1）电气设备及电缆接线时，严格执行有关防爆接线工艺、接线标准。

（2）接主回路。以图 2-54 所示工作面配电点为例，根据其供电系统从总馈电开关 7 的出线端到电磁启动器 6、照明综合保护装置 5 的电源进线

隔爆电气设备
失爆和完好标准

端依次连接各开关电源电缆，再分别由各开关的出线端接其负荷电缆到电动机 1~4。

（3）接地。运输机电气平台、泵站电气平台及回采工作面配电点和掘进工作面配电点必须按《煤矿安全规程》中有关要求装设规范的局部接地极，所有设备的外壳经辅助接地母线连接到局部接地极上。

（4）接控制回路。各负荷开关与主控制台连线时，要求采用采煤机开关与刮板机、转载机等联锁或程序控制接线；刮板机头、机尾采用一台开关控制，如分别采用两台开关控制时，两台开关之间采用同步程序控制接线。如双机双速刮板机还需采用组合开关的双机双速接线方式连线。

4）调整

（1）调电压。分别调整各开关主回路，控制回路及负荷电机的接线方式与实际电压相符。

（2）调保护。依据各开关的负荷大小调整其过载、短路保护整定值和漏电保护动作值。

5）试运行

（1）检查。各电气设备安装完工后全面清理，对重点工序复查。各配电点接地电阻值不大于 2 Ω；电压调整与所接电网相符；电流整定与实际负荷相符。检验各开关相间及对地绝缘电阻，保证符合要求。

（2）送电。检查无误后，按照隔爆移动变电站低压侧馈电总开关→工作面配电点馈电开关→真空磁力启动器→照明综合保护顺序，逐级试送，逐级观测，每一级正常后方可试送下一级。

（3）试验。供电系统正常后，试验各开关的各种保护功能灵敏可靠，检测各开关可靠动作不少于三次。

（4）单机试运行。送电正常后，可进行单机试运行，并检测空载电流，同时点动数次，确保无阻卡现象，单机试运转不少于 6 h，确认无问题后，可进行联机试运转。

（5）联机试运行。按生产规定的起动、停机程序进行。起动程序为：输送机→破碎机→转载机→刮板机→采煤机，空载运行 8 h，停机时与此相反。

3. 安全技术措施

（1）由分管技术员组织电气设备安装作业人员学习《停送电制度》和《井下电气设备完好标准》，并对井下电气安装重点工序涉及的质量、安全、作业方法进行技术交底。各工种严格执行本工种操作规程，持证上岗。

（2）安装过程中要有施工负责人现场指挥，技术负责人随时按标准做好技术把关工作。

（3）电工在进行 127 V 及以上电压作业过程中严禁单独作业，严格实行停送电监护制度。

（4）单机、联机试运转时，除操作、监护、联系人员外，其他人员一律离开试运转设备 5 m 以外。

（5）停送电、试运转出现电气故障及在检修测试过程中，严禁带电作业，特别是各种开关不准开盖后送电操作。

（6）停送电及使用仪表检测前，必须测周围 20 m 内瓦斯浓度，其浓度不得超过 1%，同时必须正确使用测试仪表，选择合适的挡位和量程。

（7）停送电严格按照规程规定进行。严格执行谁断电、谁送电，其他人员不得擅自送电。停电依次由负荷侧到电源侧顺序断开开关，并且进行闭锁、挂警示牌、验电、放电等操作；送电依次由电源侧到负荷侧接通开关。

（8）严格按照井下三大保护细则进行保护装置的整定。

二、如何安装局部接地极

1. 安装局部接地极和接地导线

采用面积不小于 0.6 m²、厚度不小于 3 mm 的钢板制成局部接地极，平放于水沟深处，钢板下面垫一层约 50 mm 厚的砂子，上面盖一层 150 mm 厚的砂、石混合物。接地导线和局部接地极采用焊接连接，焊接长度不小于500 mm。其装设方法如图2-55所示。

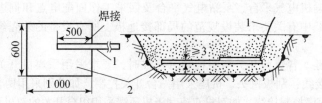

图2-55　板状局部接地极的装设示意图

1—接地导线；2—局部接地极

没有水沟的工作面及平巷等地可用镀锌钢管。钢管直径不小于35 mm，长度不小于1.5 m。管子上至少要钻20个直径不小于5 mm的透眼，钢管垂直于地面（偏差不大于15°），并必须埋设于潮湿的地方。如果埋设有困难时，可用两根长度不小于0.75 m、直径不小于22 mm的镀锌钢管。每根管子上至少要钻10个直径不小于5 mm的透眼，两根钢管均垂直于地面（偏差不大15°），并必须埋设于潮湿的地方。两管之间相距5m以上，且在与接地网连接前，必须实测由两根钢管经连接导线和接地导线连接后组成的局部接地极的接地电阻，接地电阻值不得大于2 Ω。如系干燥的接地坑，钢管周围应用砂子、木炭和食盐混合物或长效降阻剂填满；砂子和食盐的比例，按体积比约6∶1。接地导线（大于等于25 mm²的裸铜线或厚度大于等于4 mm、断面大于等于50 mm²的镀锌扁钢）和局部接地极采用焊接，焊接长度不小于100 mm，焊接部分裸露在地面以便检查维修。其装设方法可参照图2-56进行。

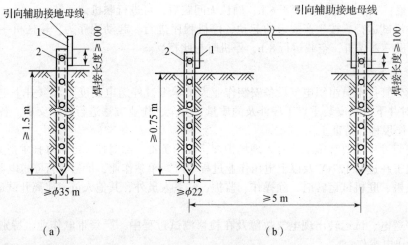

图2-56　管状局部接地极安装示意图

（a）单管；（b）双管

1—接地导线；2—局部接地极

2. 安装连接导线和辅助接地母线

各个电气设备的金属外壳应通过接地螺栓与连接导线（规格同接地导线）连接，连接导线另一端与辅助接地母线连接。最好采用焊接，无条件时，可用直径不小于10 mm的镀锌螺栓加防松装置（弹簧垫、螺帽）拧紧连接，连接处应镀锡或镀锌。辅助接地母线为镀锌扁钢的连接和加固的方法可参照图2-57。辅助接地母线用裸铜线绑扎时，沿接地母线轴向绑扎的长度不得小于100 mm，如图2-58所示。

在锚喷的巷道里，接地母线（或辅助接地母线）应用铁钩固定在接近地面的墙上。铁钩的构造及连接方法如图2-59所示。

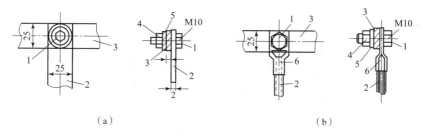

（a）   （b）

图 2-57　辅助接地母线为镀锌扁钢的连接示意图
（a）连接导线为镀锌扁钢；（b）连接导线为裸铜线
1—螺栓；2—连接导线；3—辅助接地母线；4—螺帽；5—弹簧垫；6—线鼻子

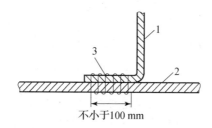

不小于100 mm

图 2-58　辅助接地母线为裸铜线的连接示意图
1—连接导线；2—辅助接地母线；3—绑扎裸铜线

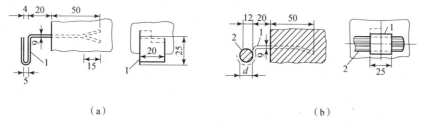

（a）   （b）

图 2-59　辅助接地母线的安装
（a）辅助接地母线为扁钢；（b）辅助接地母线为裸铜线
1—铁钩；2—辅助接地母线

3. 安装移动设备的接地

移动电气设备的接地是利用橡套电缆的接地芯线实现的。接地芯线的一端以及屏蔽电缆的半导电胶带和移动电气设备进线装置内的接地端子相连，另一端和启动器出线装置中的接地端子相连。接地芯线和接地端子相连时，应使接地芯线比主芯线长一些，以免使接地芯线承受机械拉力。启动器外壳应与总接地网或局部接地极相连。

隔爆移动变电站的接地，应先将高、低压侧橡套电缆的接地芯线分别接到进线装置的内接地端子上，用连接导线将高压侧电缆引入装置上的外接地端子与高压开关箱的外接地端子连接牢固；再将高、低压侧开关箱和隔爆变压器上的外接地螺钉分别用独立的连接导线接到接地母线（或辅助接地母线）上，如图 2-60 所示。

4. 检测接地电阻

1）接地电阻和允许接地电阻值

允许接地电阻按《煤矿安全规程》规定：任一组主接地极断开时，井下总接地网上任一保护接地点的接地电阻值，不得超过 2 Ω。每一移动式和手持式电气设备至局部接地极之间的保护接地用的电缆芯线和接地连接导线的电阻值，不得超过 1 Ω。

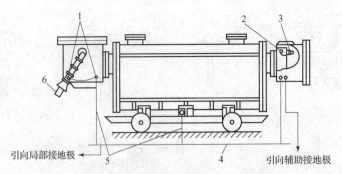

图 2-60 隔爆移动变电站接地安装

1—接地螺栓；2—接线盒内接地螺栓；3—橡套电缆接地芯线；
4—辅助接地母线；5—连接导线；6—高压电缆连接器

接地电阻主要由接地极、接地线的电阻、连接电阻和土壤电阻组成。局部接地极及接地导线只要满足规格要求，其本身的电阻很小，可以忽略不计。连接电阻与连接方式有关，焊接时电阻最小但不便移动，螺栓压接时次之，但便于移动。接地导线与局部接地极固定连接时采用焊接；设备外壳与接地导线为便于移动采用螺栓压接。为防止螺栓锈蚀增大连接电阻，采用镀锌螺栓。当接地极放入水沟或埋入地中时，其土壤电阻主要指水或大地的电阻，由于水的电阻较小，因此接地极最好至于水沟处，没有水沟时，可埋入潮湿的土壤中，采用钢管向土壤中灌盐水的方法降低土壤电阻。接地极流散电流如图 2-61 所示。电流以接地极为中心向周围流散，离接地极越近电流密度越大，反之则越小。离接地极 20 m 处，电流密度几乎等于零。从接地极起到 20 m 处（即电位等于零处）阻碍电流流入大地的土壤或水的阻力即是土壤电阻，也称散流电阻。

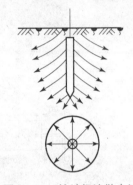

图 2-61 接地极流散电流

实际上离接地极 5 m 处的接地电阻值与 20 m 处接地电阻值相差极小，所以漏电保护试验用的辅助接地极与局部接地极之间的距离应大于 5 m。

2）ETCR 型防爆式钳形接地电阻仪测量接地电阻

ETCR 型防爆式钳形接地电阻仪如图 2-62 所示，由钳口、液晶显示器、电池、电压线圈与电流线圈组成。压下扳机 2 钳口 3 张开，将接地线钳入口中。松开扳机，电池向绕在钳口 3 的环形铁芯上的电压线圈供电产生磁场，在接地线与接地极组成的回路中感应电动势 E 及感应电流 I，经欧姆定律计算出回路电阻 R 即为接地电阻，并显示于显示器 1 上。

由于采用本安电路，具有防爆功能，可用于井下有爆炸危险环境下的接地电阻、接地电流等测量；不需断开接地线，安全便捷；由于测量的是接地回路电阻，可以对接地导线与接地极的连接情况进行检测，接地电阻超限或无穷大说明接地回路故障，可测出保护接地失效。井下接地网任意一保护接地点接地电阻的测量步骤如下：

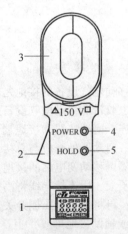

图 2-62 钳形接地电阻仪

1—显示器；2—扳机；3—钳口；
4—开关键；5—锁定键

（1）开机自检。开机前扣压扳机一两次，确保钳口闭合。按开关键，进入开机状态，首先自检显示器，显示全部符号，然后依次显示 CAL6、CAL5、…、CAL0、OLΩ，自检完成后，自动进入接地电阻测试模式。自检中不要扣压扳机，不能张开钳口，不能钳入导线。

（2）校验仪表。钳入随机配备的标准电阻，显示值与标准电阻所标（5.1 Ω）一致，说明仪表良好。显示误差为 ±0.1 属于正常。

（3）测量接地电阻。钳入任一接地点的接地导线，按下电源开关，即显示出该点的接地电阻，理论上讲应是该点的接地电阻与接地网其他接地极并联电阻之和，但是由于接地网为多点接地极，其并联电阻越多，阻值越小，可以忽略。显示"OLΩ"表示超出钳形表的上限 1 kΩ，显示"L0.01Ω"表示超出钳形表的下限 0.01 Ω。

（4）锁定测量值。测量电阻显示后，可按下"HOLD"键，锁定当前显示值以便记录，同时显示"HOLD"符号。再按"HOLD"键，取消锁定，可继续测量，否则无法继续。

三、如何检查与维护工作面配电点电气设备

详见本情境学习任务一至学习任务四各电气设备的安装维修任务引领书。

 实操指导书

一、工作案例

1. 工作任务

安装维修综采工作面运输平巷配电点的开关及其电缆（图 1-24 中的 105、107~110 及 D5、D7~D10）。根据任务要求，收集相关资料、学习任务引领书，制定工作计划书，编制工作记录表。按照计划书实施控制，并将工作记录记入工作记录表，最后按照评价反馈书进行自我评价。

2. 制定工作计划书（表 2-19）

表 2-19　安装维修综采工作面运输平巷配电点的开关及其电缆的工作计划书

制定人：

工作任务	安装维修综采工作面运输平巷配电点的开关及其电缆		
人员分工	1 人负责按计划步骤指挥，1 人负责监督操作，1 人负责工作记录，1 人负责执行指令		
阶段	实施步骤	防范措施	应急预案与注意事项
准备	1. 穿戴工作服、安全帽、矿灯、自救器、手套、绝缘靴 2. 携带万用表、兆欧表、验电笔、放电线、便携式瓦检仪、套扳、扳手、螺丝刀、塞尺、直尺、说明书、系统图、备件	下井前检查万用表、兆欧表、便携式瓦检仪、验电笔、放电线、备件、矿灯是否良好，不得带火种	下井时必须注意避灾路线，一旦发生爆炸、火灾、水灾等重大事故，可以从避灾路线上井
	3. 认真阅读回采工作面配电点电气设备的使用说明书 4. 阅读工作面供电系统图	确认带上回采工作面配电点所有电气设备的使用说明书和工作面供电系统图	
运输设备	5. 所有电缆盘放到特制花栏车上进行运输	电缆盘时放弯曲不能过急，盘放高度不得超过花栏	人工推车时： 1 次只准推 1 辆 车严禁矿车两侧推车 严禁放飞车 巷道坡度大于 7‰时，严禁人力推车
	6. 所有开关均在特制平板车上和车捆在一起运输，每台开关逆运行方向必须加防滑拉紧措施	每个开关捆绑为 3 道，每道为 4 股 8 号铁丝，一头挂在开关上，一头挂在车上	

阶段	实施步骤	防范措施	应急预案与注意事项
运输设备	7. 通信控制系统及各种综保、五小电器、备件，井上装箱后，用 U 型矿车下放		
安装设备	8. 测瓦斯，断隔爆移动变电站低压馈电总开关，并闭锁，挂警示牌，进行验电放电	必须测周围 20 m 内瓦斯 <1% 严禁单独操作，严格执行监护制度 必须确认断开的是工作面配电点电源开关。对开关负荷侧验放电	瓦斯浓度超 1% 时，必须通风降低浓度 如有人触电，立即脱离电源，实施抢救
	9. 按照确定位置吊装、固定设备 10. 安装局部接地极、辅助接地极	稳固起重设备，防止设备调运时起重设备倒塌，人员受砸、压、挤、撞	一旦人员受伤，立即实施救护
	11. 连接电缆。从总开关到电磁启动器依所控功率由大到小依次按下面顺序连接：①连接进线电缆；②连接出线电缆；③连接接地芯线；④连接接地导线；⑤连接接地导线与局部接地极；⑥连接总开关的辅助接地极；⑦连接电磁启动器的远方控制及联锁（或程控）线	端子不能接错，无毛刺，裸露线芯不大于 10 mm，不压芯线胶皮 不能缺少弹簧垫、垫片 螺帽要紧固，但不能滑扣 密封圈分层面朝向接线盒内且切割边缘光滑、无锯齿 压盘需平行压入 压线板压紧，不能"亲嘴"；电缆压扁程度不大于电缆直径的 10%	
检修设备	12. 测断路。将万用表打至低阻挡，并验表，将隔离开关合闸，分别测每台开关主回路各相进出线的首尾端电阻和各辅助回路的首尾端电阻	电阻无穷大为断路。电阻大于回路正常阻值为接触不良。需缩小查找范围，将电路一分为二，分段测量，对有断路段，进一步分段测量，直至找到故障点	回路无电为断路。下列为断路点：①接线柱松动或压绝缘胶皮；②接头跌落或接错；③导线断线；④开关触头被卡或接触不良
	13. 修复断路点。将断路点接通，并检测正常为止	接触不良者，用细砂纸打磨掉连接处氧化层，或增大触头弹簧弹力	对于导线或接头断线，需用电烙铁焊接
	14. 测短路点。将万用表打至低阻挡，并验表，分别测每台开关进出线侧各相间电阻	电阻为零方为短路。注意相间并联的控制变压器、阻容过电压保护、三相电抗器对阻值的影响，只要相间电阻与其电阻相等即为正常。如发现短路，拆开并联电路缩小范围测量	紧急时可直观检测。短路保护动作判断为短路，再在断电下观察有下列现象处即为短路点：①有焦痕；②有焦味；③火线搭接
	15. 修复短路点。短路部分导线缠绕自粘绝缘胶带。检测绝缘正常为止	注意有焦痕处或炭化处，要用砂纸打磨去除，以免仍发生短路	无法修复绝缘的必须更换
	16. 测漏电故障点。用兆欧表或万用表打至兆欧挡，并验表，分别测每台开关进出线侧各相间及各相对地绝缘电阻	测前需拔开关内综合保护插头或插件，测完恢复 电阻小于漏电闭锁值为漏电。注意并联控制变压器时，其阻值可能小于漏电值，但低阻挡检测时不为零即可以。如发现漏电，需拆开所并电路进一步测量	紧急时可直观检测。漏电保护动作即为漏电。再观察有下列现象处即为漏电点：①绝缘破损；②绝缘受潮；③导线碰壳；④导线接线柱压住电缆的绝缘屏蔽层

阶段	实施步骤	防范措施	应急预案与注意事项
检修设备	17. 修复漏电点。①将导线绝缘破损处缠绕自粘绝缘胶带；②绝缘受潮可用干布擦干或烘干。测绝缘电阻正常为止	注意分散性漏电，即总开关出线侧检测为漏电，但断开各分路开关则正常。如属整体绝缘下降，需测各电缆绝缘电阻	对于分散性漏电，测得绝缘电阻较低的电缆如有电缆受潮、浸水等，需干燥处理以提高绝缘电阻
	18. 测接地电阻。①测任一保护接地点接地电阻；②测采煤机接地芯线接地电阻	当保护接地电阻大于 2 Ω 时，检查局部接地极、接地导线及其接点有无松动、断线、接触不良	
调试馈电开关	19. 调变压器。将各设备的控制变压器一次侧接至与电网电压相同的抽头上，本例为 1 140 V	用万用表测试是否接至相应的抽头。切忌 1 140 V 电网下调至 660 V 抽头，导致二次侧过电压	不清楚 1 140 V 抽头时，用万用表测定 0 端与另外两端电阻，阻值大的即是
	20. 调漏电保护。隔爆移动变电站馈电开关作总开关，故"总分"开关打至"总"；配电点馈电开关作分开关，故打至"分"	智能馈电开关还需在"保护整定"菜单中，"系统状态"里选择与"总分"开关一致的状态。同时将分开关的"漏电延时"设为瞬时 0 ms，将总开关的"漏电延时"设为延时 30 ms	
调试馈电开关	21. 调过流保护。按照大于长时工作电流，确定过载保护动作值；按照大于最大一台电动机起动电流加其他台额定电流，确定短路保护动作值	对于智能综合保护，需在通电后进入"保护整定"菜单中调试过流保护动作值	
	22. 试运行。测瓦斯，解除闭锁，合隔爆移动变电站馈电开关，合配电点馈电开关，进行漏电试验和过载试验	确认无人工作，确认瓦斯未超限，确认保护正常 除工作人员外，其他人员离开试运转设备 5 m 以外	必须有人指挥、有人监督，严禁单独作业，严格执行手指口述操作
调试电磁启动器	23. 调变压器。将各设备的控制变压器一次侧接至与电网电压相同的抽头上，本例为 1 140 V	用万用表测试是否接至相应的 1 140 V 抽头。切忌 1 140 V 电网下调至 660 V 抽头，导致二次侧过电压	不清楚 1 140 V 抽头时，用万用表测定 0 端与另外两端电阻，阻值大的就是 1 140 V 抽头
	24. 调控制方式。设备均为就地控制，故将"远近"开关打至"近"	对于智能综合保护，需在通电后进入相应菜单调试此项	
	25. 调保护。按照过载保护动作值小于等于电动机的额定电流确定，调保护装置上的旋钮到相应的数值	对于智能综合保护，需在通电后进入相应菜单调试此项	

阶段	实施步骤	防范措施		应急预案与注意事项
调试电磁启动器	26. 试运行。①试启停。合隔离开关,按下起动按钮,电动机起动;按下停止按钮,电动机停止。②试保护。将保护装置上的选择开关打至"短试",按起动按钮不动,说明短路保护正常,分合隔离开关解除闭锁;打至"漏试",按起动按钮不起动,说明漏电闭锁正常,分合隔离开关解除闭锁;打至"过试",按起动按钮不起动,经过 2 min 左右,解除闭锁,说明过载保护正常	除工作人员外,其他人员离开试运转设备 5 m 以外 井下不能带电开盖,故通过试验保护闭锁功能,确定其保护是否可靠。即在停电下打至试验位,再合盖后起动试验。如还能起动,说明闭锁功能失效、保护有故障。对于智能保护,还可进入菜单进行不跳闸保护试验和跳闸保护试验		同馈电开关试运行
设备维护	27. 检测各开关触头。①真空管不得损伤、漏气;②检查真空管的真空度及触头的超行程、三相接触同期度。不合要求时须通过调节绝缘拉杆连接头与真空灭弧室动导电杆相连的螺纹导向杆,旋入或旋出螺纹长度来调节超行程和同期度	将弹簧分闸时的长度减去合闸时的长度即为触头的超行程 三相分合闸同期性的差别一般不大于 2 mm		超行程的变化能够反映真空管触头的磨损量。每次检修时应调整超行程并做好记录。当触头磨损量累计达到一定水平时,应及时更换真空管
	28. 检查各开关导线及其接线柱、固定螺栓的紧固度,密封圈朝向及密封度、电缆压紧度。无外接电缆的接线嘴有钢板封堵	不能出现断线、甩头、接触不良;螺栓、卡爪及弹簧垫等须齐全、紧固		无钢板封堵的未用接线嘴属于严重失爆,绝对禁止适用
	29. 各开关外观检查与维护。隔爆外壳要防止受损、锈蚀,定期涂防锈漆。检查壳体是否有永久变形、裂纹、锈蚀。闭锁螺栓及局部接地和辅助接地是否齐全、可靠	拆卸外盖不能重锤敲打,打开外盖后隔爆接合面朝上;不许用接合面作工具台;用毛刷在接合面上涂凡士林油或防锈油,但不准涂油漆;接线盒与主腔间不得通气		如发现隔爆外壳失爆,必须修复,对于无法修复者,必须更换
	30. 检测隔爆面隔爆性能。前门及接线盒的隔爆接合面不得锈蚀、损伤。检查隔爆间隙、粗糙度、最小有效长度,应符合右表要求	最小有效长度 L/mm	最大间隙 W/mm	用塞尺检查间隙,用直尺检查宽度
		<12.5 <25.0	<0.4 ≤0.5	
收尾	31. 合上隔爆外盖并紧固,整理工具 32. 填写工作记录单	检查工具或异物未落在外壳内		

3. 制定工作记录表（表2-20）

表 2-20　工作记录表

工作时间		工作地点			指挥者			监督者	
工作内容				操作者			记录者		
检测记录									
检测回路	总馈电开关		乳化液泵启动器		喷雾泵启动器		回柱绞车启动器		小水泵启动器	
	主回路	辅助回路	主回路	辅助回路	主回路	辅助回路	主回路	辅助回路	主回路	辅助回路
断路故障										
短路故障										
漏电故障										
出现故障										
处理措施										
处理结果										

二、实操案例

根据综采工作面运输平巷配电点电气设备（参见图1-24）的安装维修任务要求，请同学自行收集资料，写出工作计划书，制定工作记录表，并按照计划书实施检查控制，按评价反馈书进行评价。

 评价反馈书

安装维修工作面配电点电气设备评价反馈书见表2-21。

表2-21 安装维修工作面配电点电气设备评价反馈书

考评项目		考评指标	满分值	自评分	互评分	师评分
知识考评 (40分)	1. 配电点组成、位置、布置	能说出工作面配电点的组成、位置及其布置,少说或说错一项扣1分	5分			
	2. 工作面配电点的安装步骤	能说明配电点安装步骤,少说或说错一项扣1分	15分			
	3. 局部接地极和辅助接地极的安装、维护要求	能说出局部接地极的安装地点、规格、安装方式、安装要求、日常维护,少说一项扣2分,说错一项扣1分	10分			
	4. 接地电阻的检测方法	能说出接地电阻检测时接线、电阻值读数,少说一项扣2分,说错一项扣1分	10分			
能力考评 (40分)	1. 独立收集资料,并自学相关知识	能独立收集资料且自学达到知识目标得8分,能独立收集得4分,能自学得6分,能达到知识目标得5分。	8分			
	2. 独立制订工作计划	独立制订的工作计划周全(有任务要求、责任分工、实施步骤、防范措施和应急预案)得8分,缺一项扣2分,不能独立扣4分	8分			
	3. 独立做出决策	独立做出的决策为经过比较和综合的最佳决策得6分,未做比较扣2分,未作综合扣2分,不为最佳扣2分,不能独立完成扣1分	6分			
	4. 独立实施计划	能独立完成计划规定给自己任务记6分,个别操作需要别人提示扣2分,不能独立完成扣4分	6分			
	5. 独立检查控制	能独立实施检查和调控得6分,未检查扣3分,未调控扣3分,不能独立完成扣2分。	6分			
	6. 独立评价反馈	能独立对自己和他人进行评价得6分。不能对自己评价扣2分,不能对他人评价扣2分,不能独立完成扣4分。	6分			

考评项目		考评指标	满分值	自评分	互评分	师评分
素质考评（20分）	1. 学习态度	迟到扣2分，不完成作业扣5分，学习态度认真记5分，学习态度一般记3分	5分			
	2. 质量把控	工作质量好记5分；工作质量一般记4分，工作敷衍记3分，工作马虎记2分，工作错误造成损失记1分，工作未完成不记分	5分			
	3. 团队协作	认真带领工作团队记5分，主动参与团队工作记3分；消极怠工不得分	5分			
	4. 创新意识	能读懂其他厂家设备电气原理图记5分，在工作中能提出和解决问题记3分，能提出或回答问题记2分，否则不得分	5分			
合计			100			

 技能鉴定习题

一、应知

1. 说明下列型号的各项含义及适用场所。①KBZ－630/1140（660）；②KJZ2－1000/1140；③KJZ－630/1140（660）Y；④KJZ9－1200/1140（660）－6；⑤QJC1－15/660（380）；⑥QJZ－200/1140（660）；⑦QJZ－80/1140（660）N；⑧QJZ－400/1140（660）S；⑨QJZ2－2400/3300－12；⑩QJR－160/1140（660）Z；⑪QBZ－120/660（380）N；⑫QBZ－4×120/660（380）F；⑬ZBZ－4.0/1140（660）M；⑭ZBZ－4.0/1140（660）Z。

2. 分别说明自动馈电开关、电磁启动器的型号选择原则。

3. 已知回采工作面配电点所控各设备技术数据（表2－22），试选择向配电点供电的馈电开关型号，各设备的控制开关型号。

表2－22　技术数据

设备名称	设备型号	所用电动机电压/kV	所用电动机数量×功率/kW
采煤机	MG132/320－W	1.14	2×135＋55
刮板机	SGD630/220	1.14	2×110
转载机	SZZ800/200	1.14	110

4. 说明电路原理图的阅读方法。电路的组成元件有哪些？如何根据负荷查找回路的电源、开关及保护元件？如何根据原理图分析电路的起动、停止及保护原理？如何根据故障现象分析可能产生的原因？

5. 如何阅读电路安装图？如何根据安装图查找电路连接？如何用万用表及兆欧表查找短路、断路及漏电故障点？

6. 如何判断隔爆外壳的失爆？如何判断本安电路？

7. 分别说明隔爆馈电开关和隔爆电磁启动器安装前的检测、接线、调试项目。

8. 分别说明隔爆馈电开关和隔爆电磁启动器的运行维护、日常检查项目。

9. 说明隔爆组合开关安装、接线、调试、检测与电磁启动器之间的异同。

10. 说明隔爆照明综合保护装置安装、接线、调试、故障检修方法。

11. 说出工作面配电点的组成、位置、布置及其安装步骤。

12. 说出局部接地极的安装地点、规格、安装方式、安装要求、日常维护及接地电阻的检测方法、阻值要求。

二、应会

1. 分别给出隔爆真空馈电开关、隔爆真空智能馈电开关、隔爆真空电磁启动器、隔爆真空智能电磁启动器、隔爆组合开关、隔爆照明综合保护装置，请同学辨认。

2. 请同学阅读 KBZ16 – 400/1140 型矿用隔爆真空智能馈电开关（联络开关）的原理图，说明各回路的电源、开关、保护及其负荷等组成元件；分别说明合闸、分闸及其保护原理。

3. 请同学编写 KBZ16 – 400/1140 型隔爆真空智能馈电开关的检修、安装、调试步骤及其防范措施，制定工作记录表，并且实施。

4. 请同学阅读 QBZ – 120/1140N 型隔爆兼本安型真空可逆启动器的原理图，说明各回路的电源、开关、保护及负荷等组成元件；分别说明远控和程控的起动、停止及其保护原理。

5. 请同学编写 QBZ – 120/1140N 型隔爆兼本安型真空可逆启动器的检修、安装、调试步骤及防范措施，制定工作记录表，并且实施。

6. 请同学编写 QJZ – 2 × 80/660 型风机组合开关的检修、安装、调试步骤及其防范措施，制定工作记录表，并且实施。

7. 请同学编写隔爆照明综合保护装置的检修、安装、调试步骤及其防范措施，制定工作记录表，并且实施。

8. 请同学编写工作面配电点设备的安装、调试步骤及其防范措施，制定工作记录表，并且实施。

9. 请同学编写局部接地极的安装、检测步骤及其防范措施，制定工作记录表，并且实施。

学习情境三 安装维修井下变电所设备及隔爆变压器组合装置

 学习任务一 安装维修矿用高压开关

学习任务书

一、学习任务

1. 工作情境

1) 工作情况

该任务属于安装维修井下供电系统任务下安装维修井下变电所设备及隔爆变压器组合装置分项任务中安装维修矿用高压开关子任务。井下变电所设备包括矿用高压开关、隔爆变压器及其组合装置、隔爆自动馈电开关等设备；矿用高压开关包括矿用一般型高压开关和矿用隔爆型高压配电箱。本任务具体包括矿用高压开关安装前的检测、运输、安装、连接、调试，使用中的维护，以及发生故障时的检修。

2) 工作环境

(1) 在井下变电所安装、检修、维护矿用一般型高压开关，与高压电缆安装环境一样有谐振过电压、短路、漏电、触电、引爆瓦斯煤尘等危险。电源来自地面变电所高压开关柜，负荷为中央变电所变压器及采区变电所进线开关。

(2) 在井下采区变电所安装、检修、维护矿用隔爆型高压配电箱，与中央变电所有一样的危险。电源来自中央变电所，负荷为隔爆变压器或隔爆移动变电站或隔爆动力中心。

(3) 相关器具：万用表、2 500 V兆欧表、便携式瓦检仪、高压验电笔、放电线、套扳、扳手、螺丝刀、电工刀、克丝钳、塞尺、工业用凡士林油。

2. 任务要求和工作要求

同学习情境二的学习任务一，但质量应满足《煤矿机电设备检修技术规范》[7]中的"6.1.1矿用隔爆高压配电装置""6.1.2矿用高压开关柜"要求。

二、学习目标

1. 知识目标

(1) 明白矿用高压开关的类型结构特点及使用场所。
(2) 明白矿用高压开关的工作原理。
(3) 明白矿用高压开关的电路图阅读方法。
(4) 明白矿用高压开关的安装、调试、维护、检修步骤与要求。

2. 能力目标

（1）能阅读矿用高压开关的原理图、安装图。

（2）能对照说明书识别矿用高压开关的各组成部分。

（3）能按照要求拆装矿用高压开关。

（4）能按照要求调试矿用高压开关。

（5）能日常维护矿用高压开关。

（6）能检测及排除矿用高压开关故障。

（7）具有工作现场和紧急事件处理能力。

3. 素养目标

正确认识高压电气设备在煤矿生产中的作用和地位，了解近年来我国在电力行业所取得举世瞩目的成就，培养学生爱国情怀和民族自豪感。

  任务引领书

安装维修矿用高压开关包括安装和维修两大任务。安装包括使用矿用高压开关前的各任务：安装前准备（根据安装场所选择矿用高压开关型号、确认所装矿用高压开关型号、检测所装矿用高压开关质量）、安装、安装后调试、验收（检测安装质量、试运行）。维修包括使用后的各任务：运行维护（运行检测、安全防护、日常维护）、故障检修（故障检测、修复、试验）。下面对以上各个环节的任务分别进行引领。

一、如何选择矿用高压开关类型

1. 用途及类型

高压开关是将高压开关（隔离开关、断路器）和保护装置（各种互感器和保护插件）组装在一起的成套配电装置，用于实现控制、保护高压设备（高压电动机、变压器等）及高压线路。

根据高压开关的外壳不同，又分为矿用一般型和矿用隔爆型两类。前者与非矿用的普通型相比，外壳坚固、封闭，能防尘、防滴、防溅；绝缘更加耐潮；与开关连接采用专门的开关接线盒或插销装置，没有裸露接头；接线端子相互之间以及和外壳之间，有增大的漏电距离和电气间隙；有防止从外部直接触及壳内带电部分的机械闭锁装置，但不具有防爆功能，只能用于无爆炸危险的井底车场、总进风巷及架线电机车的巷道及其硐室内。后者采用隔爆外壳，有隔爆性和耐爆性，可以用于井下任何场所，故使用广泛。

2. 型号及选择

井下中央变电所可以选择矿用一般型，也可以选择矿用隔爆型；采区变电所必须选择隔爆型。高压开关的型号含义如下。

1）矿用一般型高压开关柜型号

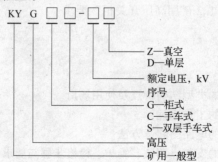

2）矿用隔爆型高压配电箱型号

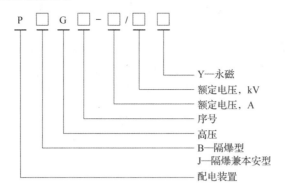

二、如何检修矿用隔爆高压配电箱

为了便于检修，首先要熟知矿用高压开关的结构、工作原理。各类高压开关的结构大同小异，但大量使用的为矿用隔爆高压配电箱。这里以使用较多的八达电气有限公司生产的新型PJG9L-6(10)Y 矿用隔爆兼本质安全型永磁式高压真空配电箱（以下简称隔爆高压配电箱）为例进行说明。

1. 结构

PJG9L-6(10)Y 型隔爆高压配电箱由隔爆外壳和机芯小车两部分组成，如图3-1所示。隔爆外壳为一长方形箱体，箱体中间有一隔板，将箱体分为前、后两腔。在前腔装有机芯小车，机芯小车上装有隔离插销动触头、母线式电流互感器、真空断路器、三相电压互感器、智能综合保护、压敏电阻等；前腔内还装有导轨、托架、操作机构、接地导杆装置；在箱体中间隔板上装有两排各3个隔离插销静触头座和两个穿墙式九芯接线柱。后腔又分为上下两腔，上腔为进线腔，

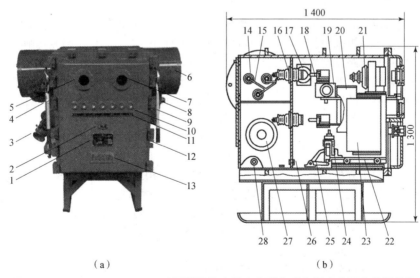

(a)   (b)

图3-1　PJG9L-6（10）Y矿用隔爆兼本质安全型永磁高压真空配电装置结构

(a) 正视图；(b) 侧视剖面图

1—铭牌；2—MA标志；3—出线嘴；4—门轴；5—液晶显示窗；6—接线筒；7—状态显示窗；8—进线嘴；
9—门手柄；10—操作按钮；11—按钮标牌；12—隔离插销手柄；13—防爆标志；14—绝缘座；15—贯穿母线；
16—隔离插销静触头座；17—隔离插销观察窗；18—隔离插销动触头；19—电流互感器；20—真空断路器；
21—电压互感器；22—机芯小车；23—智能综合保护；24—压敏电阻；25—隔离操作机构；
26—九芯接线柱；27—零序电流互感器；28—控制接线嘴

进线电缆由接线嘴经贯穿母线接至上隔离插销；下腔为出线腔，出线电缆由下隔离插销经零序电流互感器环形铁芯接至出线嘴，底板上还装有控制接线嘴，用户可引出控制线，实现远方控制。箱体正面设有防爆标志、铭牌、MA标志、液晶显示窗、状态显示窗、按钮、按钮标牌，箱体下部为底座。箱门左右两边同时设置偏心轮把手，开门时提起两边把手，使箱门脱离锁块后绕门轴旋转即可。箱体左右设有出线嘴、进线嘴及其接线筒，右侧装有断路器合闸手柄和隔离插销手柄及其与门之间的闭锁装置，如图3-2所示。隔离插销处于合闸位时，图3-2a中闭锁杆的锥形头伸入隔离开关分合轴轮套的锥形缺口，断路器合闸轮套解锁，断路器方能进行合闸操作；同时门锁杆不能向右移动，从而卡住门锁块，使箱门不能上提打开，防止带电开门。隔离插销处于断开位置时，图3-2b的门闭锁杆插入隔离开关分合轴轮套的槽内，此时箱门才能打开，但闭锁杆也插入断路器合闸轴轮套锥形槽，致使断路器合闸轴不能转动合闸，防止带负荷操作隔离开关。

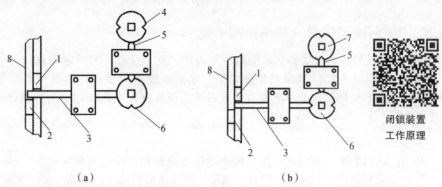

图3-2　隔离插销、断路器与门之间的联锁机构示意图
(a) 隔离开关合闸状态；(b) 隔离开关分闸状态
1—箱锁块；2—门锁块；3—门锁杆；4—断路器合闸状态；5—闭锁杆；
6—隔离开关分合轴轮套；7—断路器合闸轴轮套；8—箱门

　　传统的弹簧储能式分合闸机构中，分闸时电磁铁动铁芯通过弹簧的作用被保持在行程的一端；而合闸时动铁芯靠机械锁扣或电磁能量保持在行程的另一端。与传统的分合闸机构相比，采用了本安先导电路及断路器永磁操作机构。前者实现了远控启停功能，为断路器实现智能控制打下了基础；后者代替了弹簧储能式机械锁扣装置，通过铁芯与主轴传动拐臂直接驱动真空断路器，机械结构简单，磨损小，机械寿命比传统的弹簧储能式操动机构提高了10倍，可达10万次，大大降低了机械故障率，成为断路器操作机构的发展方向。

　　永磁式机构由静铁芯、动铁芯、永久磁体、分闸线圈、合闸线圈和驱动杆几个主要零件组成，如图3-3所示。静铁芯1为机构提供磁路通道，对于方形结构，一般采用硅钢片叠形结构，圆形结构则采用电工纯铁或低碳钢；动铁芯是整个机构中最主要的运动部件，一般采用电工纯铁或低碳钢结构；永久磁体为机构提供保持时所需要的动力；分闸线圈和合闸线圈产生分、合闸驱动力；驱动杆是操动机构与断路器传动机构之间的连接纽带。

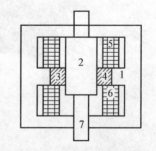

图3-3　永磁机构剖面简图
1—静铁芯；2—动铁芯；
3、4—永久磁体；5—分闸线圈；
6—合闸线圈；7—驱动杆

　　永磁式机构按原理可分为双稳态和单稳态两种。双稳态永磁操动机构是指开关无论在分闸位置还是合闸位置，其保持力都由永久磁铁提供，它可分为对称式结构（双线圈式）和非对称式结构（单线圈式）。单稳态永磁机构是指开关在合闸位置，其保持力由永久磁铁提供，而在分闸位置则由分闸弹簧提供。以双稳态机构为例，当断路器处于合闸或分闸位置时，线圈中无电流通过，永久磁铁利用动、静铁芯提供的低磁阻抗通道将动铁芯保持在上、下极限位置，而不需要任何机械联锁。当有动作信号时，合

闸或分闸线圈中的电流产生相反的磁动势，动、静铁芯中的磁场由线圈产生的磁场与永磁体产生的磁场叠加合成，动铁芯连同固定在上面的驱动杆，受合成磁力的作用，在规定的时间内驱动开关本体完成分、合闸动作。

2. 根据原理图分析故障现象

1）阅读工作原理图

图 3-4 所示为 PJG9L-6(10)Y 型隔爆高压配电装置的电气原理图，由主回路及辅助回路组成。

高压配电装置
电路组成

主回路 6(10) kV 电压由进线电缆引至配电装置的母线室 A、B、C 接线柱，经上隔离开关 QS₁、真空断路器 QF、电流互感器 TA₁ 和 TA₂、下隔离开关 QS₂、零序电流互感器 TAN 输出至负荷侧。对于双电源回路，由于负荷侧与另一路高压开关连接，另一路电源供电时其负荷侧也相当于电源侧，故设置下隔离开关，检修断路器时，上、下隔离开关均须断开。并联过电压保护用的压敏电阻 RV，由于压敏电阻的阻值与电压成反比变化，故过电压时阻值下降，可限制因真空断路器分断时产生的截流过电压。辅助回路又分为电源、先导、分合闸、智能综合保护等回路。

（1）电源回路。6(10) kV 电压经电压互感器 TV 降压后，在二次侧星形连接绕组端输出 100 V 电压，一路经本安变压器 T₁ 变为 36 V 向先导回路供电，一路向智能综合保护供电，一路经整流电源向 QF 线圈供电，一路经 T₂ 向继电器线圈供电。

（2）先导回路。由远近控分合闸按钮 SB₁～SB₄、综合保护 XJ₁₋₉/XJ₁₋₁₀ 触点及控制方式选择开关 SA₁ 控制先导继电器 K_ib 组成。

（3）继电器线圈回路。①失压继电器 K₂ 回路：由综合保护 XJ₁₋₅/XJ₁₋₆ 触点控制电源 T₂ 及 K₂ 线圈组成；②分闸继电器 KM₂ 回路：由 QF₃ 与 K_ib 的 A₇/A₈ 触点或智能保护的 XJ₁₋₇/XJ₁₋₈ 触点控制 KM₂ 线圈组成；③合闸中间继电器 K₁ 回路：由 QF_f2 控制 K₁ 线圈组成；④合闸继电器 KM₁ 回路：由 QF_f2、K₁、K_iB 的 A₆/B₆ 触点、SQ 控制 KM₁ 线圈组成。

（4）分合闸线圈回路。分合闸线圈回路由 K₂₋₂ 及综合保护 XJ₁₋₅/XJ₁₋₆ 触点控制整流电源，KM₁、KM₂ 分别控制合闸线圈 QF₁、分闸线圈 QF₂ 组成。

（5）智能综合保护外围回路。智能综合保护外围电路由输入输出信号回路组成。输入回路有：XJ₂₋₄₀～XJ₂₋₄₂ 端的电源输入；XJ₂₋₂₉/XJ₃₋₅₃（地）端的 TV 开口三角形绕组给的零序电压信号；XJ₃₋₅₁～XJ₃₋₅₆ 端的电流互感器 TA₁ 及 TA 给的主回路电流信号；XJ₃₋₅₇/XJ₃₋₅₈ 端的零序电流互感器 TAN 给的零序电流信号；XJ₁₋₂₃/XJ₁₋₂₄ 端的由负载终端电阻经过高压屏蔽电缆的监视芯线和接地芯线给的绝缘监视信号；XJ₁₋₁₇～XJ₁₋₃₂ 端的瓦斯闭锁、风电闭锁、QF_f4（断路器状态反馈）、SB₈（过流试验按钮）、SB₉（复位按钮）等触点给的相应指令信号。输出回路有：①XJ₁₋₉/XJ₁₋₁₀ 输出的智能起动指令信号；②XJ₁₋₇/XJ₁₋₈ 输出的保护动作指令信号；③XJ₁₋₅/XJ₁₋₆ 输出的闭锁指令信号；④连接液晶显示端子输出的显示信息。

2）分析工作原理

高压配电箱
工作原理

（1）通电。合上箱体右侧的隔离开关 QS₁/QS₂，主回路及 TV 得电，向各辅助回路供电，接通以下回路：①智能综合保护监视绝缘回路工作，当有绝缘破损时，XJ₁₋₂₃、XJ₁₋₂₄ 被短接，产生信号，智能保护发出指令使 XJ₁₋₅/XJ₁₋₆ 触点断开，不许合闸，如绝缘正常则 XJ₁₋₅/XJ₁₋₆ 触点闭合，接通 T₂ 电源，为合闸做准备；②失压继电器 K₂ 得电，K₂₋₁ 触点断开 KM₂ 线圈，K₂₋₂ 闭合接通直流电源，为合闸做准备；③合闸中间继电器 K₁ 得电，K₁ 触点闭合，为接通 KM₁ 线圈做准备。

（2）合闸。可选择 SA₁ 实现远控和近控，若 SA₁ 打至"近"，按电合按钮 SB₂，若 SA₁ 打至"远"，按合 SB₃，接通先导继电器 K_ib，其触点 A₆/B₆ 闭合，接通 KM₁ 线圈回路如下：由 T₂ 的二次侧整流器的直流正极→QF_f2→K₁→B₆→A₆→SA₂（箱门闭合时压合）→KM₁→整流器的负极。

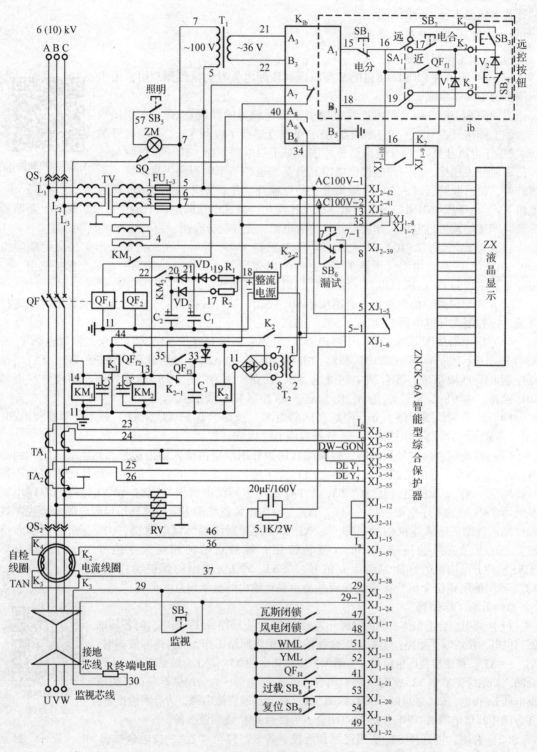

图 3-4 PJG9L-6(10)Y 矿用隔爆兼本安型高压永磁配电箱原理图

KM_1 触点闭合，接通断路器合闸线圈 QF_1，产生电磁力吸合断路器动作，其主触头闭合，接通主回路；辅助触头 QF_{11} 闭合实现自锁，QF_{12} 断开 K_1 线圈，K_1 触点断开 KM_1 线圈，KM_1 触点断开 QF_{11} 线圈防止长时间通电导致过热，由永磁体保持合闸；QF_{13} 触点闭合为分闸做准备；QF_{14} 闭合给智能综合保护提供信号，显示器显示"断路器合闸"。

（3）分闸。近控时按电分按钮 SB_1，远控时按远控按钮 SB_4，断开先导继电器 K_{iB}，其常闭触点 A_7/A_8 闭合，接通 KM_2 线圈回路如下：整流器的正极→QF_{13} 触点→K_{iB} 的 A_7/A_8 触点→KM_2 线圈→整流器的负极；KM_2 触点闭合，接通断路器的分闸线圈 QF_2，产生反向磁力使断路器分闸，同时断路器各辅助触点状态及作用与合闸时相反，此处不再赘述。

（4）保护。当过载、短路、接地（漏电）、过压、欠压、绝缘破损或接地线开路、风电闭锁、瓦斯电闭锁任一信号发出时，智能综合保护发出保护指令，即 XJ_{1-7}/XJ_{1-8} 触点闭合，接通（过载或欠压时延时接通）KM_2 线圈，KM_2 触点闭合接通 QF_2 线圈，从而使断路器分闸实现保护。此外，欠压时 K_2 线圈释放其触点，K_{2-1} 闭合接通 KM_2 线圈，KM_2 触点闭合接通 QF_{12} 线圈，实现保护；同时实现闭锁，只有排除故障后按复位按钮 SB_9 方可解除闭锁。在门框上设有电气闭锁用行程开关 SQ，当门关闭时压合；当门打开时，恢复常开状态，断开合闸线圈 KM_1，即使按电合按钮也无法接通 KM_1，从而实现闭锁，防止开门检修时误送电。

（5）试验。①漏电保护试验。按下漏试按钮 SB_6，TV 二次侧的 AC100V - 2 端电压分别经 SB_6 的两个常开触点一路给智能综合保护的 XJ_{2-39} 端输入模拟零序电压信号，另一路使 TAN 的自检线圈产生电流，感应到 TAN 的 K_2、K_3 线圈，给 XJ_{3-57}/XJ_{3-58} 端输入模拟零序电流信号，智能综合保护发出漏电保护指令，断路器分闸，说明漏电保护正常。②绝缘监视保护试验。按下监视按钮 SB_7 短接监视线与地线，模拟绝缘破损，智能综合保护发出指令，断路器分闸，说明保护正常。③过流保护试验。按下过载按钮 SB_8，XJ_{1-32} 端电压信号模拟过流信号输入给 XJ_{1-20} 端，智能综合保护发出短路指令，断路器分闸，说明保护正常。

3）分析故障现象

根据故障现象，按照工作原理流程分析故障可能原因。常见故障现象及原因分析见表3 - 1。

3. 故障点查找与修复

故障点的查找与修复方法及要求同低压隔爆馈电开关，参见学习情境二学习任务一中任务引领书的内容。

表3 - 1　PJG9L - 6（10）Y 型隔爆高压配电箱常见故障分析表

故障现象	原因分析
隔离开关手柄扳不动	1. 机械闭锁未解除 2. 操作机构被卡 3. 隔离插座与触头中轴线偏离太大或触桥排列不齐
隔离插销严重发热	隔离触头、触桥烧损或触桥弹簧退化
显示屏无显示	1. 主回路无电，上级开关跳闸 2. 隔离开关未合，或接触不良 3. $FU_1 \sim FU_3$ 熔断或接触不良，TV 二次线路有短路或工作电流过大 4. 液晶显示接口接触不良或液晶显示器损坏

故障现象	原因分析
显示屏有显示，但按下电合按钮或远控起动按钮，断路器合不上	1. 机械闭锁未解除或操作机构被卡 2. XJ_{1-5}/XJ_{1-6} 未合：①绝缘破损导致闭锁；②智能保护故障 3. K_{2-2} 触点未闭合：①T_2 接触不良；②整流二极管损坏；③K_2 线圈接触不良；④K_2 常开触点接触不良；⑤电压过低 4. A_6/B_6 触点未合：①T_1 二次侧接头接触不良或绕组损坏；②分合闸按钮 SB_1、SB_2（或 SB_3、SB_4）接触不良；③SA_1 接触不良；④V_1 或 V_2 损坏；⑤先导继电器 K_{ib} 线圈或触点接触不良 5. K_1 触点未合：①QF_{f2} 触点接触不良；②K_1 线圈接触不良；③KM_1 触点接触不良 6. KM_1 触点未合：①门未关好使 SQ 未闭合或接触不良；②KM_1 线圈或接线柱接触不良；③KM_1 触点接触不良 7. QF 主触点未合：①整流电源损坏；②VD_1 损坏；③C_1 击穿；④QF_1 线圈断路或局部短路；⑤QF 主触点被卡或接触不良；⑥传动机构故障
合闸后短路指示掉闸	1. 主回路发生短路故障 2. 短路整定值偏小
合闸后过载指示掉闸	1. 主回路发生过载故障 2. 过载整定值偏小
发生故障后，保护拒动	智能保护故障或互感器二次回路、绝缘监视回路故障
按分闸按钮或保护动作后，断路器拒动	1. KM_2 触点未合：①QF_{f3} 触点接触不良；②A_7、A_8 触点或接线柱接触不良或 K_{ib} 损坏；③KM_2 线圈或触点接触不良 2. QF_{f2} 线圈磁力不够：①C_2 及其充电二极管 VD2 开路；②QF_{f2} 线圈断路或局部短路 3. 断路操作机构卡死
主腔内照明灯不亮	1. SB_5 照明按钮接触不良 2. 灯泡 ZM 损坏

三、如何安装矿用隔爆高压配电箱

1. 入井前的检查

大修后或新购进的隔爆高压配电箱入井安装前，必须进行全面、细致的检查与试验，其质量符合国家规定的产品出厂质量标准或大修质量标准后方可入井安装。

高压开关
安装前检测

（1）外部检测。①零部件齐全，瓷绝缘件无裂纹或破损，密封胶垫完整，各紧固部位无松动，电气连接无异常现象及箱内无其他散落异物。观察窗上的透明板，应无损伤和裂纹。②电气设备的接线盒（包括电气线路中用端子连接的接线盒）其内壁应涂耐弧漆，如内壁锈蚀漆层脱落应予除锈补刷。③分合闸操作机构动作灵活可靠，无刮、卡现象；分合指示正确，机械闭锁可靠。③隔爆接合面符合《爆炸性环境　第2部分：由隔爆外壳"D"保护的设备》（GB3836.2—2010）[11]的有关规定。

（2）绝缘检测。拆除电压互感器、压敏电阻与主回路的连线，拔出智能综合保护插头，不接通电源情况下：①用2 500 V兆欧表测量主回路相间和对地绝缘电阻值应大于500 MΩ。②对主回路各相间、主回路对地、隔离开关和断路器断口间分别施加23 kV工频电压进行耐压试验，二次回路对地（不包括保护单元）进行2 kV的耐压试验。分别历时1 min应无击穿与闪络现象。试验方法及要求参见学习情境一学习任务二中内容。试验后应恢复电压互感器与压敏电阻的连线，高压综合保护装置插头插好，固定好各紧固件。

（3）自检试验。拆除三相熔断器FU₁~FU₃的熔芯，在熔断器的引出端分别引入电压为100 V的三相低压电源。此时箱门上电压指示10(6)kV，显示"断路器分闸"。

①分合闸试验。

电动操作：按下前门的"电合"按钮，合上断路器，显示"断路器合闸"；再按下"电分"按钮，断路器分闸，显示"断路器分闸"。

手动操作：顺时针旋转合闸手柄，断路器合闸并显示，再反向旋转手柄，使手柄恢复到合闸前的起始位置，否则就会影响分闸；顺时针旋转分闸手柄，断路器分闸并显示。

②过电流试验。合上断路器，按下前门上的"过载"试验按钮，断路器应跳闸。

③绝缘监视试验。合上断路器，按下前门上的"监视"试验按钮，模拟绝缘破损或单相接地，断路器应跳闸；合上断路器，再将终端元件短接，断路器应再跳闸；去掉短接线，合上断路器，再将终端元件开路，模拟接地线开路，断路器应再跳闸。

④漏电试验。合上断路器，按下门上的"漏试"按钮，断路器应跳闸。

以上各自检试验，在断路器跳闸的同时，均应发出相应的事故指示，同时电气闭锁，必须按前门的"复位"按钮方可解锁继续下一个试验。拆除试验线路，恢复设备所有接线，紧固好各个盖板螺栓，并对隔离插销进行合闸和分闸试验，合、分闸应当都灵活，无卡滞现象。

2. 运输

利用副井提升绞车进行下放。加工一平板车，上面放置两根道木，高压开关要与道木和板车绑扎牢固，用塑料布搭好，防止井下水淋，绞车开车速度要慢（控制在0.5 m/s左右），沿途有人跟随，有情况时打信号至车房，人力运至变电所内，用倒链三脚架卸车。开关运往井下的过程中不得碰撞、倾倒。

3. 安装

应安装在水平的地基上，地基表面应平整，无空洞、凹凸等现象，安装支架应采用预埋、膨胀螺栓及焊接法固定。隔爆高压配电箱与硐室墙壁之间应留出0.5 m以上的通道；各设备之间应留出0.8 m以上的通道，以便安装和检修。

4. 接线

根据《煤矿安全规程》规定，接线前应先断开上级电源开关并闭锁，挂"有人工作严禁送电"警示牌，验电放电后方可开始连接电路。

1）连接主回路

（1）拆下进线腔隔爆面螺栓，取下隔爆盖板，将隔爆面向上平稳放置，防止损坏。

高压开关接线

（2）按照高压电缆同电气设备之间的连接方法及要求进行连接。

（3）按照供电系统图的接线方式进行连接。连接形式如图3－5所示。双电源供电时采用A型（图3－5a），单电源供电时采用B型（图3－5b），联台使用时采用C型（图3－5c），应根据供电系统图的接线就位，并用联通节连接起来，相邻两台配电装置的硬母线在联台腔中用专用连接铜带连接。注意保证相邻裸露铜带及铜带对外壳的电气间隙不小于60 mm。单侧进线时，另一侧不用的进线盒应用圆形铁挡板封堵，以防传爆。

（4）接线完毕后，应当用兆欧表（2 500 V）检验相间及对地绝缘，确认接线质量合格。

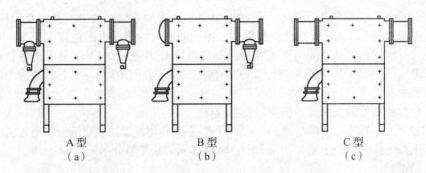

$$A\ 型$$
（a）

$$B\ 型$$
（b）

$$C\ 型$$
（c）

图 3 – 5　连接形式

（a）双电源供电（两个电源进线端）；（b）单电源供电（一个电源进线端）；
（c）联台布置（无电源进线端，电源母线由两侧的联通节进入）

2）连接辅助回路

（1）连接终端元件。隔爆高压配电箱出线电缆的终端元件接至高压监视屏蔽电缆的监视芯线与接地芯线上，出线电缆的首端接至隔爆高压配电箱出线盒的九芯穿墙接线柱 29、29 – 1 端子（图 3 – 4）上。

（2）连接远方控制回路。对于需要远方控制的隔爆高压配电箱，可将远方控制按钮经控制电缆、控制接线嘴接至出线盒相应的九芯穿墙接线柱 K_1、K_2、K_3（图 3 – 4）上。

3）连接地线

（1）高压铠装电缆的接地芯线接至进线嘴的接地接线柱上，再经接地导线与壳体底部的接地螺栓连接，最后经辅助接地母线接至主（局部）接地极上。

（2）高压橡套电缆的接地芯线与出线腔内的接地螺栓连接。

接线完毕后，隔爆面涂防锈油，用塞尺检查隔爆接合面的间隙。用兆欧表检测主回路相间和对地绝缘。经检查一切正常后，方可送电试运行。

5. 调试

1）试运行

根据《煤矿安全规程》规定，操作高压电气设备主回路时，操作人员必须戴绝缘手套，并穿电工绝缘靴或者站在绝缘台上。

（1）送电。接通上级电源开关，顺时针扳动高压配电箱的隔离开关手柄，再手动或电动合闸，使用电动合闸时，操作频率不得超过 3 次/min，且连续操作 3 次以后，应当停 5 min 方可进行下步操作。

（2）停电。用手动或电动操作将断路器分闸。转动隔离开关操作手柄，使隔离开关分闸到位。严禁停电时不进行断路器分闸操作直接进行隔离开关分闸。

2）调菜单

采用 ZNCK – 6A 红外遥控器作为智能输入设备进行菜单操作。遥控器各键功能如下：

键名	功能	键名	功能
UP	控制光标上移	OK	命令确认
DOWN	控制光标下移	ENTER	同 "OK" 键
LEFT	控制光标左移	BACK	命令取消，返回
RIGHT	控制光标右移	OPERATION	确认红外信号接收正确

（1）红外遥控器定位操作。按"OPERATION"键用于定位显示装置，当液晶屏幕显示"红外信号接收正确！"时，表示红外定位成功，红外遥控器可以投入使用。

（2）实时显示。装置通电时在显示屏全部点亮后会短时显示版本号，随后实时显示模拟测量的电量信息：第一屏显示主回路三相电流和三相相电压测量值，如图3-6所示。

按"DOWN"键进入第二屏，显示三相线电压、有功功率、无功功率、视在功率测量值，如图3-7所示。

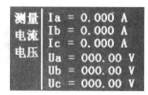

图3-6 模拟测量的
电量信息（第一屏）

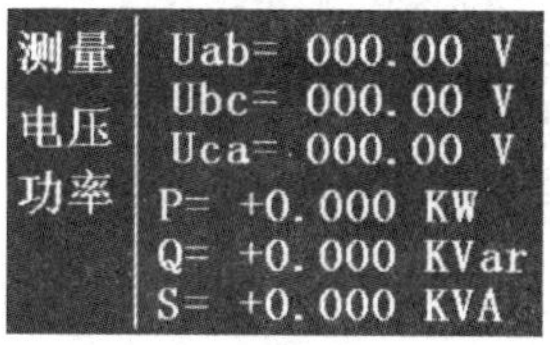

图3-7 模拟测量的
电量信息（第二屏）

按"DOWN"键进入第三屏，显示功率因数、电网频率、主回路绝缘电阻，如图3-8所示。

按"DOWN"键，显示二次侧 U_0 零序电压和 I_0 零序电流，以及 I_A、I_C 三相保护电流，如图3-9所示。

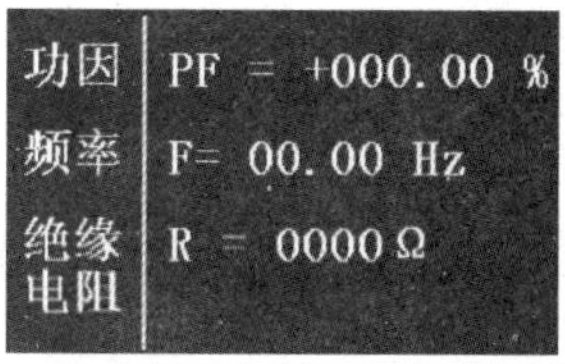

图3-8 模拟测量的
电量信息（第三屏）

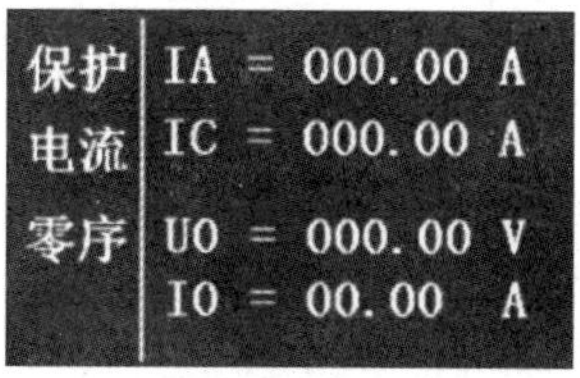

图3-9 模拟测量的
电量信息（第四屏）

按"DOWN"键，显示电度，第一行数据为测量有功电度，第二行数据为测量无功电度，第三行数据为脉冲有功电度，第四行数据为脉冲无功电度，如图3-10所示。

（3）主菜单的显示。在实时显示区内按"OK"键，进入主菜单界面，第一屏显示如图3-11所示。

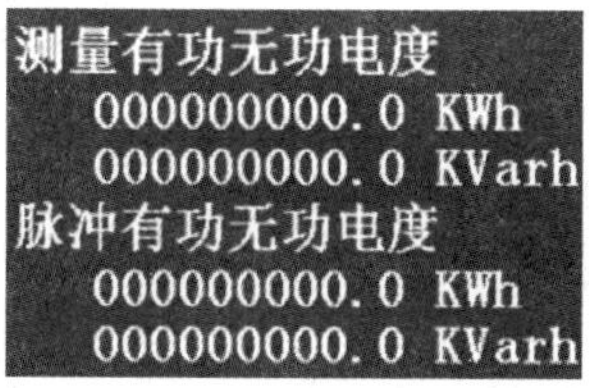

图3-10 模拟测量的电量信息（电度）

图3-11 主菜单的显示（第一屏）

（4）系统设置。按"DOWN"键光标移至"3.系统设置"，按"OK"键进入，首先要输入4位"权限口令"，口令输入时按"RIGHT"键，修改的字符会白底反色显示提示，按"DOWN"键进行数字修改，输入完毕后，按"确认"键进入下一屏。口令输入正确，窗口右上角的"锁"会显示打开状态，参数可修改；否则显示关闭，不可修改系统参数。第一屏到第六屏默认即可，进入第七屏显示如图3-12所示。

再次按"确认"键后，可修改该整定值，右上角"锁"的图标下面出现一个"笔"的符号，同时被选择修改的项反色显示，按"DOWN"键进行修改，IN1选为"断路器信号"；IN2选为"过流试验信号"；IN3选为"复归信号"；IN4选为"风电信号"，修改完毕后，按"确认"键确认修改。再按"DOWN"键进入第八屏，IN5选为"瓦斯信号"（如果不需要风电闭锁和瓦斯闭锁也可将IN4和IN5选为"一般开入"）；IN7选为"有功电度脉冲"信号；IN8选为"无功电度脉冲"信号；PT（即电压互感器TV）断线闭锁选为"是"。再按"DOWN"键进入第九屏（图3-13），可根据实际选择"是"和"否"。

图3-12 系统设置（第七屏） 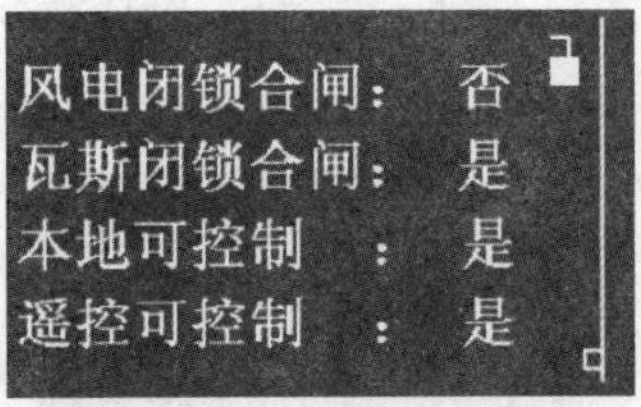   图3-13 系统设置（第九屏）

注意：本地可控制需选择"是"，否则无法对保护装置进行本地分合闸操作。

（5）保护装置分合闸及状态监测试验。智能保护器屏幕右侧设"分闸""合闸""复归""确认/返回"等键。3 s内连续按"合闸"键两次，装置进行本地合闸操作，屏显提示"断路器合闸"；3 s内连续按"分闸"键两次，装置进行本地分闸操作，屏显提示"断路器分闸"；3 s后，屏幕自动切换到"1. 装置状态"下的"开入量状态"菜单下，确认分合闸信号开入量是否已经断开或闭合。"开入量状态"用于监测8位外部开关量分合状态；第一行数据表示8个开关量的位置，第二行与之对应的是8个开关量的分合状态，"0"表示"分"，"1"表示"合"；通过监测断路器位置及控制回路电压来判断合闸和跳闸回路是否断线。按"DOWN"键，显示"保护状态监测"，用于监测所有保护当前状态，共有正常、告警和跳闸3种状态。再按"DOWN"键，显示"风电闭锁合闸""瓦斯闭锁合闸"和"保护闭锁合闸"状态，当外部故障信号进入保护装置时，显示"已闭锁"；无故障信号时，显示"未闭锁"；当保护动作后，如果保护信号未进行复归，则显示"已闭锁"。

（6）过流保护设置。采用速断、限时速断、定时过流三段式保护。按"DOWN"键光标移至"4. 保护设置"，按"OK"键进入第一屏，显示如图3-14所示。

图3-14 过流保护设置（第一屏）

按"DOWN"键进行选择，进入"4.1保护投退"菜单。首先要输入4位"权限口令"，按"RIGHT"键光标右移到修改的字符会反显提示，按"DOWN"键进行数字修改，输入完毕后，按"确认"键进入下一屏。口令输入正确，窗口右上角的"锁"会显示打开状态，参数可修改；否则显示关闭，不可修改系统参数。按"DOWN"键，对各种保护可选择"退出"（无该项保护）、"跳闸"（保护动作后断电）、"告警"（保护动作后只报警）3种方式，将其中速断保护、限时速断、定时过流、零序二段（中性点经消弧线圈接地时）、功率方向零序（中性点不接地时）、低电压、过电压、绝缘电阻、风电故障延时和瓦斯故障延时（连接其闭锁触点时）选为"跳闸"，零序一段、PT断线、分闸回路断线、合闸回路断线等选为"告警"，按"OK"键确认。如果不需要某保护也可选"退出"，如果不需要保护跳闸，也可选"警告"。

按"BACK"键返回上级菜单，再选择"4.2定值整定"进入。首先要输入4位"权限口令"，使窗口右上角的"锁"打开，如图3-15所示。

按"DOWN"键进入"速断定值"菜单，作为本开关的保护范围前段的主保护设定。若"权限口令"输入正确，参数整定值会反显；否则不变化。按"RIGHT"键，修改的字符会反显

图3-15 过流保护设置（定值整定）

提示，按"DOWN"键进行数字修改，定值在 1~99.99 A 内可选，由于井下只许分列运行，只需按本开关保护范围末端（等于下一级开关的出口处）三相短路电流的 1.2~1.3 倍确定（确保下一级开关出口处短路时本开关不误动作），但该值必须换算到电流互感器二次侧，即除以变流比，按式（3-1）求得后输入该菜单，按"OK"键确认修改。

$$I_{ops1} \geq \frac{1.2}{K_1} I_{s1}^{(3)} \tag{3-1}$$

式中　I_{ops1}——第一段过流保护动作值，A；

　　　1.2——可靠系数；

　　　$I_{s1}^{(3)}$——本开关保护范围末端三相短路电流值，A；

　　　K_1——高压配电箱的电流互感器变流比，为高压配电箱额定电流/5；如果配电箱给出的为整定电流倍数，K_1 取 1。

再按"DOWN"键进入"限时速断定值"菜单，同上方法在 1~99.99 A 范围内，按下一开关速断定值的 1.2 倍并换算到电流互感器二次侧即式（3-2）确定，作为本开关保护范围末端短路主保护。为防止与下一级开关同时动作，本保护采用延时动作，时间在 0.04~60.00 s 内可调，一般按大于下级开关的分闸时间确定，调整方法同上。

$$I_{ops2} \geq \frac{1.2}{K_1} I_{s2}^{(3)} \tag{3-2}$$

式中　I_{ops2}——第二段过流保护动作值，A；

　　　$I_{s2}^{(3)}$——下一级开关保护范围末端三相短路电流值，A；

再按"DOWN"键进入"定时过流定值"菜单，定值在 1~99.99 A 内可选，按不小于折算后的最大负荷电流即由式（3-3）确定，作为本开关保护全范围的后备保护。

$$I_{ops} \geq \frac{1.2}{K_1} \left(I_{ca} + \frac{I_{m \cdot st} - I_m}{K_T} \right) \tag{3-3}$$

式中　I_{ops}——定时过流定值，A；

　　　1.2——可靠系数；

　　　I_m——所控负荷中最大电动机的工作电流，A；

　　　I_{ca}——所控负荷长时工作电流，A；

　　　$I_{m \cdot st}$——所控负荷中最大电动机的起动电流，A；

　　　K_T——所控负荷中最大电动机所接变压器的变比，当最大电动机为高压电动机时取 1。

为实现选择性，保护时间定值在 0.04~60.00 s 内可调，按下一级开关定时限 t 加级差 Δt（Δt 一般取 0.35~0.6 s）确定。

（7）过载保护设置。再按"DOWN"键进入"反时限定值"菜单，过载动作电流整定值范围为 1~99.99 A、保护时间倍数为 1~99.99。按下式确定：

$$I_{opo} \leq I_{1N}/K_1 \tag{3-4}$$

式中　I_{opo}——高压配电箱的过载保护动作值，A；

　　　I_{1N}——所接变压器一次侧额定电流，A。

（8）漏电保护设置。本开关设有两段零序电流保护和零序功率方向保护。对于变压器中性点经消弧线圈接地系统，由于接地线路和非接地线路的零序电流方向随补偿度的变化而变化，即方向不固定，有可能造成拒动，不能设零序功率方向保护，因此采用零序电流保护，零序电流Ⅰ段设置为"告警"，零序电流Ⅱ段设置为"跳闸"，保护定值按躲过本线路本身的对地电容电流整定，即

$$I_{0DZ} = K_K I_C L \tag{3-5}$$

式中　I_{0DZ}——零序电流整定值，A；

　　　K_K——可靠系数，设置为"告警"时取 1.2，设置为"跳闸"时取 1.5；

I_C——每千米电缆的对地电容电流经验值（可从表 3 – 2 中查得），A；

L——本开关所控电缆长度。

按"DOWN"键分别进入"零序一段保护定值"和"零序二段保护定值"菜单，整定范围是：保护电流定值为 1 ~ 40 A；保护时间定值为 0.04 ~ 60.00 s，设置为告警时取 0 s，设置为跳闸时取 0.3 s。对于变压器中性点不接地（无消弧线圈）系统，可以设置为零序功率方向保护。按"DOWN"键进入"功率方向零序保护定值"，整定范围是：保护功率定值为 0 ~ 99.99 A，保护时间定值为 0.04 ~ 60.00 s，保护整定值按式（3 – 5）确定，K_k 取 1.2 ~ 1.5，保护时间取 0 s。

表 3 – 2　交联聚乙烯绝缘电力电缆每千米电缆的电容电流经验数据 A

电压/kV	截面/mm²										
	16	25	35	50	70	95	120	150	185	240	300
6	0.58	0.65	0.72	0.79	0.89	0.96	1.03	1.13	1.23	1.37	
10				1.19	1.31	1.49	1.61	1.73	1.91	2.09	2.33

（9）欠压保护设置。按"DOWN"键进入"低电压保护定值"菜单，整定范围是：保护电压定值为 20 ~ 120 V，保护时间定值为 0.04 ~ 60.00 s。一般设置为电网电压小于 65% 额定电压时，欠压保护延时 5 s 动作。根据电压互感器的变比可知二次侧额定电压为 100 V，额定电压的 65% 即为 0.65 × 100 V = 65 V，故取 65 V。

（10）过压保护设置。按"DOWN"键进入"过电压保护定值"菜单，整定范围是：保护电压定值为 80 ~ 120 V，保护时间定值为 0.04 ~ 60.00 s。一般设置为电网电压大于 120% 额定电压时，过压保护动作，动作时间小于 100 ms，故取 120 V 和 0.1 s。

（11）绝缘监视保护设置。按"DOWN"键进入"绝缘电阻"菜单，整定范围是：监测电阻定值为 0.5 ~ 9.999 kΩ，监测时间定值为 0.04 ~ 60.00 s。当监视线与地线之间绝缘电阻小于 3 kΩ 时，说明发生绝缘破损，应可靠动作；当监视线与地线之间回路电阻大于 1.5 kΩ 时，说明发生接地线开路，应可靠动作，绝缘监视保护动作时间小于 100 ms。故选取低定值为 1.5 kΩ，高定值为 3 kΩ，时间定值为 0.1 s。

四、如何维护隔爆高压配电箱

1. 维护

除与隔爆馈电开关维护相同的项目以外，还有以下维护项目。

（1）外部维修。①清扫高压配电箱外壳与内部的煤灰及污垢。②检修后的配电装置外表面应涂红色油漆，内表面须涂 1321 耐弧漆。③每月应当检查一次各隔爆接合面，进行修复和防锈处理，平面防爆面须进行磷化处理或镀锌，轴孔隔爆面须涂 204 – 1 防锈油脂，但不得涂防锈漆。④机械、电气联锁灵活可靠。⑤隔爆盖板均须设置"严禁带电开盖"字样的标牌。⑥金属外壳底架上应有防锈的、导电性能良好的、直径不小于 12 mm 的接地螺栓，并标有"⏚"符号。

（2）绝缘检测。在井下停电 3 d 以后或每 6 个月不少于 1 次，用 2 500 kV 的兆欧表测量主回路绝缘电阻值（应大于 1 000 MΩ），用 500 V 兆欧表测二次回路的绝缘电阻值（应大于 1 MΩ）。每年进行 1 次绝缘交流耐压试验，耐压值应符合表 3 – 3 要求。

（3）母线室维护。绝缘瓷瓶清洁，无油污及灰尘，无裂纹及损伤。母线表面清洁无污秽，固定牢固，连接良好，安全距离符合产品技术要求。

表 3 - 3 PJG9L - 6 (10) Y 型隔爆高压配电箱额定耐压值 KV

额定电压	工频耐压（有效值 1 min）			标准雷电冲击全波峰值	
	对地、相间断路器断口间	隔离开关断口间	二次回路对地	对地、相间断路器断口间	隔离开关断口间
6	23	26	2	40	46
10	30	34	2	60	70

（4）隔离开关维护。①绝缘子表面清洁，无裂纹、无破损及放电痕迹，瓷铁粘合牢固。②触头或端子表面平整、清洁、无油污、无氧化膜、无烧损现象，否则可用细锉刀和砂布进行修理，并涂薄层中性凡士林。③合闸操作时动触头无侧向撞击或卡阻现象，动触头进入插口的深度不小于静触头长度的 90%，同时动静触头底部间距不小于 3 ~ 5 mm。④开关传动部位转动灵活，联动机构完好，三相触头不同期性不大于 3 mm。⑤隔离开关的常开辅助触头在开关合闸行程的 80% ~ 90% 时闭合，常闭辅助触头在开关分闸行程的 75% 时断开。⑥用操作手柄进行隔离小车合闸、分闸试验，不得有卡死、阻塞现象，手柄上施加操作力不得大于 10 kg。⑦操动机构的终点位置应有定位和限位装置，在分合闸位置时能够将操动装置锁住，防止从合闸位置脱开或从分闸位置合闸。⑧操动机构应有能够反映隔离开关处于分、合位置的指示器，指示器上标明"分""合"字样。⑨隔离小车操作手柄分合标志明显，从分闸到合闸转角为 130°，隔离小车止位销完整有效。

（5）断路器维护。①真空断路器的检修，严格按出厂技术文件要求进行，并做好记录。测量检查触头行程、超行程等有关数据应符合表 3 - 4 的规定。②真空断路器的动静触头总允许磨损量不得超过 3 mm，并设有易于监视真空管磨损程度的标记。③真空断路器的真空管无裂纹、点蚀，清洁无污秽，紧固件齐全紧固、无损坏。④断路器真空管与操作杆保持垂直同心，操动灵活可靠，不得有卡死现象。⑤运动摩擦部位加注合格的润滑油脂。⑥更换断路器时，同型号的真空断路器使用的真空开关管，其安装和端部连接方式、尺寸应统一，并标明出厂日期。⑦真空断路器操动机构的防跳装置和电磁操动机构的自由脱扣装置完好可靠。⑧检查无压释放装置的吸合电压和释放电压。电压在额定电压的 35% 以下时应可靠释放，使开关装置分闸且不能合闸；电压大于额定电压的 65% 时，不应使开关装置分闸；电压不小于额定电压的 85% 时，开关装置应能够合闸。⑨断路器真空灭弧室的气体压力应小于 1.33×10^{-5} Pa。

表 3 - 4 PJG9L - 6 (10) Y 型隔爆高压配电箱真空断路器技术数据

序号	名称	单位	ZNL1 - 6/630 ~ 12.5	ZNY1 - 6/630 ~ 12.5	ZNL1 - 10/630 ~ 12.5
1	分闸时间	s	≤0.1	≤0.1	≤0.1
2	触头开距	mm	8 + 1	8 ± 1	9 + 1
3	超行程	mm	3 + 1	3 ± 1	3 + 1
4	相间中心距离	mm	138	138	150
5	平均合闸速度	m/s	0.6 ~ 1.3	0.6 ± 0.2	0.6 ~ 1.3
6	平均分闸速度	m/s	0.8 ~ 1.4	0.9 ± 0.2	0.8 ~ 1.5
7	主回路电阻	μΩ	≤120	≤120	≤120
8	触头合闸弹跳时间	ms	≤3		
9	三相不同期性	ms	≤1		

（6）检查电气间隙和爬电距离。①配电装置中主回路相间、主回路对地电气间隙不小于 600 mm，爬电距离必须保证 85 mm（A 级绝缘材料）、110 mm（B 级绝缘材料）、135 mm（C 级绝缘材料）、160 mm（D 级绝缘材料）。②配电装置二次回路的电气间隙和爬电距离必须保证不小于 6 mm 和 8 mm。

（7）保护装置调试。每半年进行一次保护装置的检查整定；每年应对压敏电阻器进行一次预防性试验。检查和调整结果应记入专用的记录簿内。检查和调整中发现的问题，应派专人限期处理。

2. 日常检查

（1）外观的完好程度，螺丝、垫圈是否完整、齐全、紧固。
（2）有无不正常的声响、温度过高及其他接线异常现象。
（3）操作机构、闭锁机构、液晶显示等是否正常。
（4）有无失爆的情况。
（5）接地线是否完整、齐全，符合规定。

实操指导书

一、工作案例

1. 工作任务

安装维修 10 号煤采区变电所向综采工作面供电的 PJG9L – 10/Y 型隔爆高压配电箱（图 1 – 24 的 1002 号开关）。根据任务要求，收集相关资料、任务引领书，制定工作计划书（表 3 – 5），编制工作记录表（表 3 – 6）。按照计划书实施任务，检查控制工作过程，并将工作记录记入工作记录表，最后按照评价反馈书进行自我评价。

2. 制定工作计划书

表 3 – 5　安装维修 PJG9L – 10/Y 型隔爆高压配电箱工作计划书

制定人：　　　　　　　　　　　　　　　　　　　　　　　　　　　　　　　　制定日期：

工作任务	安装维修 1002 号 PJG9L – 10/Y 型隔爆高压配电箱	
责任分工	1 人按计划指挥，1 人监督，1 人记录，1～2 人执行操作	
阶段	实施步骤	防范措施
准备	1. 携带万用表、2 500 V 兆欧表、便携式瓦检仪、高压验电笔、放电线、套扳、扳手、螺丝刀、电工刀、克丝钳、配电箱原理图、电气安装图和采区供电系统图	下井前检查万用表、兆欧表、便携式瓦检仪、矿灯是否良好，熟悉高压配电箱安装地点
	2. 穿戴工作服、安全帽、矿灯、自救器、绝缘手套、绝缘靴	检查绝缘手套、绝缘靴的绝缘良好 不得带火种
	3. 携带 100 号砂纸、凡士林油、毛刷	
	4. 防爆电气设备入井前，检查其"产品合格证""防爆合格证""MA 准用证"，合格后方准入井	隔爆型电气设备必须由经过考试合格的防爆电气设备检查员检查其安全性能，并发放合格证

阶段	实施步骤	防范措施
安装前检查	1. 矿用隔爆型开关外形检查： （1）外壳完好无损伤，无裂痕及变形 （2）外壳的紧固件、密封件、接地元件等齐全完好 （3）隔爆接合面的间隙、有效宽度和表面粗糙度符合有关规定，螺纹隔爆结构的拧入深度和螺纹扣数符合规定 （4）隔离开关与断路器手动分、合闸动作正常，机构无松动，闭锁部分正常	需在未通电状态下进行安装前的检查
安装前检查	2. 打开箱门，拔开综合保护插头进行测验： （1）测量真空断路器开距，超行程 （2）使用 2 500 V 摇表测试主绝缘 （3）工频耐压试验。在高压主回路的相间、每相导体对地、真空断路器灭弧室的触头断口之间施加 30 kV 工频电压，在隔离插销断口间施加 34 kV 工频电压，二次回路对地施加 2 kV 工频电压，历时 1 min （4）手动空载操作。操作隔离小车分、合闸手柄和断路器手动分、合闸手柄，观察机械闭锁是否良好	注意：在主回路未通电状态下进行。打开盖板要轻拿轻放，严禁损伤隔爆面。试验满足以下标准。 （1）开距、超行程满足表 3 – 4 要求 （2）主回路绝缘电阻值大于 1 000 MΩ （3）历时 1 min 应无击穿和闪路 （4）各操作 5 次，同时验证隔离开关与断路器的机械联锁是否可靠
安装前检查	（5）检查失压脱扣的性能。将电压互感器二次侧 3 个低压熔断器脱开，在断路器的下桩头用三相调压器输入额定操作电压为 100 V 的三相工频电源，这时箱门的电压指示应为 10 kV，失压电磁铁应可靠吸合。然后缓缓转动调压器手柄，降低输入的操作电压，进行试验	（5）失压脱扣应符合：①大于额定操作电压的 85% 时，失压脱扣器的铁芯应可靠吸合；②大于额定操作电压的 65% 时，失压脱扣器的铁芯不得释放；③小于额定操作电压的 35% 时，失压脱扣器的铁芯应可靠释放 此检查仅在辅助回路通电下进行，且必须断开二次回路的熔断器以防主回路感应高压电
安装前检查	3. 关闭箱门，主回路通电进行以下试验 （1）过电流试验。合上断路器，按下前门上的"过载"试验按钮，断路器应跳闸 （2）漏电试验。合上断路器，按下前门的"漏试"按钮，断路器应跳闸 （3）绝缘监视试验。合上断路器，按下前门上的"监视"试验按钮，断路器应跳闸；合上断路器，再将终端元件短接，断路器应再跳闸；去掉短接线，合上断路器，再将终端元件开路，断路器应再跳闸	操作人员必须戴绝缘手套，并穿电工绝缘靴或者站在绝缘台上进行操作 在断路器跳闸的同时，均应发出相应的事故指示，同时再按合闸按钮无法合闸，按前门的"复位"按钮应解除闭锁，能正常合闸，否则，必须排除故障，直至试验正常方可继续安装试验完后，填写试验报告单
安装接线	1. 用平板车将高压隔爆配电箱经副井绞车运输到井下。平板车上面放置两根道木作阻挡，配电箱要绑扎牢固，用塑料布搭好，防止井下水淋，人力运至变电所内，用倒链三脚架卸车	对绳扣、绳卡、导向轮、倒链等检查无误。将隔离小车合闸并保持配电箱直立，不碰撞或倾倒。绞车开车速度要慢（控制在 0.5 m/s 左右），沿途有人跟随，有情况时打信号至车房及时停车

阶段	实施步骤	防范措施
	2. 检查地基施工质量、外形尺寸、位置，表面应平整，无空洞、凹凸、掉角等现象	对于有问题的进行处理，处理后验收合格方可继续安装
	3. 测瓦斯浓度	安装地周围20 m内瓦斯浓度小于1%，否则需通风降瓦斯
	4. 断开电缆所接设备的电源，验电（必须脱下手套），放电，挂警示牌	确认断开的是电源开关，用相应电压等级电笔验电，放电线先接地
	5. 用套扳卸下接线盒盖螺栓，打开接线盒外盖	不能丢失螺帽、垫片、弹簧垫等
	6. 高压隔爆配电箱安装到位。多台配电装置联台使用时，应根据供电系统图和安装图的要求就位，并用联通节连接起来	隔爆配电开关倾斜度小于15°。相邻两台的硬母线用专用连接铜带连接。相邻裸铜带及其对外壳间距不小于60 mm
安装接线	7. 连接输入和输出电缆。①根据电缆护套伸入接线盒内壁长度5~15 mm，主芯线可以连接到最远端接线柱的距离，预留主芯线长度，制作电缆头。进线为铠装电缆，须按规程要求制作电缆头，依次切剥铠装电缆头外被层、钢铠、统包绝缘层、内衬层、每个芯线外的铜屏蔽层、半导层和绝缘层，并将3根铜屏蔽层编成辫子供接地用；出线为橡套电缆，依次剥除统包绝缘、外屏蔽层、各相接地编织线，将抽出编织线中的金属丝线（三相）编成辫子供接地用，用棉纱蘸三氯乙烷擦除内外屏蔽层的碳粉，直至露出白色橡胶。②按照系统图分别连接输入端、输出端、远控和监控接点及接地端。③箱门和盖板的隔爆面上涂凡士林油，按照防爆工艺要求分别紧固进出线接线盒的外盖及进出线电缆	①出线盒内的橡套电缆头，须用压盘将密封圈压紧达到隔爆要求。应用兆欧表（2 500 V）检验，确认制作质量合格后方可接在配电装置的接线柱上。②注意输出电缆的接地芯线不得从零序电流互感器的环形铁芯内穿过；接地芯线与监视线的一端分别接入出线盒的地与九芯穿墙接线柱上，另一端需与隔爆移动变电站进线侧的终端元件连接。③铠装电缆的接线嘴内必须灌注绝缘胶或冷补胶
	8. 隔爆面涂凡士林油，关闭箱门，检查各处的隔爆间隙必须符合规程要求	接合面间隙、有效宽度和粗糙度、螺纹拧入深度和螺纹扣数符合规定
调试	1. 试运行。按停送电程序的要求给每台配电装置停送电，并逐一观察配电装置停送电后是否能正常工作及显示 （1）送电：①手动隔离开关手柄置"合"位；②手动或电动断路器合闸 （2）停电：①手动或电动断路器分闸；②手动隔离开关手柄置"分"位	必须一人指挥、一人监护、一人操作。严禁单独作业，严格执行手指口述 必须戴绝缘手套，并穿电工绝缘靴。调试过程中发现异常现象，应立即停电、检查、处理 （1）送电后真空断路器应当可靠合闸，显示合闸 （2）停电后真空断路器应可靠分闸，并显示分闸。隔离开关断开后应无显示

阶段	实施步骤	防范措施
调试	2. 调保护 （1）速断保护动作值。按式（3-1）确定，其中保护范围末端三相短路电流为 $I_{s3}^{(3)}$ 即 $1.2 \times I_{d3}^{(3)}/K_1 = 90.4$ A，故调为 90.4 A （2）限时速断保护动作值。按式（3-2）确定，其中下一级开关保护范围末端三相短路电流为 $I_{s4}^{(3)}$，即 $1.2 \times I_{s4}^{(3)}/K_T/K_1 = 30.5$ A，故调为 30.5A，动作时限为下一级开关的分闸时间 0.2 s	（1）电流互感器的变流比 K_1 可查产品说明书，一般为开关的额定电流/5，本例为 200/5；$I_{s3}^{(3)} = 3\ 014$ A（图 1-24）。 （2）$K_T = 10/1.2$，开关的分闸时间一般为 0.1 s；$I_{s4}^{(3)} = 8\ 481$ A（图 1-24）
调试	（3）定时过流保护动作值。按式（3-3）确定， $$I_{ops} \geq \frac{1.2}{K_1}\left(I_{ca} + \frac{I_{m \cdot st} - I_m}{K_T}\right)$$ $$= \frac{1.2}{200/5}\left(57.4 + \frac{1\ 166.7}{10/1.2}\right) = 5.92 \text{ A}$$ 故调为 5.92 A，动作时限调为下一级定时过流保护的动作时间 $t + \Delta t = 0.2 + 0.5 = 0.7$ s （4）过载保护动作值。按式（3-4）确定，$I_{opo} \leq I_{1N}/K_1 = 118/(200/5) = 2.95$ A 故调为 2.95 A （5）漏电保护动作值。设本电网为中性点不接地系统，故投入零序功率方向保护，按式（3-5）确定动作值： $I_{odz} = K_k I_C L = 1.5 \times 1.31 \times 1.04 = 2.04$ A 故调为 2.04 A （6）欠压保护动作值。调整为 65 V，5 s。 （7）过压保护动作值。调整为 120 V，0.1 s。 （8）绝缘监视保护动作值。高值调为3 kΩ，低值调为 1.5 kΩ。	（3）式中最大电动机起动电流 $I_{m \cdot st}$ 近似按 6 倍采煤机的额定电流 $I_{M \cdot N}$ 确定，最大电动机工作电流 I_M 近似按采煤机的额定电流 $I_{M \cdot N}$，而 $I_{M \cdot N}$ 按经验公式（4-9）求出，即 $I_{m \cdot st} - I_m \approx 6I_{m \cdot N} - I_{m \cdot N} = 5I_{m \cdot N} = 5 \times 0.76 \times 350/1.14 = 1\ 166.7$ A 长时工作电流 I_{cA} 参照式（4-10）求得，注意 U_N 按高压配电箱的额定电压计： $$I_{ca} = \frac{K_{de} \sum P_N}{\sqrt{3} U_N \cos\phi} = \frac{0.57 \times 1\ 220}{\sqrt{3} \times 10 \times 0.7} = 57.4$$ 其中，负荷额定功率之和为 $\sum P_N = 350 + 2 \times 160 + 110 + 1\ 322 + 200 + 80 + 18.5 + 7.5 = 1\ 220$ kW 负荷的需用系数按式（4-3）求得：$K_{de} = 0.4 + 0.6 \times 340/1\ 220 = 0.57$ （4）式中变压器额定电流为 1 号、2 号隔爆移动变电站额定电流之和： $$I_{1N} = \frac{\sum S_{TN}}{\sqrt{3} U_{TIN}} = \frac{1\ 250 + 800}{\sqrt{3} \times 10} = 118 \text{ A}$$ （5）式中 I_C 查表 3-2，70 mm^2 的电缆电容电流为 1.31 A，开关所控电缆的长度由图 1-24 知为 1 020 m + 20 m = 1.04 km
调试	3. 保护实验（同安装前通电试验）	同前
故障查找	1. 根据故障现象判断故障类型： （1）断路现象。①"合闸回路断线、分闸回路断线"告警：真空断路器电动合闸拒合、手动合闸正常、真空断路器手动分闸正常、电动分闸拒分。②"PT 断线"告警：无显示或显示不正常 （2）短路现象。①断路器跳闸同时显示"速断保护"或"限时保护"或"定时限过流"故障；②二次侧熔断器熔芯烧断 （3）漏电现象。漏电保护装置动作并显示漏电 （4）绝缘破损。绝缘监视保护动作同时显示	操作高压电气设备主回路时，操作人员必须戴绝缘手套，并穿电工绝缘靴或者站在绝缘台上 断电时必须进行闭锁、挂警示牌，并且用相同电压等级的高压验电器进行验电、专用的放电线进行放电，将高压配电箱电源侧三相主回路接地，以防误送电导致触电

阶段	实施步骤	防范措施
故障查找	2. 断开上级电源开关用仪表检测故障点 （1）断路点查找。万用表打至电阻挡并验表，分别测量各回路首尾端（见工作记录表）电阻，阻值无穷大即为断路，电阻大于回路正常阻值为接触不良。如果发现断路，则将回路一分为二进行分段测量，以缩小故障范围。对于电阻为无穷大的段，再分段测量，直至找到断路点 （2）短路点查找。将万用表打至低阻挡，并验表，分别测主回路各相间电阻，电阻为零方为短路；尤其是相间并联变压器，只要其相间电阻与其变压器绕组电阻相等即为正常。如发现短路，拆开并联电路，缩小查找范围测量，直至找到短路点。对于辅助回路只需测首尾端电阻，其阻值应为回路正常电阻，如果小于其正常电阻即为局部短路，如果电阻为零即全部短路 （3）用 2 500 V 兆欧表分别测主回路各相间绝缘电阻和对地绝缘电阻，电阻小于漏电闭锁值方为漏电	井下测量前需测 20 m 内瓦斯（浓度应小于 1%）。 （1）观察主回路及辅助回路发生下列现象处即为断路点：①接线柱接触不良或压绝缘胶皮；②导线断线、断头；③开关被卡合不上或合上接触不良。如果直观法查不出就需采用仪表法 （2）切忌电阻挡不要打至高阻挡，特别是 MΩ 挡，由于其量程较大，对于较小的变压器绕组电阻可能显示为 0，从而误判为短路。观察导线或触点有下列现象处即为短路点：①有焦痕；②有焦味；③火线搭接 （3）测量前需拔开综合保护装置插头。注意兆欧表测量并有变压器的相间电阻值可能为零，需拆除变压器一次侧熔断器进一步测量相间电阻。观察导线或触点有下列现象处即为漏电点：①绝缘破损；②绝缘受潮；③火线碰壳
修复	1. 断路故障修复：对于开关触点接触不良导致的断路，可以用细砂纸打磨触点表面氧化层和污垢；对于开关弹簧消失导致的触点不接触，需修复弹簧弹力或更换弹簧；对于接线柱接触不良或接线错误导致的断路，需重新正确接线；对于熔体熔断导致的断路，需更换熔体	所有断路都消除仍不起动的，要考虑综合保护装置内部的触点不通产生的闭锁，需查找漏电故障，如无漏电则属于综合保护故障，须更换综合保护装置
	2. 短路故障修复：需恢复短路点的绝缘，如无法恢复，则需更换损坏的元件	对于短路产生的焦痕也必须用砂纸彻底清除，否则仍会发生短路或漏电
	3. 漏电故障修复：需恢复绝缘水平。如绝缘受潮导致的漏电，需加热烘干受潮的绝缘；对于绝缘破损导致的漏电，需修补破损处的绝缘，无法修补的则需更换；对于火线碰壳的，则消除火线接地处	
	4. 检测修理质量：用 2 500 V 兆欧表测主回路相间绝缘及对地绝缘（应大于 1 000 MΩ）	井下测绝缘前需测周围 20 m 内的瓦斯浓度（应小于 1%）；拔开综合保护插头

阶段	实施步骤	防范措施
维护	1. 运行维护 （1）在每次开断短路电流后，应测量真空管触头的超程并记录好，如超行程小于规定值需调整。对机械转部分进行润滑，对紧固件进行检查 （2）检查触头是否偏斜或有烧损现象 （3）投入运行后，每隔半年应检查一次隔爆接合面的蚀情况，按防爆设备外壳修理规程修复 （4）检查绝缘子有无裂缝及放电痕迹 （5）停电 3 d 后送电前，摇测一次、二次回路的绝缘阻 （6）每年一次对压敏电阻进行一次绝缘预防性试验以 8 kV 直流电压加在压敏电阻两端，测其泄漏电流	运行维护要求 （1）真空断路器主触头超行程调整。连在双头螺钉上绝缘子逆时针旋转 360°时，将使触头的超行程增大 1.5 mm、开距减小 1.5 mm。反向开距增大，超行程减小 （2）如烧损用细砂布打磨或更换 （3）如发现锈斑，需用细砂布打磨干净，涂 204－1 防锈油，不准涂油漆 （4）有疑问者需进行耐压试验，不合格者应更换绝缘子 （5）测绝缘前须先断开综合保护装置、压敏电阻 （6）持续加压 1 min 后，泄漏电流不超过 30 μA 为合格
	2. 日常检查 （1）外观的完好程度，螺丝、垫圈是否完好、齐全、紧固 （2）是否有不正常的声响、温度过高及其他接线异常现象 （3）显示屏、操作机构、闭锁装置是否正常 （4）有无失爆的情况 （5）保护接地是否完好齐全符合规定	日常检查要求： （1）外观完好，螺丝垫圈齐全、紧固 （2）最高表面温度不应超过 150 ℃（当电气设备表面可能堆积煤尘时） （3）显示屏、操作机构、闭锁装置正常 （4）无失爆的情况 （5）接地线、接地接线柱完好并符合规定
收尾	1. 检查工作质量	符合安装验收规范、设备完好
	2. 整理工具，清理现场	检查工具或异物未落在开关内
	3. 恢复送电	由电源到负荷顺序合闸
	4. 填写记录	将出现的故障及处理情况填入记录
应急预案	下井时，须注意避灾路线，一旦发生爆炸、水灾等重大事故，可从避灾路线上井。 通电或检修前，如瓦斯浓度大于 1%，须采取通风措施，将瓦斯浓度降低到 1%以下。 通电时，如冒烟、短路、触电，须立即断电；如有人触电，立即脱离电源，并实施抢救。无呼吸者做人工呼吸，无心跳者做胸外心脏按压	

3. 制定工作记录表

表 3-6 工作记录表

工作时间		工作地点	
工作内容			
人员分工			

检测记录

主回路

检测端子（上/下两端）：

检测端子	测断路 进线侧			测断路 出线侧			测短路 进线侧			测短路 出线侧			测漏电 进线侧						测漏电 出线侧					
（上端）	A	B	C	U	V	W	A	B	C	A	B	C	U	V	W	U	V	W	V	W	U	U	V	W
（下端）	QF	QF	QF	QF	QF	QF	B	C	A	地	地	地	V	W	U	地	地	地	W	U	V	地	地	地
阻值/Ω																								
判断																								

线圈回路

线圈回路	K_{ib} 电源		K_{ib} 输出	K_2 线圈	KM_2 线圈 K	K_1 线圈		QF_1 线圈	QF_2 线圈
检测端子	T 一次 A_3、B_3	SB_5 两端	SB_2 两端	整流器 10、11	整流器 10、11	整流器 11	$K_{ib} - A_6$	整流电源 +、–	整流电源 +、–
前提条件	拔出 FU_1	SW_1 至"近"	黑表笔按 17 端	按 QF_{L2}	按 QF_{L2}、QF_{L3}	按 SQ	按 SQ	按 KM_1	按 KM_2
阻值/Ω									
判断									

综保回路

综保回路	电源输入	零序电压	TA 输入	TAN 输入	绝缘监测	触电输入	触点输出

主回路	测断路 进线侧	测断路 出线侧	测短路 进线侧	测短路 出线侧	测漏电 进线侧	测漏电 出线侧
监测端子	XJ₂₋₄₀ 41 42	XJ₂₋₃₉ XJ₃₋₅₆	XJ₃₋₅₁ XJ₃₋₅₂ XJ₃₋₅₄ XJ₃₋₅₅ XJ₃₋₅₆	XJ₃₋₅₇ XJ₃₋₅₈ XJ₂₋₃₉ XJ₁₋₂₃ XJ₁₋₂₄	XJ₁₋₁₇ XJ₁₋₁₈ XJ₁₋₁₃ XJ₁₋₁₄ 出线腔九芯端子 47 48 51 52	XJ₁₋₁₉ XJ₁₋₂₁ XJ₃₋₅₈ XJ₁₋₃₂ XJ₁₋₉ XJ₁₋₁₀
前提条件			按 SB₆	接终端元件	按 QF₁₄ 按 SB₈ 按 SB₉	
阻值 Ω						
判断						
主触头检测	超行程 U 相	V 相	W 相	三相接触同期度 U 相	V 相	W 相
出现故障						
处理措施						
处理结果						

二、工作案例

根据安装维修 10 号煤采区变电所弹簧储能式 PJG9L−6 型隔爆高压真空配电箱（图 1−24 中的 1003）任务要求，请同学自行收集资料，写出工作计划书，并按照计划书实施检查控制，按评价反馈书进行评价。

PJG9L−6 型高压真空配电箱原理如图 3−16 所示。

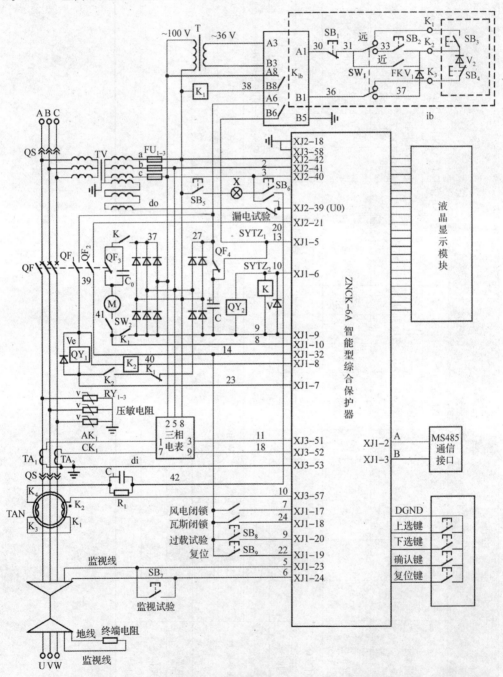

图 3−16　PJG9L−6 型隔爆高压真空配电箱原理图

安装维修矿用高压开关评价反馈书见表 3−7。

表 3-7　安装维修矿用高压开关评价反馈书

考评项目		考评指标	满分值	自评分	互评分	师评分
知识考评（40分）	1. 矿用高压开关的类型、结构、使用场所	能分别说出矿用一般型高压开关柜与矿用隔爆高压配电箱的结构（2分），说错一处扣1分；能说明矿用一般型和矿用隔爆型真空高压配电箱的使用场所（5分），说错一个扣1分	7分			
	2. 隔爆高压配电箱工作原理	能说出隔爆高压配电箱的工作原理，少说或说错一项扣1分	10分			
	3. 隔爆高压配电箱阅图方法	能说出隔爆高压配电箱的原理图、安装图阅读方法，少说或说错一项扣1分	5分			
	4. 隔爆高压配电箱安装调试、维修步骤与要求	能说出隔爆高压配电箱的安装、调试、维护、检修步骤与要求，少说或说错一项扣1分	18分			
能力考评（46分）	1. 能阅读隔爆高压配电箱的原理图、安装图	1. 阅读原理图，能说明：各电路组成元件、开关合闸原理、开关分闸原理、短路保护原理、过载保护原理、漏电保护原理、绝缘监视保护原理 2. 阅读安装图，能说明：电路各元件的安装位置、各元件的连接关系 少说或说错一项扣1分	9分			
	2. 能对照说明书识别隔爆高压配电箱的各组成部分	能根据说明书中的结构介绍和原理图、安装图，识别：隔爆箱门及闭锁机构，隔爆接线盒及其进出线接线嘴、接线柱，操作手柄及闭锁机构，断路器及其脱扣机构，试验按钮及试验电阻，电压互感器及其熔断器，电流互感器及零序电流互感器，综合保护装置及显示装置，压敏电阻，接地螺栓。说错一项扣1分	8分			
	3. 能按要求调试隔爆高压配电箱	1. 正确调整：过载保护动作值，速断、限时速断和定时限过流保护动作值，漏电保护动作值 2. 正确试运行：通电，短路保护试验，漏电保护试验，绝缘检测试验，一项错误扣1分	9分			
	4. 能进行隔爆高压配电箱维护	正确维护开关下列部分：隔爆外壳、母线室、隔离开关、断路器、保护装置、电气间隙及爬电距离，有一项未维护或维护错误扣1分	6分			

考评项目		考评指标	满分值	自评分	互评分	师评分
能力考评 (46分)	5. 能检测及排除故障	能按故障现象或保护动作信号判断故障类型（3分）；能按故障类型和电路原理图分析故障原因（3分）；能按分析用万用表和兆欧表查出故障点（4分）	10分			
	6. 能正确使用仪表	会正确使用万用表、耐压测试仪，一项不会扣2分，操作错误酌情扣分	4分			
情态考评 (14分)	1. 学习态度	迟到扣2分，不完成作业扣5分，学习态度认真记3分，学习态度一般记2分	3分			
	2. 质量把控	工作质量好记4分，工作质量一般记3分，工作敷衍记2分，工作马虎记1分，工作错误造成损失记1分，工作未完成不记分	4分			
	3. 团队协作	认真带领工作团队记5分，主动参与团队工作记3分；消极怠工不得分	5分			
	4. 创新意识	在工作中能提出和解决问题记2分，能提出或回答问题记1分，否则不得分	2分			
合计			100分			

学习任务二　安装维修隔爆变压器及其组合装置

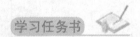

一、学习任务

1. 工作情境

1）工作情况

本任务属于安装维修井下供电系统这一大型任务下安装维修井下变电所分项任务中安装维修隔爆变压器及其组合装置（隔爆移动变电站或隔爆动力中心）子任务。本任务具体包括隔爆变压器及其组合装置安装前的检测、运输、安装、连接、调试、使用中的维护以及发生故障时的检修。

2）工作环境

（1）在井下变电所安装、检修、维护隔爆变压器及其组合装置；与高压电缆安装环境一样有谐振过电压、短路、漏电、触电、引爆瓦斯煤尘危险。

（2）电源来自井下变电所高压配电箱的出线侧的高压电缆。

（3）负荷侧为隔爆馈电开关。

（4）设备：PJG9L 型隔爆高压配电箱；MYPTJ－3.6/6 型金属屏蔽监视型软电缆；KSGB－315/6 型隔爆变压器；KBZ20－400 型隔爆自动馈电开关；KSGBZY－315/6 型隔爆移动变电站或 KJSGZD－800/10（6）/3.3、1.14 型隔爆动力中心。

（5）使用器具及材料：套扳、扳手、克丝钳、电工刀、螺丝刀、高压验电笔、兆欧表、万用表、便携式瓦检仪、塞尺、工业用凡士林油。

2. 任务要求和工作要求

同学习情境二的学习任务一，但应按照负荷额定电压及实际输出电压调整隔爆变压器一、二次侧接线及其高低压头的保护装置。质量应满足《煤矿机电设备检修技术规范》中 "6.2.3 矿用隔爆型移动变电站及矿用隔爆干式变压器" 的要求。

二、学习目标

1. 知识目标

（1）明白隔爆变压器及其组合装置的结构特点及使用场所。
（2）明白隔爆变压器及其组合装置的工作原理。
（3）掌握隔爆变压器及其组合装置的电路图阅读方法。
（4）掌握隔爆变压器及其组合装置的安装、调试、维护、检修步骤与要求。

2. 能力目标

（1）能阅读隔爆变压器及其组合装置的原理图、安装图。
（2）能对照图纸识别隔爆变压器及其组合装置的各组成部分。
（3）能按照要求拆装隔爆变压器及其组合装置。
（4）能按照要求调试隔爆变压器及其组合装置。
（5）能日常维护隔爆变压器及其组合装置。
（6）能检测及排除隔爆变压器及其组合装置故障。
（7）具有工作现场和紧急事件处理能力。

3. 素养目标

高压电力系统和电气设备的使用提高了煤炭生产效率，减少了电能的损耗，但是对用电安全提出了更高的要求，从设计、使用到维护都应符合相关规定。培养学生采用辩证思维方法去思考问题，具有大局观。

 任务引领书

安装维修隔爆变压器及其组合装置包括安装和维修两大任务。安装包括使用矿用隔爆变压器的各任务：安装前准备（根据安装场所选择、确认所装变压器及其组合装置型号，检测所装变压器及其组合装置质量），安装，安装后调试、验收（检测安装质量、试运行）。维修包括使用后的各任务：运行维护（运行检测、安全防护、日常维护），故障检修（故障检测、修复、试验）。下面对以上各个环节的任务分别引领。

一、如何选择矿用变压器及其组合装置类型

1. 用途及类型

矿用变压器分为矿用一般型和矿用隔爆型，前者由于为油浸式易于引起火灾，故已禁用；后者由于没有绝缘油又称为干式，分为独立式、组合移动式（即移动变电站）、综合移动式（即动力中心，又称负荷中心），独立式用于固定设置的井下变电所，将井下高压降低并与隔

爆高低压开关配合，向井下动力设备供电；对机械化程度较高的采区，特别是综合机械化采区，设备比较多且装机容量很大，采区范围广、回采速度快，使用固定变电所供电距离远、线路电压损失和功率损失大，因此，要提高采区工作电压和缩短供电距离就必须采用隔爆移动变电站；对于特大型综采（综掘）工作面多电压设备集中控制和程序控制，可以采用具有多电压输出的动力中心。

2. 型号及选择

井下变电所内选择 KBSG 型隔爆变压器；工作面平巷选择 KBSGZY 型隔爆移动变电站、KJSG-ZD 型隔爆兼本安型动力中心，前者用于综采或综掘工作面供电，后者用于高产高效矿井综采或综掘工作面供电。矿用变压器型号含义如下：

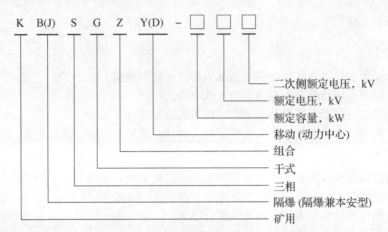

二、如何安装隔爆变压器及其组合装置

（一）安装隔爆变压器

1. 隔爆变压器结构

隔爆变压器由器身与隔爆外壳组成，外形图如图 3-17 所示。

图 3-17　隔爆变压器外形图
1—分接盒；2—高压接线盒；3—高压电缆引入装置；
4—低压电缆引入装置；5—低压接线盒

1）器身

器身由铁芯及三相高低压绕组组成。铁芯采用损耗很小的冷轧硅钢片垒成，绕组由 H 级聚酰亚胺复合漆包扁铜线绕制而成。铁芯顶部设温度继电器或铂电阻以监视绕阻温度。变压器高压绕组为 6 kV 或 10 kV 绕组，星形连接，有 -4%、-8% 或 ±5% 额定电压的分接头，借分接板上的连接片进行电压调整；变压器的低压绕组有星形和三角形两种接法，相应的额定电压为 3 300 V/1 200 V 或 1 200 V/690 V。

2）隔爆外壳

隔爆外壳为长方体结构。外壳由钢板焊接制成。两侧用 4 mm 厚钢板压制成瓦楞形以增加散热面积，箱顶和箱底用 6 mm 厚钢板弯成拱形，两端有高、低压隔爆接线盒 2、5 分别与其高、低压开关连接，顶端有高压侧分接盒可调节分接头。高压接线盒内设有终端元件与急停按钮，可通过其控制电缆引入装置与高压开关连接。低压接线盒内有温度继电器接线柱，实现与保护电路连接。

2．安装隔爆变压器

1）检查

大修后或新购进的隔爆变压器入井安装前，必须进行全面、细致的检查与试验，其质量符合国家规定的产品出厂质量标准或大修质量标准后方可入井安装。

（1）零部件齐全，瓷绝缘件无裂纹或破损；密封胶垫完整，具有弹性。

（2）隔爆接合面符合表 2 - 1 的要求。

（3）不通电情况下用 2 500 V 兆欧表测量各线圈绝缘电阻值应满足表 3 - 8 要求；交流耐压试验应满足表 3 - 9 的耐受电压及耐受时间 1 min 的要求。耐压试验方法同低压橡套电缆的耐压试验方法。

表 3 - 8　隔爆变压器各绕组绝缘电阻值

电压/kV	线圈绝缘电阻/MΩ	电压/kV	线圈绝缘电阻/MΩ
0.4	≥50	3.45	≥100
0.69	≥50	6	≥200
1.2	≥50	10	≥300

2）隔爆变压器绕组的直流电阻测试

用双臂电桥测量三线电阻不平衡率不大于 5%（Yyn0、DynLL 连接组也只测线电阻），并在例行试验报告中记录实测值。双臂电桥试验步骤如下。

（1）验表。双臂电桥面板如图 3 - 18 所示，将电源开关 K_1 钮扳到"通"位，等稳定后调节调零旋钮使检流计指针在零位。说明电桥正常。

表 3 - 9　隔爆变压器 1 000 m 以下海拔运行时的耐压试验值[17]　　　　　　　　kV

额定电压（方均根值）	额定短时工频耐受电压（方均根值）	额定全波雷电冲击耐受电压（峰值）
≤1	3	—
1.2	5	—
3.45	12	—
6	20	40
10	28	60

注：隔爆变压器在海拔 1 000～3 000 m 之间的地区运行，但在海拔不高于 1 000 m 的地点试验，其额定短时工频耐受电压值按超过 1 000 m 的高度以每 500 m 为一级增加 6.25%。

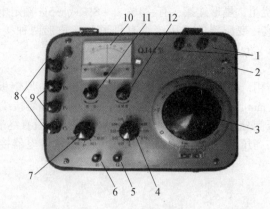

图 3 – 18　双臂电桥面板

1—外接电源接线柱；2—电源开关 K_1 钮；3—滑线旋钮；4—步进旋钮；5—检流计开关；
6—电桥电源开关；7—倍率旋钮；8—电流端接线柱；9—电位端接线柱；10—检流计；
11—检流计调零旋钮；12—检流计灵敏度调节旋钮

（2）接线。经电阻为 0.005 ~ 0.01 Ω 的连接导线把电位端接线柱与靠近被测线电阻两端（任两相首端之间）连接，电流端接线柱与被测电阻电位端接线柱外侧连接。

（3）调测。估计被测电阻值大小，调节倍率旋钮，选择适当倍率位置；灵敏度旋钮放在最低位置；先按"B"按钮，再按"G"按钮，同时调节步进旋钮和滑线旋钮，使检流计指针在零位上。由于变压器绕组的电感很大，电阻很小，绕组回路的时间常数特别大，施加直流电压后，电流从充电到稳定所需的时间较长。按"G"按钮后若指针满偏，应立即松开，调步进值后再按，以免烧坏检流计。如检流计不能调至零位，则重新选择倍率旋钮，直至检流计指针为零位方可。如检流计灵敏度不够，旋转灵敏度旋钮增加其灵敏度，细调旋钮移动 4 小格，检流计指针偏离零位约 1 格，灵敏度即满足要求。

（4）断电。因变压器绕组具有较大的电感，在测量过程中，如果突然切掉充电电源，绕组两端会产生很高的感应电压，足以对试验人员和仪器造成威胁。所以，测试完毕后，应先将变压器绕组短接，然后才可以松开"G"按钮，再松开"B"按钮，最后将电源开关 K_1 钮至"断"位，并拆除连接线。

（5）计算阻值。按下式计算：

被测电阻值 = 倍率旋钮读数 × （步进旋钮读数 + 滑线旋钮读数）

图 3 – 18 中倍率读数为 100，步进读数为 0，滑线读数为 0.001 5，则被测电阻为

$$100 × （0 + 0.001 5） = 0.15 Ω$$

三线电阻不平衡率按下式计算：

$$不平衡率 = \frac{三相实测电阻最大值 - 最小值}{三相实测电阻算术平均值} × 100\%$$

（6）平衡率超过标准的可能原因分析：一是接头接触不良，主要是接头脏污、电镀层脱落、螺栓压力不足等；二是焊接不良，由于引线和绕组焊接不良造成电阻偏大，或者由于多股并接绕组中的 1~2 股没焊接上造成电阻偏大；三是三角形接线一相断线，此时测出的三相电阻都将比正常值大得多，没断线的两相比正常值大 1.5 倍，而断线相则比正常值大 3 倍；四是变压器套管的导电杆与引线接触不良；五是制造缺陷，如三相绕组使用的导线规格、型号有差异，绕组在绕制、运输等过程中受过外力的挤压等。可针对上述原因进一步查找并处理。

3）安装

运输前须确认设备的固定情况，防止设备在运输过程中可能的晃动或滑动。必须以功率足够的吊车和钢丝绳进行装卸。箱体上的 4 个吊拌必须同时使用，起吊时钢丝绳与垂直线的夹角不

得大于30°。隔爆变压器运往井下过程中不得碰撞、倾倒。要安装在水平的地基上，倾角不得大于15°。

4）接线

接线前，必须戴绝缘手套，穿绝缘靴，断开上级高压电源开关，并闭锁、挂警示牌，测周围巷道20 m内瓦斯，用高压验电器验电、用专用的放电线放电，将变压器电源侧三相主回路接地，以防误送电导致触电，之后方可接线。

分别拆下高、低压接线盒盖上的螺栓，取下隔爆盖板，将其隔爆面向上平稳放置，防止损伤。

将高压电缆连接到变压器进线侧，低压电缆连接到变压器的出线侧。将高压接线盒内急停按钮与上级高压开关的绝缘监视回路连接，将低压接线盒的温度继电器接点与保护装置连接。高低压电缆及控制电缆的连接工艺及要求详见学习情境一。将隔爆变压器壳体底部的接地螺栓可靠接地。连接工艺及要求详见学习情境二中学习任务五。

接线完毕关盖后，应用塞尺检查有关隔爆接合面的间隙及用兆欧表检测高低压侧主回路的绝缘电阻，合格后方可送电试运行。

5）检测

（1）用塞尺检查防爆间隙，应符合表2－1要求。

（2）绝缘检测与安装前的检测要求相同。

（二）安装隔爆移动变电站

1. 隔爆移动变电站结构

隔爆移动变电站是在隔爆变压器两端分别增加了一台高压装置（俗称高压头）和低压装置（俗称低压头），以及托撬下直径为200 mm的有边滚轮，可在轮距为600 mm或900 mm的轨道上滚动，以便随采煤工作面的推进不断移动。隔爆移动变电站的外形如图3－19所示。

移动
变电站结构

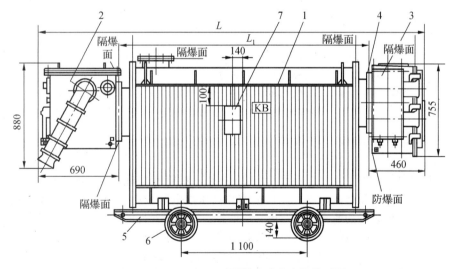

图3－19　KBSGZY型隔爆移动变电站外形图

1—隔爆变压器；2—隔爆高压开关箱（或FB－6高压负荷开关）；
3—隔爆低压开关箱（或低压综合保护装置）；4—隔爆面法兰及螺栓等紧固件；
5—托撬；6—直径为200 mm的有边滚轮；7—铭牌、线路标牌

1）高压头

高压头可以是隔爆高压负荷开关，也可以是隔爆高压配电箱，现就其结构分别介绍如下。

（1）隔爆高压负荷开关。高压负荷开关箱包括 FB－6 型高压负荷开关和两只 AGKB－200/6000 电缆连接器，是变电站高压侧的配套开关，用作闭合和分断隔爆移动变电站的空载电流，由钢板焊接成的箱体、电缆连接器、压气式负荷开关及操作机构等组成。箱体通过螺钉与隔爆变压器进线盒隔爆法兰面连接。

FB－6 型隔爆高压负荷开关的结构如图 3－20 所示。箱内压气式负荷开关的灭弧装置由压气装置及喷嘴组成，如图 3－21 所示。开关分闸时，连杆 9 推动活塞向左运动，使汽缸绝缘子内腔压缩；与此同时，连杆 10 推动闸刀和动弧触头逆时针运动，闸刀先与静触头分开。这时，电流经由弹性导电片、静弧触头、动弧触头到闸刀，连杆 10 继续推动闸刀和动弧触头逆时针运动。当动弧触头离开静弧触头时，电弧随之产生，这时汽缸绝缘子内的压缩空气从灭弧喷嘴中强烈喷出，迅速把电弧吹灭。由于灭弧能力有限，该负荷开关不允许变压器带负荷操作，更不能切断变压器短路电流。

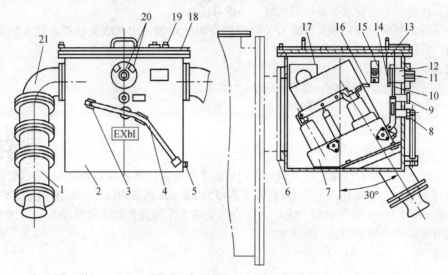

图 3－20　FB－6 型隔爆高压负荷开关结构图

1—电缆连接器；2—隔爆箱体；3—锁钉；4—操作手柄；5—外接地螺钉；6—变压器接线盒法兰；
7—负荷开关；8—高低联锁按钮 SB$_1$；9—急停按钮 SB$_2$；10—连杆；11—机构轴；12—操作机构；
13—安全联锁按钮 SB$_3$；14—终端元件；15—内接地接线板；16—橡套引线；17—观察窗；
18—护框；19—螺帽；20—分合闸指示；21—过渡弯管

如图 3－20 所示开关箱内还设有高、低压电气联锁，紧急停电和开盖断电等按钮。高压监视保护的终端元件也装在开关箱内。

终端元件电气线路如图 3－22 所示。终端元件由二极管和电阻组成。两端分别与高压屏蔽监视电缆的监视线和地线相连接。再经高压电缆与高压配电装置中的绝缘监视保护相连接。在正常运行时，高压配电装置的监视保护发出交流信号，经终端元件的二极管整流后变为直流信号，监视保护不动作。但当监视线和地线短路或开路时，二极管失去作用，直流信号消失，同时回路电流增大或消失，引起监视保护动作，高压配电装置跳闸。终端元件安装在负荷开关箱内，主要目的是保护高压配电装置至隔爆移动变电站之间的高压电缆。当电缆受损伤或接地线断线时，监视保护超前断电，防止漏电或失去保护接地，导致触电危险发生。

急停按钮 SB$_2$ 设在负荷开关箱的正面（图 3－20 中 9）。当发生紧急情况需要切断隔爆移动变电站进线电源时，只要按下该按钮，则终端元件被短接，引起高压配电装置绝缘监视保护动作，使高压断路器跳闸。

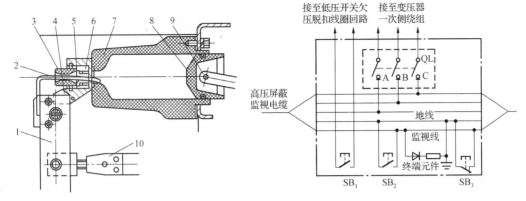

图 3-21 负荷开关灭弧装置

1—闸刀；2—动弧触头；3—灭弧喷嘴；
4—静触头；5—静弧触头；6—弹性导电片；
7—气缸绝缘子；8—活塞；9、10—连杆

图 3-22 负荷开关电气线路图

安全联锁装置由图 3-20 中的护框、联锁按钮 SB_3、终端元件等组成。护框上特设的螺钉把联锁按钮压下时接点断开，网路正常运行。开盖前需取下护框时，联锁按钮即弹出，接点闭合（图 3-22），造成终端元件短接，高压配电装置跳闸，保证了开盖前必定先断电。防止带电开盖导致触电甚至引爆瓦斯。

高、低压开关的电气联锁通过图 3-20 中的操作手柄、联锁按钮 SB_1 及低压馈电开关中的欠压脱扣线圈回路来实现。负荷开关不操作时，操作手柄固定在图 3-20 所示位置，联锁按钮 SB_1 被压入，使接点闭合，低压馈电开关可以正常工作。当要分断负荷开关时，首先须把操作手柄从图示位置取下，联锁按钮 SB_1 复位，其接点断开（图 3-22），欠压脱扣线圈失电，低压馈电开关跳闸，保证负荷开关不承担分断主变压器的负载电流。

（2）隔爆高压配电箱结构。隔爆高压配电箱的结构与学习任务一中所述基本相同，只是为便于安装变压器的高压侧，其后侧接线箱需与变压器一次侧接线箱匹配，直接通过法兰盘和螺栓与隔爆变压器一次侧接线盒连接。与高压负荷开关不同的是，由于采用了高压真空断路器可以直接通断负荷，并且变压器发生短路、漏电时可以直接跳闸实现保护。

2）低压头

高压头为高压负荷开关时，低压头必须配隔爆自动馈电开关；高压头为隔爆高压配电箱时，低压头可配隔爆低压综合保护箱，也可配隔爆馈电开关。

（1）隔爆自动馈电开关结构。与学习情境二学习任务一介绍的基本相同，不同的是开关的后侧做成与隔爆变压器匹配的接线箱，直接与隔爆变压器的二次侧的法兰盘（图 3-19 中 4）连接。

（2）隔爆低压综合保护箱结构。该装置与隔爆自动馈电开关不同的是没有真空断路器及其操作机构，只有其中的保护装置。当发生漏电或短路时，可以接通高压头的高压配电箱内脱扣线圈，使高压配电箱跳闸实现漏电保护、短路保护。

2. 安装隔爆移动变电站

1）检查

（1）安装前应在地面仔细检查各部位及隔爆面是否完好，有无因运输造成的损伤，内部插头、紧固件等是否有松动，上述故障应及时处理后方可进行安装。

安装移动变电站

（2）安装前还应进行必要的绝缘试验：用 2 500 V 兆欧表进行摇测，各绕组绝缘电阻值应满足表 3-8 的要求。还应按表 3-9 要求进行工频耐压试验（注意：摇测和试验前打开高低压头前

盖,拔下电压互感器和主回路的保险管,综合保护器与外电路连接的插头,断开压敏电阻和主回路的连接)。变压器的直流电阻检测同隔爆变压器,此处不再赘述。

2)安装

隔爆移动变电站运往井下时应将高低压头与变压器解体运输,并注意做好隔爆面的防护,运输过程中不得碰撞、倾倒、翻滚。安装在水平的轨道上,并且与输送机及煤壁保持0.5 m距离,以不妨碍运输及检修为宜。低压头位于工作面配电点一侧,以方便与配电点设备连线。

3)连接

连接前的断电操作与隔爆变压器相同。

(1)内部电路的连接。变压器内部七芯信号线的布线如图3-23所示。

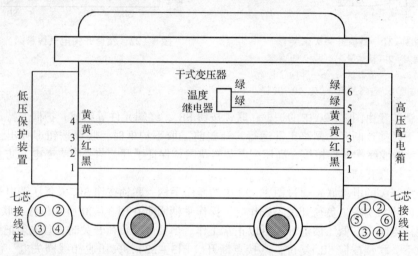

图3-23 隔爆移动变电站信号连接图

用起重设备分别平稳吊起高、低压头,抽出其后法兰盘内的3条母线及七芯信号线,装置整体移向变压器相应法兰口,对平法兰口,预穿法兰盘上角两条螺栓。

信号线接入变压器的七芯接线柱,黑、红色线为AC 110 V电源线,两端分别接高低压侧的1、2号端子;黄色线为控制线,接两侧3、4号端子;绿色线为温度保护线,高压头侧5、6端子接变压器箱内温度继电器端子。切记不可接错,否则将造成保护器元件的损坏。

变压器高低压侧3条母线电缆分别接入高低压头主回路相应端子,注意压平垫和弹垫并确认紧固,以防松动造成打火和接触电阻大导致过热。

旋入预穿两条螺栓到适当位置(注意不能造成电缆和信号线的损伤),穿入其他螺栓并保证孔位平滑旋入,放松起吊线缆,旋紧螺栓。

(2)外部高、低压电缆的连接。连接步骤要求同隔爆变压器,故不再赘述。

(3)保护接地的连接。将变压器高、低压接线腔内的接地螺栓分别与高低压头橡套电缆的接地芯线连接;变压器底脚及高低压头外壳的接地螺栓经不小于25 mm² 裸铜线与局部接地极连接,低压头的辅助接地端经电缆及辅助电缆引入装置与辅助接地极连接。

4)检测

隔爆变压器的检测与学习任务二的隔爆变压器相同,高压头的检测与学习任务一相同,低压头的检测参见学习情境二的学习任务一,均不再赘述。

(三)安装隔爆动力中心(又称隔爆负荷中心)

1. 隔爆动力中心结构

隔爆动力中心由高压配电箱、干式变压器和低压组合开关三部分组装到隔爆外壳内组成。

以八达电气 KJSGZD － □/10(6) /3.3、1.14(0.66) 矿用隔爆兼本安型负荷中心为例，其结构如图 3－24 所示。与隔爆移动变电站不同的是，变压器为多绕组多电压输出，隔爆主腔采用多电压分腔技术，可同时输出 3 300 V、1 140 V（660 V）、127 V电压，向综采（掘）工作面的电气设备及照明供电；低压头不是馈电开关而是组合开关。动力中心用组合开关整合了低压保护箱和多回路电磁启动器的功能，变压器低压输出的总保护如过载、断相、漏电、短路等作为多路电磁启动器的后备保护，与高压输入保护单元共同组成多级保护，并可远方控制或程序控制采掘、运输、泵站等电气设备。

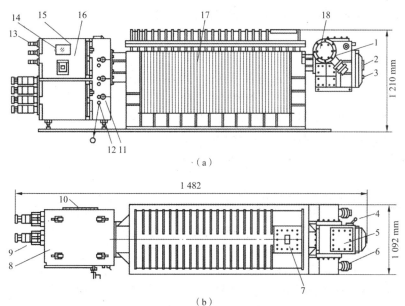

图 3－24　KJSGZD －□/10(6)/3.3、1.14(0.66)矿用隔爆兼本安型负荷中心结构示意图
(a) 正视图；(b) 俯视图

1—高压电缆母线室；2—高压配电箱液晶显示屏；3—高压配电箱操作按钮；4—高压配电箱隔离开关手柄；
5—高压配电箱接线盒；6—高压电缆引入装置；7—变压器分接头接线盒；8—低压组合开关接线盒；
9—低压电缆引入装置；10—组合开关后门；11—组合开关隔离换向开关手柄；12—组合开关停止按钮；
13—组合开关辅助回路引入装置；14—组合开关触摸式显示屏；15—组合开关前门；
16—低压组合开关；17—干式变压器；18—高压配电开关

1）高压配电箱与干式变压器

高压配电箱与干式变压器和移动变电站高压配电箱与干式变压器的结构相同，故不再赘述。

2）低压组合开关

(1) 箱体主腔。箱体主腔为抽屉式前后开门的结构形式，每个回路的控制单元抽屉式小车设有滚轮及轨道，装有真空接触器、中间继电器、时间继电器、压敏电阻、电流互感器、二次回路熔断器、变送器及操作过电压保护电路等元器件，组成各回路的控制单元。控制单元的真空接触器容量，可根据用户要求灵活地进行组合。

(2) 前后门及闭锁装置。前门为两扇长方形快开门，为止口型隔爆机构，灵活的铰链与操作机构使门的开启、关闭操作都非常简便，易于维修；同时，对发生故障的控制单元可快速抽出、整体更换，减少故障处理及影响生产的时间。前门与隔离开关及停止按钮之间设有电气闭锁、机械闭锁装置，防止带负荷操作隔离开关及带电开门。后门设有螺栓紧固的铰链式门结构，可方便对隔离换相开关、各回路的电源和负荷进行接线及检修。高压配电箱的断路器与低压组合开关的隔离开关之间具有高低压联锁功能：当所有组合开关的隔离换相开关分断后，高压配电装置断路器自动分断，以确保检修组合开关时断开电源；反之，需首先合上任意一个隔离换相开关后，才能合上高压配电装置的断路器。

（3）接线腔及电缆引入装置。组合开关的接线腔直接与干式变压器低压接线盒用法兰盘对接，进线电缆直接由干式变压器二次侧接入。组合开关的出线电缆主芯线接至低压组合开关接线盒内的主接线柱上，经低压电缆引入装置接至负荷的电动机接线盒内的主接线柱上。出线电缆的控制芯线或照明电缆的主芯线经组合开关辅助回路引入装置接至远方控制按钮或隔爆照明装置。

由于减少了不同输出电压的隔爆移动变电站数量和各路低压馈电开关数量及其之间的连接电缆，从而降低了故障发生率，缩短了移动列车长度，减少了电缆连接和设备搬迁以及安装维修的工作量，因此可以取代隔爆移动变电站和隔爆组合开关。

2. 隔爆动力中心的安装

1）安装前的检查

安装前的检查与运输、安装要求与隔爆移动变电站的基本相同，只是注意在运输过程中除解体运输保护好隔爆面外，组合开关设备腔室中不应放置主回路模块，模块与壳体应分别运输。另外，运输模块时必须有合适的减震包装，严禁剧烈震动。安装位置除保持与煤壁、带式输送机有 0.5 m 间距外，还要保证正面开门及设备维护时须自由无阻。负荷侧位于工作面一侧以方便与工作面设备连线。

2）接线

接线前的断电操作与隔爆变压器相同。

（1）内部电路的连接。用起重设备分别平稳吊起高压配电箱、组合开关，整体移向变压器相应法兰口，对平法兰口，预穿法兰盘上角两条螺栓。将高压配电箱的三相出线接线柱与隔爆变压器的进线接线柱连接。

将隔爆变压器的出线接线柱以相应规格的电缆引入组合开关的隔离开关腔，与隔离开关电源侧连接（同一电压等级下各隔离开关电源侧并联，变压器输出不同电压下，必须与不同的隔离开关单独连接）。

将低压侧接线座的"1""2""3""4"经变压器的九芯接线柱与高压接线腔的接线座上对应端子，通过箱体内的双绞屏蔽导线连接（屏蔽层两端必须可靠接地）；其中 1、2 端为高压向低压保护装置提供 100 V 的电源端，3、4 端为低压保护装置控制高压配电箱脱扣线圈的触点端，还与变压器的温度传感器接点并联实现温度保护。接线方法参见隔爆移动变电站信号线连接及图 3-23。温度传感器（铂电阻）放置变压器内部靠近铁芯顶部，并接于变压器内部九芯接线柱的 3、4 端上。

（2）外部电路的连接。

①高压电缆连接。隔爆高压配电箱经矿用高压屏蔽橡套电缆与上级隔爆高压配电箱的出线端连接。

②低压电缆连接。组合开关各路出线侧分别经低压屏蔽橡套电缆与所控电动机相连。

③照明回路的连接。隔爆照明装置的照明电缆经辅助回路引入装置接至低压组合开关接线盒内的照明回路接线柱上。

④控制回路连接。据控制方式不同（单回路控制、多回路顺序控制、双速控制，其中双速控制分为单机双速、双机单速、双机双速、三机单速、三机双速和点动等），将每个回路各自的 1、2、3 远方控制接线端子，经相应的三芯控制电缆与相应的按钮及二极管连接（参见学习情境二的学习任务三）。风电闭锁、瓦斯断电的控制接点经控制电缆与相应的掘进工作面电源开关分闸回路连接。通信接线端子与上位机相连。

⑤保护接地的连接。隔爆高压配电箱、隔爆变压器、隔爆组合开关接线盒内的接地端分别与电缆的接地芯线连接；其外壳的接地接线柱与局部接地极连接。组合开关内的辅助接地端经电缆及辅助电缆引入装置与辅助接地极连接。

3）检测

检测的具体操作与隔爆移动变电站及组合开关相同，此处不再赘述。

三、如何调试隔爆变压器及其组合装置

（一）调试隔爆变压器

1. 调电压

1）根据电源电压调高压侧接线方式

变压器高压绕组为星形接法，有 ±5% 额定电压的分接抽头，借分接板上连接片位置的不同，即可调整电压。隔爆变压器高压侧接线方式见表 3 – 10。

表 3 – 10　隔爆变压器高压侧接线方式

连接片位置	分接挡	分接电压/V	
$X_1\,Y_1\,Z_1$	+5%	6 300	10 500
$X_2\,Y_2\,Z_2$	额定	6 000	10 000
$X_3\,Y_3\,Z_3$	–5%	5 700	9 500

2）根据负荷电压调低压侧接线方式

变压器低压绕组有星形或三角形两种接法，相应的额定电压为 1 200 V 和 690 V，如需改变低压侧的电压，可按图 3 – 25 所示的变更低压接线板上连接片的位置即可。

2. 试运行

（1）通电。按下上级高压配电箱电合按钮，同时显示屏显示合闸，变压器通电运行。

（2）断电。按下上级高压配电箱电分按钮，同时显示分闸，变压器断电。

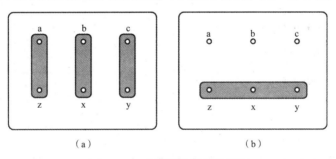

（a）　　　　　　　　　　（b）

图 3 – 25　变压器低压绕组接法

（a）接 1 200 V（星形）；（b）接 690 V（三角形）

（二）调试隔爆移动变电站

1. 调电压

（1）调变压器电压。同前。

（2）调保护装置电压。将低压保护装置转换开关 ZK 打至与移动变电站二次电压相同侧。

2. 调保护动作值

高低压保护装置调整方法相同，现以矿用隔爆移动变电站用 KBG – 315/6Y 型高压真空开关和 BXB – 800/1140（660）Y 型低压综合保护箱的调试为例统一进行说明。显示屏如图 3 – 26 所示，各键功能如下。"ESC" 退出键，进入后按 "ESC" 键可返回原界面。"SET" 设定键，进入设定界面后，按 "SET" 键所改参数可存储于屏的内存中。"▲" 键有两个作用：一个是屏参数设定

完成后，按键操作可以把屏内存中设定的参数输入到 PLC 中，此键必须操作，不然设定不起作用；另一个是把数值从 0 增加到 9。"▼"键的作用是数值从 9 减到 0。"◄"作用是向左移动光标位置，在设定界面其作用是返回主界面。"►"作用是向右移动光标。F1~F4、ALM 键未启用。

图 3-26　液晶显示屏结构示意图

1）输入密码

隔离开关 QS 通电后，显示运行状态下如图 3-26 所示，按住"ENT"键 3 s，显示如图 3-27 所示画面。

进入选择 1，输入当前设定密码（原始密码为 1234），即可解除密码，显示"取消锁住密码"，如密码没有设定，画面显示"密码不存在"。以上两种情况均可按"ESC"键两次返回运行状态，可执行设定参数的动作。注意不能选择"2. 锁定密码"，否则显示"密码已锁定"，按"ESC"键两次返回运行状态，不能执行设定参数的动作。

2）过流整定设置

在运行状态时，按下参数设定键"◄"进入参数设定界面，如图 3-28 所示。

<table>
<tr><td>1. 取消锁定密码</td></tr>
<tr><td>2. 锁定密码</td></tr>
<tr><td>3. 密码变更</td></tr>
</table>

图 3-27　隔离开关 QS 通电后的状态显示

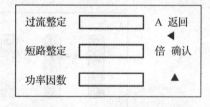

图 3-28　过流整定设置界面

按"SET"键一下，"过流整定"数据区个位数光标闪烁，按"▼""▲"增减光标为所选数值，然后按"◄"键移动闪烁光标至十位数，按"▼""▲"增减光标为所选数值，依次设定完成"过载整定"数据后，光标自动进入"短路整定"数据区。

（1）短路整定倍数设置。参数设定方法同上，按"ENT"键后，自动进入功率因数设定区。

（2）功率因数设置。参数设定方法同上，按"ENT"键后，参数设定完成。

（3）确认设置。数据设定完成后，按下确认键"▲"同时蜂鸣器出现"滴"的一声提示音，则表明人机屏内部数据已传输进 PLC。如蜂鸣器响 3 次，表明输入无效，需重新设定。

3. 试运行

为安全起见，可在隔爆高压配电箱电压互感器 PT 二次侧直接加 100~127 V 交流电压，但此时必须断开 PT 一次侧熔断器及高压回路电源。

（1）合闸。按下高压配电箱电合按钮，高压断路器合闸，同时高低压显示屏显示合闸。

（2）高压分闸。按下高压配电箱电分按钮，高压断路器分闸，同时显示分闸。

（3）低压分闸。重新按下高压配电箱电合按钮后，再按下低压保护装置的电分按钮，高压断路器分闸，同时显示分闸。

（4）过载保护试验。重新按下高压配电箱电合按钮后，再按下高压配电箱的过载试验按钮，高压断路器延时跳闸，同时显示过载故障。此时再按电合按钮，不会合闸，表示闭锁正常。

（5）短路保护试验。按下复位按钮解除闭锁，重新按下电合按钮后，再按短路试验按钮，高压断路器跳闸，同时显示短路故障。同样按电合按钮不会合闸。

（6）紧急分闸。按下高压头的急停按钮后，上级开关跳闸（与上级开关连接终端元件回路时）。同理按上述方法进行低压保护装置的保护试验。

（三）调试隔爆动力中心

调试隔爆移动变电站和隔爆组合开关的相关内容前文已讲，此处不再赘述。

四、如何维修隔爆变压器及其组合装置

（一）维修隔爆变压器

维修隔爆变压器的步骤为确定故障类型、确定故障点、故障修复、运行维护、日常检查。分述如下。

1. 确定故障类型

1）直观法

如变压器无电压输出，则为断路故障；如高压开关短路保护动作，则为短路故障；如高压开关过载保护或变压器温度保护动作，则为过载故障；如高压开关漏电保护或绝缘监视保护动作，则为漏电故障。

2）仪表法

在断开上级电源开关下，用仪表检测确定故障类型。

（1）查找断路故障。用万用表欧姆挡分别测量高低压侧各相绕组首尾间的电阻为无穷大，说明发生断路。

（2）查找短路故障。可用双臂电桥测量各相绕组的直流电阻，如电阻为0，说明发生短路；如小于产品说明书中直流电阻值，说明绕组局部短路。

（3）查找漏电故障。用兆欧表检测各相对地绝缘电阻，不大于漏电电阻值即为漏电。

2. 确定故障点

1）直观法

（1）查找断路点。接线柱导线松动或脱落，线圈断线点即为断路点。

（2）查找短路点。线圈表面有烧痕、放电痕迹或火线直接短接处即为短路点。

（3）查找漏电点。线圈或导体碰壳，或与接地线短接处，或绝缘破损处即为漏电点。

2）仪表法

在断开上级电源开关下，用仪表检测确定故障点。

（1）查找断路点。用万用表欧姆挡分段测量断路回路，直至找出电阻无穷大的点即是断路点。

（2）查找短路点。用万用表欧姆挡分别测量相间电阻为零者为短路的相，但短路点还只能通过直观法查找。

（3）查找漏电点。用兆欧表测量各相对地绝缘电阻，不大于漏电电阻值的相即为漏电相，但漏电点只能通过直观法查找。

3. 故障修复

1）拆卸

（1）依次拆下高、低压接线腔的腔盖和高、低压导电杆上的螺母，以便使导电杆从套管内

退出，接着拆开高低压联锁线。

（2）吊住一侧端盖上的吊拌，卸去端盖螺栓，即可卸下该端盖，注意保护好端盖及壳体法兰的隔爆面；然后再拆卸另一侧端盖。

（3）拆下变压器器身与壳体的连接螺栓，卸下铁芯垫块及其固定螺栓。

（4）利用变压器器身下夹件端部的拉钩孔，可将器身顺着壳体底部的轨道角钢上拽出壳体。

（5）在吊运从壳体取出的器身时，必须同时起吊高低压侧上夹件两端的4个吊钩。

（6）套管边缘设有固定螺钉，卸下固定螺钉即可取下套管。

2）断路故障修复

对于绕组外部或接线柱断路，可用导线联通和重新接线；对于绕组内部断路，只能重新更换隔爆变压器的绕组。

3）短路或漏电故障修复

对于绕组外部或接线柱短路可切除短路部分，恢复绝缘；对于绕组内部短路，只能重新更换隔爆变压器的绕组。对于漏电故障，属于瓷套管表面潮湿、污垢，应擦干净瓷套管表面；属于绕组受潮需烘烤或空载送电，如瓷套管有裂纹则需更换，如引线绝缘损坏或裸线与外壳接触需查明原因并排除，如铁芯接地需抽出器身清除接地点。如内部绕组绝缘破损，只能更换变压器或绕组。

4）温度过高故障修复

如过负荷运行，须判明属于负载过大还是断相、电压过低，然后对症处理；如铁芯损耗增大，需处理铁芯片间隙，对松动导致间隙增大，需紧固螺栓；对芯片绝缘下降，应去潮或重新灌注绝缘漆。

5）安装

按照与拆卸的相反顺序进行安装。

4. 运行维护

（1）每班清扫隔爆变压器外壳表面及箱顶落煤，保证变压器散热良好。防止滴水侵入箱壳内。

（2）每班对最大负荷情况下的高低压电压、电流、变压器温度、检修情况等进行监控和记录，并记录每日输入、输出的最高和最低电压等。禁止长时间过载运行。

（3）每月检查一次防爆性能。

（4）每季度检查一次接地电阻。

（5）每半年摇测一次高压绕组、低压绕组的绝缘电阻。

（6）每年做一次高低压绕组的耐压试验。

5. 日常检查

（1）外观的完好程度，螺丝、垫圈是否完整、齐全、紧固。

（2）有无不正常的声响、温度过高及其他异常现象。

（3）闭锁机构、温度保护等是否正常。

（4）电缆引入装置的压盘（或压紧螺母）和压板是否松动，密封圈是否合格，没接电缆的引入装置应用密封圈、钢质堵板和金属垫圈密封；检查接线端子有无发热和松动现象，各电气连接接触是否良好。

（5）高低压套管有无裂纹、灼伤、松动或环氧树脂开裂现象。有疑问者需进行耐压试验，不合格者应更换。

（6）外壳及接线盒有无变形、开焊及隔爆间隙、电缆密封圈间隙过大、电缆压紧装置松动等情况。清除隔爆接合面粉尘、锈斑等，对磷化失效的隔爆面进行冷磷化处理，并将各隔爆面涂抹防锈油脂。

（7）接地接线柱及其接地线是否完整齐全紧固，符合规定。

(二) 维修隔爆移动变电站

以 KBG –315/6Y 矿用隔爆型移动变电站用高压真空配电装置、BXB –800/1140 (660) 矿用隔爆型移动变电站用低压综合保护箱组合的隔爆移动变电站为例说明。

1. 根据原理图分析故障原因

在明白工作原理的基础上分析故障原因，分析方法参见学习情境二的学习任务一。

1) 高压侧工作原理分析

KBG –315/6Y 矿用隔爆型移动变电站用高压真空配电装置电路原理如图 3 –29 所示。

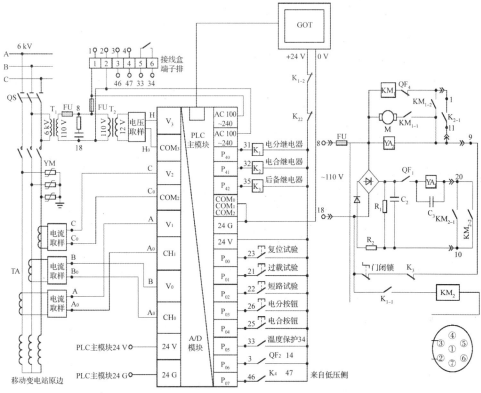

图 3 –29 KBG –315/6Y 矿用隔爆型移动变电站用高压真空配电装置电路原理图

(1) 送电。当上级电源送电后，操作隔离开关 QS 手柄至"合闸"位置。接通高压电源，高压侧电压互感器 T_1 二次输出 AC 110 V 给辅助回路供电。

一是 PLC 得电。首先对整个系统自检，系统正常后 PLC 投入运行。PLC 输出 DC 24 V 供给人机对话屏 GOT，GOT 显示电压、电流、功率等参数的主界面。其中，电压信号经 T_2、取样电路送入 PLC 的 V_3、COM_3 通道，经 PLC 处理后显示 6 kV 电压；电流信号经 TA、电流取样电路分别送入 PLC 的 $V_0 \sim COM_0$、$V_2 \sim COM_2$ 通道，经 PLC 处理后显示 OA；功率显示 0 kW 为正常，配电装置正常运行。

二是低压综合保护装置得电。AC 110 V 经接线盒端子排的 1、2 端给低压综合保护装置供电。

三是真空断路器分合闸回路 8、18 端得电。欠压脱扣线圈 YA_2 有电，为合闸操作做准备。

(2) 合闸。手动时顺时针操作储能手柄，反复转动几次（小范围）即可完成手动合闸；电动合闸时按下电合按钮，触发 PLC 接通电合继电器 K_2 线圈，其触点动作：K_{2-1} 闭合接通合闸中间继电器 KM_1 线圈，KM_{1-1} 闭合接通合闸电动机 M，带动合闸机构使真空断路器 QF 锁扣保持合闸状态，主变压器 T 通电工作，KM_{1-2} 闭合自锁 KM 线圈。同时真空断路器的辅助触头动作：QF_1 闭合，为脱扣线圈 YA_1 接通做准备；QF_2 闭合，给 PLC 提供合闸信号，从而 GOT 显示合闸状态；QF_4 断开 KM_1 线圈，KM_{1-1} 断开合闸电动机完成合闸工作。主变压器工作后经电流互感器取样的电流信号供给 PLC 处理后由 GOT 实时显示电流，同时按功率公式显示瞬时功率变化。

（3）分闸。按下电分按钮，触发 PLC 接通电分继电器 K_1 线圈，其触点动作：K_{1-1} 接通分闸中间继电器线圈 KM_2，使 KM_{2-1} 触点闭合，接通脱扣线圈 YA_1，使真空断路器脱扣分闸，主变压器断电。真空断路器的辅助触头 QF_1 断开 YA_1 线圈，完成分闸任务；QF_2 断开，给 PLC 分闸信号，GOT 显示分闸状态。QF_4 闭合，为下次起动作准备。

（4）保护。对于系统的过载、短路、断相、过压、欠压及低压侧反馈过来的故障信号给 PLC 与整定值比较后判断故障发生，PLC 的 P_{40} 端输出一开关信号与 24 V 端接通电分继电器 K_1 回路，以后动作与分闸过程相同，使高压断路器跳闸，从而实现保护，并在 GOT 上显示故障信息；同时 PLC 进行闭锁保护，保证按下电合按钮不执行合闸操作，手动合闸也合不上，防止故障状态下合闸使故障扩大。只有在故障处理后，按复位按钮解除闭锁，GOT 显示主界面情况下，才能进行合闸操作。

①过载保护。过载保护采样值取自 B 相电流互感器，送入 PLC 的 V_0 通道，经 A/D 模块转变后送入 PLC 内部 D_1 寄存器。当 D_1 内数据大于 PLC 过载整定值的 1.2 倍时，PLC 的 P_{40} 端延时输出一开关信号使高压真空断路器跳闸，动作时间小于 120 s，同时 GOT 屏显示过负荷故障。过载 1.5~6 倍保护采样值取自 A、C 相，送入 PLC 的 V_1、COM_1，同样经过转换后送入内部 D_2 寄存器，当 A、C 任一相电流超过设定值时，PLC 按说明书规定的反时限特性进行保护。同时 GOT 显示过负荷故障画面。

②短路保护。本装置的短路保护采样值取自 A、C 相电流，该取样值送入 PLC 的 V_1、COM_1 通道，当 A、C 任一相电流超过速断设定值时，PLC 的 P_{40} 端输出一开关信号使高压真空断路器跳闸，动作时间小于 80 ms。同时 GOT 显示短路故障画面。

③断相保护。PLC 在每个扫描周期内将送入 D_1、D_2、D_3 寄存器内的电流值进行比较，找出电流最大值寄存器（如 D_1），然后分别用 D_1 减去其他两个寄存器内的数据，当差值超过设定电流值的 70% 时，PLC 的 P_{40} 端延时 15 s 送出一开关信号使高压真空断路器动作。同时 GOT 显示断相故障。

④欠压、过压保护。欠电压、过电压保护采样值取自配电装置电压取样电路，送入 PLC 的 V_3、COM_3 通道。经 A/D 转换后送入 PLC 内部 D_4 寄存器。PLC 在每个扫描周期内将 D_4 内数据与额定电压值进行比较。当取样电压低于额定电压值的 80% 或高于额定电压值的 120% 时，PLC 的 P_{40} 端输出信号控制断开高压真空断路器。同时 GOT 显示对应欠压、过压保护画面。

⑤超温保护。当变压器温度超过变压器设计温度时，温度继电器触点闭合，经接线盒端子排的 5、6 端接通 PLC 的 P_{05} 端、PLC 的 P_{40} 端控制 K_1 瞬时断开高压真空断路器。同时 GOT 显示移动变电站温度过高界面。

⑥急停保护。急停按钮与终端元件并联经过高压电缆的监视芯线与接地芯线与上级电源高压配电开关的绝缘监视保护连接，当本开关因故断不开电源需要紧急停电时，按下本配电装置的急停按钮，短接终端元件，上级高压开关绝缘监视保护动作，即可迅速停掉上级电源。

2）低压侧工作原理分析

BXB - 800/1140 矿用隔爆型移动变电站用低压综合保护箱原理图如图 3 - 30 所示。

（1）送电。一旦合隔离开关 QS 接通高压电源（图 3 - 29），高压配电装置电压互感器 T_1 二次输出的 AC 110 V 电压通过主变压器四芯接线柱 1、2 端输入到低压侧，同时向 PLC 智能型低压综合保护器供电，PLC 开始自检。同时经辅助变压器 T_2 变为 45 V 给检漏单元供电，检漏单元产生的附加直流电源经零序电抗器 L_0、三相电抗器 L_1 加至主回路对地绝缘电阻上，检测主回路漏电。

（2）保护。

①漏电保护。一旦主回路漏电，附加直流电路电流增大至动作值，在检漏单元上产生一动作电压，送入 PLC 的 V_2 通道，经 A/D 转换后送入 PLC 内部 D_4 寄存器。当 D_4 内数据大于 PLC 内

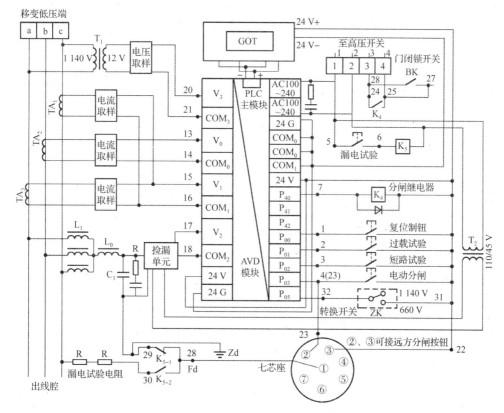

图 3 - 30　BXB - 800/1140 矿用隔爆型移动变电站用低压综合保护箱电路原理图

部漏电保护设定值时，使 PLC 的 P_{40} 端输出指令接通分闸继电器 K_4，其触点闭合，经 3、4 触点接通高压配电箱的 46、47 端给 PLC 的 P_{07} 输入端（图 3 - 29），使高压配电箱 PLC 的 P_{40} 端输出指令接通电分继电器 K_1，从而使高压真空断路器脱扣跳闸并闭锁，同时显示漏电故障。

②过载保护。B 相电流互感器 TA_2 提供的主回路电流信号，送入 PLC 的 V_0 通道，经 A/D 转变后送入 PLC，大于 PLC 内部设定值的 1.2 倍时，PLC 的 P_{40} 端延时接通 K_4，同上其触点接通高压侧真空断路器跳闸，动作时间小于 120 s，同时人机屏显示过负荷故障画面。本装置的过载 1.5～6 倍保护采样值自 A、C 相电流互感器 TA_1、TA_3，该取样值送入 PLC 的 V_1 通道，当 A、C 任一相电流超过设定值倍数时，同上 PLC 按规定的反时限特性使高压断路器跳闸并闭锁，同时显示过负荷故障画面。

③过压、欠压保护。电压互感器 T1 提供的主回路电压信号送入 V_3 通道，经 PLC 判定达到过压（欠压）动作值，也使 PLC 接通 K_4，同上使高压配电箱中的真空断路器跳闸并闭锁，实现断电保护及闭锁，同时显示故障信息。

2. 判断主回路故障类型

可根据显示屏显示的故障信息判断故障类型。

1）判断断路

当发生一相断路时，PLC 延时 15 s 送出一开关信号使高压真空断路器动作，同时显示屏显示断相故障界面。

2）判断短路

当 A、C 任一相电流超过速断设定值时，PLC 送出一开关信号迅速传输至高压侧使高压真空断路器分闸，动作时间小于 0.2 s，同时显示屏显示短路故障画面。

3）判断漏电

当系统漏电或绝缘值降低时，PLC 保护动作，人机屏显示漏电保护或闭锁画面，同时 PLC 送出一开关信号迅速传输至高压侧使高压真空断路器分闸。

3. 判断控制回路故障

控制回路又分为 PLC 及其输入回路和输出回路。输入回路包括电源输入、模拟信号输入和开关信号输入；输出回路包括显示屏输出和继电器输出。

1）根据 LED 灯判断 PLC 及其输入输出回路故障

（1）PLC 的 PWR（电源）、RUN（运行）的 LED 灯亮，说明 PLC 运行正常；ERR（错误）的 LED 灯亮说明 PLC 系统自检不正常存在错误，可按复位按钮（P_{00} 灯亮）重新自检，如 ERR 灯仍亮，说明 PLC 硬件故障。用万用表欧姆挡分别给 $V_0 \sim V_3$ 输入模拟信号，如不显示电压或过（欠）压、电流或短路（过载）、漏电等信号，说明该回路的 A/D 模块及 PLC 故障；如果显示相应的信号，但实际工作时却不显示相应的信号，说明相应的输入回路故障。

用 PLC 的开关量输入判断 PLC 及其开关量输入输出回路故障。分别按下过载试验、短路试验、电动分闸按钮及干变内的温度继电器触点，相应的 $P_{01} \sim P_{03}$、P_{05} 灯亮说明开关量输入回路正常；相应的 P_{40} 灯亮，说明 PLC 正常，否则说明开关量输入回路故障或 PLC 故障；如果 P_{40} 灯亮，但高压断路器不跳闸，则说明 K_1、KM_2 继电器回路和脱扣线圈 YA_1 回路故障。如果按高压配电箱的电合按钮或 QF_2 触点，P_{04} 或 P_{06} 灯亮，说明该输入回路正常，但 P_{41} 灯不亮或未显示合闸，说明 PLC 故障；如 P_{41} 灯亮，但断路器不合闸，说明 K_2、KM_1 继电器回路和合闸电动机回路故障。同理，若按高压配电箱的各按钮试验正常，而按低压保护装置的各试验按钮高压断路器不跳闸，如果低压保护装置的 P_{40} 亮，说明低压分闸继电器 K_4 回路或其触点至高压 P_{07} 端回路故障。

（2）PLC 的 RUN 灯不亮，说明电压不正常、不在运行模式上、PLC 操作系统不正常；如按复位按钮 PLC 的 P_{00} 灯亮后，RUN 灯仍不亮，说明 PLC 故障。

（3）PLC 的 PWR 灯不亮，说明 24 V 电源有故障。

2）根据显示屏显示判断显示屏故障

（1）屏不显示，首先检查 24 V 电源是否正常，如正常仍不显示，可调整亮度电位器，如仍不显示则屏坏。

（2）屏上参数全为 0、不显示故障且参数无法设定，其为通信故障，仔细检查通信线是否良好；若显示"正在通信"，则说明 PLC 不运行。

（3）屏显示画面混乱，一般是 PLC 故障或 A/D 模块故障。

（4）显示屏按键不响，可能是安装不当使得门上的铜按钮未碰到显示屏上的键。按下显示屏按键如不响，则显示屏坏。

（5）屏幕变黄或白，显示屏坏，液晶干涸。

（6）显示屏暗屏但仍显示参数，不是故障，而是设置睡眠状态，按任一功能键即可激活。

（7）显示一部分字或只亮不显示属白屏，此属于磁场干扰，拉合一次隔离开关重新上电即可解决，或检查接线是否良好。

4. 对照安装图检测故障点

1）阅读安装图

高压侧隔爆高压配电箱安装接线图如图 3 - 31 所示，隔爆低压保护箱接线图如图3 - 32 所示。阅读方法见学习情境二的学习任务一。

2）检测故障点

对于隔爆高低压开关及隔爆变压器的检测参见相应的学习任务，此处不再赘述。

5. 根据故障点修复故障

隔爆高低压开关及隔爆变压器的故障修复参见相应的学习任务，此处不再赘述。

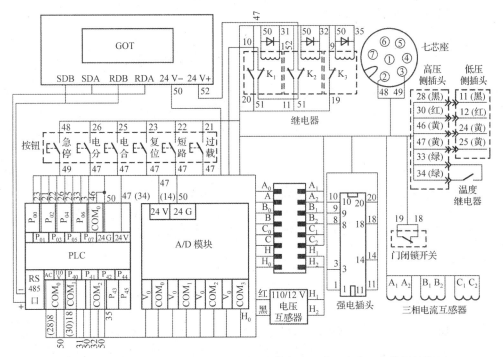

图 3 – 31　KBG –315/6Y 矿用隔爆型移动变电站用高压真空配电装置接线图

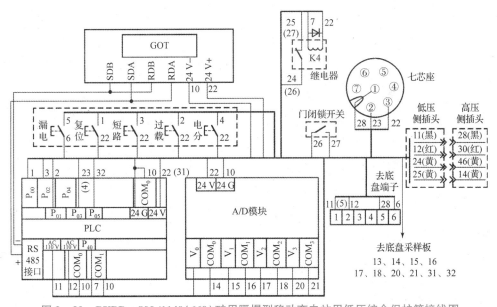

图 3 – 32　BXBD –800/1140（660）矿用隔爆型移动变电站用低压综合保护箱接线图

（三）维修隔爆动力中心

1. 根据原理图分析故障现象

1）隔爆高压配电箱故障分析参见本学习情境学习任务一。

2）隔爆变压器故障分析

参见本学习情境学习任务二。

3）组合开关故障分析

参见学习情境二的学习任务三。

2. 判断故障类型及查找修复故障

方法同维修隔爆移动变电站和组合开关，此处不再赘述。

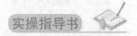
实操指导书

一、工作案例

1. 工作任务

安装维修某矿 10 号煤采区变电所内 1011 号隔爆变压器（图 1 – 24）。根据任务要求，收集相关资料、学习任务引领书，制定工作计划书，编制工作记录表，按照计划书实施任务并检查控制工作过程，将工作记录记入表 3 – 12，最后按照评价反馈书进行自我评价。

2. 制定工作计划书

工作计划书见表 3 – 11。

二、实操案例

安装维修 PBG – 250/6000B 型隔爆高压配电箱、KBG – 315 型隔爆变压器、BXBD – 800/1140（660）型隔爆低压综合保护箱组成的隔爆移动变电站。根据任务要求，收集相关资料、制定工作计划书，按照计划书实施任务，检查、控制工作过程并将工作记录记入工作记录表，最后按照评价反馈书进行自我评价。

表 3 – 11　安装维修隔爆变压器工作计划书

制定人：　　　　　　　　　　　　　　　　　　　　　　　　　　　　制定日期：

工作任务	安装维修隔爆变压器	
任务要求	1. 准备工作：①核定所安装隔爆变压器的型号、额定参数；②对所安装的隔爆变压器进行安装前检测；③按规定进行停电操作 2. 安装工作：①运输；②安放；③接线；④调试 3. 维护工作：①运行检查；②日常维护 4. 检修工作：①故障检测；②故障修复 5. 收尾工作：①检查验收；②填写记录；③恢复送电	
责任分工	1 人负责按照计划步骤指挥操作，1 人负责监督操作，1~2 人负责执行指令	
阶段	实施步骤	防范措施
一、准备	1. 携带万用表、2 500 V 兆欧表、便携式瓦检仪、套扳、扳手、螺丝刀、电工刀、采区供电系统图和采区变电所及硐室布置图 2. 穿戴工作服、安全帽、矿灯、自救器、绝缘手套、绝缘靴 3. 携带 100 号纱布、工业凡士林油、塞尺、克丝钳、电工刀、套扳及内六角扳手 4. 防爆电气设备入井前，应检查其"产品合格证""防爆合格证""MA 准用证"，检查合格后方准入井	下井前检查万用表、兆欧表、便携式瓦检仪、矿灯是否良好，绝缘手套、绝缘靴的绝缘是否良好。不得带火种。熟悉隔爆变压器安装地点

阶段	实施步骤	防范措施
二、隔爆变压器安装前检查、试验	1. 核验所安装隔爆变压器的型号及额定容量、额定电压等参数 2. 检查隔爆变压器外观：①零部件齐全，瓷绝缘件无裂纹或破损，密封胶垫完整并具有弹性；②隔爆接合面的间隙、有效宽度和表面粗糙度符合有关规定，螺纹隔爆结构的拧入深度和螺纹扣数符合规定；③内部电气元件、保护装置完好无损 3. 在下井安装前，应进行以下试验： （1）绝缘性能测定：①用2 500 V的兆欧表测定对地绝缘电阻满足表3-8要求；②用耐压试验仪对高低压绕组分别施加表3-9中交流电压持续1 min进行耐压试验 （2）特性试验：用双臂电桥测量各线直流电阻。各线直流电阻平均值的差≤5% （3）运行试验。空载合闸3~5次应无异常	1. 各项指标必须与选型设计相吻合：①变压器容量等于所选容量；②变压器额定电压等于电源电压；③变压器的二次额定电压等于1.05倍负荷额定电压 2. ①打开箱门和盖板要轻拿轻放，严禁损伤隔爆面；②不符合要求的不得下井安装；③内部元件和保护装置损坏者必须修复方可下井 3. ①测绝缘时，将被试绕组各相引出端短路后接至兆欧表的L端，非被试绕组应短路后接兆欧表的E端，并与外壳一道接地；②耐压试验无局部放电现象；③用双臂电桥测量时，应先按"B"按钮，后接"G"按钮，断开时相反；按"G"按钮后若指针满偏，应立即松开"G"，调步进值后再按"G"，以免烧坏检流计；断电前应先将变压器绕组短接，然后才可松开"G"钮，再松开"B"钮，最后将K_1钮至"断"位，拆除与电桥连线
三、隔爆变压器安装	1. 隔爆变压器用铁丝牢固固定在平板车上，并用两道横木挡在前后滚轮下，运往井下 2. 根据硐室布置图放置变压器，将其水平放置在规定位置 3. 测瓦斯浓度 4. 断电。戴绝缘手套，穿绝缘靴，断开上级电源开关，并闭锁、挂警示牌，验电、放电，挂接地线 5. 根据供电系统图接线： （1）开盖。用套扳拆下高、低压接线盒的隔爆盖上螺栓，取下隔爆盖板，打开接线盒外盖。 （2）接线。按照输入输出电缆护套伸入接线盒内壁长度5~15 mm，主芯线可以连接到最远端接线柱的距离，预留主芯线长度，依次切剥电缆头护套、铜屏蔽层、绝缘层，并将3根铜屏蔽层编成辫子后接地。将隔爆变压器外壳接地接线柱经裸铜线与局部接地极连接 6. 关闭和紧固高低压接线盒盖板。检查各处的隔爆间隙必须符合相关要求	1. 在运输过程中不允许发生强烈碰撞或倾倒现象 2. 安装时如有倾斜度，不应超过15°，距硐室墙壁保持0.5 m距离；距两侧设备大于0.8 m 3. 测定安装地点周围20 m内瓦斯浓度小于1% 4. 确认断开的是电源开关；用相应电压等级的高压验电器验电；用专用的放电线放电，放电时先接地线，再接火线。将变压器一次侧三相接地 5. 接线时注意以下两点： （1）将盖板隔爆面向上平稳放置，防止损伤。不能丢失螺帽、垫片、弹簧垫等零件 （2）输入和输出电缆若为铠装电缆，须按相关要求制作电缆头；若为橡套电缆头，需将裸露护套外的屏蔽层碳粉用蘸三氯乙烷的棉纱擦除至露出白色橡套为止。再用压盘将密封圈压紧达到隔爆要求。电缆头制作完毕后，应当用兆欧表（2 500 V）检验，确认制作质量合格后，方可将电缆接入相应的接线柱上。接地裸铜线面积不小于25 mm²，接地螺栓须有弹簧垫、垫片 6. 隔爆间隙不符合要求时需处理至满足要求为止
四、隔爆变压器调试	1. 调隔爆变压器电压：（1）根据电源电压，调高压侧接线方式。当电源电压长期低于95%额定电压时，把抽头调节至-5%上。当电源电压长期高于105%额定电压时，把抽头调节至+5%上 （2）根据负荷电压，调低压侧接线方式。由于负荷侧电压为1 140 V，故用连接片将低压接线板上尾端水平连接 2. 试运行。按停送电程序的要求给隔爆变压器停送电，并逐一观察送电后能否正常工作。 （1）送电：先合电源开关，再合负荷开关 （2）停电：先断负荷开关，再断电源开关	1. 在调节高、低压侧接线时，必须切断电源，否则会有触电危险。变压器低压绕组有星形和三角形两种接法，相应的额定电压为1 200 V和690 V，将尾端水平连接即为星形连接 2. 试运行前戴绝缘手套，穿绝缘靴。先去掉变压器一次侧的三相接地线，再去掉上级电源开关的警示牌，解除闭锁。通电时发现异常现象，应立即停电、闭锁、挂警示牌、测瓦斯、检查、处理

阶段	实施步骤	防范措施
五、维护	1. 运行维护： （1）每班清扫隔爆变压器外壳表面；每班检查变压器运行温度及负荷电流 （2）每月检查一次防爆性能 （3）每季度检查一次接地电阻 （4）每半年检测一次高、低压绕组绝缘电阻 （5）每年一次高低压绕组的耐压试验 2. 日常检查： （1）外观的完好程度，螺丝、垫圈是否完整、齐全、紧固 （2）有无不正常的声响、温度过高及其他异常现象 （3）闭锁机构、温度保护等是否正常 （4）高低压套管有无裂纹、灼伤、松动或环氧树脂开裂现象 （5）外壳及接线盒有无变形、开焊及隔爆间隙、电缆密封圈间隙过大、电缆压紧装置松动等情况 （6）接地接线柱及接地线是否完整齐全符合规定	1. 运行维护须注意： （1）测负荷电流可通过高低压开关中电流表观测 （2）隔爆面一旦锈蚀或机械损伤，必须用细砂纸打磨，并涂上工业凡士林或防锈油 （3）接地电阻不得大于 2 Ω，否则需采取降阻措施 （4）绝缘电阻不满足要求需采取措施提高绝缘 （5）耐压试验中有局部放电需停止使用 2. 日常检查须注意： （1）如不完好，须配齐零件并紧固 （2）如有异常声响，须判明是机械振动还是放电声响，对症处理；如温度过高，需结合负荷电流等判断是负荷还是短路或是散热不良，对症处理 （3）闭锁机构、温度保护如有异常，需查明原因并且处理 （4）高、低压套管如有裂缝、放电痕迹及烧痕，需进行耐压试验，不合格者应更换 （5）如发现外壳及接线盒失爆，应立即处理，否则停止使用 （6）如接地接线柱松动、脱落、锈蚀等，应立即处理
六、故障查找	1. 确定故障类型。 （1）直观法。如变压器无电压输出，则为断路故障；如高压开关短路保护动作，则为短路故障；如高压开关过载保护动作，则为过载故障；如高压开关漏电保护或绝缘监视保护动作，则为漏电故障 （2）仪表法。 ①查找断路故障。万用表欧姆挡分别测量高低压侧各相绕组首尾间的电阻为无穷大，说明发生断路 ②查找短路故障。可用双臂电桥测量各相绕组的直流电阻，如电阻为0，说明发生短路；如小于产品说明书中直流电阻值，说明绕组局部短路 ③查找漏电故障。用兆欧表检测各相对地绝缘电阻，不大于漏电电阻值即为漏电 2. 确定故障点。 （1）直观法。 ①查找断路点。查找接线柱导线松动或脱落、线圈断线点即为断路点 ②查找短路点。线圈表面有烧痕、放电痕迹，或火线直接短接处即为短路点	1. 确定故障要注意： （1）必须确认高压侧有电时，低压侧无电压方为断路故障。过载故障必须区别是负载过大还是电压过低或断相导致的电流过大。绝缘监视保护动作，必须排除接地芯线断路故障，方为漏电故障 （2）必须按照规定进行高压断电操作，方可进行故障点查找 由于三相绕组已经连接成星形或三角形，需将高压侧的分接头和低压侧的短接片拆除，方可测量各相首尾间的电阻及各相对地绝缘电阻。使用万用表、双臂电桥及兆欧表时注意相关防范事项。 2. 查找故障点必须注意以下几点。 （1）如外观无所觉察，测试无法判断，则需对器身检查：①所有的螺栓是否松动，器身有无位移，铁芯有无变形；②穿芯螺杆与铁芯、轭铁与夹铁之间的绝缘；③线圈绝缘层是否完整无损，有无位移和潮湿现象，线圈压钉和上下部绝缘是否松动；④线圈引出线绝缘是否良好、有无放电痕迹，接线端接触是否良好，带电体间距是否符合要求。

阶段	实施步骤	防范措施
六、故障查找	③查找漏电点。线圈或导体碰壳或与接地线短接处，或绝缘破损处即为漏电点 （2）仪表法。 ①查找断路点。用万用表欧姆挡分段测量断路回路，直至找出电阻无穷大的点即是 ②查找短路点。用万用表欧姆挡分别测量相间电阻为零者即为短路的相 ③查找漏电点。用兆欧表测量各相对地绝缘电阻，不大于漏电电阻值即为漏电相 ④查找漏电故障。用兆欧表漏电各相对地绝缘电阻，不大于漏电电阻值即为漏电 2. 确定故障点。	（2）短路点和漏电点用万用表无法查出，只能通过直观法查找
七、修复	1. 拆卸。 （1）拆线。依次拆下高低压接线腔的腔盖以及高低压导电杆上的螺母，以便使导电杆从套管内退出，接着拆开高低压连接线及联锁线 （2）吊住端盖上的吊拌，卸去端盖螺栓，即可卸下端盖，然后再拆卸另一侧端盖 （3）拆下变压器器身与壳体的连接螺栓；卸下铁芯垫块及其固定螺栓 （4）利用变压器器身下夹件端部的拉钩孔，可将器身顺着壳体底部的轨道角钢上拽出壳体 （5）吊运从壳体取出的器身，同时起吊高低压侧上夹件两端的 4 个吊钩孔 （6）卸下套管边缘固定螺钉，取下套管 2. 修复故障点。 （1）对断路点只需接通断点即可 （2）对短路点和漏电点必须恢复其绝缘 3. 恢复安装。按照与拆卸相反的步骤恢复安装 4. 检测。分别检测各相首尾端电阻和相间绝缘电阻达到正常即可	1. 注意保护好卸下端盖及壳体法兰的隔爆面。保存好卸下的螺栓、螺钉、套管等零部件 2. 对于无法恢复绝缘的绕组内部局部短路需重新绕线或更换绕组 3. 注意不得缺少零部件，且安装紧固 4. 绝缘电阻值满足表 3 - 8 要求
八、收尾	1. 检查工作质量 2. 整理工具，清理现场 3. 恢复送电 4. 填写记录	1. 按照安装验收规范、设备完好标准检查 2. 检查工具或异物未落在接线盒内 3. 由电源到负荷顺序合闸 4. 如实完整填写，以备后用
应急预案	下井时，必须注意避灾路线，一旦发生爆炸、火灾、水灾等重大事故，可以从避灾路线上井。通电或检修前，如瓦斯浓度大于 1%，应采取通风措施，降低瓦斯浓度到 1% 以下，通电时，如冒烟、短路、触电，应立即断电；如有人触电，立即脱离电源，并实施抢救，无呼吸者做人工呼吸，无心跳者做胸外心脏按压	

三、制定工作记录表

工作记录表见表 3 – 12。

表 3 – 12　工作记录表

工作时间				工作地点		
工作内容						
人员分工						
隔爆性能检查记录	1. 隔爆间隙 2. 隔爆外壳 3. 电缆引入装置					
隔爆变压器试验			检测记录			
安装前						
安装后						
检修后						
交流耐压试验 施加电压/KV	U – V	V – W	W – U	U – 地	V – 地	W – 地
试验结果						
绕组电阻值/Ω	高压侧			低压侧		
	U – V	V – W	W – U	u – V	v – W	W – U
隔爆变压器调整	高压侧分接头开关位置			低压侧电压等级及接法		
出现故障						
处理措施						
处理结果						

填表人：

评价反馈书

安装维修隔爆变压器及组合装置评价反馈书见表 3 – 13。

表 3 – 13　安装维修隔爆变压器及组合装置评价反馈书

考评项目		考评指标	满分值	自评分	互评分	师评分
知识考评（40分）	1. 隔爆变压器及其组合装置结构、使用场所	能说出隔爆变压器及其组合装置的结构（3分），说错一处扣1分；能说明隔爆变压器及其组合装置的使用场所（3分），说错一个扣1分	6分			
	2. 隔爆变压器及其组合装置的工作原理	能说出隔爆变压器及其组合装置工作原理，少说或说错一项扣1分	9分			
	3. 合法隔爆变压器及其装置电路图阅读	能说出隔爆变压器及其组合装置的电路图阅读方法，少说或说错一项扣1分	5分			
	4. 隔爆变压器及其组试合、装置安装、调维护、检修步骤及要求	能说出隔爆变压器及其组合装置的安装、调试、维护、检修步骤与要求，少说或说错一项扣1分	20分			
能力考评（46分）	1. 能阅读隔爆变压器及其组合装置原理图	说明：①电路组成元件；②电路连接方式。少说或说错连接方式或1个元件扣1分	7分			
	2. 能对照说明书识别隔爆变压器及其组合装置的各组成部分	能根据说明书中的结构介绍和原理图识别以下几点：①隔爆外壳及隔爆接合面；②隔爆接线盒及其接线嘴、接线柱；③高压头及其元件；④低压头及其元件；⑤隔爆变压器及其分接盒。少说或说错一项扣2分	8分			
	3. 能按照要求拆装隔爆变压器及其组合装置	按照要求拆装隔爆变压器及其组合装置外盖和拆接电源电缆、负荷电缆，有一处违规或不符合标准扣1分，少做一项扣2分	6分			
	4. 能按照要求调试隔爆变压器及其组合装置	1. 正确调整：①高压头保护装置；②变压器高压侧分接头；③变压器低压侧连接板；④低压头保护装置。 2. 正确试验：①绝缘电阻检测；②交流耐压试验。 3. 运行试验：①合闸；②分闸；③短路试验；④过载试验；⑤漏电试验。一项错误扣1分	10分			
	5. 隔爆变压器及其组合装置能进行日常维护	正确维护变压器及其组合装置下列部分：①隔爆外壳；②电气连接；③保护接地。有一项错误扣1分或一项未做扣2分	6分			
	6. 能检测及排除故障	①能根据故障现象或保护动作信号判断故障类型；②能根据故障类型和电路原理图分析故障原因；③能根据分析用万用表欧姆挡查出故障点；有一项错误扣2分或一项未做扣3分	9分			

考评项目		考评指标	满分值	自评分	互评分	师评分
情态考评（14分）	1. 学习态度	迟到扣2分，不完成作业扣5分，学习态度认真记3分，学习态度一般记2分	3分			
	2. 质量把控	工作质量好记4分，工作质量一般记3分，工作敷衍记2分，工作马虎记1分，工作错误造成损失记1分，工作未完成不记分	4分			
	3. 团队协作	认真带领工作团队记5分，主动参与团队工作记3分；消极怠工不得分	5分			
	4. 创新意识	在工作中能提出和解决问题记2分，能提出或回答问题记1分，否则不得分	2分			
合计			100分			

 技能鉴定习题

一、应知

1. 说明下列型号的各项含义及适用场所：①KYGG2-6Z；②KYGC-10；③KYGG-10（6）Z；④PJG9L-6（10）Y；⑤PBG1-10；⑥KBG-315/10；⑦KBSGZY-1000/6；⑧KJSGZD-3150/10。

2. 分别说明矿用高压开关、移动变电站的型号选择原则。

3. 分别说明隔爆高压开关、隔爆移动变电站电路原理图的阅读方法。电路的组成元件有哪些？

4. 分别比较下列装置的组成、功能有何异同：①隔爆高压配电箱与隔爆低压馈电开关；②隔爆低压馈电开关与隔爆移动变电站低压保护装置；③隔爆变压器、隔爆移动变电站、隔爆动力中心。

5. 分别说明隔爆高压配电箱、隔爆移动变电站、隔爆动力中心安装前后的检测、接线、调试、维护项目以及故障查找方法。

二、应会

1. 请同学辨认出不同型号的隔爆高压开关、隔爆变压器、隔爆移动变电站、隔爆动力中心。

2. 请同学阅读 PJG9L-6 型隔爆高压配电箱的原理图（图3-16），说明各回路的电源、开关、保护及负荷等组成元件，并分别说明合闸、分闸及保护原理。

3. 请同学编写 PJG9L-6 型隔爆高压配电箱的检修、安装、调试步骤及防范措施，制定工作记录表，并且实施。

4. 请同学编写 KJSGZD-1600/10（6）/3.3 矿用隔爆兼本质安全型动力中心的检修、安装、调试步骤及防范措施，制定工作记录表，并且实施。

学习情境四　设计安装井下变电所

学习任务一　设计采区供电系统及采区变电所

学习任务书

一、学习任务

1. 工作情境

1）工作情况

在新开采区或搬迁采区时所做的采区供电系统及采区变电所硐室的设计统称为采区供电设计，这里以某矿一采区供电设计为例进行介绍。

2）工作环境

（1）采区供电系统是给采区斜巷及工作面平巷的采区机械设备供电，采区特别是工作面具有瓦斯和煤尘爆炸、冒顶、片帮、透水、触电、机械倾轧等危险因素。

（2）采区电源来自中央变电所高压配电箱的出线侧。

（3）负荷为采区运输设备和工作面采煤、掘进、运输、通风、压气、泵站等机械设备。

2. 任务要求

设计拟定采区供电系统，选择采区供电设备，确定采区供电三大保护（过流保护、漏电保护、保护接地），设计采区变电所硐室的位置、布置、尺寸等。编写设计说明书，绘出相应的采区供电系统图和采区变电所硐室布置图。

3. 工作要求

设计满足《煤矿安全规程》《煤矿井下供配电设计规范》及井下三大保护细则要求。

二、学习目标

1. 知识目标

（1）了解采区供电设计要求。

（2）掌握采区供电设计步骤、方法。

（3）掌握资料收集、设计计算、说明书编写、图纸绘制等方法。

2. 能力目标

（1）能正确确定采区变电所硐室、移动变电站及工作面配电点位置，确定采区变电所硐室尺寸、布置与设备布置方式。

（2）能正确拟定采区供电系统、保护接地系统、漏电保护系统。

（3）能正确进行供电设备的选择、校验计算和保护装置动作值的整定、校验计算。

（4）能正确编写设计说明书、绘制采区供电系统图、采区变电所硐室布置图和采区电缆敷设图。

3. 素质目标

培养学生终身学习的意识，学习钻研是提升设计师自身素质、提高专业技能的有效途径。要想成为一名优秀的设计师，工作中既要洞悉行业发展的动态，不断充实自身专业领域的原理知识，又要掌握规程规范，还要不断总结经验与心得，做到功底扎实、厚积薄发。

任务引领书

按照以下程序进行设计：收集资料；确定采区变电所、移动变电站、工作面配电点位置；拟定采区供电系统；选择主变压器；选择低压电缆；选择高压电缆；选择高压开关；选择低压开关；整定过流保护；设定漏电保护；设定保护接地；设计采区变电所硐室；整理设计说明书；绘制技术图纸。

一、设计前应收集的资料

1. 原始资料

1）采区相关资料

（1）采区巷道布置。采区区段数目、区段长度、走向长度，采煤工作面长度，采煤工作面数目，巷道断面尺寸。本例采区巷道布置如图 4-1 所示，采区分 6 个区段，双翼布置（图 4-1 中只画出一翼的 3 个区段）；区段长度 1 040 m；走向长度 2 110 m；采煤工作面长度 180 m，保安煤柱 13 m，采煤工作面及掘进工作面各 1 个；运输平巷断面 4 m×3 m，回风平巷 3 m×3 m。

（2）采区条件。瓦斯等级、煤尘爆炸性和自燃性、煤层厚度、煤质硬度、顶板情况、采区煤层走向、倾角。本例为低瓦斯矿，有煤尘爆炸性危险，煤层为容易自燃，煤层厚度为 3.52 ~ 5.27 m，平均 4.18 m；煤质中硬，顶板为砂质泥岩，采区煤层南北走向，煤层倾角 2°~ 5°。

（3）生产方式及生产系统。本例采用一次采全厚倾斜长壁采煤方法。综采工作面的采、装、运、支工序全部采用机械化。采煤工作面采用后退式开采。每天三班生产，一班准备，每个生产班割一刀煤，完成一个循环。

运煤系统：采煤工作面（可弯曲刮板输送机）→采区工作面运输平巷（转载机—破碎机—带式输送机）→采区运输斜巷（带式输送机）→采区煤仓→集中运输巷（带式输送机）→主斜井。

运料系统：副斜井（提升绞车）→集中轨道巷（电机车）→采区轨道斜巷（无极绳绞车）→工作面回风平巷（调度绞车）→采煤工作面。

通风系统：新鲜风流→主、副斜井和行人斜井→集中运输→采区运输斜巷→工作面运输平巷→采煤工作面；乏风风流→回风平巷→采区轨道斜巷→回风大巷→回风井。掘进工作面采用局部通风机压入式通风。

排水系统：采煤工作面→工作面平巷→采区斜巷→采区水仓→井底水仓→水泵房→行人斜井→地面。

2）采区供电负荷资料

采区机械设备的布置，各用电设备的型号、额定电压、额定功率、额定电流、起动电流、设备工作及备用台数等数据。本例采区机械设备的布置如图 4-1 所示，供电负荷详见表 4-1。

3）采区供电电源资料

采区附近现有变电所及中央变电所的分布情况，供电距离、井下总负荷及电源高压母线上的短路容量等情况。

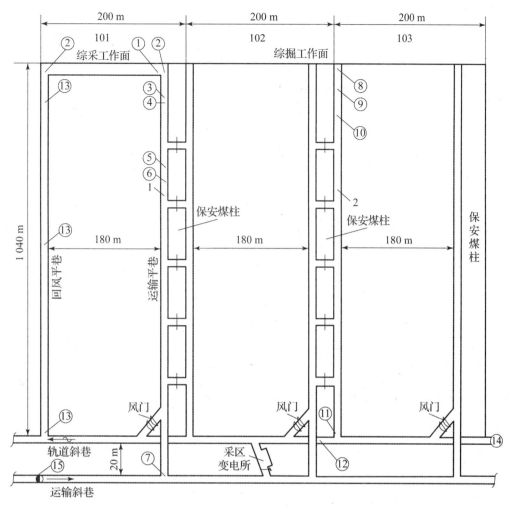

图 4 – 1　一采区巷道及设备布置图

1—综采移动变电站及工作面配电点；2—综掘移动变电站及工作面配电点；
①电牵引采煤机；②可弯曲刮板输送机（机头、机尾）；③转载机；④破碎机；⑤乳化液泵站；⑥喷雾泵站；
⑦综采可伸缩带式输送机；⑧综合掘进机；⑨探水钻；⑩湿式除尘器；⑪ – 综掘可伸缩式输送机；
⑫局部通风机；⑬调度绞车；⑭无极绳绞车；⑮斜巷带式输送机

表 4 – 1　一采区工作面机械设备配备表

代号	设备名称	设备型号	功率/kW	电压/V	单位	数量	备注
①	电牵引采煤机	MG300/ – 730 – WD	730	1 140	组	1	截割机 2×300 kW；牵引机 2×50 kW；油泵 30 kW
②	可弯曲刮板输送机	SGZ – 730/320	2×160	1 140	部	1	
③	转载机	SZZ730/132	132	1 140	台	1	
④	破碎机	PCM110	110	1 140	台	1	
⑤	乳化液泵站	MRB315/31.5	200	1 140	套	2	1 台备用

代号	设备名称	设备型号	功率/kW	电压/V	单位	数量	备注
⑥	喷雾泵站	PB200/5.5－6.3	30	1 140	台	2	1 台备用
⑦	综采可伸缩带式输送机	SSJ100/630/160×2	2×160	660	台	1	
⑧	综合掘进机	EBZ160	235	660	台	1	截割部 160 kW；油泵 75 kW
⑨	探水钻	MYZ－200	22	660	台	1	
⑩	湿式除尘器	SCF－6	18.5	660	台	1	
⑪	综掘可伸缩带式输送机	DSJ80/2×40	2×40	660	台	1	
⑫	局部通风机	BD－2×30	2×30	660	台	2	1 台备用
⑬	调度绞车	D－25	25	660	台	3	
⑭	无极绳绞车	JWB－110J	110	660	台	1	
⑮	斜巷带式输送机	ST1000/2×220	2×220	660	台	1	

本例采区电源为中央变电所，其距离采区变电所 2 km，电源来自地面变电所 6 kV 引出的高压粗钢丝铠装塑料电缆 MYJV42－6/10 3×185－1 km，接线方式为单母线分段式供电。其井下总负荷为 4 100 kW、总功率因数为 0.75，高压母线的短路容量不详，但高压配电箱的额定断开电流为 12.5 kA。

2. 参考资料

1）规程规范

《煤矿安全规程》

《煤矿井下供配电设计规范》

《矿井低压电网短路保护装置的整定细则》

《煤矿井下低压检漏保护装置安装、运行、维护与检修细则》

《煤矿井下保护接地装置的安装、检查、测定工作细则》

2）参考书

《工矿企业供电设计指导书》张学成、聂国伦主编

《煤矿电工学》王红俭、王会森主编

《煤矿电工手册》第二分册（下）

相关的煤矿机电设备产品手册、技术数据及说明书等资料

二、如何确定变电（站）、配电点位置

1. 确定采区变电所硐室位置

采区变电所硐室位置按以下原则确定：

（1）变电所尽量接近负荷中心。

（2）尽量少设变电所，减少变电所的迁移次数。一个采区最好只设一个采区变电所对全采区供电。

（3）通风良好，进出线及设备运输方便。

变电所、配电点
位置确定

（4）顶、底板稳定并避免淋水。

（5）采区变电所硐室不得设在工作面平巷中。

采区变电所硐室一般宜设在采区中部运输斜巷与轨道斜巷之间的联络巷内（图4-2），或在甩车场附近的巷道内；在多煤层的采区中，各分层是否分别设置或集中设置变电所，应经过技术经济比较后择优选择；当采用集中设置变电所时，应将变电所设置在稳定的岩（煤）层中。本例采区变电所硐室设置在距离101工作面运输平巷入口110 m的两个斜巷联络巷中（图4-2）。

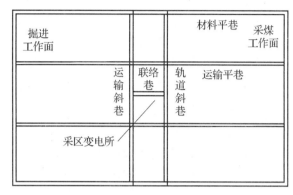

图4-2　采区变电所硐室位置

2. 确定移动变电站位置

移动变电站的设置原则是靠近负荷中心，同时考虑安全性和经济性。规定[15]向采煤工作面供电的移动变电站及设备列车宜布置在进风巷内，且距工作面的距离宜为100～150 m。有如下几种布置方式：

（1）设置在运输平巷（图4-3中的1号）。优点是靠近负荷中心；缺点是加大了巷道断面，从而增大开拓费用和维护费用。适合巷道顶板坚固时优先选用。

（2）设置在回风平巷（图4-3中的2号）。优点是不需要专设轨道和增大巷道断面；缺点是远离运输平巷的输送机等负荷中心，而且在专用的回风平巷内不得设置移动变电站。适合巷道顶板破碎的低瓦斯煤矿选用。

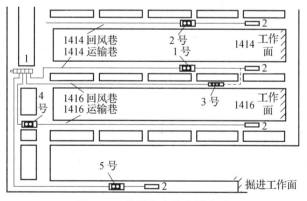

图4-3　移动变电站布置方式

（3）设置在下一个工作面的材料平巷与本工作面运输平巷的联络巷内（图4-3中的3号）。优点是既能位于负荷中心又不需增大巷道断面；缺点是必须在采掘可以衔接的情况下选用，且移动时需拆接电源线。适合巷道顶板破碎的下个工作面回风巷已经开拓时选用。

（4）设置在运输平巷的入口处轨道上山与材料上山的联络巷内（图4-3中的4号）。优点是不需要增大巷道断面；缺点是距离工作面负荷中心较远。适合顶板破碎且供电电压损失满足要求的情况下选用。

本例移动变电站设置在距工作面100 m的运输平巷中，如图4-1中2所示。

3. 确定工作面配电点位置

工作面配电点距离工作面有一定安全距离，同时还要保证供电电压质量。一般采煤工作面配电点设在距工作面50~70 m处的巷道中；掘进工作面配电点距掘进头80~100 m。为方便移动，本例设置工作面配电点位置与移动变电站同为100 m（图4-1中的2），与移动变电站组成移动列车。(插入"安装井下变电所")

三、如何拟定采区供电系统

拟定采区供电系统基本原则就是满足煤矿供电的基本要求，即保证供电的安全（矿井、设备及人身的安全）、可靠（不中断供电）、质量（供电电压不得超过额定电压的 ±5%）和经济（投资、运行及维护费用少）。根据以下具体要求初步拟定一采区供电系统图（图4-4）。

1. 电源电缆路数确定

根据《煤矿安全规程》第四百三十八条规定："对井下各水平中央变（配）电所和采（盘）区变（配）电所、主排水泵房和下山开采的采区排水泵房供电线路，不得少于两路。当任一回路停止供电时，其余回路应当承担全部用电负荷。""向突出矿井自救系统供风的压风机、井下移动瓦斯抽采泵应当各有两回路直接由变（配）电所馈出的供电线路。"故采用来自中央变电所不同母线段的双回路电缆供电，如图4-4中 G1、G2 电缆。

1）高压接线方式确定

《煤矿安全规程》第一百六十四条规定："正常工作的局部通风机和备用局部通风机的电源必须取自同时带电的不同母线段的相互独立的电源，保证正常工作的局部通风机故障时，备用局部通风机能投入正常工作。""高瓦斯、突出矿井的煤巷、半煤岩巷和有瓦斯涌出的岩巷掘进工作面……正常工作的局部通风机必须采用三专（专用开关、专用电缆、专用变压器）供电，专用变压器最多可向4个不同掘进工作面的局部通风机供电。"第四百三十八条规定："向局部通风机供电的井下变（配）电所应当采用分列运行方式。"

《煤矿井下供配电设计规范》[13]6.2.3条规定："由采区变电所向移动变电站供电的单回电缆供电线路上，串接的移动变电站数不宜超过3个。不同工作面的移动变电站不应共用电源电缆。"

因此，本例高压母线 G1、G2 的接线方式选择单母线分段式，其中向局部通风机供电采用 G5 高压专线供电，向综采和综掘工作面供电的移动变电站选用不同母线的 G3、G4 高压电缆供电。

2）低压接线方式确定

（1）对于重要负荷采用双回路供电接线方式。根据《煤矿安全规程》规定，采区分区水泵、移动瓦斯抽放泵、局部通风机等负荷必须有两回路直接由变（配）电所馈出的供电线路。其中对于局部通风机必须采用专线供电和双电源供电，本例 D1、D3 局部通风机专线及其双电源接线即是。

（2）对于一般负荷采用单母线接线方式，本例供运输斜巷和轨道斜巷及回风平巷的设备 D2 即是。

（3）对于工作面配电点到各用电设备宜采用辐射式供电，本例供综采或综掘工作面的 D19~D25 即是。

（4）对于斜巷及平巷的输送机宜采用干线式供电，本例供回风平巷调度绞车的 D4 即是。

2. 设备数量选择

在保证供电安全可靠和电压质量的前提下，力求所用的变压器、配电开关、启动器和电缆等数量最少。

1）变压器台数选择

采区主变压器的台数要尽量少，这样可以减少变压器高低压开关的数量及变电所硐室的开拓费用。

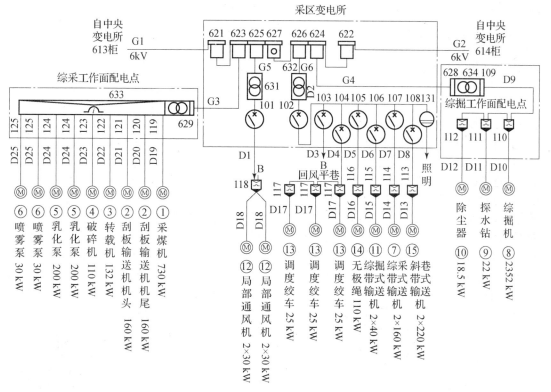

图 4－4　初步拟定的采区供电系统图

G1～G6—高压电缆；621、622—高压进线开关；623～626—高压出线开关；627—高压母线联络开关；
628、629—移动变电站用高压开关；631～632—采区变电所固定变压器；633—综采工作面动力中心；
634—综掘工作面移动变电站；101～102—低压总开关；103～108—低压分开关；110～125—电磁启动器；
131—照明变压器综合装置；D1～D25—低压电缆；①～⑮供电负荷

（1）变压器负荷较多，一台变压器容量不能满足要求时需增加变压器台数。

（2）下列情况宜采用移动变电站供电：综采、连采及综掘工作面的供电；由采区固定变电所供电困难或不经济时；独头大巷掘进、附近无变电所可利用时。据此本例综采和综掘工作面设633、634 移动变电站。

（3）不同电压等级的设备需要不同的变压器或采用多电压等级的动力中心。本例 634 为660 V 供电，其他均为 1 140 V 供电。

（4）根据向高瓦斯巷局部通风机供电的"三专"要求，须设专用变压器，且每台专用变压器最多可向 4 套不同掘进工作面局部通风机供电。通风机超过 4 套时须增加专用变压器。本例虽然为低瓦斯矿，但采用高瓦斯管理，因此设 631 专门向局部通风机供电。

　　2）高压配电箱台数选择

每个电源侧应设置 1 台进线高压配电箱，本例为 621、622；两段高压母线间应设 1 台母线联络高压配电箱，本例为 627；每条高压出线电缆应设 1 台高压配电箱，本例为 623、624；每台变压器应设 1 台高压配电箱，本例为 625、626、628、629。

　　3）低压开关台数选择

每台变压器低压侧应设 1 台总开关，本例为 101、102、109；每条低压出线电缆设 1 台分路开关，本例为 103～108。每台低压用电设备应由 1 台启动器控制，本例为 110～118；大型工作面的多台电磁启动器也可由组合开关代替，本例采用组合度更高的动力中心 633。3 台及以上启动器应设 1 台配电点总开关，本例掘进工作面配电点与移动变电站在一起，移动变电站的低压开关 109 兼作配电点总开关。局部通风机的备用电源可以不要专用变压器，允许引自其他动力变压器的低压母线段，但应采用装有选择性漏电保护的专用开关供电，本例设 103；为满足双电源及双风机的自动切换要求，宜采用 1 台具有自动切换功能的两组合开关控制，本例 118 选用的自动切换的风机用组合开关。

4）电缆线路确定

根据电缆线路应走最短的路线，但溜放煤、矸、材料的溜道中严禁敷设电缆，专用回风巷中不应敷设电缆，并尽量避免回头供电的原则，综合所供设备的位置、电压等级、工作关系及其接线方式等因素确定电缆出线数量。

本例共 2 条来自中央变电所的高压进线 G1、G2，2 条高压出线 G3、G4 分别供综采和综掘工作面巷道的移动变电站（图 4 – 1 中的①、②）。2 条专供局部通风机（图 4 – 1 中的⑫）的低压出线 D1、D3，1 条供综采回风巷调度绞车（图 4 – 1 中的⑬）的低压出线 D4，1 条供轨道斜巷无极绳绞车（图 4 – 1 中的⑭）的低压出线 D5，1 条供综掘工作面巷口综掘带式输送机（图 4 – 1 中的⑪）的低压出线 D6，1 条供综采工作面运输巷口综采带式输送机（图 4 – 1 中的⑦）的低压出线 D7，1 条供溜煤眼口斜巷带式输送机（图 4 – 1 中的⑮）的低压出线 D8。此外还有从回采工作面配电点引向工作面各设备（图 4 – 1 中③~⑥）的低压电缆 D119~D225。

5）照明设备选择原则按《煤矿井下供配电设计规范》[13] 规定，采区变电所、上山绞车房、装车站及综采工作面应设照明灯。为此，本例采区变电所照明变压器综合保护装置 131 供采区变电所和绞车房照明，综采工作面照明由动力中心 633 的 127 V 供电。

四、如何选择采区电气设备

（一）选择主变压器

1. 选择型号、电压

由于采区有爆炸危险，均选择隔爆变压器；根据电源电压 6 kV，选择变压器额定电压为 6 kV；根据变压器二次额定电压为 1.05 倍的负荷额定电压，动力中心 633 及固定变压器 631、632 所带负荷额定电压为 1 140 V，选择其变比为 6 kV/1.2 kV；掘进负荷额定电压为 660 V，选择移动变电站 634 的变比为 6 kV/0.69 kV。

2. 选择容量

1）选择

按照不小于变压器计算容量选择变压器的额定容量 S_{TN}，即

$$S_{TN} \geq S_T = \frac{P_{ca}}{\cos \Phi_{Tam}} K_S \tag{4-1}$$

$$P_{ca} = K_{de} \sum P_N \tag{4-2}$$

式中　S_T——变压器计算容量，kV·A；

　　　K_S——组间同时系数，当供给一个工作面时取 1，供给 2 个工作面时取 0.9，供给 3 个工作面时取 0.85；

　　　$\cos \Phi_{Tam}$——变压器加权平均功率因数；

　　　P_{ca}——变压器所带成组设备有功计算功率，由式（4–2）求得，kW；

　　　$\sum P_N$——该组负荷的额定功率之和，kW；

　　　K_{de}——该组需用系数，查表 4–2。其中，综采、综掘工作面由式（4–3）求得，一般机采工作面需用系数由式（4–4）求得。

表 4 - 2 需用系数、加权平均功率因数

序号	名称	需用系数 K_{de}	平均功率因数 $\cos \Phi_{Tam}$
1	综采工作面	按式（4 - 3）	0.7
2	一般机采工作面	按式（4 - 4）	0.6 ~ 0.7
3	炮采工作面（缓倾斜煤层）	0.4 ~ 0.5	0.6
4	炮采工作面（急倾斜煤层）	0.5 ~ 0.6	0.7
5	非掘进机的掘进工作面	0.3 ~ 0.4	0.6
6	掘进机的掘进工作面	按式（4 - 3）	0.6 ~ 0.7
7	架线电机车整流	0.45 ~ 0.65	0.8 ~ 0.9
8	蓄电池电机车充电	0.8	0.8 ~ 0.85
9	输送机	0.6 ~ 0.7	0.7
10	井底车场（不包含主排水泵）	0.6 ~ 0.7	0.7

注：当有功率因数补偿时，按补偿后计算的功率因数。

$$K_{de(综采)} = 0.4 + 0.6 \frac{P_M}{\sum P_N} \qquad (4-3)$$

$$K_{de(综采)} = 0.286 + 0.714 \frac{P_M}{\sum P_N} \qquad (4-4)$$

式中 $\sum P_N$ ——该组负荷的额定功率之和，kW；

P_M——该组负荷中容量最大的一台电动机额定功率，kW。

再查表 4 - 3（移动变电站查表 4 - 4）选取大于等于 S_T 的额定容量。

以动力中心为例选择。先根据式（4 - 1）求得变压器计算容量 S_T：

$$S_T = \frac{P_{ca}}{\cos \Phi_{Tam}} K_S = \frac{1\,046.8}{0.7} \times 1 = 1\,495.43 \text{ kV} \cdot \text{A} \qquad (4-5)$$

$$P_{ca} = K_{de} \sum P_N = 0.687\,8 \times 1\,522 = 1\,046.8 \text{ kW} \qquad (4-6)$$

$$K_{de(综采)} = 0.4 + 0.6 \frac{P_M}{\sum P_N} = 0.4 + 0.6 \frac{730}{1\,522} = 0.687\,8$$

$\sum P_N$ 取自负荷统计表 4 - 5 中综采工作面总功率。再查表 4 - 4 选取大于 S_T 的额定容量 S_{TN} 为 1 600 kV·A，其高压与低压侧的额定电压比为 6/1.2，额定电流比为154 A/770 A。

2）校核

所选变压器额定容量 S_{TN} 大于包括变压器自身损耗在内的总负荷 S_T' 即满足要求。下面仍以动力中心变压器校核为例进行计算。

变压器损耗包括有功损耗和无功损耗两部分，分别由式（4 - 7）、式（4 - 8）求得：

$$\Delta P_T = \Delta P_{iT} + \Delta P_{NT} \beta^2 = 3.35 + 8 \times \left(\frac{1\,495.43}{1\,600}\right)^2 = 10.34 \text{ kW} \qquad (4-7)$$

$$\Delta Q_T = \Delta Q_{iT} + \Delta Q_{NT} \beta^2 = 0.01 I\% S_{NT} + 0.01 U\% S_{NT} \beta^2$$

$$= 0.01 \times 0.8 \times 1\,600 + 0.01 \times 4 \times 1\,600 \times \left(\frac{1495.43}{1\,600}\right)^2 = 68.71 \text{ kvar} \qquad (4-8)$$

表 4-3 KBSG9 系列矿用隔爆型隔爆变压器主要技术数据

容量/kVA	高压/kV	低压/kV	连接组号	电流/A			损耗/kW		阻抗电压	低压绕组电阻/Ω		低压绕组电抗/Ω		长/mm	宽/mm	高/mm
				I_{L1}	I_{L2}	(I_{L2})	空载	负载		R_2	(R_2)	X_2	(X_2)			
50	6	0.69 (0.4)	Yy0 (Ydl1)	4.8	41.7	72.2	0.35	0.55	4%	0.105 7	0.035 2	0.369 4	0.123 1	2 180	745	1 170
100				9.6	83.3	144.3	0.52	0.92	4%	0.044 2	0.014 7	0.186 9	0.062 3	2 350	815	1 300
160				15.4	133.3	230.9	0.70	1.30	4%	0.024 4	0.008 1	0.117 6	0.039 2	2 400	850	1 215
200				19.2	166.6	288.7	0.82	1.55	4%	0.018 5	0.006 2	0.094 2	0.031 4	2 470	865	1 265
250				24.1	208.3	360.8	0.95	1.80	4%	0.013 8	0.004 6	0.075 6	0.025 2	2 400	780	1 100
315		1.2 (0.69)		30.3	151.6	262.4	1.10	2.15	4%	0.031 2	0.010 4	0.180 2	0.060 1	2 750	875	1 330
400				38.5	192.5	333.2	1.30	2.60	4%	0.023 4	0.007 8	0.142 1	0.047 4	2 700	895	1 450
500				48.1	240.6	416.6	1.50	3.10	4%	0.017 9	0.006 0	0.113 8	0.038 0	2 750	950	1 485
630				60.6	303.1	524.9	1.80	3.68	4%	0.013 4	0.004 5	0.090 4	0.030 2	2 930	950	1 545
800		1.2/0.69 (3.45)	Yy0 /dl1 (Yyn0)	77.0	384.9/ 133.9	666.5	2.05	4.50	4%	0.010 1/ 0.003 4	0.083 7	0.071 3/ 0.023 8	0.589 2	2 715	990	1 560
1 000				96.2	481.1/ 167.3	833.1	2.35	5.40	4%	0.007 8/ 0.002 6	0.064 3	0.057 1/ 0.019 0	0.471 7	2 930	1 060	1 615
1 250		1.2 (3.45)	Yy0 (Yyn0)	120.3	601.4	209.2	2.75	6.50	4%	0.006 0	0.049 5	0.045 7	0.377 6	3 000	980	1 590
1 600				154.0	769.8	267.8	3.35	8.00	4%	0.004 5	0.037 2	0.035 7	0.295 2	3 050	1 175	1 650
2 000		3.45	Yyn0	192.5	334.7		3.80	9.50	4.5%	0.028 3		0.266 3		3 265	1 190	1 720
2 500				240.6	418.4		4.50	10.6	5%	0.020 2		0.237 2		3 550	1 200	1 900
3 150				303.1	527.1		5.30	12.5	5.5%	0.015 0		0.207 3		3 800	1 250	1 800
4 000				384.9	669.4		6.10	14.0	6%	0.010 4		0.178 2		3 900	1 300	1 850

容量/kVA	高压/kV	低压/kV	连接组号	I_{L1}	I_{12}	(I_{12})	空载	负载	阻抗电压	R_2	(R_2)	X_2	(X_2)	长/mm	宽/mm	高/mm
50	10	0.69 (0.4)	Yy0 (Yd11)	2.9	41.7	72.2	0.39	0.68	4%	0.130 6	0.043 5	0.361 3	0.120 4	2 235	745	1 300
100				5.8	83.3	144.3	0.56	1.05	4%	0.050 4	0.016 8	0.185 4	0.061 8	2 410	815	1 425
160				9.2	133.3	230.9	0.80	1.50	4%	0.028 1	0.009 4	0.116 7	0.038 9	2 500	850	1 300
200				11.5	166.6	288.7	0.95	1.80	4%	0.021 6	0.007 2	0.093 6	0.031 2	2 550	875	1 400
250				14.4	208.3	360.8	1.10	2.10	4%	0.016 1	0.005 4	0.075 1	0.025 0	2 600	875	1 430
315				18.2	262.4	454.7	1.30	2.50	4%	0.012 1	0.004 0	0.059 8	0.019 9	2 730	895	1 450
400		1.2 (0.69)		23.1	192.5	333.2	1.50	3.00	4%	0.027 0	0.009 0	0.141 4	0.047 2	2 820	910	1 500
500				28.9	240.6	416.6	1.75	3.50	4%	0.020 2	0.006 7	0.113 4	0.037 8	2 960	950	1 535
630				36.4	303.1	524.9	2.00	4.10	4%	0.014 9	0.005 0	0.090 2	0.030 1	2 740	990	1 585
800		1.2/0.69 (3.45)	Yy0/d11 (Yyn0)	46.2	384.9/133.9	666.5	2.30	5.10	4%	0.011 5/0.094 8	0.003 8	0.071 1/0.587 5	0.023 7	2 950	1 060	1 615
1 000				57.7	481.1/167.3	833.1	2.60	6.10	4.5%	0.008 8/0.072 6	0.002 9	0.064 2/0.530 7	0.021 4	3 075	1 050	1 750
1 250		1.2 (3.45)	Yy0 (Yyn0)	72.2	601.4	209.2	3.10	7.40	5%	0.006 8	0.056 4	0.051 4	0.424 8	3 145	1 050	1 790
1 600				92.4	769.8	267.8	3.80	8.50	5%	0.004 8	0.039 5	0.044 7	0.369 8	3 150	1 205	1 900
2 000		3.45	Yyn0	115.5	334.7		4.50	9.70	5.5%	0.028 9		0.296 2		3 590	1 260	1 900
2 500				144.3	418.4		5.20	10.8	5.5%	0.020 6		0.261 0		3 750	1 360	1 735
3 150				181.9	527.1		6.10	12.8	5.5%	0.015 4		0.207 3		3 700	1 300	1 880
4 000				230.9	669.4		7.00	15.0	6%	0.011 2		0.178 2		4 180	1 350	1 900

注: 1. 空载电流百分数与表4-4同容量、同电压的变压器相同。
2. 各栏内斜杠上（下）的数字相对应。
3. 各栏内括弧内的数字相对应。

表 4-4 KBSGZY 系列隔爆型移动变电站 6 kV 技术参数

额定容量/(kV·A)	100	200	315	400	500	630	800	1000	1250	1600	2000	2500	3150
额定电压/kV 高压/低压	6/1.2 (0.69)						6/3.45 (1.2)			6/3.45			
额定电流/A 高压/低压	9.62/48.3 (83.3)	19.25/96.2 (167)	30.3/151 (262)	38.5/192 (333)	48.1/241 (417)	60.6/303 (525)	77/133.9 (385)	96.2/167.4 (481)	120.2/209.2 (601.8)	154/267.8 (770)	192/334.7	240.5/418	303.1/527
损耗/kW 空载	0.52	0.82	1.1	1.3	1.5	1.8	2.05	2.35	2.75	3.35	3.8	4.5	5.3
损耗/kW 负载	0.92	1.55	2.15	2.6	3.1	3.68	4.5	5.4	6.5	8.00	9.5	10.6	12.5
阻抗电压	4%										4.5%	5.5%	
电阻 Ω	与表4-3同电压、同容量的变压器电阻相同												
电抗 Ω	与表4-3同电压、同容量的变压器电抗相同												
空载电流	2.5%	2%	1.8%		1.5%		1%		0.8%		0.6%		
连接组别	Yy0 (y11)							Yy0 (Yyn0)			Yyn0		
外形尺寸 长/mm	3430	3580	3680	3680	3680	3760	3830	4060	4100	4250	4500	4680	4950
外形尺寸 宽/mm	1175	1175	1240	1240	1240	1240	1240	1240	1240	1240	1240	1240	1260
外形尺寸 高/mm	1060	1270	1340	1340	1340	1450	1480	1720	1720	1770	1800	1800	1800
总重/kg	2900	3100	3400	3600	3600	4200	4960	6850	7250	7850	9850	11200	12200

额定容量/(kV·A)	100	200	315	400	500	630	800	1000	1250	1600	2000	2500	3150
额定电压/kV 高压	10	10	10	10	10	10	10	10	10	10	10	10	10
额定电压/kV 低压	1.2/0.69	1.2/0.69	1.2/0.69	1.2/0.69	1.2/0.69	1.2/0.69	3.45/1.2	3.45/1.2	3.45/1.2	3.45/1.2	3.45	3.45	3.45
额定电流/A 高压	5.77	11.55	18.19	23.09	28.87	36.49	46.1	57.74	72.2	92.34	115.5	144.3	182
额定电流/A 低压	48.1/83.3	96.2/166.6	151.6/262.5	192.5/333.3	240.6/416.5	303.1/525	133.9/384.9	167/481	209.2/601.8	267.8/769.8	334.7	418.4	527
损耗/kW 空载	0.56	0.95	1.3	1.5	1.75	2.0	2.3	2.6	3.1	3.8	4.5	5.2	6.1
损耗/kW 负载	1.05	1.8	2.5	3.0	3.5	4.1	5.1	6.1	7.4	8.5	9.7	10.8	12.8
阻抗电压	4%	4%	4%	4%	4%	4%	4.5%	4.5%	4.5%	5%	5%	5.5%	5.5%
电阻/Ω	与表4-3同电压、同容量的变压器电阻相同												
电抗/Ω	与表4-3同电压、同容量的变压器电抗相同												
空载电流	2.5%	2%	1.8%	1.8%	1.5%	1.5%	1.2%	1.2%	1%	1%	0.7%	0.7%	0.7%
连接组别	Yy0/Yd11	Yy0/Yd11	Yy0/Yd11	Yy0/Yd11	Yy0/Yd11	Yy0/Yd11	Yy0/Yyn0	Yy0/Yyn0	Yy0/Yyn0	Yy0/Yyn0	Yyn0	Yyn0	Yyn0
长/mm	3590	3645	3930	3930	4030	4080	4140	4290	4400	4550	4660	4840	4950
宽/mm	1175	1175	1175	1175	1175	1175	1175	1175	1175	1175	1175	1175	1175
高/mm	1200	1280	1340	1340	1420	1430	1640	1670	1700	1700	1700	1700	1800
总重/kg	2900	3100	3400	3700	4200	4960	5200	6000	6800	8000	10400	11830	13200

注：1. 各栏内斜杠上（下）的数字相对应。

2. 各栏括弧内的数字相对应。

式中 ΔP_T——变压器有功功率损耗，kW；

ΔP_{iT}——变压器额定电压下的空载损耗（查表 4 - 4），kW；

ΔP_{NT}——变压器额定负荷时的负荷损耗（查表 4 - 4），kW；

ΔQ_{iT}——变压器额定电压下的空载无功损耗，kvar；

ΔQ_{NT}——变压器额定负荷下的无功损耗，kvar；

$I\%$——变压器空载电流百分数（查表 4 - 4），%；

$U\%$——变压器阻抗电压百分数（查表 4 - 4），%；

β——变压器负荷率，为计算容量 S_T 与额定容量 S_{TN} 之比。

总负荷 S'_T 由下式求得：

$$S'_T = \sqrt{P_{ca}^2 + Q_{ca}^2} = \sqrt{(1\,046.8 + 10.34)^2 + (1\,067.95 + 68.71)^2} = 1\,552.27 \text{ kV} \cdot \text{A} \quad (4-9)$$

式中 P'_{ca}——变压器有功计算功率 P_{ca} 与其损耗 ΔP_T 之和，kW；

Q'_{ca}——变压器无功计算功率 Q_{ca} 与其损耗 ΔQ_T 之和，kvar。

$$Q_{ca} = \sqrt{S_T^2 - P_{ca}^2} = \sqrt{1\,495.43^2 - 1\,046.8^2} = 1\,067.95 \text{ kvar} \quad (4-10)$$

式中参数取自式（4 - 5）、式（4 - 6）。由式（4 - 9）可知，总负荷小于额定容量，故校验合格。

其他变压器容量选择和校验方法同上，计算及选择结果见表 4 - 5。其中，各单一负荷电流近似按额定电流计，由经验式（4 - 11）求出；采煤机、综掘机为多电动机拖动，与成组负荷一样，其负荷电流按式（4 - 12）求出；本组总负荷一栏内的功率因数 $\cos \Phi' = P'_{ca}/S'_T$，变压器一次侧长时工作电流 $I_{cal} = S'_T/(\sqrt{3} U_{N1})$；采区负荷总计一行中，总负荷一次侧长时工作电流 $\sum I_{cal}$ 按式（4 - 13）求出，总视在功率 $\sum S_{ca}$ 按式（4 - 14）求出；采区总计算负荷一行中各量按式（4 - 15）求出。

$$I_N \approx 0.76 p_N / U_N \quad (4-11)$$

$$I_{ca} = \frac{S_T}{\sqrt{3} U_N} = \frac{K_{de} \sum P_N}{\sqrt{3} U_N \cos \Phi_{am}} \quad (4-12)$$

式中 I_N——电动机的额定电流，A；

P_N——电动机的额定功率（查表 4 - 5），kW；

U_N——电动机的额定电压（查表 4 - 5），kV；

I_{ca}——成组负荷的长时工作电流（又称计算电流），A；

K_{de}——成组负荷的需用系数（查表 4 - 2）；

$\sum P_N$——成组负荷的各电动机额定功率之和；kW；

$\cos \Phi_{am}$——成组负荷的加权平均功率因数（查表 4 - 2）。

$$I_{cal} = \frac{\sum S_{ca}}{\sqrt{3} U_{TN1}} \quad (4-13)$$

式中 $\sum I_{cal}$——采区总负荷一次侧长时工作电流，A；

U_{TN1}——变压器高压侧额定电压；kV；

$\sum S_{ca}$——采区总视在功率，由式（4 - 14）求出，kV · A。

$$\sum S_{ca} = \sqrt{\sum P_{ca}^2 + \sum Q_{ca}^2} \quad (4-14)$$

$$\left. \begin{array}{l} \cos \Phi_{\sum} = P_{ca\sum} / S_{ca\sum} \\ P_{ca\sum} = K_s \sum P_{ca} \\ Q_{ca\sum} = K_s \sum Q_{ca} \end{array} \right\} \quad (4-15)$$

$$\left.\begin{array}{l} S_{ca\Sigma} = K_s \sum S_{ca} \\ I_{ca\Sigma} = K_s \sum I_{cal} \end{array}\right\} \tag{4-15续}$$

式中 $\cos\Phi_\Sigma$、$P_{ca\Sigma}$、$Q_{ca\Sigma}$、$S_{ca\Sigma}$——采区总计算功率因数、总有功计算功率、总无功计算功率、总视在计算功率（查表 4-5），后三项单位分别为 kW、kvar、kV·A；

$\qquad I_{ca\Sigma}$——高压侧总计算电流（查表 4-5），A；

$\qquad K_s$——组间同时系数，同式（4-1）；

$\qquad \sum P_{ca}$、$\sum Q_{ca}$、$\sum S_{ca}$——各组总有功功率 P'_{ca}、总无功功率 Q'_{ca}、总视在功率 S'_T 之和（查表 4-5），kW、kvar、kV·A；

$\qquad \sum I_{cal}$——高压侧各组计算电流 I_{cal} 之和（查表 4-5），A。

（二）选择低压电缆

主要选择低压支线及干线电缆的型号、电压、长度、芯数、主芯线截面等。

1. 选择支线电缆

1）选择型号

参见学习情境一学习任务一。

2）选择电压

根据电缆额定电压大于等于实际工作电压确定，即满足下式：

$$U \geqslant U_N \tag{4-16}$$

式中 U——电缆任意两相导体之间的电压有效值，kV；

$\qquad U_N$——电缆所接电网额定电压，kV。

本例为方便统一管理和方便电压升级，低压电缆全部选择电压为 0.66/1.14 kV。

3）选择长度

就地控制的支线电缆长度，一般取 5~10 m，本例取 10 m；巷道敷设的电缆长度按照下式确定，即

$$L = k \times L_h + 2n_d L_d + n_j L_j \tag{4-17}$$

式中 k——电缆悬挂时的弯曲系数，铠装电缆取 1.05，非铠装软电缆取 1.1，本例取 1.1；

$\qquad L_h$——电缆敷设巷道长度，m；

$\qquad 2n_d$——n_d 段串联电缆的端头数；

$\qquad L_d$——每段电缆每端接头余量，取 8~10 m，本例取 10 m；

$\qquad n_j$——电缆接头数，为电缆长度大于供货长度的倍数，电缆长度小于供货长度时取 0；

$\qquad L_j$——电缆中间有接头时每一接头处的余量，宜留 8~10 m，本例取 10 m。

移动工作设备的支线长度在式（4-17）基础上加机头活动余量 3~5 m。本例采掘机支线加 5 m 活动余量。

各支线长度计算及选择结果详见表 4-9。

4）选择芯数

一般橡套电缆选择 4 芯、铠装电缆选择 3 芯；但电动机远程控制的电缆选择 7 芯、远程联锁控制的电缆选择 9 芯以上。本例综采和综掘工作面设备均为远程控制，选择 7 芯。其他均为就地控制，选择 4 芯。选择结果见表 4-9。

5）选择截面

因支线只向一个电动机供电，供电电流小，电缆截面较小，电缆长度较短，但强度较低。

（1）按照满足机械强度要求选择。对于电动机功率较小（660 V 电网小于 55 kW、1 140 V 电网小于 95 kW）的支线必须按照满足机械强度的最小截面选择，即选取截面大于表 4-6 所给机械强度要求的最小截面。

低压电缆
截面的选择

表 4 - 5　采区负荷统计及变压器选择

组别	代号	用电设备 名称	用电设备 额定电压 U_N /kV	用电设备 额定功率 P_N/kW	用电设备 需用系数 K_{de}	用电设备 负荷电流 I_N/A	成组参数 总功率 $\sum P_N$ /kW	成组参数 需用系数 K_{de}	成组参数 功率因数 $\cos\Phi_{am}$	成组计算负荷 有功计算功率 P_{ca} /kW	成组计算负荷 无功计算功率 Q_{ca} /kvar	成组计算负荷 视在计算功率 S_T /(kV·A)	成组计算负荷 长时工作电流 I_{ca}/A	选择变压器 额定容量 S_{TN} /(kV·A)	选择变压器 变压比 U_{N1}/U_{N2}	选择变压器 变流比 I_{N1}/I_{N2}	选择变压器 型号
综采工作面	1	电牵引采煤机	1.14	2×(300+50)+30≈730	0.89	471.7	1 522	0.69	0.70	1 047	1 068	1 495	757	1 600	6/1.2	154/770	KBSG9 - 1600
	2	可弯曲刮板机	1.14	2×160		213.3											
	3	转载机	1.14	132		88.0											
	4	破碎机	1.14	110		73.3											
	5	乳化泵	1.14	200		133.3											
	6	喷雾泵	1.14	30		20.0											
		变压器损耗								10.3	68.7						
									$\cos\Phi'$	P_{ca}'	Q_{ca}'	S_T'	I_{ca}'				
		本组总负荷							0.68	1 057	1 137	1 552	149.3				

续表

组别	代号	名称	额定电压 U_N/kV	额定功率 P_N/kW	需用系数 K_{de}	负荷电流 I_N/A	总功率 $\sum P_N$/kW	需用系数 K_{de}	功率因数 $\cos\Phi_{am}$	有功计算功率 P_{ca}/kW	无功计算功率 Q_{ca}/kvar	视在计算功率 S_T/(kV·A)	长时工作电流 I_{ca}/A	额定容量 S_{TN}/(kV·A)	变压比 U_{N1}/U_{N2}	变流比 I_{N1}/I_{N2}	型号
综掘工作面	8	综掘机	0.66	75+160=235	0.81	237.9											
	9	探水钻	0.66	22		25.3	276	0.91	0.7	251	256	359	314	400	6/0.69	38/335	KBSGZY9-400
	10	除尘器	0.66	18.5		21.3											
		移动变电站损耗								P_{ca}' 3.4	Q_{ca}' 20.1						
		本组总负荷							$\cos\Phi'$ 0.68	P_{ca}' 255	Q_{ca}' 276	S_T' 376	I_{cal} 36.2				
局部通风机	12	局部通风机	1.14	60		40	60	1.00	0.76	60	51	79	40	315	6/1.2	30/152	KBSG9-315
		局变损耗							$\cos\Phi'$	P_{ca}' 1.1	Q_{ca}' 5.0						
		本组总负荷							0.74	P_{ca}' 61	Q_{ca}' 56	S_T' 83	I_{cal} 8.0				

学习情境四　设计安装井下变电所　233

组别	代号	用电设备 名称	额定电压 U_N/kV	额定功率 P_N/kW	需用系数 K_{de}	负荷电流 I_N/A	总功率 $\sum P_N$/kW	成组参数 需用系数 K_{de}	功率因数 $\cos\Phi_{am}$	有功计算功率 P_{ca}/kW	无功计算功率 Q_{ca}/kvar	视在计算功率 S_T/(kV·A)	长时工作电流 I_{ca}/A	额定容量 S_{TN}/(kV·A)	变压比 U_{N1}/U_{N2}	变流比 I_{N1}/I_{N2}	型号
运输设备	7	综采带式输送机	1.14	2×160		213.3											
	11	综掘带式输送机	1.14	2×40		53.3											
	13	调度绞车	1.14	3×25		3×16.7	1 025	0.60	0.70	615	627	879	445	1 000	6/1.2	96/481	KBSG9-1000
	14	无极绳绞车	1.14	110		73.3											
	15	斜巷带式输送机	1.14	2×220		293.3											
		固变损耗								6.5	40.9						
		本组总负荷	6						$\cos\Phi'$ 0.68	P_{ca}' 622	Q_{ca}' 668	S_T' 913	I_{cal} 87.9				
		采区负荷总计							$\sum\cos\Phi$ 0.68	$\sum P_{ca}$ 1 994	$\sum Q_{ca}$ 2 138	$\sum S_{ca}$ 2 923	$\sum I_{cal}$ 281.3				
		采区总计算负荷	6						$\cos\Phi\sum$ 0.68	$P_{ca}\sum$ 1 795	$Q_{ca}\sum$ 1 924	$S_{ca}\sum$ 2 631	$I_{ca}\sum$ 253.2				

注：表格中的数据为计算数据的四舍五入值I_{ca}（插入"设计采区变电所及采区供电系统1"）

表 4 – 6　橡套电缆满足机械强度的最小截面[19]　　　　　　　　　　　　　　mm²

用电设备名称	最小截面	用电设备名称	最小截面	用电设备名称	最小截面
采煤机组	35 ~ 50	回柱绞车	16 ~ 25	局部通风机	4 ~ 6
可弯曲输送机	16 ~ 35	装岩机	16 ~ 25	煤电钻	4 ~ 6
一般输送机	10 ~ 25	调度绞车	4 ~ 6	照明设备	2.5 ~ 4

（2）按照满足允许持续电流要求选择。对于电动机大于上述功率的支线，电缆截面所允许持续电流不小于电缆的最大长时工作电流，即

$$I_\mathrm{P} \geqslant I_\mathrm{ca} \tag{4 – 18}$$

式中　I_P——电缆截面所允许持续电流（查表 4 – 7），A；

　　　I_ca——通过电缆的最大长时工作电流，支线可近似取电动机额定电流，由式（4 – 11）求出，A。

本例按满足允许持续电流查表 4 – 7 初选截面，当初选截面小于表 4 – 6 所给最小截面时按机械强度要求改选。查表 4 – 8 选择支线电缆截面，相关参数及选择结果见表 4 – 9。

表 4 – 7　环境温度 25 ℃时矿用橡套电缆允许持续电流[13]

主芯线标称截面/mm²	2.5	4	6	10	16	25	35	50	70	95	120	150
电缆允许持续电流/A	28	37	46	63	85	110	135	173	215	250	295	320

注：导体最高温度为 75 ℃，环境温度不同时换算系数不同，30 ℃为 0.93、35 ℃为 0.87、40 ℃为 0.8、45 ℃为 0.73、50 ℃为 0.66。

表 4 – 8　矿用橡套软电缆的型号规格[2]

型号	名称	额定电压/kV	线芯数×导体标称截面/mm				电缆外径/mm	
		U_0/U	动力线	地线	控制线	监视线	非屏蔽	屏蔽
MYQ	煤矿用移动轻型橡套软电缆	0.3/0.5	2 × 1.0				7.5 ~ 10.0	
			2 × 1.5				9.0 ~ 11.5	
			2 × 2.5				10.5 ~ 13.5	
			3 × 1.0				8.4 ~ 10.5	
			3 × 1.5				9.5 ~ 12.0	
			3 × 2.5				11.5 ~ 13.5	
			4 × 1.0				9.0 ~ 11.0	
			4 × 1.5				10.5 ~ 13.0	

型号	名称	额定电压/kV	线芯数×导体标称截面/mm				电缆外径/mm	
		U_0/U	动力线	地线	控制线	监视线	非屏蔽	屏蔽
MYQ	煤矿用移动轻型橡套软电缆	0.3/0.5	4×2.5				13.5~16.5	
			7×1.0				10.5~13.0	
			7×1.5				13.0~16.5	
			7×2.5				15.5~19.0	
			12×1.0				14.0~17.5	
			12×1.5				18.0~21.5	
			12×2.5				21.0~26.9	
MY MYP	煤矿用移动橡套电缆 煤矿用移动屏蔽橡套软电缆	0.38/0.66					MY	MYP
			3×4	1×4			19.0~22.5	22.0~26.5
			3×6	1×6			21.0~26.9	24.0~29.0
			3×10	1×10			25.0~30.0	28.0~32.5
			3×16	1×10			27.5~32.0	30.5~35.5
			3×25	1×16			32.5~37.5	35~41.0
			3×35	1×16			35.5~41.0	38.5~44.5
			3×50	1×16			41.5~47.5	44.5~51.0
			3×70	1×25			46.0~53.0	49.0~56.0
			3×95	1×25			52.5~59.5	55.5~63.0
			3×120	1×35			56.0~63.5	59.0~67.0
			3×150	1×50			62.5~70.5	65.5~74.0
MY MYP	煤矿用移动橡套电缆 煤矿用移动屏蔽橡套软电缆	0.66/1.14	3×10	1×10				30.0~35.0
			3×16	1×10				32.5~37.5
			3×25	1×16				37.5~43.0
			3×35	1×16				40.5~46.5
			3×50	1×16				46.5~53.0
			3×70	1×25				51.0~58.0
			3×95	1×25				57.5~65.0
			3×120	1×35				61.0~69.0
			3×150	1×50				66.5~75.0

型号	名称	额定电压/kV	线芯数×导体标称截面/mm				电缆外径/mm	
		U_0/U	动力线	地线	控制线	监视线	非屏蔽	屏蔽
MC MCP	采煤机用橡套软电缆 采煤机用屏蔽橡套软电缆	0.38/0.66					MC	MCP
			3×16	1×4			29.5~34.5	33.0~38.0
			3×25	1×6			36.0~41.0	39.0~45.0
			3×35	1×6			39.0~45.0	42.5~48.5
			3×50	1×10			44.0~50.5	47.5~54.5
			3×70	1×16			50.0~57.5	53.0~60.5
			3×95	1×25			56.0~63.5	59.5~67.0
			3×120	1×25			60.5~68.5	63.5~72.0
MCP	采煤机用屏蔽橡套软电缆	0.66/1.14		A型地线	B型地线		A型	B型
			3×25	1×6	—		41.0~47.0	—
			3×35	1×6	3×10/3		44.0~51.0	3.0~58.5
			3×50	1×10	3×16/3		51.5~59.0	0.0~67.0
			3×70	1×16	3×25/3		56.0~63.5	5.0~72.0
			3×95	1×25	3×25/3		62.0~70.5	0.0~73.0
			3×120	1×25	3×35/3		66.5~75.5	5.0~82.0
			3×150	1×35	3×50/3		71.5~80.5	7.5~86.0
MCP	采煤机用屏蔽橡套软电缆	1.9/3.3		A型地线	B型地线		A型	B型
			3×25	1×10	—		44.5~51.0	—
			3×35	1×10	3×16/3		48.0~54.5	59.0~64.0
			3×50	1×16	3×25/3		54.0~61.5	63.0~69.0
			3×70	1×25	3×35/3		60.0~67.0	68.0~75.0
			3×95	1×25	3×35/3		65.0~72.5	69.0~78.0
			3×120	1×35	3×50/3		69.5~77.5	74.0~84.5
			3×150	1×35	3×50/3		74.0~82.5	78.5~88.0
MCPJB MCPJR	采煤机屏蔽监视编织加强型橡套软电缆 采煤机屏蔽监视绕包加强型橡套软电缆	0.66/1.14					MCPJB	MCPJR
			3×35	1×16	3×1.5	3×1.5	40.5~46.0	43.5~49.0
			3×50	1×25	3×1.5	3×1.5	46.5~52.5	49.5~55.7
			3×70	1×35	3×1.5	3×1.5	51.0~57.5	54.0~61.0
			3×95	1×50	3×1.5	3×1.5	57.5~64.5	60.5~68.0

型号	名称	额定电压/kV	线芯数×导体标称截面/mm				电缆外径/mm	
		U_0/U	动力线	地线	控制线	监视线	非屏蔽	屏蔽
MCPJB MCPJR	采煤机屏蔽监视编织加强型橡套软电缆 采煤机屏蔽监视绕包加强型橡套软电缆	1.9/3.3					MCPJB	MCPJR
			3×35	1×16	3×1.5	3×1.5	46.5~52.0	49.5~55.0
			3×50	1×25	3×1.5	3×1.5	51.5~57.5	54.5~61.0
			3×70	1×35	3×1.5	3×1.5	56.0~62.5	59.0~66.0
			3×95	1×50	3×1.5	3×1.5	62.0~68.5	64.5~72.0
MCPT MCPTJ	采煤机金属屏蔽橡套软电缆	0.66/1.14					MCPT	MCPTJ
					MCPT	MCPTJ		
			3×16	1×16		1×16		35.8~38.6
			3×25	1×16	3×4	1×16	39.7~42.9	39.7~42.9
			3×35	1×16	3×4	1×16	43.1~46.3	43.1~46.3
			3×50	1×25	3×4	1×25	48.5~51.8	48.5~51.8
			3×70	1×35	3×6	1×35	55.1~58.8	55.1~58.8
			3×95	1×50	3×6	1×50	62.4~66.1	62.4~66.1
			3×120	1×50	3×10	1×70	68.0~72.5	68.0~72.5
			3×150	1×70	3×10	1×70	74.5~79.5	74.5~79.5

注：A 型是指一根居中的接地线；B 型是指 3 根介于三相主芯线之间的接地线。

表 4-9　支线电缆选择

支线代号	选长度/m			选芯数	选截面			终选结果	备注
	巷道 L_h	两端 $2L_d$	电缆 L		负荷电流/A	允许电流/A	初选截面/m²		
D10	100	20	135	7	237	250	95	MCPT-0.66/1.14 3×95+1×50+ 3×6-135	L_h=配电点距工作面100 m，另增5 m活动余量；L=100×1.1+20+5=135 m
D11	100	20	130	7	25	37	4	MYP-0.66/1.14 3×10+1×10-130	因该型号最小为10 mm²；另选远控用 MYQ-0.3/0.5 3×2.5-130 电缆
D12	100	20	130	7	21	37	4		
D13	近控		10	4	293	295	120	MYP-0.66/1.14 3×120+1×35-10	近控选10 m
D14	近控		10	4	213	215	70	MYP-0.66/1.14 3×70+1×25-10	近控选10 m

支线代号	选长度/m 巷道 L_h	两端 $2L_d$	电缆 L	选芯数	选截面 负荷电流/A	允许电流/A	初选截面/m²	终选结果	备注
D15	近控		10	4	53	63	10	MYP-0.66/1.14 3×10+1×10-10	近控选10 m
D16	近控		10	4	73	85	16	MYP-0.66/1.14 3×16+1×10-10	
D17	近控		10	4	17	37	4	MYP-0.66/1.14 3×10+1×10-10	近控选10 m。因该型号最小10 mm²,故选
			10	4	40	46	6	MYP-0.66/1.14 3×10+1×10-10	
		20	333	7	472	2×250	2×95	2根 MCPT-0.66/1.14 3×95+1×50+3×6-333	L_h=动力中心距工作面100 m+工作面180 m,另增5 m活动余量
		20	328	7	107	110	25	MYP-0.66/1.14 3×25+1×16-328	L_h同上,因无7芯需另选控制电缆 MYQ-03/05 3×25-328,后因主电缆灵敏度校验不合格,改为50 mm²
		20	130	7	107	110	25	MYP-0.66/1.14 3×25+1×16-130	L_h=配电点距工作面100 m,另选控制电缆 MYQ-0.3/0.5 3×2.5-130
		20	103	7	88	110	25	MYP-0.66/1.14 3×25+1×16-103	L_h=距工作面长100 m-转载机身长25 m;无7芯需另选控制电缆 MYQ-0.3/0.5 3×2.5-103
		20	130	7	73	85	16	MYP-0.66/1.14 3×16+1×10-130	L_h=配电点距工作面100 m,另选控制电缆 MYQ-0.3/0.5 3×2.5-130
			10	4	133	135	35	MYP-0.66/1.14 3×35+1×16-10	近控选10 m
			10	4	20	37	4	MYP-0.66/1.14 3×10+1×10-10	近控选10 m,同 D17 终选10 mm²

2. 选择干线电缆

1）选择型号、长度、芯线数

为方便敷设,干线电缆一般选择 MYP 型电缆,当电流太大 MYP 无法满足时也可改选为 MVV22 型;电压选择同支线。电缆长度按照式（4-17）确定,本例调度绞车为干线式供电,故其干线为3段串联。电缆芯数全部选4芯。

2）初选主芯线截面

干线向多台电动机供电,供电电流大,供电距离远,电压损失较大。因此,按照电缆的允许持续电流不小于干线的最大长时工作电流要求初选，即满足式（4-18）。其中干线电缆最大长时工作电流按式（4-12）计算，本例已计算并录入表4-5中成组计算负荷一栏，可直接查取，其中D1、D3及D5~D8为单一负荷，故与支线电流相同；允许持续电流按所选电缆类型由表4-7或表4-11查取，初选满足要求的主芯线截面，选择结果见表4-10。由于102长时工作电流为445 A（表4-5），最大截面橡套电缆的允许电流只有320 A，故采用双干线D2、D2′供电，重新分配和计算负荷。相关计算见表4-10，虽略大于允许电流，但考虑计算负荷一般偏大于实际电流，且偏差小于1%仍视为满足要求。

表4-10　干线电缆选择

干线名称	代号	选长度				选截面				选择结果	相关计算及说明
		巷道 L_h/m	两端 $2L_d$/m	段数 L_d/m	电缆 L/m	电流		初选截面 /mm²	按 ΔU_P 选截面 /mm²		
						长时 I_{ca}/A	允许 I_P/A				
局部通风机	D1 D3	320	20	1	372	同支线 D18		10	略	MYP-0.66/1.14 3×10+1×10-372	L_h=变电所内20 m+变电所距掘进巷口110 m+区段宽200 m（按最远处掘进）-局部通风机距巷道口10 m=320 m；L=320×1.1+20=372 m；后因短路保护 K_s 校验不合格改为35 mm²
运输母线	D2	20	20	1	42	297	295	120	略	MYP-0.66/1.14 3×120+1×35-42	$I_{ca.D2}$=0.6（2×220+3×25+110+2×30）/1.14/0.7/$\sqrt{3}$=297 A
	D2′	20	20	1	42	174	173	50	略	MYP-0.66/1.14 3×50+1×16-42	$I_{ca.D2'}$=0.6×2（160+40）/1.14/0.7/$\sqrt{3}$=174 A
调度绞车	D4	1 350	20	3	1 545	33	37	4	13.4	MYP-0.66/1.14 3×16+1×10-1 545	$I_{ca.D4}$=0.6（3×25）/1.14/0.7/$\sqrt{3}$=33 A 　L_h=变电所内20 m+距运输平巷110 m+工作面180 m+区段长1 040 m=1 350 m；L=350×1.1+20×3=1 545 m。由于电压损失校验不合格改选16 mm²，后因短路保护 K_s 校验不合格改为35 mm²
无极绳	D5	330	20	1	383	同支线 D16		略		MYP-0.66/1.14 3×16+1×10-383	L_h=变电所内20 m+变电所距掘进巷口110 m+区段宽200 m=330 m；L=330×1.1+20=383 m，后因短路保护 K_s 校验不合格改为50 mm²
综掘带式输送机	D6	330	20	1	383	同支线 D15		略		MYP-0.66/1.14 3×10+1×10-383	L_h=变电所内20 m+变电所距掘进巷口110 m+区段宽200 m（按最远处掘进）=330 m，后因短路保护 K_s 校验不合格改为50 mm²

续表

支线代号	选长度/m 巷道 L_h	选长度/m 两端 $2L_d$	选长度/m 电缆 L	选芯数	选截面 负荷电流/A	选截面 允许电流/A	选截面 初选截面/m²	终选结果	备注
D15	近控		10	4	53	63	10	MYP－0.66/1.14 3×10＋1×10－10	近控选 10 m
D16	近控		10	4	73	85	16	MYP－0.66/1.14 3×16＋1×10－10	
D17	近控		10	4	17	37	4	MYP－0.66/1.14 3×10＋1×10－10	近控选 10 m。因该型最小 10 mm²，故选
			10	4	40	46	6	MYP－0.66/1.14 3×10＋1×10－10	
		20	333	7	472	2×250	2×95	2 根 MCPT－0.66/1.14 3×95＋1×50＋3×6－333	L_h＝动力中心距工作面 100 m＋工作面 180 m，另增 5 m 活动余量
		20	328	7	107	110	25	MYP－0.66/1.14 3×25＋1×16－328	L_h 同上，因无 7 芯需另选控制电缆 MYQ－03/05 3×25－328，后因主电缆灵敏度校验不合格，改为 50 mm²
		20	130	7	107	110	25	MYP－0.66/1.14 3×25＋1×16－130	L_h＝配电点距工作面 100 m，另选控制电缆 MYQ－0.3/0.5 3×2.5－130
		20	103	7	88	110	25	MYP－0.66/1.14 3×25＋1×16－103	L_h＝距工作面长 100 m－转载机身长 25 m；无 7 芯需另选控制电缆 MYQ－0.3/0.5 3×2.5－103
		20	130	7	73	85	16	MYP－0.66/1.14 3×16＋1×10－130	L_h＝配电点距工作面 100 m，另选控制电缆 MYQ－0.3/0.5 3×2.5－130
		10	4	133	135		35	MYP－0.66/1.14 3×35＋1×16－10	近控选 10 m
		10	4	20	37		4	MYP－0.66/1.14 3×10＋1×10－10	近控选 10 m，同 D17 终选 10 mm²

2. 选择干线电缆

1）选择型号、长度、芯线数

为方便敷设，干线电缆一般选择 MYP 型电缆，当电流太大 MYP 无法满足时也可改选为 MVV22 型；电压选择同支线。电缆长度按照式（4－17）确定，本例调度绞车为干线式供电，故其干线为 3 段串联。电缆芯数全部选 4 芯。

2）初选主芯线截面

干线向多台电动机供电，供电电流大，供电距离远，电压损失较大。因此，按照电缆的允许持续电流不小于干线的最大长时工作电流要求初选，即满足式（4-18）。其中干线电缆最大长时工作电流按式（4-12）计算，本例已计算并录入表4-5中成组计算负荷一栏，可直接查取，其中D1、D3及D5~D8为单一负荷，故与支线电流相同；允许持续电流按所选电缆类型由表4-7或表4-11查取，初选满足要求的主芯线截面，选择结果见表4-10。由于102长时工作电流为445 A（表4-5），最大截面橡套电缆的允许电流只有320 A，故采用双干线D2、D2′供电，重新分配和计算负荷。相关计算见表4-10，虽略大于允许电流，但考虑计算负荷一般偏大于实际电流，且偏差小于1%仍视为满足要求。

表4-10 干线电缆选择

干线名称	代号	选长度				选截面			选择结果	相关计算及说明
		巷道 L_h/m	两端 $2L_d$/m	段数 L_d/m	电缆 L/m	电流		初选截面 /mm²	按 ΔU_P 选截面 /mm²		
						长时 I_{ca}/A	允许 I_P/A				
局部通风机	D1 D3	320	20	1	372	同支线 D18		10	略	MYP-0.66/1.14 3×10+1×10-372	L_h=变电所内20 m+变电所距掘进巷口110 m+区段宽200 m（按最远处掘进）-局部通风机距巷道口10 m=320 m；L=320×1.1+20=372 m；后因短路保护K_s校验不合格改为35 mm²
运输母线	D2	20	20	1	42	297	295	120	略	MYP-0.66/1.14 3×120+1×35-42	$I_{ca.D2}$=0.6(2×220+3×25+110+2×30)/1.14/0.7/$\sqrt{3}$=297 A
	D2′	20	20	1	42	174	173	50	略	MYP-0.66/1.14 3×50+1×16-42	$I_{ca.D2'}$=0.6×2(160+40)/1.14/0.7/$\sqrt{3}$=174 A
调度绞车	D4	1 350	20	3	1 545	33	37	4	13.4	MYP-0.66/1.14 3×16+1×10-1 545	$I_{ca.D4}$=0.6(3×25)/1.14/0.7/$\sqrt{3}$=33 A L_h=变电所内20 m+距运输平巷110 m+工作面180 m+区段长1 040 m=1 350 m；L=350×1.1+20×3=1 545 m。由于电压损失校验不合格改选16 mm²，后因短路保护K_s校验不合格改为35 mm²
无极绳	D5	330	20	1	383	同支线 D16		略		MYP-0.66/1.14 3×16+1×10-383	L_h=变电所内20 m+变电所距掘进巷口110 m+区段宽200 m=330 m；L=330×1.1+20=383 m，后因短路保护K_s校验不合格改为50 mm²
综掘带式输送机	D6	330	20	1	383	同支线 D15		略		MYP-0.66/1.14 3×10+1×10-383	L_h=变电所内20 m+变电所距掘进巷口110 m+区段宽200 m（按最远处掘进）=330 m，后因短路保护K_s校验不合格改为50 mm²

干线名称	代号	选长度				选截面				选择结果	相关计算及说明
		巷道 L_h/m	两端 $2L_d$/m	段数 L_d/m	电缆 L/m	电流		初选截面 /mm²	按 ΔU_P 选截面 /mm²		
						长时 I_{ca}/A	允许 I_p/A				
综采带式输送机	D7	310	20	1	361	同支线 D14			略	MYP-0.66/1.14 3×70+1×25-361	L_h=变电所内20 m+变电所距掘进巷口110 m+工作面长180 m（按最远处回采）=310 m
斜巷带式输送机	D8	310	20	1	361	同支线 D13			略	MYP-0.66/1.14 3×120+1×35-361	L_h=变电所内20 m+距运输平巷110 m+工作面180 m=310 m；L=310×1.1+20=361 m
综掘干线	D9	9	20	1	20	314	320	150	略	MYP-0.66/1.14 3×150+1×50-30	3台启动器的间距各按3 m，则 L_h=3×3=9 m，L=1.1×9+20×1≈30 m

表4-11 三芯塑料电缆空气中敷设许持续电流[18] A

主线芯截面 /mm²	聚氯乙烯绝缘铠装				交联聚乙烯绝缘钢带铠装						交联聚乙烯绝缘细钢丝铠装			
	0.6/1 kV		6/10 kV		0.6/1 kV		3.6/6 kV		6/10 kV		3.6/6 kV		6/10 kV	
	铜芯	铝芯	铜芯	铝芯	铜芯	铝芯	铜芯	铝芯	铜芯	铝芯	铜芯	铝芯	铜芯	铝芯
4	31	23	—	—	—	—	—	—	—	—	—	—	—	—
6	39	30	—	—	—	—	—	—	—	—	—	—	—	—
10	52	40	56	43	—	—	—	—	—	—	—	—	—	—
16	71	54	73	56	—	—	—	—	—	—	—	—	—	—
25	96	73	95	73	—	—	—	—	128	100	—	—	130	101
35	114	88	118	90	—	—	—	—	156	121	—	—	158	123
50	144	111	148	114	—	—	182	141	185	144	185	143	188	146
70	179	138	181	143	—	—	225	174	231	179	229	178	234	182
95	217	167	218	168	—	—	274	212	278	216	279	216	284	220
120	252	194	251	194	301	234	315	245	318	247	322	250	326	253
150	292	225	290	223	343	266	357	277	359	279	366	284	370	287
185	333	257	333	256	395	308	408	318	414	322	420	320	423	330
240	392	305	391	301	463	363	482	377	488	381	493	385	497	389
300	—	—	—	—	418		434		438		—	446	—	446

主线芯截面/mm²	聚氯乙烯绝缘铠装				交联聚乙烯绝缘钢带铠装						交联聚乙烯绝缘细钢丝铠装			
	0.6/1 kV		6/10 kV		0.6/1 kV		3.6/6 kV		6/10 kV		3.6/6 kV		6/10 kV	
	铜芯	铝芯	铜芯	铝芯	铜芯	铝芯	铜芯	铝芯	铜芯	铝芯	铜芯	铝芯	铜芯	铝芯
400	—	—	—	—	—	489	—	513	—	510	—	—	—	—
500	—	—	—	—	—	570	—	595	—	589	—	—	—	—

注：1. 聚氯乙烯绝缘电缆：环境温度 25 ℃，导电线芯最高允许工作温度 70 ℃。

2. 交联聚乙烯绝缘电缆：环境温度 40 ℃，导电线芯最高允许工作温度 90 ℃。

3. 对交联聚乙烯绝缘：电缆，当环境温度为 25、30、35、40、45 ℃时的温度校正系数分别为 1.14、1.09、1.05、1、0.95。

3）按允许电压损失校验或复选截面

按允许电压损失校验或复选截面。即按已选截面校验合格即可，不合格者增大所选截面，重新校验至合格方可；或按允许电压损失复选，最终选取初选与复选偏大者。

（1）按允许电压损失检验。按已选截面计算满足式（4-19）即校验合格。

$$\Delta U_P \geqslant \sum \Delta U \qquad (4-19)$$

$$\Delta U_P = U_{TN2} - 0.95U_N = 1.05U_N - 0.95U_N = 0.1U_N \qquad (4-20)$$

$$\sum \Delta U = \Delta U_T + \Delta U_{ms} + \Delta U_{bN} \qquad (4-21)$$

式中 ΔU_P——电网允许电压损失，V；

$\sum \Delta U$——电网总电压损失，V；

U_{TN2}——变压器二次侧额定电压，低压电网时为 $1.05U_N$，V；

U_N——用电设备额定电压，为保证供电质量，用电设备的实际电压不得低于 $0.95U_N$，V；

ΔU_{bN}——辐射式干线所接支线中损失最大的支线电压损失，一般为输送功率最大、距离较远的支线电压损失（图4-5），由式（4-22）得，V；

U_{ms}——干线电压损失，辐射式按式（4-23）求出，干线式按式（4-24）求出，V；

ΔU_T——电缆所接变压器内阻抗电压损失，由式（4-25）求出，V。

$$\Delta U_{bl} = \frac{P_{bl} R_{bl0} L_{bl}}{U_N} \qquad (4-22)$$

式中 U_N——支线电缆线路所在电网的额定电压，kV；

L_{bl}——支线电缆的长度，km；

P_{bl}——支线电缆所带负荷的有功计算功率值，（可近似取额定功率）kW；

R_{bl0}——支线电缆导体长期最高温度下的每千米电阻，查表4-12，Ω/km。

表4-12 矿用低压电缆65 ℃时导体每千米电阻、电抗[18] Ω/km

类型	阻抗		电缆线芯截面/mm²										
			4	6	10	16	25	35	50	70	95	120	150
橡套	电阻		5.500	3.693	2.159	1.369	0.863 8	0.616 0	0.448 4	0.315 1	0.230 1	0.184 1	0.147 5
	电抗		0.101	0.095	0.092	0.090	0.088 0	0.084 0	0.081 0	0.078 0	0.075 0	0.072 0	0.069 0
铠装	电阻	铜芯	5.348	3.566	2.139	1.337	0.856 0	0.610 0	0.428 3	0.304 6	0.225 4		
		铝芯	9.013	6.008	3.605	2.253	1.441 0	1.030 0	0.721 0	0.514 5	0.380 0		
	电抗		0.095	0.090	0.073	0.067 5	0.066 2	0.063 7	0.062 5	0.061 2	0.060 2		

$$\Delta U_{\mathrm{ms}}(\text{辐射式}) = \frac{P_{\mathrm{ms}} R_{\mathrm{ms0}} L_{\mathrm{ms}}}{U_{\mathrm{N}}} \tag{4-23}$$

$$\Delta U_{\mathrm{ms}}(\text{干线式}) = \frac{K_{\mathrm{de}} R_{\mathrm{ms0}}}{U_{\mathrm{N}}} \sum_{i=0}^{n} (P_{\mathrm{Ni}} L_i) \tag{4-24}$$

式中　U_{N}——干线电缆线路所在电网的额定电压，kV；

　　　L_{ms}——干线电缆的长度，km；

　　　R_{ms0}——干线电缆每千米电阻（查表 4-12），Ω/km；

　　　P_{ms}——干线电缆所带负荷的计算功率值，kW；

　　　P_{Ni}、L_i——第 i 段电缆输送的计算功率和该段长度（图 4-6），kW、km；

　　　K_{de}——干线所带负荷的需用系数，由表 4-2 求取。

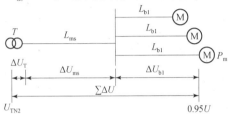

图 4-5　辐射式电网电压损失

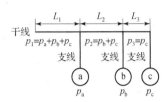

图 4-6　干线式电缆各段功率及长度

$$\Delta U_{\mathrm{T}} = \frac{S_{\mathrm{T}}}{U_{\mathrm{TN2}}} (R_{\mathrm{T}} \cos \Phi_{\mathrm{Tam}} + X_{\mathrm{T}} \sin \Phi_{\mathrm{Tam}}) \tag{4-25}$$

式中　S_{T}——变压器的计算容量，由式（4-1）求得，kV·A；

　　　U_{TN2}——变压器二次侧额定电压（按所选变压器的技术数据），kV；

　　　R_{T}——变压器电阻（查表 4-3），Ω；

　　　X_{T}——变压器感抗（查表 4-3），Ω；

　　　$\cos \Phi_{\mathrm{Tam}}$——变压器的加权平均功率因（查表 4-2）；

　　　$\sin \Phi_{\mathrm{Tam}}$——变压器加权平均功率因数角的正弦，$\sin \Phi_{\mathrm{Tam}} = \sin(\cos \Phi_{\mathrm{Tam}}^{-1})$。

本例功率最大且距离较远的为采煤机支线（没有干线），故按采煤机支线电缆校验如下。

①求支线电压损失。因为 2 根电缆相同，只需求出其中 1 根，但功率取半。按式（4-22）计算如下：

$$\Delta U_{\mathrm{bl}} = \frac{P_{\mathrm{bl}} R_{\mathrm{bl0}} L_{\mathrm{bl}}}{U_{\mathrm{N}}} = \frac{0.89 \times 730 \times 0.2301 \times 0.333}{1.14 \times 2} = 21.8 \text{ V} \tag{4-26}$$

式中，P_{bl} 由式（4-2）求得，其需用系数、额定功率由表 4-5 查取为 0.89、730 kW。

②求变压器电压损失。按式（4-25）计算如下：

$$\Delta U_{\mathrm{T}} = \frac{S_{\mathrm{T}}}{U_{\mathrm{TN2}}} (R_{\mathrm{T}} \cos \Phi_{\mathrm{Tam}} + X_{\mathrm{T}} \sin \Phi_{\mathrm{Tam}}) = \frac{1\,495.43}{1.2} (0.004\,5 \times 0.7 + 0.035\,7 \times 0.71) = 35.5 \text{ V}$$
$$\tag{4-27}$$

式中，R_{T}、X_{T} 取自表 4-3，$\cos \Phi_{\mathrm{Tam}}$ 取自表 4-2，S_{T} 见式（4-5）。总电压损失为

$$\sum \Delta U = \Delta U_{\mathrm{bN}} + \Delta U_{\mathrm{T}} = 21.8 + 35.5 = 57.3 \text{ V}$$

允许电压损失为 $\Delta U_{\mathrm{P}} = 0.1 U_{\mathrm{N}} = 0.1 \times 1\,140 = 114 \text{ V} > \sum \Delta U$，故校验合格。

（2）按允许电压损失复选。辐射式按式（4-28）、干线式按式（4-29）求出复选截面后，查表确定所选截面，最终取初选和复选截面偏大者。

$$A \geqslant \frac{P_{\mathrm{ms}} \rho L_{\mathrm{ms}}}{U_{\mathrm{N}} \Delta U_{\mathrm{msp}}} \tag{4-28}$$

$$A \geqslant \frac{K_{\mathrm{de}} \rho \sum\limits_{i=1}^{n} (P_{\mathrm{Ni}} L_i)}{U_{\mathrm{N}} \Delta U_{\mathrm{msp}}} \tag{4-29}$$

$$\Delta U_{\mathrm{msp}} = \Delta U_{\mathrm{p}} - \Delta U_{\mathrm{T}} - \Delta U_{\mathrm{bl}} \quad\quad\quad\quad (4-30)$$

$$\rho = \rho_{20}[1 + \alpha(\theta - 20)] \quad\quad\quad\quad (4-31)$$

式中 ΔU_{msp}——干线允许电压损失，V；

ρ——电缆导体最高温度下的电阻率，$\Omega \cdot \mathrm{mm}^2/\mathrm{m}$；

ρ_{20}——电缆导体 20 ℃时的电阻率，考虑扭绞系数 1.012、成缆系数 1.007、压紧效应系数 1.01，标准软铜电缆为 0.018 9 $\Omega\mathrm{mm}^2/\mathrm{m}$；

α——电缆导体的温度系数，标准软铜电缆为 0.003 93/℃，矿用橡套电缆（镀锡软铜）导体为 0.003 85/℃。

其他参数见式（4-21）、式（4-23）、式（4-24）。

本例按线路最长的调度绞车干线校验如下。

①变压器电压损失 ΔU_{T} 由式（4-25）求得：

$$\Delta U_{\mathrm{T}} = \frac{S_{\mathrm{T}}}{U_{\mathrm{TN2}}}(R_{\mathrm{T}}\cos \Phi_{\mathrm{Tam}} + X_{\mathrm{T}}\sin \Phi_{\mathrm{Tam}}) = \frac{879}{1.2}(0.007\ 8 \times 0.7 + 0.057\ 1 \times 0.71) = 33.7\ \mathrm{V}$$

$$(4-32)$$

式中，S_{T} 取自表 4-5，R_{T}、X_{T} 取自表 4-3，$\cos \Phi_{\mathrm{T}}$ 取自表 4-2。

②干线允许电压损失 ΔU_{msp}：

$$\Delta U_{\mathrm{msp}} = \Delta U_{\mathrm{p}} - \Delta U_{\mathrm{T}} - \Delta U_{\mathrm{bl}} \approx 0.1 \times 1\ 140 - 33.7 \times = 80.3\ \mathrm{V} \quad\quad (4-33)$$

式中，ΔU_{bN} 因支线仅 10 m 而忽略。

③按允许干线电压损失所求截面 A：

$$A \geqslant \frac{K_{\mathrm{de}}\rho \sum_{i=1}^{n}(P_{\mathrm{Ni}}L_{\mathrm{i}} \times 10^3)}{U_{\mathrm{N}}\Delta U_{\mathrm{msp}}} =$$

$$\frac{0.6 \times 0.022\ 17 \times [3 \times 25(1\ 545 - 1.1 \times 1\ 040 + 20 + 20) + 2 \times}{1.14 \times 80.3}$$
$$\frac{25(1.1 \times 1\ 040/2 + 20) + 25(1.1 \times 1\ 040/2 + 20)]}{1.14 \times 80.3} = 11.3\ \mathrm{mm}^2 \quad (4-34)$$

式中，25——调度绞车额定功率，kW；

1 545——调度绞车干线长度，取自表 4-10，m；

1.1——橡套电缆弯曲系数；

1 040——回风巷长度，取自图 4-1，m；

20——变电所硐室内电缆长度，取自表 4-10，m；

20——每段电缆两端头长度，取自表 4-10，m。

④电缆导体最高温度 65 ℃下的电阻率 ρ：

$$\rho = \rho_{20}[1 + \alpha(\theta - 20)] = 0.018\ 9[1 + 0.003\ 85(65 - 20)] = 0.022\ 17\ \Omega\mathrm{mm}^2/\mathrm{m} \quad (4-35)$$

初选截面 10 mm^2 < 11.3 mm^2（复选截面），故改选为 16 mm^2，具体型号见表 4-10。（插入"设计采区变电所及采区供电系统 2"）

4）按起动电压损失校验截面

由于电动机起动电流大，起动时电压损失大，因起动时间较短，可忽略其电压质量的要求，但必须满足电动机和电磁启动器起动条件的要求，否则无法起动。一般只需校验供电功率最大、供电距离最远的干线，如该干线满足起动要求，其他干线必能满足起动要求。

（1）按电动机起动条件校验。最大最远电动机起动时，满足下式即校验合格：

$$U_{\mathrm{st}} \geqslant U_{\mathrm{st.\ min}} \quad\quad\quad\quad (4-36)$$

$$U_{\mathrm{st.\ min}} = U_{\mathrm{N}}\sqrt{\frac{K}{\alpha}} \quad\quad\quad\quad (4-37)$$

式中 U_{ST}——干线所供最大、最远电动机的实际起动电压，按式（4-38）求出，V；

U_{N}——电动机的额定电压，V；

$U_{\text{st. min}}$——电动机最小起动转矩所需的最小起动电压，V；

K——电动机的最小起动转矩倍数（查表 4 – 13）；

α——电动机额定电压时起动转矩 $M_{\text{N. st}}$ 与电动机额定转矩 M_N 之比（可查电动机技术数据），矿用隔爆型电动机一般可取 2 ~ 2.5。

$$U_{\text{st}} = U_{\text{TN2}} - \Delta U_{\text{T. st}} - \Delta U_{\text{ms. st}} - \Delta U_{\text{bl. st}} \tag{4 – 38}$$

式中　U_{TN2}——变压器二次侧额定电压，V；

$\Delta U_{\text{bN. st}}$——起动时最大、最远电动机支线的电压损失，由式（4 – 39）求出，V；

$\Delta U_{\text{ms. st}}$——起动时干线的电压损失，由式（4 – 41）求出，V；

$\Delta U_{\text{t. st}}$——起动时变压器的电压损失，由式（4 – 42）求出，V。

表 4 – 13　电动机的最小起动转矩倍数

用电设备名称	$K = M_{\text{st. min}}/M_N$
联合采煤机与截煤机	1.0 ~ 1.2
刮板输送机	1.2 ~ 1.5
带式输送机	1.1 ~ 1.4
无极绳绞车	1.2 ~ 1.3
绞车及水泵	0.5 ~ 0.6

$$\Delta U_{\text{bl. st}} = \sqrt{3} I_{\text{st}} \rho \frac{L_{\text{bl}}}{A_{\text{bl}}} \cos \varPhi_{\text{st}} \tag{4 – 39}$$

式中　L_{bN}、A_{bN}、ρ——最大且最远电动机支线电缆长度、截面积、电阻率，ρ 由式（4 – 31）求得，m、mm^2、$(\Omega \cdot \text{mm}^2)/\text{m}$；

$\cos \varPhi_{\text{st}}$——该支线电动机起动时的功率因数，可查电动机技术数据，一般取 0.5 ~ 0.7；

I_{st}——该支线电动机实际起动电压下的起动电流，由下式近似求得，A。

$$I_{\text{st}} = I_{\text{N. st}} \frac{U_{\text{st}}}{U_N} \tag{4 – 40}$$

式中　$I_{\text{N. st}}$——该支线电动机的额定起动电流，可近似取 6 倍的额定电流，A；

U_N——该支线电动机的额定电压，V；

U_{st}——该支线电动机起动时的端电压，可近似取式（4 – 37）所求 $U_{\text{st. min}}$，V。

$$\Delta U_{\text{ms. st}} = \rho \frac{L_{\text{ms}}}{A_{\text{ms}}} \left(\sqrt{3} I_{\text{st}} \cos \varPhi_{\text{st}} + \frac{K_{\text{de. re}} \sum P_{\text{N. re}} \times 10^3}{U_N} \right) \tag{4 – 41}$$

式中　$\Delta U_{\text{ms. st}}$——干线电缆起动电压损失，V；

L_{ms}、A_{ms}、ρ、U_N——干线电缆的长度、截面积、电阻率、额定电压，m、mm、$(\Omega \cdot \text{mm}^2)/\text{m}$、V；

$K_{\text{de. re}}$、$\sum P_{\text{N. re}}$——除起动电动机外，干线中其他设备的需用系数（查表 4 – 2）、额定功率之和，kW。

$$\Delta U_{\text{T. st}} = \sqrt{3} I_{\text{T. st}} (R_T \cos \varPhi_{\text{T. st}} + X_T \sin \varPhi_{\text{T. st}})$$
$$\sin \varPhi_{\text{T. st}} = \sin (\cos \varPhi_{\text{T. st}}^{-1}) \tag{4 – 42}$$

式中　$I_{\text{t. st}}$——变压器的实际起动电流，按式（4 – 43）求出，A；

$\cos \varPhi_{\text{t. st}}$——变压器的实际起动功率因数，按式（4 – 44）求出；

$\sin \varPhi_{\text{t. st}}$——变压器起动功率因数角的正弦；

R_T、X_T——变压器电阻、电抗，查表（4 – 3）求得。

$$I_{T.st} = \sqrt{(I_{st}\cos\varPhi_{st} + \sum I_{N.re}\cos\varPhi_{T.st})^2 + (I_{st}\sin\varPhi_{st} + \sum I_{N.re}\sin\varPhi_{T.st})^2} \qquad (4-43)$$

$$\cos\varPhi_{T.st} = \frac{I_{st}\cos\varPhi_{st} + \sum I_{N.re}\cos\varPhi_{T.re}}{I_{st} + I_{N.re}} \qquad (4-44)$$

式中 I_{st}、$\cos\varPhi_{st}$——变压器负荷中最大一台电动机的实际起动电流、起动功率因数;

$\sum I_{N.re}$、$\cos\varPhi_{T.re}$——除起动电动机外变压器所带其他电动机的额定电流之和、加权平均功率因数(近似由表 4-2 查取)。

(2)按电磁启动器的起动要求校验。最大、最远电动机起动时,其电磁启动器的起动电压 U'_{st} 应不小于启动器的最小吸合电压(为线路额定电压 U_N 的 0.75 倍),即

$$U'_{st} = U_{TN2} - \Delta U_{T.st} - \Delta U_{ms.st} \geqslant 0.75U_N \qquad (4-45)$$

式中 $\Delta U_{T.st}$、$\Delta U_{ms.st}$——见式(4-42)、式(4-41);

U_N——启动器额定电压,V。

满足上式即为校验合格,如按正常或起动电压损失校验后不合格,可采取如下措施:

一是加大电缆截面,一般加大干线电缆的截面。

二是分散负荷,即增加电缆的根数。

三是更换大容量的变压器。

四是移动变电所的位置,使其靠近工作面。

五是调整变压器的调压抽头,此方法在设计中不应采用。

本例按功率最大、距离最远的采煤机支线校验如下。

①煤机电动机起动所需最小起动电压 $U_{st.min}$,按式(4-37)求得:

$$U_{st.min} = U_N\sqrt{\frac{K}{\alpha}} = 1\,140\sqrt{\frac{1.2}{2.5}} = 789.8\ \text{V} \qquad (4-46)$$

K 由表 4-13 查取,α 取 2.5。

②采煤机支线起动电压损失 $\Delta U_{bl.st}$,按式(4-39)求得:

$$\Delta U_{bl.st} = \sqrt{3}I_{st}\rho\frac{L_{bl}}{A_{bl}}\cos\varPhi_{st} = \sqrt{3}\times 1\,023.2\times 0.022\,17\times\frac{333}{2\times 95}\times 0.5 = 34.4\ \text{V} \qquad (4-47)$$

$\cos\varPhi_{st}$ 取 0.5,ρ 由式(4-35)求得,支线 L_{bl}、A_{bl} 由表 4-9 查取。

采煤机起动电流 I_{st},按式(4-40)求得:

$$I_{st} = I_{N.st}\frac{U_{st}}{U_N} = 1\,476.9\times\frac{789.9}{1\,140} = 1\,023.3\ \text{A} \qquad (4-48)$$

其中,因采煤机为多电动机拖动,故其额定起动电流按其中最大的截割电动机起动(近似取 6 倍额定电流)与其他电机工作电流之和按式(4-49)计算:

$$I_{N.st} = 6\times\frac{0.76P_M}{U_N} + \frac{K_{de}\sum P_{N.re}}{\sqrt{3}U_N\cos\varPhi_{re}} = 6\times\frac{0.76\times 300}{1.14} + \frac{0.89(300 + 2\times 50 + 30)}{\sqrt{3}\times 1.14\times 0.7} = 1\,476.9\ \text{A}$$

$$(4-49)$$

③变压器起动电压损失 $\Delta U_{t.st}$,按式(4-42)求得:

$$\Delta U_{T.st} = \sqrt{3}I_{T.st}(R_T\cos\varPhi_{T.st} + X_T\sin\varPhi_{T.st})$$

$$= \sqrt{3}\times 1\,540.2\times[0.004\,5\times 0.57 + 0.0357\times\sin(\cos 0.57^{-1})] = 85.2\ \text{V} \qquad (4-50)$$

$$\cos\varPhi_{T.st} = \frac{I_{st}\cos\varPhi_{st} + \sum I_{N.re}\cos\varPhi_{T.re}}{I_{st} + I_{N.re}} = \frac{1\,023.3\times 0.5 + 528\times 0.7}{1\,023.2 + 528} = 0.57 \qquad (4-51)$$

$$I_{T.st} = \sqrt{(I_{st}\cos\varPhi_{st} + \sum I_{N.re}\cos\varPhi_{T.st})^2 + (I_{st}\sin\varPhi_{st} + \sum I_{N.re}\sin\varPhi_{T.st})^2}$$

$$= \sqrt{(1\,023.2\times 0.5 + 528\times 0.7)^2 + (1\,023.2\times 0.87 + 528\times 0.71)^2} = 1\,540.2\ \text{A} \qquad (4-52)$$

式中　R_T、X_T——变压器电阻、电抗（查表 4 - 4），Ω；

　　$\cos\varPhi_{T.st}$——变压器起动加权平均功率因数，由式（4 - 44）求得；

　　$I_{t.st}$——变压器起动电流，由式（4 - 43）求得，A；

　　I_{st}——采煤机起动电流，由式（4 - 48）求得，A；

　　$\cos\varPhi_{st}$——采煤机起动功率因数，取 0.5；

　　$\sin\varPhi_{st}$——采煤机起动功率因数角的正弦，参考式（4 - 42）求得为 0.87；

　　$\cos\varPhi_{T.re}$——除采煤机外其他加权平均功率因数，近似取成组加权平均功率因数，取 0.7；

　　$\sin\varPhi_{T.re}$——除采煤机外其他加权平均功率因数角的正弦，由式（4 - 42）求得为 0.71；

　　$\sum I_{N.re}$——除采煤机外的负荷电流由表 4 - 5 中的数据求得，如下所示：

$$\sum I_{N.re} = 213 + 88 + 73 + 133 + 20 = 528 \text{ A} \tag{4 - 53}$$

④电动机起动校验。电动机起动时的端电压 U_{st} 由式（4 - 38）求得：

$$U_{st} = U_{T.N2} - \Delta U_{T.st} - \Delta U_{bl.st} = 1\,200 - 85.2 - 34.4 = 1\,080.4 \text{ V} \tag{4 - 54}$$

式中参数分别取自表 4 - 5、式（4 - 50）、式（4 - 47）。

可见 $U_{st} > U_{st.min} = 789.8$ V，故校验合格。

⑤电磁启动器起动校验。电磁启动器起动电压 U_{st}' 为

$$U_{st}' = U_{TN2} - \Delta U_{T.st} = 1\,200 - 85.2 = 1\,114.8 \text{ V} \tag{4 - 55}$$

可见，$U_{st}' > 0.75 \times 1\,140$ V $= 855$ V，故校验合格。

式中参数同式（4 - 54），由于干线较短，其起动电压损失忽略。（插入"设计采区变电所及采区供电系统 3"）

（三）选择高压电缆

1. 型号选择

1）向采区变电所供电的高压电缆选型

由于向采区变电所供电属于固定敷设，故选用塑料铠装电缆。其中经立井或倾角 45°以上斜井敷设的电缆选用煤矿用粗钢丝铠装电缆，如 MYJV42 型；经平硐或倾角 45°以下斜井敷设的电缆选用煤矿用细钢丝或钢带铠装电缆，如 MYJV32 型。

2）向移动变电站供电的高压电缆选型

由于移动变电站属于移动设备，位于工作面平巷有爆炸和触电危险，故选用矿用监视型屏蔽高压橡套电缆，如 MYPTJ 型或 MYPT 型。

2. 截面选择

1）按经济电流密度选择

对于供电距离较长、年最大负荷利用小时数不小于 1000h 的高压电缆，因其对供电的经济性有较大影响，应按经济电流密度选择，即满足式（4 - 56）要求。

$$A \approx A_e = \frac{I_{cal}}{I_{ed}} \tag{4 - 56}$$

$$I_{cal} = \frac{S_T'}{\sqrt{3}\,U_{T.N1}} \tag{4 - 57}$$

式中　A_e——导线的经济截面，mm^2；

　　I_{cal}——高压电缆正常工作时的最大长时工作电流，由表 4 - 5 查取，A；

　　S_T'——考虑所供变压器损耗的本组总负荷视在计算功率，由表 4 - 5 查得，$kV \cdot A$；

　　$U_{T.N1}$——所供变压器的一次侧额定电压，由表 4 - 5 查取，kV；

　　I_{ed}——经济电流密度（查表 4 - 14），A/mm^2；

　　A——所选标称截面（查表 4 - 16 或表 4 - 17），A。

表 4 – 14　电缆经济电流密度[20]　　　　　　　　　　　　　　　　　A/mm^2

导体材料	年最大负荷利用小时数/h		
	1 000 ~ 3 000	3 000 ~ 5 000	5 000 以上
铜芯电缆	2.5	2.25	2.0
铝芯电缆	1.92	1.73	1.54

其中，各类用户的年最大负荷利用小时数可参考表 4 – 15 选取。

表 4 – 15　各类用户的年最大负荷利用小时数 T_{max}[20]　　　　　　　　　h

负荷类型	室内照明及生活用电	单班制企业	两班制企业	三班制企业
T_{max}	2 000 ~ 3 000	1 500 ~ 2 200	3 000 ~ 4 500	6 000 ~ 7 000

2）按长时允许电流选择电缆截面

按满足式（4 – 18）要求查表 4 – 7 或表 4 – 11 选取电缆截面，式中的 I_{ca} 取自式（4 – 57），I_P 由表 4 – 7 或表 4 – 11 查取。

表 4 – 16　矿用铠装塑料电缆型号规格[2]

型号	芯数	额定电压/kV				标称截面系列/mm^2	
		0.6/1	1.8/3	3.6/6、6/6、6/10	8.7/10	3 芯 4 芯	3 + 1 芯
		标称截面/mm^2					
MVV		1.5 ~ 300	10 ~ 300	—	—	1.5	
MVV22		2.5 ~ 300	10 ~ 300	—	—	2.5	
MVV	3 + 1	4 ~ 300	10 ~ 300	—		4	3 × 4 + 2.5
MVV22	3 + 1	4 ~ 300	10 ~ 300	—		6	3 × 6 + 4
MVV	4	4 ~ 185	4 ~ 185			10	3 × 10 + 6
MVV22	4	4 ~ 185	4 ~ 185			16	3 × 16 + 10
						25	3 × 25 + 16
						35	3 × 35 + 16
						50	3 × 50 + 25
						70	3 × 70 + 35
MYJV	3	1.5 ~ 300	10 ~ 300	25 ~ 300	25 ~ 300	95	3 × 95 + 50
MYJV22	3	2.5 ~ 300	10 ~ 300	25 ~ 300	25 ~ 300	120	3 × 120 + 70
MYJV32	3	16 ~ 300	16 ~ 300	25 ~ 300	25 ~ 300	150	3 × 150 + 70
MYJV42	3	50 ~ 300	50 ~ 300	25 ~ 300	25 ~ 300	185	3 × 185 + 95
MYJV	3 + 1	4 ~ 300	10 ~ 300	—	—	240	3 × 240 + 120
MYJV32	4	4 ~ 185	4 ~ 185	—	—	300	3 × 300 + 150

表 4-17 矿用高压橡套电缆型号规格

型号	名称	U_0/U kV	动力线	地线		控制线	辅助线	外径/mm 非屏蔽	外径/mm 屏蔽
				MCPT	MCPTJ	MCPT	MCPTJ	MCPT	MCPTJ
MCPT MCPTJ	采煤机金属屏蔽橡套软电缆 采煤机金属屏蔽监视橡套软电缆	1.9/3.3	3×25	1×25	1×25	3×4	1×16	47.4~49.9	47.4~49.9
			3×35	1×35	1×35	3×4	1×16	51.6~54.6	51.6~54.6
			3×50	1×35	1×35	3×4	1×25	56.8~59.8	56.8~59.8
			3×70	1×50	1×50	3×6	1×35	62.8~65.8	62.8~65.8
			3×95	1×50	1×50	3×6	1×50	68.9~72.7	68.9~72.7
			3×120	1×70	1×70	3×10	1×70	73.4~77.2	73.4~77.2
			3×150	1×70	1×70	3×10	1×70	79.0~83.6	79.0~83.6

型号	名称	U_0/U kV	动力线	地线 1.9/3.3	地线 3.6/6	非屏蔽 1.9/3.3	屏蔽 3.6/6
MYPT	煤矿用移动金属屏蔽橡套软电缆	1.9/3.3 3.6/6	3×16		1×16		48.0~55.0
			3×25		1×16		51.0~58.0
			3×35	3×16/3	1×16	47.0~54.0	54.0~61.5
			3×50	3×16/3	1×25	50.5~57.5	58.0~66.0
			3×70	3×25/3	1×25	56.0~63.5	64.0~72.0
			3×95	3×35/3	1×35	60.5~67.5	68.5~77.0
			3×120	3×35/3	1×35	64.5~72.0	71.5~80.0
			3×150	3×50/3	1×50	68.5~76.5	76.0~85.0

型号	名称	U_0/U kV	动力线	地线	监视线	外径/mm 6/10
MYPT	煤矿用移动金属屏蔽橡套软电缆	6/10	3×16	3×16/3		54.0~61.0
			3×25	3×16/3		57.0~64.5
			3×35	3×16/3		59.5~67.5
			3×50	3×16/3		63.5~72.0
			3×70	3×35/3		68.0~76.5
			3×95	3×50/3		72.5~81.0
			3×120	3×50/3		75.5~84.5
			3×150	3×50/3		79.5~89.0

型号	名称	U_0/U kV	动力线	地线	监视线	外径/mm 3.6/6	外径/mm 6/10	外径/mm 8.7/10
MYPTJ	煤矿用移动金属屏蔽橡套软电缆	3.6/6 6/10 8.7/10	3×25	3×16/3	3×2.5	61.0~69.0	63.0~71.0	67.0~76.0
			3×35	3×16/3	3×2.5	63.5~72.0	66.0~74.5	71.0~80.0
			3×50	3×16/3	3×2.5	67.5~76.0	70.5~79.5	75.0~84.5
			3×70	3×25/3	3×2.5	72.5~82.0	74.5~84.0	79.0~88.0
			3×95	3×35/3	3×2.5	77.0~87.0	79.5~88.5	83.5~93.0
			3×120	3×35/3	3×2.5	80.5~90.0	82.5~92.0	86.5~96.5
			3×150	3×50/3	3×2.5	84.5~94.5	86.5~96.5	91.0~101.5

3）按电压损失校验电缆截面

6（10）kV 的各段高压电缆电压损失百分数之和不超过 5% 为合格，即满足式（4-58）为合格：

$$\sum \Delta U = \sum_{i}^{n}(\Delta U_i \times L_i \times P_i) \leqslant 5\% \qquad (4-58)$$

式中　P_i——第 i 段高压电缆所带负荷，MW；

　　　L_i——第 i 段高压电缆长度，km；

　　　ΔU_i——第 i 段高压电缆 1 MW·km 负荷矩的电压损失百分数，根据电缆型号、截面及负荷加权平均功率因数查相应的表 4-18 至表 4-20。

表 4-18　6 kV 矿用橡套电缆每 1 MW·km 负荷矩的电压损失　　　　　　%

$\cos \Phi_{am}$	16	25	35	50	70	95
0.65	4.346	2.867	2.905	1.524	1.137	0.908
0.70	4.308	2.832	2.062	1.493	1.107	0.880
0.75	4.271	2.799	2.032	1.465	1.079	0.853
0.80	4.237	2.768	2.004	1.437	1.053	0.828
0.85	4.203	2.737	1.976	1.410	1.027	0.803
0.90	4.168	2.705	1.946	1.382	1.000	0.777
0.95	4.127	2.669	1.913	1.349	0.968	0.747
1.00	4.041	2.591	1.841	1.281	0.903	0.684
电阻/($\Omega \cdot km^{-1}$)	1.454	0.933	0.663	0.461	0.325	0.246
电抗/($\Omega \cdot km^{-1}$)	0.094	0.085	0.078	0.075	0.072	0.069

表 4-19　6 kV 铜芯聚氯乙烯电缆每 1 MW·km 负荷矩的电压损失[19]　　　　　%

$\cos \Phi$	16	25	35	50	70	95	120	150	185
0.65	3.940	2.560	1.910	1.390	1.050	0.822	0.692	0.590	0.516
0.70	3.912	2.569	1.882	1.368	1.024	0.797	0.667	0.566	0.491
0.75	3.886	2.544	1.857	1.344	1.000	0.775	0.644	0.543	0.468
0.80	3.861	2.519	1.834	1.321	0.978	0.752	0.622	0.521	0.439
0.85	3.837	2.495	1.811	1.298	0.956	0.730	0.600	0.500	0.425
0.90	3.812	2.470	1.787	1.275	0.933	0.708	0.577	0.477	0.402
0.95	3.782	2.442	1.759	1.248	0.906	0.682	0.551	0.451	0.376
1.00	3.720	2.381	1.701	1.190	0.851	0.627	0.496	0.397	0.322
电阻/($\Omega \cdot km^{-1}$)	1.340	0.857	0.612	0.429	0.306	0.226	0.179	0.143	0.116
电抗/($\Omega \cdot km^{-1}$)	0.068	0.066	0.064	0.063	0.061	0.060	0.060	0.060	0.060

注：电缆芯线温度按 65 ℃ 计算。

表 4 – 20　10 kV 铜芯聚氯乙烯电缆每 1 MW·kM 负荷矩的电压损失[18]　　　%

cos Φ	16	25	35	50	70	95	120	150	185
0.65	1.407	0.934	0.694	0.514	0.394	0.315	0.269	0.234	0.208
0.70	1.395	0.922	0.682	0.502	0.382	0.303	0.257	0.222	0.196
0.75	1.384	0.911	0.671	0.419	0.371	0.292	0.246	0.211	0.185
0.80	1.373	0.900	0.660	0.480	0.360	0.281	0.235	0.200	0.174
0.85	1.363	0.890	0.650	0.470	0.350	0.271	0.225	0.190	0.164
0.90	1.352	0.879	0.639	0.459	0.339	0.260	0.214	0.179	0.153
0.95	1.339	0.866	0.626	0.446	0.326	0.247	0.201	0.166	0.141
1.00	1.313	0.840	0.600	0.420	0.300	0.221	0.175	0.140	0.114
电阻/(Ω·km^{-1})	1.313	0.840	0.600	0.420	0.300	0.221	0.175	0.140	0.114
电抗/(Ω·km^{-1})	0.080	0.080	0.080	0.080	0.080	0.080	0.080	0.080	0.080

注：电缆芯线温度按 65 ℃ 计算。

4）按短路热稳定条件校验电缆截面

满足下式即校验合格：

$$A \geqslant A_{\min} = \frac{I_s^{(3)}}{C}\sqrt{t_i} \tag{4-59}$$

$$t_i = t_s + 0.05 \tag{4-60}$$

式中　A——已选截面，mm^2；

　　　$A_{\min}$——电缆的最小热稳定截面，mm^2；

　　　$I_s^{(3)}$——电缆首端的最大三相短路电流，按式（4-61）求取，A；

　　　C——电缆的热稳定系数，查表 4-21；

　　　t_i——短路电流的假想作用时间，由式（4-60）求取，s；

　　　t_s——实际短路时间，当继电保护装置瞬时动作时，对快速动作的断路器取 $t_s = 0.1$ s；对低速动作的断路器取 $t_s = 0.2$ s。当继电保护有动作时限时，在上述时间的基础上再加上继电保护的动作时限即可。

表 4 – 21　电缆的短时最高允许温度与热稳定系数值[20]

导体种类和材料		短时最高允许温度/℃	热稳定系数 C
交联聚乙烯绝缘电缆	铜芯	250	141
	铝芯	200	87
聚氯乙烯绝缘电线与电缆	铜芯	130	100
	铝芯	130	65
橡皮绝缘电线与电缆	铜芯	150	112
	铝芯	150	74

井下高压电网三相短路电流的计算。由于三相短路为对称短路，且星形连接下的线电流即相电流，故可按单相电路计算短路电流：

$$I_s^{(3)} = \frac{U_{av}}{\sqrt{3}\sqrt{(\sum R)^2 + (\sum X)^2}}$$ (4-61)

式中 $I_s^{(3)}$——三相短路电流，kA；

U_{av}——短路点所在电网中首端的平均线电压（为电网额定电压的 1.05 倍），kV；

$\sum R$——短路回路内各元件一相电阻值的总和，由式（4-63）求得，Ω；

$\sum X$——短路回路内各元件一相电抗值的总和，由式（4-62）、式（4-65）求得，Ω。

（1）系统电抗计算。

电源系统的感抗是指等效电源的电抗，因远大于系统电阻，故其电阻可忽略，只计算电源系统的电抗 X_{sy}：

$$X_{sy} = \frac{U_{av}}{\sqrt{3}I_s^{(3)}}$$ (4-62)

式中 U_{av}——同上式，kV；

$I_s^{(3)}$——电源母线上的三相短路电流（无据可查时可按电源配电箱的额定断开电流估算，查表 4-23），kA。

（2）电缆阻抗计算。

电缆电阻 R_w 可用下式计算：

$$R_w = R_0 L$$ (4-63)

式中 L——短路回路电缆的长度，km；

R_0——短路回路电缆的每千米电阻，Ω/km；铠装铜芯电缆查表 4-19 或表 4-20，6 kV 橡套电缆查表 4-18。

注意，计算电缆的最大短路电流时取 25 ℃（阻值最小）下的 R_0'，可按下式换算：

$$R_0' = 0.84 R_0$$ (4-64)

电缆电抗 X_w 可用下式计算：

$$X_w = X_0 L$$ (4-65)

式中 X_0——短路回路电缆的每千米电抗，可根据电缆类型由表 4-18 至表 4-20 查取，Ω/km；

L——短路回路电缆长度，km。

3. 本例高压电缆选择

1）选型号

高压电缆
截面的选择

进线高压电缆 G1、G2 为固定敷设，故查表 4-16 选择 MYJV22 型矿用塑料铠装电缆。其他电缆均查表 4-17 选矿用高压橡套电缆，其中向工作面平巷供电的 G3、G4 有瓦斯煤尘爆炸危险，故选择矿用高压屏蔽橡套电缆。

2）选长度

各高压电缆的长度由式（4-17）选取。

（1）G1、G2 因巷道长度相同而相等。

$$L_{G1} = L_{G2} = k \times L_h + 2n_d L_d + n_j L_j = 1.05 \times (2\,000 + 20) + 2 \times 1 \times 10 + 4 \times 10 = 2\,181 \text{ m}$$

(4-66)

$$n_j = [1.05(2\,000 + 20) - 500]/500 = 3.2$$

式中 k——电缆悬挂时的弯曲系数，铠装电缆取 1.05；

L_h——电缆敷设巷道长度，中央变电所到采区变电所 2 000 m，采区变电所内巷道及硐室长度 20 m；

n_d——电缆段数，本例为 1 段；

L_d——每段电缆每端接头余量，本例取 10 m；

n_j——电缆中间接头数，设电缆供货长 500 m，取整数 4，其中减去 1 个供货长度500 m 是为了去掉两端的接头数；

L_j——每一中间接头处留 8~10 m 的余量，本例取 10 m。

（2）G3、G4 长度均按最远处采掘工作面计。

$$L_{G3} = k \times L_h + 2n_d L_d + n_j L_j = 1.1 \times (20 + 110 + 180 + 1\,040 - 100) + 2 \times 1 \times 10 + 2 \times 10 = 1\,415 \text{ m}$$

$$(4-67)$$

$$n_j = (1.1 \times 1\,250 - 500)/500 = 1.75$$

式中 k——电缆悬挂时的弯曲系数，橡套电缆取 1.1；

L_h——电缆敷设巷道长度，即采区变电所内巷道及硐室长度 20 m + 距运输平巷110 m + 工作面长 180 m（按最远处 103 采煤工作面计）+ 区段长度 1 040 m - 距工作面长度 100 m；

n_d——电缆段数，本例为 1 段；

L_d——每段电缆每端接头余量，本例取 10 m；

n_j——电缆接头数，设电缆供货长度 500 m，取整数 2；

L_j——每一中间接头处留 8~10 m 的余量，本例取 10 m。

$$L_{G4} = k \times L_h + 2n_d L_d + n_j L_j = 1.1 \times (20 + 110 + 180 + 1\,040 - 100) + 2 \times 1 \times 10 + 2 \times 10 = 1\,415 \text{ m}$$

$$(4-68)$$

$$n_j = (1.1 \times 1\,250 - 500)/500 = 1.75$$

式中 k——电缆悬挂时的弯曲系数，橡套电缆取 1.1；

L_h——电缆敷设巷道长度，即采区变电所内巷道及硐室长度 20 m + 距运输平巷110 m + 工作面长 180 m（按最远处 101 回风巷掘进计）+ 区段长度 1 040 m - 距工作面长度 100 m；

n_d——电缆段数，本例为 1 段；

L_d——每段电缆每端接头余量，本例取 10 m；

n_j——电缆接头数，设电缆供货长度 500 m，取整数 2；

L_j——每一中间接头处留 8~10 m 的余量，本例取 10 m。

（3）G5、G6 长度按照一段电缆的两端各 10 m，变电所硐室内长度按 20 m 估计，共计为 40 m。

3）选芯数

铠装电缆选取 3 芯，橡套电缆选取 4 芯。

4）选截面

电缆截面按经济电流密度初选，按其他条件校验。

（1）按经济电流密度初选。

计算数据及结果见表 4-22。表中，经济电流密度 I_{ed} 根据三班企业查表 4-15 取年负荷利用小时数 6 000 h，再由此查表 4-14 取铜芯电缆为 2.0，经济截面 A_e 由式（4-56）求得，G_1、G_2 电缆的 I_{cal} 取自表 4-5 中的 $I_{cal\Sigma}$，其他电缆的 I_{cal} 按式（4-57）求出（取自表 4-5 中的 I_{cal}），最后初选接近经济截面的标称截面 A。

（2）按长时允许电流校验。

由表 4-11 或表 4-7 查出初选截面对应的允许电流（记入表 4-22），大于上式所求 I_{cal}' 即为合格。

（3）按电压损失校验。

首先求各段高压电缆电压损失。

第一段：地面变电所到井下中央变电所电缆的电压损失百分数，由式（4-58）求得：

$$\Delta U_1 \times L_1 \times P_1 = 0.468\% \times 1 \times 4.1 = 1.919\%$$

$$(4-69)$$

式中 ΔU_1——G_0 电源电缆 MYJV42-6/10 3×185 的每 1 MW·km 的电压损失，根据原始资料

提供的电源情况中井下总功率因数 0.75，查表 4 – 19 取得；

L_1——电源电缆的长度，根据原始资料提供的电源情况可知为 1km；

P_1——井下总负荷，根据原始资料提供的电源情况可知为 4.1MW。

第二段：井下中央变电所到采区变电所电缆的电压损失百分数，由式（4 – 58）求得：

$$\Delta U_2 \times L_2 \times P_2 = 0.692\% \times 2.181 \times 1.795 = 2.709\% \qquad (4-70)$$

式中 ΔU_2——G1、G2 进线电缆 MYJV22 – 3.6/6 3×120 – 2 181 m 的每 1 MW·km 的电压损失，根据表 4 – 5 知采区总功率因数 $\cos \Phi_{\sum} = 0.68$，查表 4 – 19 取偏大值（$\cos \Phi = 0.65$ 时）0.692%；

L_2——进线电缆 MYJV22 – 3.6/63×120 的长度，查表 4 – 22 取 2.181 km；

P_2——采区总负荷 $P_{ca\sum}$，查表 4 – 5 取 1.795 MW。

第三段：分别计算采区变电所到移动变电站功率最大电缆 G_3 和阻值最大电缆 G_4 的电压损失百分数，由式（4 – 58）分别求得：

$$\Delta U_3 \times L_3 \times P_3 = 1.137\% \times 1.415 \times 1.057 = 1.107\% \qquad (4-71)$$

式中 ΔU_3——G_3 电缆每 1 MW·km 的电压损失，根据表 4 – 5 知综采总功率因数 0.68，按初选截面 70 mm² 查表 4 – 18 取偏大值（$\cos \Phi = 0.65$ 时）1.137；

L_3——G_3 电缆的长度，查表 4 – 22 取 1.415 km；

P_3——综采总负荷，查表 4 – 5 取 1.057 MW。

$$\Delta U_4 \times L_4 \times P_4 = 4.346\% \times 1.414 \times 0.255 = 1.568\% \qquad (4-72)$$

式中 ΔU_4——G_4 电缆每 1 MW·km 的电压损失，根据表 4 – 5 知综掘总功率因数 0.68，按初选截面 16 mm² 查表 4 – 18 取偏大值（$\cos \Phi = 0.65$ 时）4.346；

L_4——G_4 电缆的长度，查表 4 – 22 取 1.415 km；

P_4——综掘总负荷，查表 4 – 5 取 0.255 MW。

分别求出 G_3 支线和 G_4 支线电网电压损失百分数之和：

$$\sum \Delta U_3 = \sum_i^n \Delta U_i \times L_i \times P_i = 1.919\% + 2.709\% + 1.107\% = 5.735\% > 5\% \qquad (4-73)$$

$$\sum \Delta U_4 = \sum_i^n \Delta U_i \times L_i \times P_i = 1.919\% + 2.709\% + 1.568\% = 6.196\% > 5\% \qquad (4-74)$$

可见均不满足要求，经反复验算，最终改选 G_1、G_2 为 150 mm²、G_3 为 2 根 70 mm²、G_4 为 50 mm²，重新计算后 $\sum \Delta U_3 = 5.079\%$，$\sum \Delta U_4 = 4.788\%$，考虑取最大值导致的误差，可以认为近似 5%，满足要求。

（4）按短路时热稳定性校验。

计算最大短路电流。按式（4 – 61）求出如图 4 – 7 所示的各高压电缆首端三相短路电流，如下所示：

$$I_{SG1}^{(3)} = \frac{U_{av}}{\sqrt{3}\sqrt{(\sum R_1)^2 + (\sum X_1)^2}} = \frac{1.05 \times 6}{\sqrt{3}\sqrt{0.097^2 + (0.06 + 0.291)2}} = 9.985 \text{ kA} \quad (4-75)$$

式中 $I_{SG1}^{(3)}$——G_1 高压电缆首端三相短路电流，kA；

U_{av}——短路点所在电网的平均线电压（为电网额定电压 6kV 的 1.05 倍），V；

$\sum R_1$——短路回路内一相电阻值的总和，由于系统电阻被忽略，只有中央变电所电源电缆的电阻 R_{G0}，参照式（4 – 63）、式（4 – 64）计算；

$\sum X_1$——短路回路内系统电抗 X_{sy}、中央变电所电源电缆电抗 X_{G0} 的总和。

$$\sum R_1 = 0.84 R_{0.G0} L_{G0} = 0.84 \times 0.116 \times 1 = 0.097 \ \Omega \qquad (4-76)$$

$$X_{G0} = X_{0.G0} L_{G0} = 0.06 \times 1 = 0.06 \ \Omega \qquad (4-77)$$

式中 $R_{0.G0}$——G_0 电缆每千米电阻，查表 4 – 19 取 0.116 Ω/km；

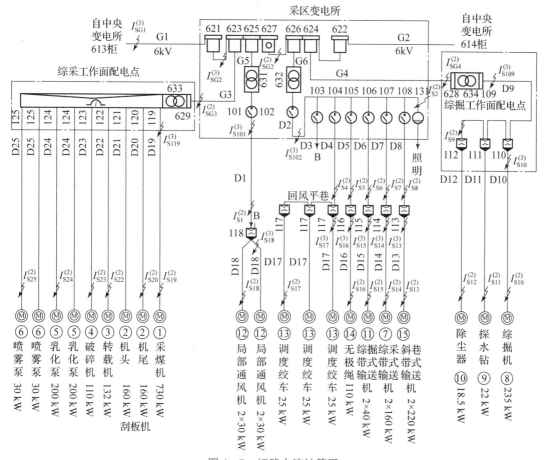

图 4 - 7   短路电流计算图

$X_{0.G0}$——G_0 电缆每千米电抗，查表 4 - 19 取 0.06 Ω/km；

L_{G0}——G_0 电缆长度，见原始资料中的供电电源，为 1 km。

$$X_{sy} = \frac{U_{av}}{\sqrt{3}I_s^{(3)}} = \frac{6.3}{\sqrt{3} \times 12.5} = 0.291 \ \Omega \qquad (4-78)$$

式中　U_{av}——系统平均电压，取 1.05×6 kV；

$I_s^{(3)}$——电源母线三相短路电流，近似取电源高压配电箱额定短路开断电流 12.5 kA。

$$I_{SG2}^{(3)} = \frac{U_{av}}{\sqrt{3}\sqrt{\left(\sum R_2\right)^2 + \left(\sum X_2\right)^2}}$$

$$= \frac{1.05 \times 6}{\sqrt{3}\sqrt{(0.097 + 0.262)^2 + (0.06 + 0.291 + 0.131)^2}} = 6.052 \ \text{kA} \qquad (4-79)$$

式中　$I_{SG2}^{(3)}$——G_2 高压电缆首端三相短路电流，kA；

U_{av}——短路点所在电网的平均线电压（为电网额定电压的 1.05 倍），V；

$\sum R_2$——短路回路内一相电阻值的总和，即中央变电所电源电缆电阻 R_{G0} 和采区变电所进线电缆电阻 R_{G1}，分别见式（4 - 76）、式（4 - 80）；

$\sum X_2$——短路回路内一相电抗之和，即 $\sum X_1$ 与采区变电所进线电缆电抗 X_{G1} 的总和，结果分别见式（4 - 77）、式（4 - 78）、式（4 - 81）。

$$R_{G1} = 0.84 R_{0.G1} L_{G1} = 0.84 \times 0.143 \times 2.181 = 0.262 \ \Omega \qquad (4-80)$$

$$X_{G1} = X_{0.G1}L_{G1} = 0.06 \times 2.181 = 0.131 \ \Omega \qquad (4-81)$$

式中　$R_{0.G1}$——G_1 电缆每千米电阻，查表 4-19 取 0.143 Ω/km；

$\qquad X_{0.G1}$——G_1 电缆每千米电抗，查表 4-19 取 0.06 Ω/km；

$\qquad L_{G1}$——G_1 电缆长度，查表 4-22 取 2.181 km。

由于电缆首端短路，故表 4-22 中总阻抗 Z 不包含本电缆自身阻抗。

最小热稳定截面 A_{min} 由式（4-59）计算，其中热稳定系数 C 按短路时允许最高温度及绝缘材料由表 4-21 查取，短路假想作用时间 t_s 取 0.2 s，电缆首端三相短路电流 $I_s^{(3)}$ 分别由式（4-75）、式（4-79）求得，各电缆最小热稳定截面 A_{min} 计算结果见表 4-22。

校验时，所求热稳定截面 A_{min} 小于所选截面即为合格。

由表 4-22 可知，G_4、G_5 初选截面不满足要求，故改选为 25 mm²。

（四）选择高压开关

根据使用环境选型号。因采区有爆炸危险，故统一选择 PJG-6Y 型隔爆高压真空配电箱，628、629 选择 PBG1-6 型移动变电站用高压配电箱。

1. 根据工作条件选择开关参数

1）选择额定电压

高压配电箱额定电压 U_N 不小于所接电网的额定电压 U，即

$$U_N \geq U \qquad (4-82)$$

2）选择额定电流

高压配电箱额定电流 I_N 不小于所接变压器一次侧计算电流 I_{ca1}，即

$$I_N \geq I_{ca1} \qquad (4-83)$$

式中　I_N——高压配电箱的额定电流（查表 4-23），A；

$\qquad I_{ca1}$——高压配电箱所接高压电缆（即变压器一次侧）计算电流，由式（4-57）求出，A。

进线开关的 I_{ca1} 取自表 4-5 中的 $I_{ca\Sigma}$；其他开关的 I_{ca1} 值取自表 4-5；母联开关的计算电流按最大一段负荷母线的计算电流，由式（4-13）求取，其中 $\sum S_{ca}$ 为该母线所带各组总负荷的 S_T'（查表 4-5）之和。

2. 根据短路条件校验开关参数

1）校验断流能力

如果高压开关断开的短路电流大于其额定开断电流，就会因灭弧能力不够而使断路器爆炸，因此开关设备的额定开断电流应大于设备安装地点的最大短路电流，即

$$I_{Nb} \geq I_s^{(3)} \qquad (4-84)$$

式中　I_{Nb}——断路器的额定短路开断电流，查表 4-23 取所选高压开关技术数据，kA；

$\qquad I_s^{(3)}$——高压开关最大（导体电阻最小时开关出口处三相短路）电流有效值，由式（4-61）求得，kA。

2）校验动稳定性

如果通过开关的最大电流峰值超过其极限通过电流峰值，所产生的电动力会破坏开关，因此开关的极限通过电流峰值应大于通过其最大冲击电流值，即

$$i_{es} \geq i_{ch} \qquad (4-85)$$

$$i_{ch} = 2.55 \ I_s^{(3)} \qquad (4-86)$$

式中　i_{es}——高压开关极限通过电流峰值，查表 4-23 取所选高压开关的值，kA；

$\qquad i_{ch}$——高压开关出口处三相短路电流冲击值（即峰值），由式（4-86）求出，kA；

$\qquad I_s^{(3)}$——高压开关出口处三相短路电流有效值，由式（4-61）求得，kA。

表 4-22 高压电缆选择计算数据及结果

电缆长度	选长度/m	初选截面				校 $I_p > I_{ca}$		按 $A > A_{min}$ 热稳定校验							按 ΔV 校后改选	终选
		$I_{cal.}$/A	I_{ed}/(A·mm²)⁻¹	A_e/mm²	A/mm²	I_p/A	结果	X/Ω	R/Ω	Z/Ω	$I_s^{(3)}$/kA	C	A_{min}/mm²	结果	后改选	
G1 G2	2 185	253.2	2.0	126.6	120	315	合格	0.131	0.262	0.364	9.985	141	35	合格	150 mm²	MYJV22-3.6/6 3×150-2 181
G3	1 415	149.3	2.0	71.9	70	215	合格	0.102	0.386	0.601	6.052	112	27	合格	2× 70 mm²	2 根 MYP-3.6/6 3×70+1×25-1 415
G4	1 415	36.2	2.0	17.3	16	85	合格	0.106	0.548	0.601	6.052	112	27	35 mm²	50 mm²	MYP-3.6/6 3×50+1×25-1 415
G5	40	8.0	2.0	3.8	4	37	合格	0.002	0.011	0.601	6.052	112	27	35 mm²		MYP-3.6/6 3×35+1×16-40
G6	40	87.9	2.0	42.3	35	135	合格	0.002	0.011	0.601	6.052	112	27	合格		MYP-3.6/6 3×35+1×16-40

注：表中 R、X 为该电缆单根选截面和长度下的电阻、电抗值，Z 为该电缆首端短路回路阻抗值。（插入"设计采区变电所及采区供电系统4"）

3）校验热稳定性

若通过开关的最大电流有效值实际作用时间下所产生的热量超过其规定时间内允许通过的最大电流有效值（称为热稳定电流），开关会因过热而损坏，因此按下式进行热稳定性校验：

$$I_t t \geq I_s^{(3)} t_s \tag{4-87}$$

式中　I_t——高压开关热稳定电流，查表4-23取所选高压开关的值，kA；

　　　t——高压开关热稳定电流作用时间，查表4-23取所选高压开关的值，s；

　　　t_s——短路假想时间，高压真空开关按0.2 s计。

若上述校验不合格，可增加进线电缆长度以增大回路阻抗、减小短路电流，直至满足要求。

此外，高压开关接线嘴数目要满足电网接线的要求。双电源进线，选有2个电源进线嘴、1个负荷出线嘴的A型（图3-5a）；单电源进线或联台使用的首末台、联络开关，选择1个负荷接线嘴且进线侧一端带有封闭盒的B型（图3-5b）；联台使用的中间台，本身不进线，电源母线由联通节进入，选择仅有一个负荷接线嘴的C型（图3-5c）。

高压开关的选择

3. 本例选择

按式（4-83）选择高压配电箱的额定电压为6 kV，按式（4-84）选择高压配电箱的额定电流，其中所接高压电缆的长时工作电流 I_{cal} 查表4-22获得，高压配电箱额定电流查表4-23获得。注意动力中心及综掘移动变电站的高压开关与其上级高压开关电流相同，故规格相同，但型号需选择移动变电站用配电开关PBG1型隔爆高压配电箱，高压母联开关额定电流按式（4-69）求得：

$$\sum I_{cal} = \frac{\sum S_{ca}}{\sqrt{3} U_{T.N1}} = \frac{1\ 552 + 83}{\sqrt{3} \times 6} = 157.3 \text{ kA} \tag{4-88}$$

式中　$\sum S_{ca}$——最大一段母线视在功率之和，本例为综采工作面总负荷与局部通风机总负荷的视在功率（表4-5）之和，kV·A；

　　　$U_{T.N1}$——高压开关所接变压器一次侧额定电压，取6 kV。

4. 本例校验

1）校验断流能力

满足 $I_{Nb} \geq I_s^{(3)}$，则校验合格。额定开断电流 I_{Nb} 按所选高压配电箱由表4-23查取，621~627开关出口处三相短路电流 $I_s^{(3)}$ 也为所带高压电缆首端三相短路电流，均近似取式（4-79）的 $I_{SG2}^{(3)}$；628、629开关出口处三相短路电流为 $I_{SG3}^{(3)}$、$I_{SG4}^{(3)}$，分别由式（4-61）求出，注意求 $I_{SG3}^{(3)}$ 时，式中G3电缆的电阻、电抗应按2根电缆并联下的阻抗代入。

2）校验动稳定性

满足 $i_{es} \geq i_{ch}$，则校验合格。前者按所选高压配电箱由表4-23查取，后者由式（4-86）求得。

3）校验热稳定性

满足 $I_t^2 t \geq I_s^2 t_s$，则校验合格。前者按所选高压配电箱由表4-23查取，后者为该高压配电箱出口处三相短路电流，t_s 为0.2 S。

本例选择计算及校验结果见表4-24。

（五）选择低压开关

主要选择低压开关的型号、额定电压、额定电流，并且按照短路条件校验分断能力。

低压电器
的选择

1. 按使用场所选型

用作控制配电线路及配电点的总开关、分开关全部选择矿用隔爆真空馈电开关；用作控制电动机的开关选择隔爆启动器。用作控制综采工作面的开关也可选组合开关或动力中心。

表 4 - 23 矿用高压真空配电装置技术数据

型号	额定电压/kV	额定电流 I_N/A	过载保护整定值/A	短路保护整定值/A	额定短路开断电流/kA	额定关合电流峰值/kA	极限通过过电流峰值/kA	2 s热稳定电流/kA	外形尺寸/mm 长	宽	高
BGP6 - 6WT①	6	50, 100, 200, 300, 400				31.5	31.5	12.5	1 255	1 186	1 157
BGP9L - 6②	6	50, 100, 150, 200, 300, 400	(0.2 ~ 1) I_N 级差 0.1	(1 ~ 10) I_N 级差 1		31.5	31.5	12.5	1 255	1 186	1 157
BGP9L - 10	10	50, 100, 150, 200, 300, 400, 630			12.5	31.5	31.5	12.5	1 400	1 300	1 300
BGP9L - 6AK③	6	50, 100, 200, 300, 400, 500, 630	(0.2 ~ 1.4) I_N 级差 0.2	(1.6 ~ 10) I_N 级差 1	12.5	31.5	31.5	12.5	1 255	1 286	1 147
BGP43 - 6	6	50, 100, 150, 200, 300, 400, 500, 630	(0.2 ~ 1) I_N 级差 0.1	(1 ~ 10) I_N 级差 1	12.5	31.5	31.5	12.5	1 490	1 260	1 200
BGP43 - 10	10	50, 100, 150, 200, 250, 315, 400, 600	(0.2 ~ 1) I_N 级差 0.1	(1 ~ 10) I_N 级差 1	12.5	31.5	31.5	12.5			
PBG1 - 6	6	50, 100, 200, 300, 400, 630	(0.2 ~ 1) I_N 级差 0.1	(1 ~ 10) I_N 级差 1	12.5	31.5	31.5	12.5	1 363	1 175	1 061
PBG1 - 10	10	50, 100, 20, 300, 400, 630			12.5	31.5	31.5	12.5	928⑤	1 175	1 061

续表

型号	额定电压/kV	额定电流 I_N/A	过载保护整定值/A	短路保护整定值/A	额定短路开断电流/kA	额定关合电流峰值/kA	极限通过电流峰值/kA	2 s 热稳定电流/kA
PJG-10Y④	10	50, 100, 150, 200, 300, 400, 500, 630	(0.01~99.9) I_N级差 0.01	(0.01~99.9) I_N级差 0.01	12.5	31.5	31.5	12.5
PJG-6Y	6							
PJG-3.3Y	3.3	700, 750, 800, 900, 1 000, 1 100, 1 250			25	63	63	25

外形尺寸/mm

	长	宽	高
A、B 型	1 372	1 320	1 200
C 型	1 372	970	1 200
D 型	1 372	1 145	1 200
I_N=1 250 A 的 A 型	1 594	1 718	1 185

注：①WT—网络通信；②9L—20 世纪 90 年代联合设计；③K—快开门；④Y—永磁式；⑤PBG1 型长度 928 mm 为移动变电站配套开关。

表 4 - 24　高压开关选择计算及校验结果

高压开关代号	选参数			按 $I_{Nb}>I_{S}^{(3)}$ 校			按 $i_{es}>i_{ch}$ 校			热稳定校验			选择结果
	$U_N/$ kV	I_{cal}/A	I_N/A	$I_{Nb}/$ kA	$I_S^{(3)}/kA$	结果	$i_{es}/$ kA	$i_{ch}/$ kA	结果	$2I_{ts}^2/$ (MA·s)	$I_s^2t/$ (MA·s)	结果	
621 622	6	253.2	300	12.5	$I_{SG2}^{(3)}=6.052$	合格	31.5	15.4	合格	312.5	7.3	合格	PJG - 6Y - 300（B 型）
627	6	157.3	00	12.5	$I_{SG2}^{(3)}=6.052$	合格	31.5	15.4	合格	312.5	7.3	合格	PJG - 6Y - 200（B 型）
623	6	149.3	200	12.5	$I_{SG2}^{(3)}=6.052$	合格	31.5	15.4	合格	312.5	7.3	合格	PJG - 6Y - 200（B 型）
629					$I_{SG3}^{(3)}=4.739$			12.1			4.49		PBG1 - 6 - 200（移动变电站用）
624	6	36.2	50	12.5	$I_{SG2}^{(3)}=6.051$	合格	31.5	15.4	合格	312.5	7.3	合格	PJG - 6Y - 50（B 型）
628					$I_{SG4}^{(3)}=3.365$			8.6			2.26		PBG1 - 6 - 50（移动变电站用）
625	6	8.0	50	12.5	$I_{SG2}^{(3)}=6.051$	合格	31.5	15.4	合格	312.5	7.3	合格	PJG - 6Y - 50（C 型）
626	6	87.9	100	12.5	$I_{SG2}^{(3)}=6.051$	合格	31.5	15.4	合格	312.5	7.3	合格	PJG - 6Y - 100（B 型）

2. 按所带负荷选择额定参数

1）选择额定电压

选择低压开关的额定电压大于等于开关所连接的电网（电动机）的额定电压。如接于660 V 电网的低压开关，可以选择额定电压为 1 140 V/660 V，使用时只需将其调至 660 V 即可。

2）选择额定电流

选择低压开关的额定电流大于等于其所接电缆的长时工作电流。后者中馈电开关按式（4 - 12）计算；电磁启动器近似取所带电动机额定电流，按式（4 - 11）估算。

常用隔爆馈电开关型号及参数见表 4 - 25。常用矿用隔爆型启动器及隔爆组合开关型号及参数见表 4 - 26。

3. 按短路条件校验断流能力

开关的极限分断能力（电流）应不小于通过它的最大三相短路电流，即

$$I_{Nd}\geqslant I_{s}^{(3)} \qquad\qquad (4-89)$$

式中　I_{Nd}——开关极限分断能力（电流），查表 4 - 25 或表 4 - 26，kA；

$I_s^{(3)}$——开关出口处三相短路电流，由式（4 - 61）求出，为方便起见，也可由查表法查出两相短路电流 $I_s^{(2)}$，再换算为三相短路电流 $I_s^{(3)}$，kA。

查表求两相短路电流是根据两相短路电流的计算式（4 - 89），按照 50 mm^2 矿用橡套电缆不同长度下的阻抗值和不同变压器的阻抗值计算，将计算结果列入表 4 - 27（见表 4 - 27 二维码）和表 4 - 28（见表 4 - 28 二维码），供直接查取。

表 4-25　常用隔爆馈电开关技术数据

型号	额定电压 U_N/V	额定电流 I_N/A	极限分断②能力 I_{Nb}/kA	1 s 热稳定电流② I_{Is}/kA	过载保护倍数 n_{opo}	短路保护倍数 n_{ops}	接线嘴数 电力	接线嘴数 控制	电缆外径/mm 电力	电缆外径/mm 控制	外形尺寸/mm 长	外形尺寸/mm 宽	外形尺寸/mm 高
KBZ-200	660/1 140	200	7.5/4.5	$12I_N$或 5 kA，取其大值	$(0.2\sim1.4)I_N$	$(2\sim10)I_N$	4	2	32~71	14.5~21	918	590	912
KBZ-400		400	9/7.5										
KBZ-500	660/1 140	500	12.5/9				4	2	32~71	14.5~21	968	687	952
KBZ-630		630	15/12.5										
①KBZ21-200	660/1 140	200	7.5/4.5	$12I_N$或 5 kA，取其大值	$20\sim I_N$ 级差 5 A	$(2\sim10)I_N$	4	2	≤78	≤20	790	770	950
①KBZ21-315		315	9/7.5										
①KBZ21-400		400	9/7.5										
①KBZ21-500	660/1 140	500	12.5/9				4	2	≤78	≤20	860	700	950
①KBZ21-630		630	15/12.5										
KJZ5-100	660/1 140	100	4.5/3.0		$20\sim I_N$	$(2\sim10)I_N$	4	4	≤63	≤20	800	580	730
KJZ5-200		200	7.5/4.5										
KJZ5-300		300	9/7.5										
KJZ5-400		400	9/7.5										
KJZ5-500	660/1 140	500	12.5/9		$20\sim I_N$	$(2\sim10)I_N$	4	4	≤78	≤20	910	600	770
KJZ5-630		630	15/12.5										

续表

型号	额定电压 U_N/V	额定电流 I_N/A	极限分断能力② I_{Nb}/kA	1 s 热稳定电流② I_{1s}/kA	过载保护倍数 n_{qpo}	短路保护倍数 n_{ops}	接线嘴数 电力	接线嘴数 控制	电缆外径/mm 电力	电缆外径/mm 控制	外形尺寸/mm 长	外形尺寸/mm 宽	外形尺寸/mm 高
KJZ-200	660/1 140	200	7.5/4.5		10~I_N <30 A 级差为1 >30 A 级差为5	(2~10) I_N	4	3	42~78		730	550	750
KJZ-400		400	9/7.5	12I_N或 5 kA, 取其大值									
KJZ-500	660/1 140	500	12.5/9				4	3	42~78		780	630	850
KJZ-630		630	15/12.5										
KJZ-800	660/1 140	800	20/15				4	3	42~78		820	680	950
KJZ-1 000		1 000	20/15										

注：①KBZ21 系列为四平同创电气设备有限公司生产的移动变电站用隔爆馈电开关。
②参见煤炭行业标准《矿用隔爆型低压交流真空馈电开关》（MT871—2011）的表3、表15[21]。

表 4－26　常用矿用隔爆型启动器及隔爆组合开关技术数据

型号	额定电压 U_N/V	额定电流 I_N/A	额定接通能力① I_N/A	极限分断电流① I_{Nd}/kA	过载保护整定值 I_{opo}/A	短路保护倍数 n/A	接线嘴数 电力	接线嘴数 控制	电缆外径/mm 电力	电缆外径/mm 控制	外形尺寸/mm 长	外形尺寸/mm 宽	外形尺寸/mm 高
QJZ8－30/1140（660）	660 1 140	30	12I_N	1.5	10～I_N	2～10	4	2	32～40	8～19	685	580	385
QJZ8－60/1140（660）		60	12I_N	1.5									
QJZ8－80/1140（660）		80	12I_N	2.0									
QJZ8－120/1140（660）		120	10I_N	2.5									
QJZ8－200/1140（660）		200	10I_N	3.0									
QJZ－160/1140（660） N	660 1 140	160	10I_N	3.0	4～I_N	2～10	4	4	32～71	14.5～21	1 000	585	840
QJZ－200/1140（660）	660 1 140	200	10I_N	3.0	10～I_N	2～10	4	4	32～71	14.5～21	850	645	840
QJZ－300/1140（660）		300		4.5									
QJZ－400/1140（660）		400											
QJZ－400/1140S②	660 1 140	2×400	10I_N	4.5	3～400	3～12	4	4	32～71	14.5～21	1 076	682	913
QJZI6－500/1140	660 1 140	500	8 000	6.4	30～500	2～10	4	4	78	19	878	604	912
QJZI6－630/1140		630			30～630								
QBZ－4×80/1140SF③	660 1 140	4×80	12I_N	2.0	1～80	3～12	6	6	51	16	976	540	915
QBZ－4×120/1140SF		4×120	10I_N	2.5	1～120								
QJZ－4×120/1140 （660）SF③	660 1 140	2×120	10I_N	2.5	1～120	3～12	2＋4	6	51	16	976	540	915

续表

型号	额定电压 U_N/V	额定电流 I_N/A	额定接通能力① I_{Nt}/A	极限分断电流① I_{Nd}/kA	过载保护整定值 I_{opo}/A	短路保护倍数 n/A	接线嘴数 电力	接线嘴数 控制	电缆外径/mm 电力	电缆外径/mm 控制	外形尺寸/mm 长	外形尺寸/mm 宽	外形尺寸/mm 高
QJZ-2000/1140 组合开关系列													
四组合	1140 /660 /127	总2000 按需要 分别配	$10I_N$	6.0	10~630	1~10	2+4	18	80		1710	997	865
六组合		630	$10I_N$	4.5	10~400		3+6	18	80		3280	1005	865
八组合		400	$10I_N$	4.5	5~250		3+8	18	80		3280	1005	865
十组合		250	$10I_N$	2.5	3~125		3+10	18	80		3580	1240	965
十二组合		125	$12I_N$	1.5	1.5~63		3+12	18	80		3580	1240	965
		63											

注: ①分别见煤炭行业标准《矿用防爆型低压交流真空电磁启动器》(MT111—2011) 的表7、表16[22]。
②S—双速。
③SF—风机用双电源。

表 4-28

表 4-29

$$I_s^{(2)} = \frac{U_{av}}{2\sqrt{(\sum R)^2 + (\sum X)^2}}$$ (4-90)

查表法求两相短路电流的步骤如下：

(1) 求出短路回路各段换算长度。由于表 4-27 或表 4-28 中只列出了 50 mm² 铜芯橡套电缆的两相短路电流。为此，用查表法计算短路电流时，应在阻抗不变原则下，把不同材料和截面电缆的长度换算成铜芯橡套电缆 50 mm² 截面下的等效长度，简称换算长度，用式 (4-91) 换算：

$$L_{ct} = \frac{R}{R_{ct}}L = K_{ct}L$$ (4-91)

式中 L——电缆的实际长度，m；

L_{ct}——换算成 50 mm² 截面后的等效长度，m；

K_{ct}——换算系数，为实际截面的阻抗与低压橡套电缆 50 mm² 截面的阻抗之比，低压电缆按表 4-12、高压电缆按表 4-18 至表 4-20 相应的电阻和电抗计算出的阻抗值计算，各截面下电缆长度的换算系数结果汇总于表 4-29。

表 4-29 电缆长度换算系数

类型		电缆截面/mm²										
		4	6	10	16	25	35	50	70	95	120	150	185
低压电缆	橡套电缆	12.073	8.107	4.743	3.011	1.906	1.364	1.000	0.712	0.531	0.434	0.357	
	铠装铜芯电缆	11.739	7.829	4.697	2.938	1.884	1.346	0.950	0.681	0.512			
	铠装铝芯电缆	19.781	13.187	7.913	4.947	3.166	2.265	1.588	1.137	0.844			
高压电缆	6 kV 橡套电缆				3.198	2.056	1.466	1.025	0.731	0.560			
	6 kV 铠装电缆				2.945	1.887	1.350	0.952	0.685	0.514	0.415	0.340	0.287
	10 kV 铠装电缆				2.886	1.852	1.328	0.939	0.680	0.516	0.421	0.353	0.305

为了减小计算误差，电源系统电抗和高压电缆的阻抗也按阻抗相等的原则换算成低压电缆 50 mm² 截面下的等效长度 L_{ct}，用下式换算：

$$L_{ct} = K_{ct}L\left(\frac{U_{av}}{U_{av1}}\right)^2$$ (4-92)

式中 U_{av}、U_{av1}——相应的低压电缆、高压电缆所在电网平均电压，取其电网电压的 1.05 倍，kV。

将电源系统电抗换算成低压铜芯橡套电缆 50 mm² 截面下的等效长度 L，用下式换算：

$$L_{ct} = \frac{X_{sy}}{Z_{50} \times 10^{-3}}\left(\frac{U_{av}}{U_{av1}}\right)^2 = \frac{U_{av1}}{0.45566 \times 10^{-3}\sqrt{3}I_s^{(3)}}\left(\frac{U_{av}}{U_{av1}}\right)^2 = 2195\frac{U_{av}^2}{S_s}$$ (4-93)

$$S_s = \sqrt{3}U_{av1}I_s^{(3)}$$ (4-94)

式中 Z_{50}——截面为 50 mm² 橡套电缆的每千米阻抗，由表 4-12 数据求得，为 0.455 66 Ω/kM；

$I_s^{(3)}$——系统的短路电流，无数据可查时可取电源母线高压开关额定短路开断电流，kA；

U_{av}——短路点所在电网的平均电压，取其电网电压的 1.05 倍，kV。

(2) 求出短路回路总的换算长度。系统电抗换算长度、高压电缆换算长度及低压电网至短路点的换算长度代数和即为短路回路总的换算长度，注意不同截面的电缆换算长度需分别计算。

（3）查取两相短路电流 $I_s^{(2)}$。按照短路回路所接变压器规格及其总换算长度，6 kV 电网查表 4-27、10 kV 电网查表 4-28。如总换算长度在两者之间，取稍小长度（短路电流较大）的 $I_s^{(2)}$。

（4）按式（4-94）将所查 $I_s^{(2)}$ 换算为相应的三相短路电流 $I_s^{(3)}$：

$$I_s^{(3)} = I_s^{(2)} \frac{2}{\sqrt{3}} \qquad (4-95)$$

式中　$I_s^{(3)}$、$I_s^{(2)}$——同一短路点的三相短路电流、两相短路电流，A。

4. 本例低压开关选择

1）选型

总开关及分路开关 101~108 选择 KBZ5 型隔爆馈电开关，109 选择 KBZ$_{21}$ 型移动变电站用自动馈电开关，控制综采工作面设备选择与动力中心配套的 QJZ-2000/1140 型组合开关；控制局部通风机选择 QJZ-4×80/1140SF 型双电源自动切换组合开关，控制调度绞车选择 QJZ-160/1140(660)N 型可逆电磁启动器；其他电动机选择 QJZ 型隔爆兼本安型电磁启动器。（插入"设计采区变电所及采区供电系统 5"）

2）选择额定参数

按照不小于用电设备额定电压选择开关的额定电压、不小于设备的长时工作电流 I_{ca} 选择开关的额定电流。为便于统一管理，所有开关的额定电压都选 1140V。馈电开关的长时工作电流按所带干线查表 4-10 的 I_{ca}，电磁启动器的长时工作电流按所带支线查表 4-9 的 I_{ca}，所选开关的额定电流查表 4-25 或表 4-26。

3）校验分断能力

满足 $I_{Nd} \geq I_s^{(3)}$ 则校验合格。其中极限分断能力 I_{Nd} 按所选开关查表 4-25 或表 4-26，各开关最大三相短路电流为 $I_{S101}^{(3)} \sim I_{S119}^{(3)}$（图 4-7），其中校验 102~108 近似按偏大值 $I_{S102}^{(3)}$、校验 109 按 $I_{S109}^{(3)}$、校验 110~112 近似按偏大值 $I_{S109}^{(3)}$、校验 119~125 近似按 $I_{S119}^{(3)}$、校验 117 按最近开关出口处的 $I_{S117}^{(3)}$。下面以 S$_{101}$、S$_{102}$、S$_{109}$、S$_{119}$ 短路点为例，按查表法求其三相短路电流如下。

（1）计算各段换算长度。

系统电抗换算长度 $L_{ct.s}$ 由式（4-93）和式（4-94）求得：

$$L_{ct.s} = 2195 \frac{U_{av}^2}{\sqrt{3} I_s^{(3)} U_{av1}} = 2195 \times \frac{1.2^2}{\sqrt{3} \times 12.5 \times 6.3} = 23.2 \text{ m} \qquad (4-96)$$

各段高压电缆换算长度由式（4-92）分别求得：

$$L_{ct.G0} = K_{ct.G0} L_{G0} \left(\frac{U_{av}}{U_{av1}} \right)^2 = 0.287 \times 1000 \left(\frac{1.2}{6.3} \right)^2 = 10.4 \text{ m} \qquad (4-97)$$

$$L_{ct.G1} = K_{ct.G1} L_{G1} \left(\frac{U_{av}}{U_{av1}} \right)^2 = 0.340 \times 2181 \left(\frac{1.2}{6.3} \right)^2 = 26.9 \text{ m} \qquad (4-98)$$

$$L_{ct.G3} = K_{ct.G3} L_{G3} \left(\frac{U_{av}}{U_{av1}} \right)^2 = \frac{0.731}{2} \times 1415 \left(\frac{1.2}{6.3} \right)^2 = 18.8 \text{ m} \qquad (4-99)$$

$$L_{ct.G4} = K_{ct.G4} L_{G4} \left(\frac{U_{av}}{U_{av1}} \right)^2 = 2.056 \times 1415 \left(\frac{1.2}{6.3} \right)^2 = 105.5 \text{ m} \qquad (4-100)$$

$$L_{ct.G5} = K_{ct.G5} L_{G5} \left(\frac{U_{av}}{U_{av1}} \right)^2 = 2.056 \times 20 \left(\frac{1.2}{6.3} \right)^2 = 1.5 \text{ m} \qquad (4-101)$$

$$L_{ct.G6} = K_{ct.G6} L_{G6} \left(\frac{U_{av}}{U_{av1}} \right)^2 = 1.466 \times 20 \left(\frac{1.2}{6.3} \right)^2 = 1.1 \text{ m} \qquad (4-102)$$

式中　$L_{ct.G0}$、$L_{ct.G1} \sim L_{ct.G6}$——G0、G1~G6 各段高压电缆换算长度，m；

　　　$K_{ct.G0}$、$K_{ct.G1} \sim K_{ct.G6}$——G0、G1~G6 各段高压电缆换算系数，查表 4-27，其中，$K_{ct.G3}$ 为 2

根 70 mm² 电缆，故除以 2；

L_{G0}、$L_{G1} \sim L_{G6}$——G0、G1~G6 各段高压电缆的实际长度，G0 为 1 000 m，其他查表4-22。

由式（4-101）、式（4-102）可知，变电所内母线的换算长度较小，也可以忽略不计。

（2）计算各短路点总换算长度及查取相应的两相短路电流值，并且换算为三相短路电流。

①S101 点总换算长度 $\sum L_{S101}$ 为

$$\sum L_{S101} = L_{ct.s} + L_{ct.G0} + L_{ct.G1} + L_{ct.G5} = 23.2 + 10.4 + 26.9 + 1.5 \approx 62 \text{ m} \quad (4-103)$$

近似按 60 m（取偏小值）查表4-28 中 KBSG9-315/6/1.2 kV 的两相短路电流为 3.094 kA，按式（4-95）换算为三相短路电流：

$$I_{S101}^{(3)} = I_{S101}^{(2)} \frac{2}{\sqrt{3}} = 3.094 \times \frac{2}{\sqrt{3}} = 3.57 \text{ kA} \quad (4-104)$$

②S102 点总换算长度 $\sum L_{S102}$ 为

$$\sum L_{S102} = L_{ct.s} + L_{ct.G0} + L_{ct.G1} + L_{ct.G6} = 23.2 + 10.4 + 26.9 + 1.1 \approx 61.6 \text{ m} \quad (4-105)$$

近似按 60 m（取偏小值）查表4-28 中 KBSG9-1000/6/1.2 kV 的两相短路电流为 8.453 kA，按式（4-95）换算为三相短路电流：

$$I_{S102}^{(3)} = I_{S102}^{(2)} \frac{2}{\sqrt{3}} = 8.453 \times \frac{2}{\sqrt{3}} = 9.76 \text{ kA} \quad (4-106)$$

③S109 点总换算长度 $\sum L_{S109}$ 为

$$\sum L_{S109} = L_{ct.s} + L_{ct.G0} + L_{ct.G1} + L_{ct.G4} = 23.2 + 10.4 + 26.9 + 105.5 \approx 166 \text{ m} \quad (4-107)$$

近似按 160 m（取偏小值）查表4-28 中 KBSG9-400/6/0.69 kV 的两相短路电流为 3.47 kA，按式（4-95）换算为三相短路电流：

$$I_{S109}^{(3)} = I_{S109}^{(2)} \frac{2}{\sqrt{3}} = 3.47 \times \frac{2}{\sqrt{3}} = 4.01 \text{ kA} \quad (4-108)$$

④S119 点总换算长度 $\sum L_{S109}$ 为

$$\sum L_{119} = L_{ct.s} + L_{ct.G0} + L_{ct.G1} + L_{ct.G3} = 23.2 + 10.4 + 26.9 + 18.8 \approx 79 \text{ m} \quad (4-109)$$

近似按 70 m（取偏小值）查表4-28 中 KBSG9-400/6/0.69 kV 的两相短路电流为 10.953 kA，按式（4-95）换算为三相短路电流：

$$I_{S119}^{(3)} = I_{S119}^{(2)} \frac{2}{\sqrt{3}} = 10.953 \times \frac{2}{\sqrt{3}} = 12.6 \text{ kA} \quad (4-110)$$

其他各点的换算长度及短路电流同理求得汇入表4-30、表4-31 进行校验，如果检验不合格可采取限制短路电流或增大开关极限分断电流的措施。由表4-30、表4-31 可知，部分开关短路校验不满足要求，其中 101~108 改选为 630 A 馈电开关后，I_{Nb} 为 12.5 kA，大于 9.36 kA，满足要求；110~112 改选为 400 A 启动器后，$I_{Nb} = 40$ kA，满足要求；113、114 改选为 400 A 启动器，其 I_{Nb} 为 40 kA，大于 36 kA，满足要求；119~125 的 $I_S^{(3)}$ 为 11.2 kA，大于 6.3 kA，开关电流最大达 630 A 时断流能力也不满足，且直接与变压器连接，无电缆长度可增，故只有取消其短路保护，改由其后备的高压侧配电箱做短路保护，但缺点是扩大故障停电范围。因 104 在后面的短路保护整定时灵敏度不合格，故增设分段开关104′，其长时工作电流 I_{ca} 近似取 2 台调度绞车的额定电流 $2 \times 16.7 = 33.4$ A，其出口短路电流的换算长度取自表4-33 中 D4 改的末端（即104′的首端）L_{ct}。

4）校验接线喇叭口

5）校验喇叭口数目

喇叭口数目要满足电网进出线数目。

表 4 – 30　隔爆真空馈电开关选择计算及结果

馈电开关代号	选参数				短路校验					ϕ_L/mm	ϕ/mm	喇叭口校验			选择结果
	U_N/V	I_{ca}/A	I_N/A	I_{Nb}/kA	L_{ct}/m	$I_S^{(2)}$/kA	$I_S^{(3)}$/kA	结果	改选			进出线数	喇叭口数	结果	
101	1 140	40.0	100	3.0	60	3.094	3.57	不合格	200 A I_{Nb}=4.5 kA	35	78	进线 1 个 出线 1 个	进线 2 个 出线 2 个	合格	KJZ5 – 200/1 140
103	1 140	445.0	500	9	61.6	8.453	9.76	不合格		35	78	进线 1 个 出线 1 个	进线 2 个 出线 2 个	合格	KJZ5 – 630/1 140
102	1 140	33.0	100	3.0	61.6	8.453	9.76	不合格	改为 630 A I_{Nb}= 12.5 kA	65	78	进线 1 个 出线 1 个	进线 2 个 出线 2 个	合格	KJZ5 – 630/1 140
104	1 140	73.0	100	3.0	61.6	8.453	9.76	不合格		53	78	进线 1 个 出线 1 个	进线 2 个 出线 2 个	合格	KJZ5 – 630/1 140
105	1 140	53.0	100	3.0	61.6	8.453	9.76	不合格		37.5	78	进线 1 个 出线 1 个	进线 2 个 出线 2 个	合格	KJZ5 – 630/1 140
106	1 140		100	3.0	61.6	8.453	9.76	不合格		35	78	进线 1 个 出线 1 个	进线 2 个 出线 2 个	合格	KJZ5 – 200/1 140
107	1 140	213.0	300	7.5	61.6	8.453	9.76	不合格		58	78	进线 1 个 出线 1 个	进线 2 个 出线 2 个	合格	KJZ5 – 630/1 140
108	1 140	293.0	300	7.5	61.6	8.453	9.76	不合格		69	78	进线 1 个 出线 1 个	进线 2 个 出线 2 个	合格	KJZ5 – 630/1 140

| 馈电开关代号 | 选参数 | | | 短路校验 | | | | | 改选 | 喇叭口校验 | | | | 选择结果 |
	U_N/V	I_{el}/A	I_N/A	I_{Nb}/kA	L_{el}/m	$I_S^{(2)}$/kA	$I_S^{(3)}$/kA	结果		ϕ_L/mm	ϕ/mm	进出线数	喇叭口数	结果	
109	1 140	314.0	400	9	166	3.47	4.01	合格		69	71	进线 2 个 出线 2 个	进线 2 个 出线 2 个	合格	KJZ5 – 400/1 140
104'	1 140	33.4	100	3.0	572	2.121	2.37	合格	因 104 灵敏度 不合格 增选的	35	63	进线 1 个 出线 1 个	进线 2 个 出线 2 个	合格	KJZ5 – 100/1 140

表 4-31 隔爆电磁启动器选择计算及结果

代号	选参数				短路校验							喇叭口校验		
	U_N/V	I_{ca}/A	I_N/A	I_{Nb}/kA	L_{ct}/m	$I_s^{(2)}$/kA	$I_s^{(3)}$/kA	结果	改选及终选	电缆 ϕ_L/mm	线嘴 ϕ/mm	进出线 个数/个	喇叭口 个数/个	结果
110	660	238	300	4.5	$\sum L_{SI09} + K_{ct.D9}L_{D9} =$ $166 + 0.357 \times 30 = 177$	3.33	3.8	合格	QJZ-300/1 140	66	71	进线 2 出线 1	进线 2 出线 2	合格
111	660	25	60	1.5	同上	3.33	3.8	不合格	QJZ-300/1 140 $I_{Nb}=4.5$ kA	35	40	进线 2 出线 1	进线 2 出线 1	合格
112	660	21	60	1.5	同上	3.33	3.8	不合格		35	40		进线 2 出线 1	合格
113	1 140	293	300	4.5	$\sum L_{SI02} + K_{ct.D2}L_{D2} + K_{ct.D8}L_{D8} =$ $61.6 + 0.434 \times (42 + 361) = 236$	4.47	5.2	不合格	QJZ16-500/1 140 $I_{Nb}=6.4$ kA	69	71		进线 2 出线 2	合格
114	1 140	213	300	4.5	$\sum L_{SI02} K_{ct.D2}L_{D2} + K_{ct.D7}L_{D7} =$ $61.6 + 1 \times 42 + 0.712 \times 361 = 361$	3.16	3.6	合格	QJZ-300/1 140	58	71	进线 1 出线 1	进线 2 出线 2	合格
115	1 140	53	60	1.5	$\sum L_{SI02} + K_{ct.D2}L_{D2} + K_{ct.D6}L_{D6} =$ $61.6 + 1 \times (42 + 383) \approx 487$	2.47	2.85	不合格	QJZ-300/1 140 $I_{Nb}=4.5$ kA	35	40		进线 2 出线 2	合格
116	1 140	73	80	2.0	$\sum L_{SI02} + K_{ct.D2}L_{D2} + K_{ct.D5}L_{D5} =$ $61.6 + 1 \times (42 + 383) \approx 487$	2.47	2.85	不合格	QJZ-300/1 140 $I_{Nb}=4.5$ kA	37.5	40	进线 2 出线 1	进线 2 出线 2	合格
117	1 140	17	160	3.0	$\sum L_{SI02} + K_{ct.D2}L_{D2} + K_{ct.D4}L_{D4} =$ $61.6 + 0.434 \times 42 + 1.364 \times 361 = 572$	2.12	2.5	合格	QJZ-160N/1 140, I_{ct}应为最近段干线	35	40	进线 2 出线 1	进线 2 出线 1	合格

代号	选参数				短路校验					喇叭口校验				结果
	U_N/V	I_{ca}/A	I_N/A	I_{Nb}/kA	L_{ct}/m	$I_S^{(2)}$/kA	$I_S^{(3)}$/kA	结果	改选及终选	电缆 ϕ_L/mm	线嘴 ϕ/mm	进出线 个数/个	喇叭口 个数/个	
118	1 140	40	80	2.0	$\sum L_{St02} + K_{ct,D2}L_{D2} + K_{ct,D3}L_{D3} = 61.6 + 0.434 \times 42 + 1.364 \times 592 = 887$	1.42	1.64	合格	QJZ－4×80/1140SF,I_{ct} 应按 D2、D3 路计	35	51	进线 1 出线 1	进线 2 出线 4	合格
119		427	630	6.0	$\sum L_{St19} = 79$	10.3	11.9	不合格	QJZ－2000/1 140－10 因目前没有 I_{Nb} 大于 11.9 kA 的低压开关可选,只能取消其短路保护,改由后备电箱短路保护做主保护,改电压侧配电箱短路保护高压侧做主保护	66.1	80			合格
120		107	125	2.5	$\sum L_{St20} = 79$	10.3	11.9	不合格		53	80			合格
121		107	125	2.5	$\sum L_{St21} = 79$	10.3	11.9	不合格		43	80			合格
122	1 140	88	125	2.5	$\sum L_{St22} = 79$	10.3	11.9	不合格		43	80	进线 1 出线 10	进线 3 出线 10	合格
123		73	125	2.5	$\sum L_{St23} = 79$	10.3	11.9	不合格		37.5	80			合格
124		133	250	4.5	$\sum L_{St24} = 79$	10.3	11.9	不合格		46.5	80			合格
125		20	63	1.5	$\sum L_{St25} = 79$	10.3	11.9	不合格		35	80			合格

注:115、116 开关的 L_{ct} 按改选后的 D6、D5 电缆截面 50 mm² 计算;117、118 开关的 L_{ct} 按改选后的电缆截面 35 mm² 计算。

2. 校验喇叭口可接电缆外径

喇叭口的可接电缆外径 Φ 要不小于所接电缆的外径 Φ_L。

如果校验不合格，需重新选择满足要求的开关。

电缆外径 Φ_L、进出线数、喇叭口内径、喇叭口数及校验结果详见表 4-31。

五、如何整定过流保护

(一) 低压开关的过流保护整定

1. 保护支线

1) 过载保护整定

(1) 确定计算值 I'_{opo}。按照略小于电动机的额定电流确定：

$$I'_{opo} \leqslant I_N \tag{4-111}$$

式中 I_N——所控电动机额定电流，可按式（4-11）估算，A；

   I'_{opo}——所选支路控制开关的过载保护计算值，A。

(2) 确定整定值 I_{opo}。按所选开关由表 4-26 给出的过载保护整定值范围查取满足上式的值，确定为过载保护整定值 I_{opo}。

2) 短路保护整定

(1) 确定计算值 I'_{ops}。按照不小于电动机的起动电流确定如下：

$$I'_{ops} \geqslant I_{st} \tag{4-112}$$

式中 I_{st}——所控电动机起动电流，无数据可查时近似取 $6I_N$，A；

   I'_{ops}——所选支路控制开关的短路保护计算值，A。

(2) 确定整定值 I_{ops}。由于开关给定的为过载动作值的倍数，需按下式将该值除以开关的过载整定值电流 I_{opo}，求出短路保护倍数 n'，即

$$n' \geqslant \frac{I'_{ops}}{I_{opo}} \tag{4-113}$$

查所选开关数据（表 4-26）中满足上式的倍数确定为短路保护整定倍数 n，其对应的动作值为短路保护整定值 I_{ops}。

(3) 校验灵敏度。按照式（4-114）校验灵敏度：

$$K_s = \frac{I_{sm}^{(2)}}{I_{ops}} = \frac{I_{sm}^{(2)}}{nI_{opo}} \tag{4-114}$$

式中 K_s——保护装置的灵敏系数，主保护不小于 1.5、后备保护不小于 1.2 即为合格；

   I_{ops}——短路保护整定值，A；

   n——开关短路保护整定倍数；

   $I_{sm}^{(2)}$——开关最小短路电流，即开关保护范围末端两相短路电流，由换算长度查表4-28，可近似取相邻整数长度中 $I_s^{(2)}$ 偏小值，A。当换算长度大于 2 000 m 时，无法查出，可由式（4-90）求得，注意各电缆的电阻应按导体最高允许温度下的电阻计入，且高压电缆阻抗相对较小，可以忽略。

3) 本例整定

各开关最小两相短路电流 $I_{S1}^{(2)} \sim I_{S26}^{(2)}$ 如图 4-7 所示，其中 101 与 103 均按 $I_{S1}^{(2)}$ 校验，但按干线电缆截面较小者 D_1 电阻计算 $I_{S1}^{(2)}$；117 按最远一台电动机处的 $I_{S17}^{(2)}$ 校验、120 与 121 按机尾处的 $I_{S20}^{(2)}$ 校验。按各短路回路高压系统电抗和高压电缆及低压母线、干线与支线的换算长度之和查表 4-28，注意与开关断流能力校验相反取相邻换算长度中 $I_s^{(2)}$ 偏小值，其中 117 开关的换算长度大于 2 000 m，无法查出 $I_s^{(2)}$，按式（4-91）求得，见式（4-115）：

$$I_{S17}^{(2)} = \frac{U_{av}}{2 \times \sqrt{(R_{632} + R_{D2}L_{D2} + R_{D4}L_{D4} + R_{D17}L_{D17})^2 + 2 \times (X_{632} + X_{D2} + X_{D4} + X_{D17})^2}}$$

$$= \frac{1200}{2 \sqrt{\begin{array}{c}(0.007\,8 + 0.184 \times 0.042 + 1.369 \times 1.545 + 2.159 \times 0.01)^2 + \\ (0.005\,71 + 0.072 \times 0.042 + 0.09 \times 1.545 + 0.092 \times 0.01)^2\end{array}}} = 278 \text{ A} \quad (4-115)$$

式中 R_{632}、X_{632}——变压器 632 的电阻、电抗（查表 4-3），Ω；

R_{D2}、R_{D4}、R_{D17}——电缆每千米电阻（查表 4-12），Ω；

L_{D2}、L_{D4}、L_{D17}——电缆的长度（查表 4-10），km；

X_{D2}、X_{D4}、X_{D17}——电缆每千米电抗（查表 4-12），Ω。各支线过流保护计算及结果见 4-32。

表 4-32　支线过流保护整定计算及结果

开关号	支线号	过载保护整定		短路保护整定				校验灵敏度			
		I'_{opo}/A	I_{opo}/A	I'_{ops}/A	n'	n	I_{ops}/A	I_{ct}/m	$I_{sm}^{(2)}$/A	K_S	结果
110	D10	237	237	1 422	6	6	1 422	$\sum L_{S109} + k_{ct.D9}L_{D9} + k_{ct.D10}L_{D10} =$ $166 + 0.375 \times 20 + 0.531 \times 135 - 245$	2 517	1.8	合格
111	D11	25	25	150	6	6	150	$\sum L_{S109} + k_{ct.D9}L_{D9} + k_{ct.D11}L_{D11} =$ $166 + 0.375 \times 20 + 4.743 \times 130 = 790$	915	6.0	合格
112	D12	21	21	126	6	6	126	$\sum L_{S109} + k_{ct.D9}L_{D9} + k_{ct.D12}L_{D12} =$ $166 + 0.375 \times 20 + 4.743 \times 130 = 790$	915	7.2	合格
113	D13	293	293	1 758	6	6	1 758	$\sum L_{S102} + k_{ct.D2}L_{D2} + k_{ct.D8}L_{D8} + k_{ct.D13}L_{D13} =$ $61.6 + 0.434 \times 42 + 0.434 \times (361 + 10) \approx 240$	4 334	2.5	合格
114	D14	213	213	1 278	6	6	1 278	$\sum L_{S102} + k_{ct.D2'}L_{D2'} + k_{ct.D7}L_{D7} + k_{ct.D14}L_{D14} =$ $61.6 + 1 \times 42 + 0.0.712 \times (361 + 10) \approx 367$	3 088	2.4	合格
115	D15	53	53	318	6	6	318	$\sum L_{S102} + k_{ct.D2'}L_{D2'} + k_{ct.D6}L_{D6} + k_{ct.D15}L_{D15} =$ $61.6 + 1 \times 42 + 4.743 \times (383 + 10) = 1 968$	654	2.1	合格
116	D16	73	73	438	6	6	43	$\sum L_{S102} + k_{ct.D2}L_{D2} + k_{ct.D5}L_{D5} + k_{ct.D16}L_{D16} =$ $61.6 + 1 \times 42 + 3.011 \times (383 + 10) = 1 263$	1 002	2.3	合格
117	D17	17	17	102	6	6	102	$\sum L_{S102} + k_{ct.D2}L_{D2} + k_{ct.D4}L_{D4} + k_{ct.D17}L_{D17} =$ $61.6 + 0.434 \times 42 + 3.011 \times 1\,545 + 4.743 \times 10 = 4 779$	278	2.7	合格
118	D18	40	40	240	6	6	240	$\sum L_{S101} + k_{ct.D1}L_{D1} + k_{ct.D18}L_{D18} =$ $62 + 4.743 \times (372 + 10) = 1 874$	642	2.7	合格

开关号	支线号	过载保护整定		短路保护整定				校验灵敏度			
		I'_{opo}/A	I_{opo}/A	I'_{ops}/A	n'	n	I_{ops}/A	I_{ct}/m	$I_{sm}^{(2)}/A$	K_S	结果
119	D19	487	487	关闭				$\sum L_{S119} + k_{ct.\,D19}L_{D19} = 79 + 0.531 \times 333/2 = 167$	6 337		
120	D20	107	107	关闭				$\sum L_{S119} + k_{ct.\,D20}L_{D20} = 79 + 1.906 \times 328 = 704$	1 785		
121	D21	107	107	关闭				$\sum L_{S119} + k_{ct.\,D21}L_{D21} = 79 + 1.906 \times 130 = 327$	3 642		由于开关开断能力不够，无法进行短路保护，由上一级高压开关实现保护
122	D22	88	88	关闭				$\sum L_{S119} + k_{ct.\,D22}L_{D22} = 79 + 1.906 \times 103 = 276$	4 209		
123	D23	73	73	关闭				$\sum L_{S119} + k_{ct.\,D23}L_{D23} = 79 + 3.011 \times 130 = 471$	2 586		
124	D24	133	133	关闭				$\sum L_{S119} + k_{ct.\,D24}L_{D24} = 79 + 1.364 \times 10 = 93$	9 093		
125	D25	20	20	关闭				$\sum L_{S119} + k_{ct.\,D25}L_{D25} = 79 + 4.743 \times 10 = 127$	7 694		

2. 保护干线

1）过载保护整定

（1）确定过载保护计算值 I'_{opo}。总开关按照式（4－116）计算，分开关按照式（4－117）计算：

$$I'_{opo} \leqslant I_{T.\,N2} = \frac{S_{T.\,N}}{\sqrt{3}U_{T.\,N}} \tag{4-116}$$

$$I'_{ops} \geqslant 1.1I_{ca} \tag{4-117}$$

式中　$I_{T.\,N2}$——总开关所接变压器二次侧额定电流，由表4－5中"变流比"栏查取，A；

　　　$S_{T.\,N}$——总开关所接变压器的额定容量，由表4－5查取，kV；

　　　$U_{T.\,N}$——总开关所接变压器的二次侧额定电压，kV；

　　　I_{ca}——所带电缆长时工作电流，按式（4－12）计算；只带一台设备时可按式（4－11）近似计算，由表4－10查取。

（2）确定过载保护整定值 I_{opo}。查开关的技术数据（表4－25）确定满足上式的整定值 I_{opo}。

2）短路保护整定

（1）确定短路保护计算值 I'_{ops}。由下式求取计算值：

$$I'_{ops} \geqslant I_{st.\,m} + \frac{K_{de.\,re}\sum P_{N.\,re}}{\sqrt{3}U_N\cos\Phi_{am}} \approx 5I_{N.\,m} + I_{ca} \tag{4-118}$$

式中　$I_{N.\,m}$、$I_{st.\,m}$——开关所控起动电流最大的一台或同时起动电流最大的多台电动机的额定电流、起动电流（约$6I_{N.\,m}$），A；

　　　$\sum P_{N.\,re}$——开关所控其余电动机的额定功率之和，kW；

　　　$K_{de.\,re}$——开关所控其余电动机的需用系数，可由表4－2求取，如为综采或综掘工作面，按式（4－3）计算，但是其中的 P_M 和 $\sum P_N$ 应为电动机中的最大一台功率 $P_{M.\,re}$ 和总的额定功率 $\sum P_{N.\,re}$；

I_{ca}——开关长时工作电流，按式（4-12）计算，由表4-30查取，A。

（2）确定短路保护整定值 I_{ops}。查馈电开关的技术数据表（4-25）确定满足上式的整定值；需注意，这里的短路倍数 n 为馈电开关额定电流的倍数，而非过载保护动作值的倍数由式（4-119）确定：

$$n \geqslant n' = \frac{I'_{ops}}{I_N} \quad (4-119)$$

式中 I_N——开关额定电流，查表4-30，A。

同理短路保护整定值为

$$I_{ops} = nI_N \quad (4-120)$$

（3）校验灵敏度。按下式校验灵敏度：

$$K_s = \frac{I^{(2)}_{sm}}{I_{ops}} = \frac{I^{(2)}_{sm}}{nI_N} \quad (4-121)$$

式中 $I^{(2)}_{sm}$——开关保护范围末端（即下级保护开关的首端）的两相短路电流，A。

灵敏度不满足要求可采取以下措施。

其一，减小回路电阻以增大短路电流：①增大电缆截面；②采用移动变电站或缩短移动变电站及配电点到工作面的距离以减小低压电缆长度；③采用大容量变压器以减小变压器内阻抗。

其二，减小短路保护整定值：①因实际起动电压小于额定电压，故按照实际起动电压计算起动电流；②增加分段开关或分路开关以分散负荷。

各干线过流保护计算及结果见表4-33，其中 101 只有一条出线，可视为分开关，按式（4-117）计算；109 开关按综掘机的最大一台电机 160 kW 起动，其他工作，由式（4-118）确定短路保护计算值。各馈电开关保护范围末端两相短路电流 $I^{(2)}_s$ 如图4-7所示，其中，同一开关有两条电缆时取其中电阻最大的一条末端两相短路电流，即 102 开关按 D2′末端短路 $I^{(2)}_{s2}$ 计。根据各短路回路母线、干线的换算长度之和查表4-28 或表4-29 的两相短路电流，如换算长度介于两者之间，则取相邻换算长度中 $I^{(2)}_s$ 偏小值。其中 104 开关的换算长度大于 2 000 m 无法查出，可近似按 $I^{(2)}_{s17}$ 取式（4-116）的计算结果。由表4-33 可见，104 开关短路保护灵敏度校验不合格，故在第一个 107 开关后面增加一个分开关 104′（其选择校验见表4-30），使得 104 开关的保护范围末端减少到 104′开关的首端 361 m，短路点为 $I^{(2)}_{s3}$，但灵敏度仍不合格，故将 D4 干线改为 35 mm²，上述更改的重新计算见表4-33 中 D4 改及表4-30 的 104′，由于 104′的主保护的换算长度大于 2 000 m 无法查出，故按式（4-19）计算如下，由于支线较短故忽略，则

$$
\begin{aligned}
I^{(2)}_{S17} &= \frac{U_{av}}{2 \times \sqrt{(R_{632} + R_{D2}L_{D2} + R_{D4改}L_{D4改})^2 + 2 \times (X_{632} + X_{D2} + X_{D4改})^2}} \\
&= \frac{1\,200}{2\sqrt{\begin{array}{l}(0.007\,8 + 0.184 \times 0.042 + 0.616 \times 1.545)^2 + \\ (0.005\,71 + 0.072 \times 0.042 + 0.084 \times 1.545)^2\end{array}}} = 609 \text{ A}
\end{aligned} \quad (4-122)
$$

103、105、106 开关灵敏度校验也不合格，故分别增大截面 D3 至 35 mm²、D5 和 D64 至 50 mm²，重新计算见表4-33 的 D3 改、D5 改和 D6 改。

（二）高压开关的过流保护整定

1. 过载保护整定

1）高压进线开关和母线联络开关的整定

（1）计算过载保护动作值 I'_{opo}。由下式计算动作值：

$$I'_{opo} \geqslant 1.1I_{ca\Sigma} \quad (4-123)$$

式中 $I_{ca\Sigma}$——高压进线开关（或母线联络开关）的长时工作电流，由表4-24 查取，A；

过流保护

表4-33　干线过流保护整定计算及结果

开关代号	干线线号	过载保护整定		短路保护整定				校验主保护灵敏度			结果
		I'_{opo}/A	I_{opo}/A	I'_{opa}/A	n'	n	I_{opa}/A	l_{ct}/m	$I^{(2)}_{sm}/A$	K_S	
101	D1	$1.1\times40=44$	45	$6\times40=240$	$240/200=1.2$	2	$2\times200=400$	$\sum L_{SI01}+k_{ct,D1}L_{D1}=62+4.743\times372\approx1826$	657	$657/400\approx1.6$	合格
103	D3	同上	同上	同上	$240/630\approx0.4$	2	$2\times630=1260$	$\sum L_{SI02}+k_{ct,D2}L_{D2}+k_{ct,D3}L_{D3}=61.6+0.434\times42+4.743\times372\approx1844$	696	$696/1260\approx0.6$	不合格
	D3改	同上	同上	同上	同上	2	1260	$\sum L_{SI02}+k_{ct,D2}L_{D2}+k_{ct,D3}L_{D3}=61.6+0.434\times42+1.364\times372\approx587$	2 056	$2\,056/1\,260\approx1.6$	合格
102	D2 D2'	$I_{632,N2}=481$	480	$5\times293+445=1910$	$1910/630\approx3$	3	$3\times630=1890$	$\sum L_{SI02}+k_{ct,D2'}L_{D2'}=61.6+1\times42\approx104$	6 876	$6\,876/1\,890\approx3.6$	合格
104	D4	$1.1\times0.6\times3\times25/(\sqrt3\times1.14\times0.7)=36$	40	$5\times16.7+\dfrac{0.6\times3\times25}{\sqrt3\times1.14\times0.7}\approx116$	$116/630\approx0.2$	2	$2\times630=1260$	$\sum L_{SI02}+k_{ct,D2}L_{D2}+k_{ct,D4}L_{D4}=61.6+0.434\times42+3.011\times1545\approx4731$	278	$278/1\,260\approx0.2$	合格
	D4改	同上	40	同上	同上	2	1260	$\sum L_{SI02}+k_{ct,D2}L_{D2}+k_{ct,D4改}L_{D4改}=61.6+0.434\times42+1.364\times361\approx572$	2 088	$2\,088/1\,260\approx1.7$	合格
104'		$1.1\times0.6\times3\times25/(\sqrt3\times1.14\times0.7)\approx22$	25	$5\times16.7+\dfrac{0.6\times25\times2}{\sqrt3\times1.14\times0.7}\approx104$	$104/100=1.04$	2	$2\times100=200$	$\sum L_{SI02}+k_{ct,D2}L_{D2}+k_{ct,D4改}L_{D4改}=61.6+0.434\times42+1.364\times1545\approx2188$	609	$690/200\approx3.0$	合格

开关代号	干线线号	过载保护整定		短路保护整定				校验主保护灵敏度			结果
		I'_{opo}/A	I_{opo}/A	I'_{ops}/A	n'	n	I_{ops}/A	I_{ct}/m	$I^{(2)}_{sm}/A$	K_S	
105	D5	$1.1 \times 73.3 \approx 81$	85	$6 \times 73.3 \approx 440$	$440/630 \approx 0.7$	2	$2 \times 630 = 1\,260$	$\sum L_{SI02} + k_{ct.D2}L_{D2} + k_{ct.D5}L_{D5} =$ $61.6+0.434 \times 42+3.011 \times 383 \approx 1\,233$	1 025	$1\,025/1\,206 \approx 0.8$	不合格
	D5改	$1.1 \times 73.3 \approx 81$	85	$6 \times 73.3 \approx 440$	$440/630 \approx 0.7$	2	$2 \times 630 = 1\,260$	$\sum L_{SI02} + k_{ct.D2}L_{D2} + k_{ct.D5改}L_{D4} =$ $61.6+0.434 \times 42+1 \times 383 \approx 463$	2 517	$2\,517/1\,206 \approx 2.0$	合格
106	D6	$1.1 \times 53.3 \approx 59$	60	$6 \times 53.3 \approx 320$	$320/630 \approx 0.5$	2	$2 \times 630 = 1\,260$	$\sum L_{SI02} + k_{ct.D2}L_{D2} + k_{ct.D6}L_{D6} =$ $61.6+0.434 \times 42+4.743 \times 383 \approx 1\,920$	671	$671/1\,206 \approx 0.5$	不合格
	D6改	$1.1 \times 53.3 \approx 59$	60	$6 \times 53.3 \approx 320$	$320/630 \approx 0.5$	2	$2 \times 630 = 1\,260$	$\sum L_{SI02} + k_{ct.D2}L_{D2} + k_{ct.D6改}L_{D6} =$ $61.6+0.434 \times 42+1 \times 383 \approx 487$	2 427	$2\,427/1\,206 \approx 1.9$	合格
107	D7	$1.1 \times 213.3 \approx 235$	235	$6 \times 213.3 \approx 1\,280$	$1\,280/630 \approx 2.0$	2	$2 \times 630 = 1\,260$	$\sum L_{SI02} + k_{ct.D2}L_{D2} + k_{ct.D7}L_{D7} =$ $61.6+1 \times 42+0.712 \times 361 \approx 361$	3 088	$3\,088/1\,206 \approx 2.5$	合格
108	D8	$1.1 \times 293.3 \approx 323$	325	$6 \times 293.3 \approx 1\,760$	$1\,790/630 \approx 2.8$	3	$3 \times 630 = 1\,890$	$\sum L_{SI02} + k_{ct.D2}L_{D2} + k_{ct.D4}L_{D4} =$ $61.6+0.434 \times 42+0.434 \times 361 \approx 236$	4 334	$4\,334/1\,890 \approx 2.3$	合格
109	D9	$I_{634.N2}=325$	335	$5(0.76 \times 160/0.66)+314 \approx 1\,235$	$1\,235/400 \approx 3.1$	4	$4 \times 400 = 1\,600$	$\sum L_{SI02} + k_{ct.D9}L_{D9} =$ $61.6+0.357 \times 30 \approx 177$	3 207	$3\,207/1\,600 \approx 2.0$	合格

I_{opo}——高压进线开关过载保护动作值，A。

（2）确定整定值 I_{opo}。由表 4 - 23 给出的过载保护整定值范围确定满足上式的整定值，因给定的整定值为开关额定电流的倍数，还需求出满足式（4 - 123）的额定电流倍数 n，再换算为相应的整定值。

2）高压出线开关的整定

按照下式计算过载保护动作值 I'_{opo}，其他与进线开关相同。

$$I'_{opo} \leqslant I_{N1} \tag{4 - 124}$$

式中　I_{N1}——所控制变压器一次侧额定电流，由表 4 - 5 的"变流比"栏查取，A。

2. 短路保护整定

1）高压出线开关的整定

（1）计算短路保护动作值 I'_{ops}。由下式计算动作值：

$$I'_{ops} \geqslant 1.2 I_{m1} = 1.2 \left(\frac{I_{m.N.st} - I_{m.N}}{K_T} + I_{cal} \right) \approx 1.2 \left(\frac{5 I_{m.N}}{K_T} + I_{cal} \right) = 1.2 \left(\frac{0.76 P_{m.N}}{U_{N1}} + I_{cal} \right) \tag{4 - 125}$$

式中　1.2——可靠系数；

I_{m1}——高压开关的最大工作电流（线路中最大一台电动机起动，其他负荷工作），A；

U_{N1}、I_{cal}——高压开关的额定电压、长时工作电流（查表 4 - 24），kV、A；

$I_{m·st}$——所带负荷中最大同时起动电动机的额定起动电流（约为 $6 I_{m.N}$），A；

$I_{m.N}$、$P_{m.N}$——所带负荷中最大电动机额定电流、额定功率，A、kW；

K_T——最大电动机所接变压器的变比，当起动电流最大的电动机为高压电动机时，取 1。

（2）确定短路保护整定值 I_{ops}。查取高压配电箱技术数据（表 4 - 23）确定整定值，由于表中短路保护整定值为开关额定电流倍数 n，需确定满足上式的 n，由下式换算出相应短路保护整定值 I_{ops}：

$$I_{ops} = n I_N \tag{4 - 126}$$

式中　n——高压开关短路电流整定倍数（查表 4 - 23）；

I_N——高压开关额定电流（查表 4 - 24），A。

2）高压进线开关和母线联络开关的整定

方法同上，只是各电流必须是进线开关或母联开关的值。

3. 校验灵敏度

满足下式即为合格，如果不合格，采取的措施同低压开关，不再赘述。

$$K_s = \frac{I_S^{(2)}}{K_c K_T I_{ops}} \geqslant 1.5 \, W（或 1.2） \tag{4 - 127}$$

式中　K_s——保护装置的灵敏度系数，对主保护区不小于 1.5，对后备保护区不小于 1.2；

$I_S^{(2)}$——保护范围末端（主保护区至下一级开关入口处，后备保护区为下一级开关的主保护区）的最小两相短路电流，A；

K_c——变压器二次侧两相短路电流折算到一次侧时的系数，变压器 Y、d 或 D、y 接线时取 $\sqrt{3}$，其他接线时取 1；高压进线开关和母联开关的 $I_S^{(2)}$ 在变压器一次侧，不需折算也取 1；

K_T——变压器变压比，高压进线开关和母联开关不需折算取 1；

I_{ops}——高压开关的短路保护整定值，A。

需要注意的是，如果高压配电箱为三段式过流保护，整定计算见式（3 - 1）~式（3 - 4）。

4. 本例整定

本例 621、622、623、627 的最大起动电动机为采煤机的一个截割电动机，各开关最小两相短路电流如图 4 - 7 所示。其中，高压进线与母联开关按高压母线短路 $I_{SG2}^{(2)}$ 求得；623、624 按所接移动变电站进线端短路 $I_{SG3}^{(2)}$、$I_{SG4}^{(2)}$ 校检，均由式（4-90）求得；625、626、628 按所接变压器二次侧母线短路，近似按 $I_{S101}^{(2)}$、$I_{S102}^{(2)}$、$I_{S109}^{(2)}$ 校检。但 629 低压侧由于断流能力不足，无法实现短路保护，由 629 担任后备保护，故需按低压侧各支路末端两相短路电流校验灵敏度不小于 1.2 方为合格。为了简便计算，按照灵敏度大于 1.2 的条件由式（4-127）倒推其满足要求的两相短路电流为 2 400 A，再根据大于等于 2 400 A 的要求由表 4-28 查出其相应的换算长度为小于 520 m，由表 4-32 可知，只有 D20 换算长度不满足要求时，增大其截面至 50 mm^2，其换算长度、短路电流和最小灵敏度结果见表 4-34 中 629 改，可知满足灵敏度后备保护的要求。

$$I_S^{(2)} = K_s K_c K_T I_{ops} = 1.2 \times 1 \times 5 \times 400 = 2\,400 \text{ A} \qquad (4-128)$$

式中　K_s——后备保护灵敏系数，取 1.2；

　　　K_c——变压器接线系数，查表 4-3 知 KBSG9-1600/6/1.2 的连接为 Yy0，故取 1；

　　　K_T——变压器变比为 6/1.2＝5；

　　　I_{ops}——查表 4-34 为 400 A。

各高压开关整定计算及结果见表 4-34。

根据以上选择计算，最后确定采区供电系统图如图 4-8 所示。与图 4-3 不同的是：①由于运输母线 D2 电流较大，改为 1 根 120 mm^2 D2 电缆和 1 根 50 mm^2 D2′电缆向分开关供电；②由于灵敏度校验不合格，向调度绞车供电增加分段开关 104′。（插入"设计采区变电所及采区供电系统 6"）

六、如何设定漏电保护

1. 设定低压电网的漏电保护

电磁启动器设有漏电闭锁，防止电动机及其电缆漏电下送电导致触电；低压分开关设置有选择性漏电保护作为主保护，且瞬时动作；总开关设无选择性漏电保护，作为后备保护，且短暂延时动作，可通过选择开关实现。127 V 电网由隔爆照明综合保护装置或由隔爆组合开关 127 V 回路的漏电保护及漏电闭锁实现。

2. 设定高压电网的漏电保护

按照规定，井下变电所的高压馈电线上必须装设有选择性的单相保护接地装置。由隔爆高压配电箱设置的有选择性漏电保护实现。

只要打开和设定各开关的漏电保护功能，并设定动作值及动作时间即可完成设定，并且满足《煤矿井下低压检漏保护装置安装、运行、维护与检修细则》[14] 的有关规定。

七、如何设定保护接地系统

1. 保护接地系统的装设原则

由主接地极、局部接地极、主接地母线、辅助接地母线、接地导线和连接导线和电缆接地芯线组成的系统，称为井下保护接地系统，如图 4-9 所示。根据《煤矿安全规程》和《矿井保护接地装置的安装、检查、测定工作细则》的要求，保护接地系统应遵循以下原则：

电压在 36 V 以上和由于绝缘损坏可能带有危险电压的电气设备的金属外壳、金属构架、铠装电缆的钢带或钢丝、铅皮或屏蔽护套必须设置保护接地。

矿井内所有需要接地的设备，均通过独立的连接导线直接与接地母线（或辅助接地母线）或铠装电缆的钢带（钢丝）、铅皮套或橡套（塑料）电缆的接地芯线（或接地护套）相连接，而接地母线（或辅助接地母线）与连接在一起的所有电缆的接地部分，又均通过各接地导线同各局部接地极相连接，最后都直接汇接到主接地极上，从而构成一个全矿井内完整的不间断的总接地网。禁止将几台设备串联接地，也禁止将几个接地部分串联。

表 4 – 34　高压开关过流保护整定计算及结果

开关号	过载保护整定				短路保护整定				灵敏度校验				相关计算
	I'_{opo}/A	n'	n	I_{ops}/A	I'_{ops}/A	n'	n	I_{ops}/A	$\sum R/\Omega$	$\sum X/\Omega$	$I_s^{(2)}/A$	K_s	
621 622	$1.1\times253.2=279/300=$ 279　0.93		1.0	300	532	$532/300\approx$ 1.8	2	600	0.428	0.482	4 888	8.1 合格	$I'_{ops}=1.2\times(253.2+5\times0.76\times300/6)=532$ A $\sum R_{G2}=0.116\times1+0.143\times2.181=0.428$ Ω $\sum X_{G2}=X_{sy}+X_{G1}=0.291+0.06\times(1+2.181)=$ $\qquad 0.482$ Ω $I_{sG2}^{(2)}=\dfrac{6\,300}{2\sqrt{0.428^2+0.482^2}}=4\,888$ A $K_s=\dfrac{4\,888}{600}\approx8.1$
627	$1.1\times157.3=173/200=$ 173　0.86		0.9	180	417	$417/200\approx$ 2.1	2	400	同上	同上	同上	同上	$I'_{ops}=1.2\times(157.3+5\times0.76\times300/6)=417$ A
623	154	$154/200=$ 0.77	0.7	140	407	$407/200\approx$ 2.0	2	400	0.887	0.584	2 966	7.4 合格	$I'_{ops}=1.2\times(149.3+5\times0.76\times300/6)\approx407$ A $\sum R_{G3}=\sum R_{G2}+R_{G3}=0.428+0.325\times$ $\qquad 1.414=0.887$ Ω; $\sum X_{G3}=\sum X_{G2}+X_{G3}=0.482+0.072\times$ $\qquad 1.414=0.584$ Ω $I_{sG3}^{(2)}=\dfrac{6\,300}{2\sqrt{0.887^2+0.584^2}}=2\,996$ A $K_s=\dfrac{2\,996}{400}\approx7.4$

续表

开关号	过载保护整定				短路保护整定				灵敏度校验				相关计算
	I'_{opo}/A	n'	n	I_{ops}/A	I'_{ops}/A	n'	n	I_{ops}/A	$\sum R/\Omega$	$\sum X/\Omega$	$I_s^{(2)}/A$	K_s	
629	154	$154/200=0.77$	0.7	140	407	$407/200\approx2.0$	2	400	换算长度/M $\sum L_{SI19}=79$		10 274	5.1 合格	$I'_{ops}=1.2\times(149.3+5\times0.76\times300/6)\approx407\ A$ 主保护：$K_s=\dfrac{10\ 274}{400\times6/1.2}\approx5.1$
629 改	154	$154/200=0.77$	0.7	140	407	$407/200\approx2.0$	2	400	$\sum L_{SI20}=407$		2 883	1.4 合格	$\sum L_{SI20}=\sum L_{SI19}+K'_{cI.I120}L'_{I120}=79+1\times328=407\ m$ 后备保护：$K_s=\dfrac{2\ 883}{400\times6/1.2}\approx1.4$
									1.08	0.588	2 561	12.8 合格	$I'_{ops}=1.2(36.2+5\times0.76\times160/6)=165\ A$ $\sum R_{G4}=\sum R_{G2}+R_{G4}=0.428+0.461\times1.415=1.08\ \Omega$ $\sum X_{G4}=\sum X_{G2}+X_{G4}=0.482+0.075\times1.415=0.588\ \Omega$ $I_s^{(2)}=\dfrac{6\ 300}{2\sqrt{1.08^2+0.588^2}}=2\ 561\ A$ $K_s=\dfrac{2\ 561}{200}\approx12.8$
624	38	$38/50=0.76$	0.7	35	165	$165/50=4$	4	200					
628	38	$38/50=0.76$	0.7	35	165	$165/50=4$	4	200	换算长度/M $\sum L_{SI09}=166$		3 334	1.9 合格	$I'_{ops}=1.2(36.2+5\times0.76\times160/6)=165\ A$ $K_s=\dfrac{3\ 334}{200\times6/0.69}\approx1.9$
625	30	$30/50=0.6$	0.6	30	55	$55/50=1.1$	2	100	$\sum L_{SI01}=62$		3 060	6.1 合格	$I'_{ops}=1.2(6\times0.76\times60/6)\approx55\ A$ $K_s=\dfrac{3\ 060}{100\times6/1.2}\approx6.1$
626	96	$96/100=0.96$	0.9	90	440	$440/100=4.4$	5	500	$\sum L_{SI02}=61.6$		8 112	3.2 合格	$I'_{ops}=1.2(87.9+5\times0.76\times440/6)\approx440\ A$ $K_s=\dfrac{8\ 108}{500\times6/1.2}\approx3.2$

282 ■ 煤矿电工

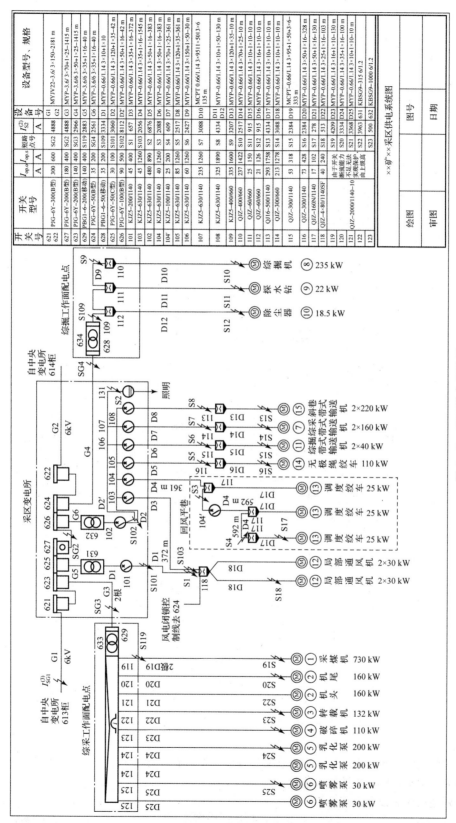

图 4 - 8 采区供电系统图

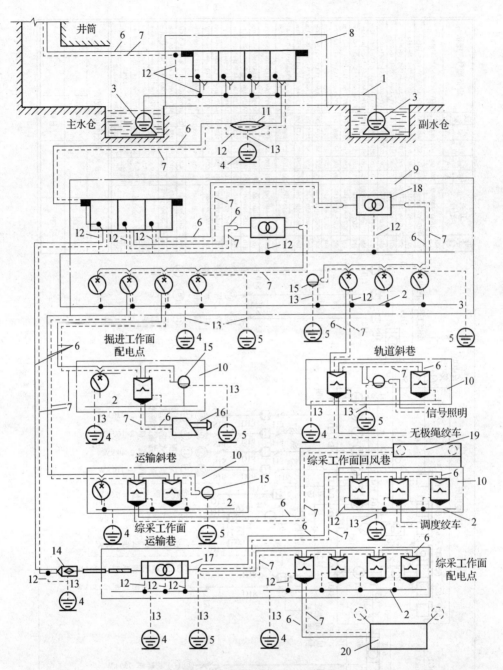

图 4-9　井下保护基地系统示意图

1—主接地母线；2—辅助接地母线；3—主接地极；4—局部接地极；5—漏电保护辅助接地极；6—电缆；
7—电缆接地芯线；8—中央变电所；9—采区变电所；10—配电点；11—高压电缆接线盒；12—连接导线；
13—接地导线；14—电缆连接器；15—照明综合保护装置；16—掘进机；17—移动变电站；
18—固定变压器；19—刮板输送机；20—采煤机

主接地极应浸入水仓中；主、副水仓必须各设一块。矿井有几个水平时，每个水平的总接地网都要与主、副水仓中的主接地极连接。

在下列地点应装设局部接地极：

(1) 每个采区变电所（包括移动变电站和移动变压器）。

（2）每个装有电气设备的硐室和单独装设的高压电气设备。

（3）每个低压配电点或装有 3 台以上电气设备的地点。

（4）无低压配电点的采煤工作面的运输平巷、回风平巷、主运输巷以及由变电所单独供电的掘进工作面（至少分别设置 1 个局部接地极）。

（5）连接高压动力电缆的金属连接装置。

局部接地极最好设于巷道水沟内，无水沟时应埋设在潮湿的地方。所有必须接地的设备和局部接地装置，都应同井下主接地极接成一个总接地网。从任意一个局部接地装置处所测得的总接地网的接地电阻，不得超过 2 Ω。每一移动式和手持式电气设备同接地网之间的保护接地用的电缆芯线（或其他相当接地导线）的电阻值，都不得超过 1 Ω。

2. 保护接地装置的要求

（1）主接地极应用耐腐蚀的钢板制成，其面积不小于 0.75 m²，厚度不小于 5 mm。如矿井水含酸性时，应视其腐蚀情况适当加大厚度或镀上耐酸金属。平置于水沟中或垂直埋入地下的局部接地极的要求详见学习情境二的学习任务五。

（2）连接主接地极的接地母线，应采用截面不小于 50 mm² 的裸铜线、截面不小于 100 mm² 的耐腐蚀铁线或厚度不小于 4 mm、截面不小于 100 mm² 的耐腐蚀扁钢。

（3）局部接地极、采区配电点及其他机电硐室的辅助接地母线，电气设备外壳与接地母线或局部接地极的连接导线，电缆连接装置两头的铠装、铅皮的连接导线，以及连接接地极的接地导线截面不小于同质材料接地母线的一半截面。额定电压小于等于 127 V 电气设备的接地导线、连接导线，可采用断面不小于 6 mm² 的裸铜线。

（4）在矿井中禁止使用无接地芯线（或无其他可供接地的护套，如铅皮、铜皮套等）的橡套电缆或塑料电缆。橡套电缆的接地线芯除用作监测接地回路外，不能兼作他用。

根据上述原则和要求，针对本采区供电系统的实际，确定本采区的保护接地系统和保护接地装置，并在巷道设备布置图上画出保护接地装置。（插入"设计采取变电所及采区供电系统1"）

八、如何设计采区变电所硐室

1. 采区变电所硐室布置要求

1）防火要求

（1）采区变电所应用不燃性材料支护。从硐室出口防火铁门起 5 m 内的巷道，应砌碹或用其他不燃性材料支护。

（2）硐室内必须设置扑灭电气火灾的足够数量的灭火器材，如干粉灭火器、不少于 0.2 m³ 的灭火砂及铲砂用的铁锹等。

（3）硐室必须装设向外开的防火铁门。铁门全部敞开时，不得妨碍运输。

（4）电缆的穿墙套管必须用黄泥封闭，以隔绝空气，阻断着火电缆使火势蔓延。

2）通风要求

（1）当采区变电所硐室长度超过 6 m 时，应在硐室两端各设 1 个便于通风的出口，保证硐室内的温度不能超过附近巷道 5 ℃。

（2）每个出口的防火铁门上应装设便于关严的通风孔。装有铁门时，门内可加设向外开的铁栅栏门以便通风，但不得妨碍铁门的开闭。

3）防水要求

变电所硐室内不得有淋水或滴水，如有淋水，需采用引流板将水引出硐室。

4）安全要求

（1）硐室入口处必须悬挂"非工作人员禁止入内"字样的警示牌。硐室内必须悬挂与实际

硐室布置要求

相符的供电系统图。硐室内有高压电气设备时，入口处和硐室内必须在明显地点悬挂"高压危险"字样的警示牌。硐室内的设备必须分别编号、标明用途，并有停送电的标志。

（2）硐室内设置包括绝缘靴、绝缘手套和绝缘台的绝缘用具及高压验电笔、放电线等安全用具和固定照明设备。硐室的过道应保持畅通，严禁存放无关的设备和物件。

（3）采区变电所应设专人值班。无人值班的变电硐室必须关门加锁，并有值班人员巡回检查。

5）设备布置

（1）变压器不应设专用硐室，但应将变压器与配电装置分开布置，高压配电与低压配电装置分开布置，一般不预留设备的备用位置。

（2）各电气设备之间应留出 0.8 m 以上通道，设备与墙壁之间应留出不小于 0.5 m 的通道。若无需从两侧或后面进行维护、检修时，也可以不留通道，但应留有 0.2 m 的散热间距。高压配电箱正面操作通道的宽度在单排布置或高、低压配电设备互为对面布置时，不小于 1.5 mm；高压配电箱双排布置时不小于 1.8 m。

（3）硐室必须有足够的照明。低瓦斯矿井可采用矿用一般型照明设备，其他类型矿井一般选用增安型或矿用隔爆型照明设备，电压 127 V，灯距 3～4 m；为了限制眩光，灯具不得悬挂过低，白炽灯与荧光灯灯具，距离地面适宜的悬挂高度为 2.5 m 以上。照明电缆采用 MYQ - 0.3/0.5 型矿用移动轻型橡套电缆沿硐室顶敷设。

6）电缆布置

硐室内不宜设电缆沟，高低压电缆宜吊挂在墙壁上。电缆穿入硐室的穿墙孔应用钢管保护，钢管内径不应小于电缆外径的 1.5 倍。

2. 硐室尺寸设计

1）设计原则

根据采区变电所硐室内所放置的设备尺寸及其间距计算出硐室的长度和宽度，硐室的高度一般为 2.5～3.5 m。采区变电所硐室底板应高出邻近巷道 200～300 mm，且应有 3‰的坡度。

硐室门的尺寸根据保证大型设备的进出方便设计，硐室门的宽度按照大于室内最大电气设备的宽度并留有 400～600 mm 的余量设计；硐室门的高度按照大于 2 m 设计。硐室门道的尺寸保证硐室门的安装及其电缆的安全进出设计，硐室门道的宽度按照硐室门宽度再加 1 m 的余量考虑，门道的高度按照门的高度再加 0.5 m 的余量考虑，门道的长度考虑防火门与铁栅栏门朝外打开后互不影响及不影响大巷运输。

2）本例设计

（1）硐室长度计算。根据高低压设备分开原则，将隔爆高压配电箱与变压器放置在一侧，低压馈电开关放置在另一侧，按照设备长度尺寸及其间距计算硐室长度，具体如下所示：

$$L_G = L_1 + L_{621} + L_2 + L_{623} + L_{625} + L_{627} + L_2 + L_{626} + L_{624} + L_2 + L_{622} + L_2 + L_{631} + L_2 + L_{632} + L_1$$
$$= 500 + 1\ 320 + 800 + 1\ 320 + 970 + 1\ 320 + 800 + 1\ 320 + 1\ 320 + 800 + 1\ 320 +$$
$$800 + 2\ 750 + 800 + 2\ 930 + 500 = 19\ 570\ \text{mm} \tag{4-129}$$

$$L_D = L_1 + L_{101} + L_2 + L_{102} + L_2 + L_{103} + L_2 + L_{104} + L_2 + L_{105} + L_2 + L_{106} + L_2 + L_{107} + L_2 + L_{108} +$$
$$L_2 + W_{131} + L_2 + L_1 = 500 + 800 + 800 + 7 \times (910 + 800) + 480 + 800 + 500 = 15\ 850\ \text{mm}$$
$$\tag{4-130}$$

式中　L_G、L_D——高压侧、低压侧设备布置长度，mm；

　　　L_1、L_2——设备与墙、设备之间的检修距离，分别为 500 mm、800 mm；

　　　$L_{621}\sim L_{G627}$——PJG - 6Y 型隔爆高压配电箱正面长度（查表 4 - 23），mm；

　　　$L_{631}\sim L_{632}$——KBSG9 型隔爆变压器长度（查表 4 - 3），mm；

　　　$L_{101}\sim L_{108}$——KJZ5 型隔爆馈电开关长度（查表 4 - 25），mm；

W_{131}——ZBZ-40/1140型隔爆照明综合保护装置正面宽度（查该产品说明书），mm。最终确定硐室长度取其较大值 L_G 为 19.70 m。

（2）硐室宽度计算。根据高低压设备最大宽度尺寸及其操作间距计算硐室宽度 W 如下：

$$W = W_1 + W_{Gm} + W_2 + W_{Dm} + W_0 = 500 + 1\ 372 + 1\ 500 + 600 + 200 = 4\ 172\ mm \quad (4-131)$$

式中 W_1、W_2、W_0——设备距墙检修距离、设备间操作距离、设备距墙散热距离，mm；

W_{Gm}、W_{Dm}——最大隔爆高压配电箱或变压器的宽度、最大隔爆馈电开关宽度，mm。

（3）硐室防火门和铁栅栏门尺寸计算。门高为 2 m，门宽按进出最大设备的宽度 W_m（这里取 W_{Gm}）同时进出人的宽度并留有余量 W_a，计算如下：

$$W_d = W_m + W_a = 1\ 372 + 600 = 1\ 972 \approx 2\ 000\ mm \quad (4-132)$$

（4）门道宽为门宽加 1 m 余量即 3 m，门道高度为门高加 0.5 m 余量即 2.5 m，门道长度按防火门和铁栅栏门均打开的宽度（$2W_d$）及门和门、门和巷道及硐室各留 500 mm 的余量（$3W_a$），计算如下：

$$L_h = 2W_d + 3W_a = 2 \times 2\ 000 + 3 \times 500 = 5\ 500\ mm \quad (4-133)$$

（5）门道与硐室连接方式确定。

①两门道位于硐室的两端。如图 4-10a 所示，此时变电所总长度（含门道）为硐室长度加两个门道长度，即 19 570 + 2 × 5 500 = 30 570 mm，如图 4-11 所示。本例保护煤柱为 20 m 小于硐室长度，故不选择此方式。

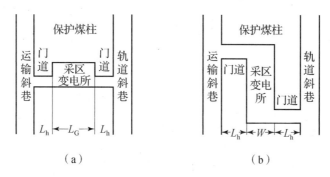

图 4-10 采区变电所硐室位置示意图

（a）两门道位于采区变电所硐室两端；（b）两门道位于采区变电所两侧

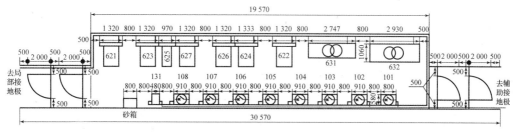

图 4-11 采区变电所硐室两端开门

②两门道位于硐室两侧。如图 4-10b 所示，此时两门道长度加采区变电所硐室宽度应小于保护煤柱。本例两门道长度加硐室宽度为 2 × 5 500 + 4 172 = 15 172 mm < 20 m 的保护煤柱，故确定为此方式，如图 4-12 所示。

（6）其他尺寸计算。

①照明灯距计算。按照 3~4 m 一个照明灯估算，硐室总长 22.57 m（硐室长度 L_G + 门道宽度 L_n）可布置约 6 个，灯距 L_d = 22 570/6 = 3 762 mm，其中两边距墙的间距为 3 762/2 = 1 880 mm，如图 4-12 的 C-C 剖面图所示。

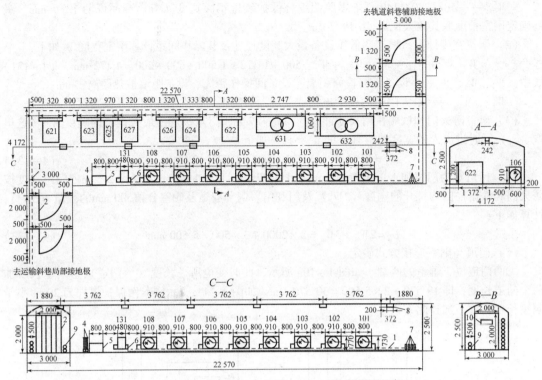

图 4 – 12 采区变电所硐室两侧开门的硐室布置图

1—辅助接地母线；2—铁栅栏门；3—防火门；4—砂铲；5—砂箱；
6—辅助接地极连接线；7—干式灭火器；8—隔爆照明灯；9—穿墙套管

②穿墙套管数量计算。根据采区巷道及设备布置图（图 4 – 1）可知，连接运输斜巷的门道左侧的穿墙套管为 3 个，其中 1 个为高压进线、1 个为综采工作面负荷中心的高压出线、1 个为局部接地极母线；右侧的穿墙套管为 2 个，其中 1 个为运输斜巷带式输送机出线、1 个为综采工作面带式输送机出线，如图 4 – 12 的 C – C 剖面图所示。连接轨道斜巷的门道左侧的高压穿墙套管为 2 个，其中 1 个为高压进线、1 个为综掘工作面移动变电站的高压出线；右侧的穿墙套管为 8 个，其中 7 个为低压出线电缆，1 个为辅助接地极连接线，如图 4 – 12 的 B – B 剖面图所示。

九、如何整理设计说明书

设计说明书应简洁明了，完全按照编书要求的格式，具体如下。

1. 前言

前言应说明设计范围、设计规范、设计原则、设计指导思想及主要特点等。

2. 目录

应以章节为目录，并且配有页码。

3. 章节

1）内容

此部分为说明书的主要内容，按照设计顺序，从原始资料、设计内容到最后的附图、参考文献都要有。叙述要简明，对于重复计算的内容如"电缆截面的选择"可以只举 1 条电缆的选择计算实例，其他各条电缆的选择则以表格说明各参数及结果，但是为便于说明，每台设备和每条电缆要分别统一编号，对于高压电缆编号，统一由"G + 数字"表示，低压电缆统一由"D + 数字"表示，如 G1、D10 等。对于电气设备，为了与电缆区别和便于识别，以两组数表示，即第一组为系统号，以电压等级为系统号（如 10 代表 10 kV 系统、1 代表 kV 级以下的低压系统），第 2 组为设备号（如 01 代表 1 号设备）。例如，编号 1003 表示 10 kV 的第 3 号设备、编号 610 表示 6 kV 的第 10 号设备、编号 121 表示 1.14 kV 及以下的第 21 号设备。如再进一步区分，可以"1"代表馈电开关，以"2"代表启动器，以"3"代表照明综合保护；如开关数量为 10 台以上，后面的编号为 2 位数。例如，编号 1201 表示低压启动器第 1 号设备。

2）格式

各部分格式应统一，层次要分明。

（1）计算式格式。计算式必须保证 3 个步骤，即公式、代入数据和计算结果，并且对每一项参数都要注明含义、来源及单位，计算过程可以省略，结果要标明单位。计算式要编号，编号一般以章为单位排序，并用括号括起，如第一章的第一式为（1-1），也有以节为单位，如第一章第二节的第一式为（1-2-1）。计算式应居中，编号应居右，参见本书公式的格式。

（2）图表格式。图表应有编号和名称，编号一般以章为单位，也可以节为单位（但应与计算式编号一致），为与计算式编号区别，在编号前加"图"或"表"字，如第一章的第一个图为"图 1-1"，第一个表为"表 1-1"。

4. 参考文献

所用参考书均应在书末按以下格式注明：

[序号] 作者名. 书名 [类别号]. 版本（第 1 版不加标注，第 2 版及以上要加标注）. 出版地：出版者，出版年.

其中，作者名 3 人以上只列前 3 人，后加"等"字；类别号如下：专著 [M]，参考书 [K]，论文集 [C]，汇编集 [G]，国际、国家标准 [S]。（插入"设计采取变电所及采区供电系统 2"）

十、如何绘制技术图纸

图中符号应按照国标绘制，常用煤矿电气图专用图形符号见表 4-35，各图形符号需标明设备编号等信息，各图中的设备编号均应与说明书中的编号统一。图中应有标题栏，标题栏内应有图名、制图人（签名）、制图时间、审核人（签名）、审核时间、比例及明细表等栏目。图中的图注说明用仿宋体，设备编号、数量、规格、符号等可列表说明。所需绘制的图纸其他要求如下。

表 4-35　常用煤矿电气图专用图形符号[23]

符号	名称	说明	符号	名称	说明
	防爆插座和插头	一般符号	规划(设计)的　运行的	采区变电所	
	防爆三通接线盒				
	防爆四通接线盒		规划(设计)的　运行的	井下配电点	
	防爆多通接线盒	一般符号 符号中的 n 用接线数代替		井下移动变电站	一般符号

符号	名称	说明	符号	名称	说明
	防爆母线盒			采区高压配电点	
	防爆高压电缆接线盒	一般符号		采区配电点	
	防爆电动机			井下整流站	
	电动机综合保护装置			矿用高压配电箱	一般符号
	矿用防爆变压器	一般符号		矿用高压配电箱组	
	隔爆型自动馈电开关			正常不合闸高压配电箱	
	隔爆型手动开关	一般符号		井下主接地极	
	隔爆型插销式开关			井下局部接地极	
	隔爆型负荷开关	一般符号		生产监测监控中心	一般符号 ××：编号 ×××：型号 ×M：模入数 ×K：开入数
	煤仓料位控制开关		×× ××× ×M ×K	井下监测分站	
	隔爆型电磁启动器			井下主机	一般符号框内可注型号

符号	名称	说明	符号	名称	说明
	隔爆兼本质安全型电磁启动器	i 表示本质安全	MD	调制解调器	M 表示调制 D 表示解调
	隔爆型手动启动器			断电仪断电范围	
	煤电钻综合保护装置			断电仪	
	矿用低压配电箱	一般符号		风、电、瓦斯闭锁装置	一般符号
	正常合闸高压配电箱	一般符号		矿用电话机	一般符号

1. 采区供电系统图

根据规定可不按比例绘制，但布局要合理，图中应注明以下内容。

1）电动机、变压器、配电设备、信号装置、通信装置等装设地点

将设备安装地点用虚线框起，并标明其地点，如标明"采区变电所""采煤工作面运输巷配电点""掘进工作面配电点"等。

2）设备的型号、容量、电压、电流、种类等主要技术参数及其他技术性能

设备的型号、容量、电压、电流、种类等主要技术参数标于每个设备图形符号旁，如主变压器符号旁标"KBSGZY – 1000/6 kV/1. 2 kV"。为便于区分设备，需将每台设备编号，且编号需与说明书中的编号相同。

3）馈出线的短路、过负荷保护的整定值以及被保护干线和支线最远点两相短路电流值馈出线保护动作值可标于相应的控制开关符号旁，如隔爆馈电开关符号旁标明"$I_{opo} = 100\ A$"（过载保护动作值 100 A），"$I_{ops} = 600\ A$"（短路保护动作值 600 A）。在被保护线路最末端用箭头指明短路点，箭头另一端标注"$I_{s1}^{(2)} = 5.1\ kA$"（编号为 1 的短路点两相短路电流为 5.1 kA），也可将开关编号、型号、过载保护动作值、短路保护动作值及相应的最小两相短路电流值列表表示。

4）线路电缆的用途、型号、电压、截面和长度

线路电缆的用途、型号、电压、截面和长度等信息，如"MYP – 0.66/1. 14 – 3 × 50 + 1 × 16 – 300 m"在每条电缆的旁边标明。

本例采区供电系统图如图 4 – 8 所示。

2. 采区变电所硐室布置图

应按比例绘制硐室平面布置图（含硐室和门道）、硐室剖视图和防火门剖视图（侧视图），图中应标注各设备及硐室门道的尺寸（平面图标注长、宽及其设备间距，剖视图标注长或宽、高及设备间距）；图中应绘出设备及防火、照明、接地线与接地极等设备布置情况，门剖视图还应绘出防火门及调风窗的尺寸、电缆与接地母线的穿墙套管数量及位置。本例硐室布置图如图

4 - 12 所示。

3. 采区电气设备布置示意图

可在采区机械设备布置示意图的基础上用煤矿电气专用图形符号及其编号标出各电气设备（包括局部接地极）的安装地点。

4. 采区电缆敷设示意图

可在采区电气设备布置示意图的基础上增加所敷设的电缆，即在电缆敷设的相应巷道上用标有电缆编号的线条表示各条电缆的敷设线路，同一巷道中的多条电缆可用一条实线表示，但需将各电缆编号标注其上，当其中某条电缆分支到其他巷道时，在分支点应标明其电缆编号。本例采区电气设备布置及电缆敷设图如图 4 - 13 所示。

绘制技术图纸

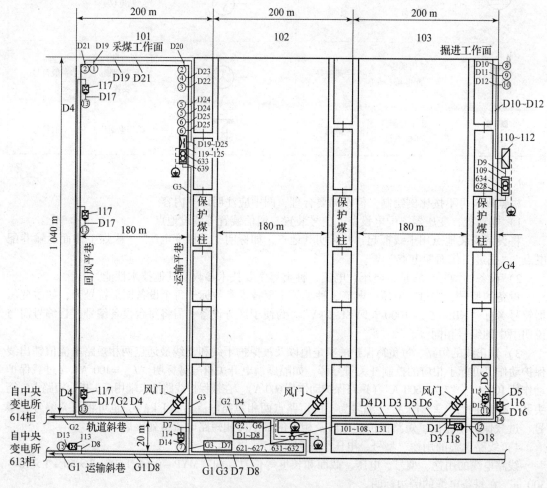

图 4 - 13 采区电气设备布置及电缆敷设图

①—电牵引采煤机；②—可弯曲刮板输送机；③—转载机；④—破碎机；⑤—乳化液泵站；⑥—喷雾泵站；
⑦—综采可伸缩带式输送机；⑧—综合掘进机；⑨—探水钻；⑩—湿式除尘器；⑪—综掘可伸缩带式输送机；
⑫—局部通风机；⑬—调度绞车；⑭—无极绳绞车；⑮—斜巷带式输送机；G1～G6—高压电缆；
D1～D25—矿用橡套低压电缆；621～629—隔爆高压配电箱；631～634—隔爆变压器；101～109—隔爆馈电开关；
111～118—隔爆电磁启动器；119～125—隔爆组合开关；131—隔爆照明综合保护装置

一、工作案例

1. 工作任务

某矿一采区供电设计任务（原始资料见学习情境四的学习任务一）。根据任务要求，收集相关资料、任务引领书，制订工作计划书（表4－36），按照计划书实施控制、并将工作记录入表4－37，最后按照评价反馈书进行自我评价。

2. 制订工作计划书

表4－36　设计采区供电系统工作计划书

制定人：　　　　　　　　　　　　　　　　　　　　　　　　　　制定日期：

工作任务	设计采区供电系统	
任务要求	1. 准备工作：收集设计所需原始资料必须齐全、数据真实。 2. 设计工作：完成采区变电所、移动变电站、工作面配电点位置确定；采区供电系统拟定；变压器、高低压电缆、高低压开关选择；过流保护整定、漏电保护装置设定、保护接地系统设定、采区变电所硐室布置等设计工作。设计必须符合《煤矿安全规程》《煤矿井下供配电设计规范》及井下三大保护细则要求。 3. 收尾工作：①校核设计计算的正确性及系统的一致性；②整理设计说明书；③绘制采区供电系统图；④绘制采区设备布置及电缆敷设图	
阶段	实施步骤	防范措施
一、准备	1. 收集原始资料 （1）采区资料。包括巷道布置、设备布置、瓦斯等级等。 （2）负荷资料。包括用电设备数量、电压、功率、起动电流。 （3）电源资料。包括供电距离、电源短路容量等。 2. 准备参考资料 （1）规程规范。《煤矿安全规程》《煤矿井下供配电设计规范》、井下三大保护细则等。 （2）参考书。《工矿企业供电设计指导书》（张学成、聂国伦主编），《煤矿电工手册》第二分册（下），相关的煤矿机电设备产品手册、技术数据及说明书等资料	1. 巷道布置图中必需尺寸及通风设施标注齐全，巷道关系明确。设备布置图中用电设备标注齐全，位置明确。 负荷统计表编号与设备布置图统一。 2. 有关规程规范必须采用最新版本
二、设计	1. 确定采区变电所、移动变电站、工作面配电点位置 2. 拟定采区供电系统 3. 选择主变压器 （1）选型号、电压 （2）选容量 4. 选择低压电缆 （1）选支线电缆：①选型号；②选电压；③选长度；④选芯线数；⑤选面 （2）选干线电缆：①选型号；②选电压；③选长度；④选芯线数；⑤选面	1. 移动变电站列车或动力中心可不设配电点 2. 需画出供电系统草图，并标出设备及电缆编号 3. 需制作成组负荷统计表，将计算所需数据及结果全部体现在表中 4. 需制作支线电缆选择表、干线电缆选择表，将计算所需数据及结果全部体现在表中。注意辐射式与干线式及起动条件下电压损失的计算不同，所取参数有别，不可混淆

阶段	实施步骤	防范措施
二、设计	5. 选高压电缆 （1）选型号 （2）选长度 （3）选截面 6. 选低压开关 （1）选型号 （2）选额定参数 （3）短路校验 7. 选高压开关 （1）选型号 （2）选额定参数 （3）短路校验采区供电系统 8. 过流保护装置整定 （1）低压开关整定 ①保护支线：过载整定；短路整定 ②保护干线：过载整定；短路整定 （2）高压开关整定 ①进线开关：过载整定；短路整定 ②母联开关：过载整定；短路整定 ③出线开关：过载整定；短路整定 9. 漏电保护装置设定 （1）低压电网漏电保护装置 （2）高压电网漏电保护装置 10. 保护接地系统设定 （1）主接地极设定 （2）局部接地极设定 （3）辅助接地母线、接地导线、连接导线设定 11. 采区变电所硐室布置 （1）硐室设备布置 （2）硐室尺寸设计	5. 需制作高压电缆选择表，将计算所需数据及结果全部体现在表中。注意校验按最大三相短路电流计算，电缆电阻按导线常温 25 ℃换算 6. 需制作低压开关选择表，将计算所需数据及结果全部体现在表中 7. 需制作高压开关选择表，将计算所需数据及结果全部体现在表中 8. 需制作低压开关整定表、高压开关整定表，将计算所需数据及结果全部体现在表中。注意校验灵敏度按最小短路电流计算，电缆电阻按导线允许最高温度计算，即电阻率按常温换算到导体最高温度计算 9. 为确保漏电保护的选择性，低压开关及高压开关选择零序电流方向保护；为确保可靠性，低压总开关为后备保护，选择附加直流电源保护 10. 画出保护接地系统图，标明各接地极和接地线 11. 画出硐室布置图及其剖视图，能够反映硐室防火、通风及设备布置情况，标明硐室、各设备长宽高及其相互关系尺寸
三、收尾	1. 校核 （1）校核各个设计计算所取参数及计算结果的正确性 （2）检查改选设备后系统的一致性 2. 整理设计说明书 3. 绘制采区供电系统图 4. 绘制电缆敷设及设备（含接地极）布置示意图 5. 绘制采区变电所硐室布置图	1. 校验不合格采取增设开关、增大电缆截面，甚至重新分配负荷导致系统改变，需按改变后的参数计算并重新校核至合格为止 2. 每个公式表格必须编号，每个公式中的数据必须注明来源 3. 按最终系统绘制各技术图纸，且标注全 4. 需表明电缆敷设路径及连接对象 5. 需按比例绘制

3. 制定工作记录表

表 4 – 37　工作记录表

工作内容	设计采区供电系统及采区变电所硐室					
计算项目	计算记录					
主变压器容量	统计负荷	需用系数	加权平均功率因数		计算容量	选取容量
631 号						
632 号						
633 号						
634 号						
低压支线电缆	巷道长度	电缆长度	长时工作电流	长时允许电流		选取截面
D10						
⋮						
D25						

低压干线电缆	长度		长时电流		初选截面	电压损失			终选截面
	巷道	电缆	工作	允许		变压器	干线	支线	
D1									
⋮									
D9									

高压电缆	长度		长时工作电流	经济电流密度	经济截面	长时允许电流截面	电压损失	最大短路电流				热稳定截面	终选截面
	巷道	电缆						X	R	Z	$I_s^{(3)}$		
G1													
⋮													
G6													

高压开关	长时工作电流	额定电流	按 $I_{Nb} > I_s^{(3)}$ 校验			按 $i_{es} > i_{ch}$ 校验			热稳定校验			改选结果
			I_{Nb}	$I_s^{(3)}$	结果	i_{es}	i_{ch}	结果	$2I_{ts}^2$	$I_s^2 t$	结果	
621												
⋮												
627												

工作内容	设计采区供电系统及采区变电所硐室					
计算项目	计算记录					
主变压器容量	统计负荷	需用系数	加权平均功率因数		计算容量	选取容量

低压开关	长时工作电流	额定电流	短路校验					改选结果
			额定开断电流	换算长度	两相短路电流	三相短路电流	结果	
101								
⋮								
125								

过流保护整定	过载保护整定		短路保护整定		灵敏度校验			改选结果
	计算值	整定值	计算值	整定值	最小短路电流	灵敏度	结果	
101								
⋮								
125								
621								
⋮								
627								

计算项目	计算记录										
硐室长度计算	高压开关侧										
	距墙	开关间距	621	622	623	624	625	626	627	631	632	合计
	低压开关侧										
	距墙	开关间距	101	102	103	104	105	106	107	108	131	合计

硐室宽度	距墙检修	距墙散热	开关间距	最宽开关		合计

密闭铁门及铁栅栏门宽度	最宽开关		余量		合计

门道宽度	门宽		余量		合计

门道长度	密闭铁门宽	铁栅栏门宽	余量		合计

工作内容	设计采区供电系统及采区变电所硐室				
计算项目	计算记录				
主变压器容量	统计负荷	需用系数	加权平均功率因数	计算容量	选取容量
穿墙套管数	左门左侧		左门右侧	右门左侧	右门右侧
出现问题					
处理措施					
处理结果					

填表人：

二、工作案例

请同学们到实习矿井收集一个采区的原始资料，进行采区供电系统及采区变电所设计，写出工作计划书，将工作记录记入工作记录表，并按评价反馈书进行自我评价。

 评价反馈书

设计采区供电系统及采区变电所评价反馈书见表 4 – 38。

表 4 – 38 设计采区供电系统及采区变电所评价反馈书

考评项目		考评指标	满分值	自评分	互评分	师评分
知识考评（40）分	1. 了解采区变电所（站）、配电点位置确定原则布置要求	能说出井下采区变电所、移动变电站、配电点位置确定原则，硐室防火要求、防水要求、通风要求、设备布置要求，少说或说错一处扣 1 分	5 分			
	2. 了解拟定采区变电所供电系统及设备选择方法	能说出拟定采区变电所供电系统接线方式、主要设备、电缆的数量确定及设备选择，少说或说错一项扣 1 分	20 分			
	3. 了解拟定采区变电所保护接地系统方法	能说出拟定保护接地系统主接地极、局部接地极、接地母线、连接线的规格、数量、安装地点，少说说错一项扣 1 分	5 分			
	4. 了解拟定采区变电所漏电保护系统方法	能说出拟定井下采区变电所供电系统漏电保护系统，说出漏电保护系统主要组成部分作用，少说或说错一项扣 1 分	5 分			

考评项目		考评指标	满分值	自评分	互评分	师评分
知识考评（40）分	5. 了解设计说明书及技术图纸编绘要求	能说出设计说明书、采区供电系统图、采区变电所硐室和电气设备布置图及电缆敷设图的编绘要求，少说或错说一项扣1分	5分			
能力考评（46）分	1. 能正确拟定、绘制采区变电所供电系统图，正确选择和整定设备	能正确确定变电所、配电点位置、拟定和绘制采区变电所供电系统图，少画或错画一项扣1分，能正确选择和整定设备，少做或做错一项，扣1分	18分			
	2. 能正确设计、绘制采区变电所硐室布置图	会设计变电所硐室防火、防水、通风及设备布置，并绘制硐室布置图，一项不会或错误扣2分	5分			
	3. 能正确设计保护接地系统	会设计主接地极、局部接地极、接地母线及各连接线的规格、数量、安装地点，一项不会或错误扣1分	5分			
	4. 能设计采区变电所漏电保护系统	会设计采区变电所高压配电箱、低压馈电开关、电磁启动器和照明综合保护装置漏电保护要求，一项不会或错误扣1分	3分			
	5. 能正确编绘设计说明书、电气设备布置图、电缆敷设图	能正确编绘设计说明书（5分）、采区电气设备布置图（4分）及电缆敷设图（4分），少做或错做一项扣1分	15分			
情态考评（14）分	1. 学习态度	迟到扣2分，不完成作业扣5分，学习态度认真记3分，学习态度一般记2分	3分			
	2. 质量把控	工作质量好记4分，工作质量一般记3分，工作敷衍记2分，工作马虎记1分，工作错误造成损失记1分，工作未完成不记分	4分			
	3. 团队协作	认真带领工作团队记5分，主动参与团队工作记3分，消极怠工不得分	5分			
	4. 创新意识	在工作中能提出和解决问题记2分，能提出或回答问题记1分，否则不得分	2分			
合计			100分			

学习任务二　安装井下变电所

一、学习任务

1. 工作情境

1）工作情况

本任务属于安装维修井下供电系统这一大型任务下安装维修井下变电所（井下中央变电所和采区变电所）的分项任务。本任务具体包括井下变电所的硐室布置、设备布置、隔爆高低压配电装置、隔爆变压器及其电缆安装前的检测、运输、安装、连接、调试、井下保护接地系统的安装。由于井下中央变电所与采区变电所的安装大体相同，只是前者需安装主接地极，后者只需安装局部接地极。故以井下中央变电所安装为主学习。

2）工作环境

（1）在井底车场附近、中央水泵房旁的井下中央变电所内，通风良好，支护良好，但车场附近有电机车及矿车等运输危险，水泵房的水仓有溢水殃及变电所硐室及设备危险。而采区变电所由于位于采区斜巷，无水淹危险。

（2）电源来自地面变电所高压开关柜的出线侧。

（3）负荷为高压水泵、向井底车场附近设备供电的隔爆变压器及各采区变电所。

（4）相关设备：PJG9L 型矿用隔爆高压配电箱；MYJV22 - 6/10 型塑料铠装电缆；KSGB - 315/6 型隔爆变压器；KBZ20 - 400 型隔爆自动馈电开关。

（5）使用器具及材料：套扳、扳手、克丝钳、电工刀、螺丝刀、高压验电笔、万用表、兆欧表、便携式瓦检仪、塞尺、工业用凡士林油。

2. 任务要求

（1）按照《煤矿安全规程》的要求布置井下中央变电所和采区变电所硐室。

（2）按照《煤矿电气安装工操作规程》安装井下中央变电所、采区变电所的电气设备及其高低压电缆、保护接地系统，安装质量满足《煤矿机电设备检修技术规范》要求。

（3）按照负荷额定电压及实际输出电压调节隔爆变压器一、二次侧连接及高低压开关中控制变压器的电压抽头。

（4）按照井下三大保护细则整定采区供电系统高低压开关的过流及漏电保护装置动作值。

（5）按照《煤矿机电设备检修技术规范》要求进行试验和试运行并检查检修质量。

3. 工作要求

工作要求同学习情境三的学习任务一和学习任务二。

二、学习目标

1. 知识目标

（1）明白井下变电所硐室位置确定及防火、防水、通风、设备布置等要求。

（2）掌握井下变电所供电系统、电气设备和保护接地系统安装方法。

（3）掌握安装前后的检测方法及保护接地系统接地电阻的测试等方法。

2. 能力目标

（1）能正确布置井下中央变电所和采区变电所硐室。

（2）能正确安装调试井下变电所设备、井下漏电保护和保护接地系统。

（3）能正确使用万用表、兆欧表、耐压测试仪、接地电阻测试仪等检测井下变电所设备及保护接地系统的接地电阻。

3. 素质目标

要培养学生理论联系实际的能力，多到施工现场学习，对现场存在问题进行分析与判断，提供价值性意见与建议。纸上得来终觉浅，通过现场与图纸上的比较、分析、积累，逐步提高现场快速应变的处理能力。

井下变电所包括井下中央变电所和采区变电所。前者为井下供电枢纽，担负井下全部负荷的供电；后者为采区供电的枢纽，担负采区全部负荷的供电。两者有相同之处也有不同之处。有关采区变电所硐室布置、供电系统及保护接地系统的拟定已在上一个任务中学习，本任务重点介绍中央变电所与之不同之处。

一、井下中央变电所硐室布置与采区变电所硐室布置有何不同

井下中央变电所硐室防火、通风及设备布置要求与采区变电所硐室布置要求基本相同，不同之处有4点。一是中央变电所位于井底车场与主水泵房相邻、靠近主副水仓，一旦水仓溢水，首先被殃及，故中央变电所硐室的底板要高出井底车场巷道0.5 m。二是随着生产的扩大、采区的增加，需增加中央变电所的高压配电开关，故中央变电所硐室内要预留高压配电箱总数的20%，最少不小于2台的备用位置。三是由于中央变电所的重要性，其高低压设备分开及变配电设备分开的要求比较严格，即设置专门的变压器硐室和高低压配电开关硐室实现变配电分开，高低压配电开关硐室中高压配电箱与低压馈电开关两侧分开布置，其布置如图4-14所示。四是留有的操作通道要求严格。详细规定见表4-39至表4-41[13]，其中高、低压配电设备同侧布置时，高、低压配电设备之间的距离应按高压开关维护走廊尺寸考虑；高、低压配电设备互为对面布置时，其中走廊应按高压单列操作走廊尺寸考虑。

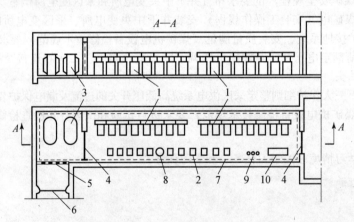

图4-14　中央变电所硐室布置示意图

1—高压配电箱；2—低压自动馈电开关；3—主变压器；4—防火铁门；5—铁栅门；
6—密闭门；7—接地母线；8—照明综合保护；9—干式灭火器；10—砂箱

二、如何安装维护井下中央变电所设备

(一) 安装维护隔爆高压配电箱

按照安装维护高压配电箱的要求和步骤进行安装。详见学习情境三的学习任务一。

表 4-39　高压开关柜（箱）通道尺寸　　　　　　　　　　　　　　　mm

开关柜（箱）型式	操作走廊（正面）		维护走廊	
	单列布置	双列布置	背面	侧面
固定式	1 500	2 000	800	800
手车式	1 800	2 100	800	800
隔爆型	1 500	2 000	500~800	1 000

表 4-40　低压配电柜（箱）通道尺寸　　　　　　　　　　　　　　　mm

配电柜（箱）型式	操作走廊（正面）		维护走廊	
	单列布置	双列布置	背面	侧面
固定式	1 500	1 800	800	800
抽屉式	1 800	2 100	800	800
隔爆馈电开关	1 500	1 800	500	1 000

表 4-41　变压器通道尺寸　　　　　　　　　　　　　　　mm

变压器布置方式	操作走廊（正面）		维护走廊	
	单列布置	双列布置	背面	侧面
专用变压器室	1 500		500	800
变压器与配电装置并排	1 500		500	1 000
变压器与隔爆馈电开关	1 500	1 800	500	1 000

（二）安装维护隔爆变压器

按照安装维护隔爆变压器的要求和步骤进行安装。详见学习情境三的学习任务二。

（三）安装维护隔爆低压馈电开关

按照安装维护隔爆低压馈电开关的要求和步骤进行安装。详见学习情境二的学习任务一。

（四）安装维护隔爆照明综合保护装置

按照安装维护隔爆照明综合保护装置的要求和步骤进行安装。详见学习情境二的学习任务四。

（五）安装维护矿用高低压电缆

按照安装维护矿用高低压电缆的要求和步骤进行井下变电所高低压电缆的安装。详见学习情境一的学习任务一和学习任务二。

（六）安装维护保护接地系统

1. 安装主接地极

采用面积不小于0.75 m²、厚度不小于5 mm的钢板制成2个主接地极。水平放置在主、副水仓底部，与接地母线焊接。其装设方法可参照图4-15进行。

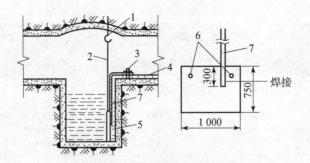

图 4-15　主接地极安装示意图

1—吊环；2—吊绳；3—连接螺栓；4—主母线；5—主接地极；6—吊绳孔；7—导线

安装时，应保证接地母线和主接地极连接处不承受较大拉力，并应设有便于取出主接地极进行检查的牵引装置吊环、吊绳和吊绳孔。

2. 安装接地母线

将接地母线和辅助接地母线分别悬挂于中央变电所和采区变电所硐室中离地面 50 mm 高的墙壁上。

接地导线与接地母线（或辅助接地母线）的连接最好也用焊接，无条件时，可用直径不小于 10 mm 的镀锌螺栓加防松装置（弹簧垫、双帽）拧紧连接，连接处还应镀锡或镀锌。

3. 安装局部接地极及其辅助接地母线

详见学习情境二的学习任务五。

4. 安装固定设备的接地

将每台 36V 以上固定电气设备外壳的接地螺栓经连接线与辅助接地母线连接。固定电气设备与连接导线采用螺栓连接；隔爆高压配电箱及隔爆变压器的连接如图 4-16、图 4-17 所示。

5. 安装电缆接线盒的接地

将接线盒上的接地螺栓直接用接地导线与局部接地极相连。接线盒两端铠装电缆的钢带（钢丝）和铅包，必须用镀锌扁钢或裸铜线连接起来，并与接地导线相接。电缆的钢带和铅包要用裸铜线绑扎或用镀锌铁卡环卡紧，如图 4-18 所示。

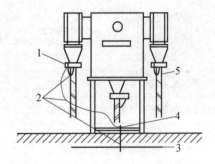

图 4-16　隔爆高压配电装置接地示意图

1—进线电缆接地螺栓；2—连接导线；
3—接地母线（辅助接地母线）；
4—底架接地螺栓；5—铠装电缆

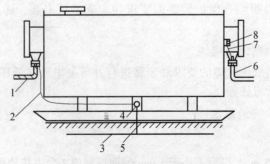

图 4-17　隔爆变压器接地示意图

1—高压铠装电缆；2—连接导线；3—接地母线；4—接地螺栓；5—接地线；6—低压橡套电缆；
7—接地芯线；8—接地螺栓（接线盒内）

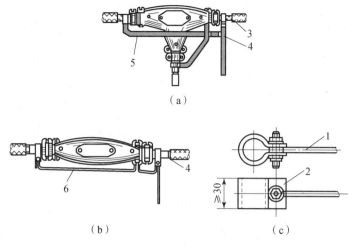

（a）

（b）   （c）

图 4 – 18   高压铠装电缆接线盒接地示意图

（a）用镀锌扁钢连接；（b）用裸铜线连接；（c）用铠装电缆接地用的铁卡环

1—连接导线；2—镀锌铁环；3—钢带铠装；4—连接地方镀锌；

5—断面 50 mm² 扁钢；6—断面 25 mm² 裸铜绞线

6. 连接保护接地系统

将连接每台外壳接地电气设备电缆的接地芯线与各台设备接线盒内的接地螺栓压接，从而经电缆接地芯线将中央变电所的主接地极、采区变电所及配电点等地的局部接地极连接成保护接地系统。

7. 保护接地系统安装后的检测

主要通过接地电阻测试仪检测保护接地系统任一处的接地电阻不超过 2 Ω，即说明安装质量完好。接地电阻测试仪及保护接地电阻的测试方法详见学习情境二学习任务五。

8. 维护保护接地系统

1）日常维护

（1）有值班人员的机电硐室和有专职司机的电气设备的保护接地，每班交接班时必须进行一次表面检查。无值班人员的硐室或其他设备的保护接地，由维修人员进行每周不少于一次的表面检查。检查的重点是观察整个接地网的连接情况，对于接触不良或严重锈蚀的接地线，发现问题，应及时记入记录表内（表 4 – 42），并向有关领导汇报，以便及时处理，避免接地电阻值的增大。

表 4 – 42   接地检查记录表

编号	检查日期	检查地点	检查情况	检查人	整改情况		整改人
					时间	情况	
1							
2							
3							

（2）电气设备在每次安装或移动后，应详细检查电气设备接地装置的完善情况。对那些震动性较大及经常移动的电气设备，应特别注意，随时加强检查。

（3）检查发现接地装置有损坏时应立即修复。电气设备保护接地装置未修复前禁止受电。

2）定期检测

（1）井下总接地网的接地电阻的测定，要有专人负责，每季至少一次；新安装的接地装置，在投入运行前，应测定其接地电阻值，并必须将测定数据记入记录表内（表4-43）。

表 4 - 43　接地装置接地电阻测量记录表

编号	测量日期	测量地点	测量结果/Ω	整改情况	试验人签字	备注
1						
2						
3						
4						
5						

（2）在有瓦斯及煤尘爆炸危险的矿井内进行接地电阻测定时，应采用本质安全型接地摇表；如采用普通型仪器时，只准在瓦斯浓度1%以下的地点使用，并采取一定的安全措施，报有关部门审批。

3）定期维护

（1）对水仓和水沟里的主接地极或局部接地极，每年至少要提出来详细检查一次。检查两块主接地极时，应注意一个检查，一个工作，不能同时提出，以免影响安全。当矿井水酸性较大时，应适当增加检查次数，对锈蚀严重的接地极要及时更换。

（2）在每次电气设备安装、检修或迁移后，要详细检查接地装置的完善情况。尤其是对那些震动性较大或经常移动的电气设备，必须随时加强检查，如发现接地装置有损坏，应立即处理；对接地装置未修复的电气设备禁止送电。

（3）如发现某处（一般为局部接地极处）的接地电阻大于 2 Ω，应采取降阻措施。对于管状局部接地极，应灌注盐水，必要时可增设局部接地极。（插入"设计采取变电所及采区供电系统3"）

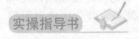

一、工作案例

1. 工作任务

安装学习任务一设计的采区变电所，硐室布置如图4-12所示。根据任务要求，收集相关资料、任务引领书，制定工作计划书（表4-44），按照计划书实施控制并将工作记录填入（表4-45），最后按照评价反馈书进行自我评价。

2. 制定工作计划书

表 4 - 44　安装采区变电所工作计划书

工作任务	安装采区变电所	
任务要求	1. 准备工作 (1) 技术准备 (2) 设备及矿建工程验收 (3) 材料及工具准备 2. 安装工作 (1) 运输 (2) 安放 (3) 接线 (4) 调试 3. 收尾工作 (1) 检查验收 (2) 填写记录 (3) 送电	
责任分工	1 人负责按照计划步骤指挥操作，1 人负责监督操作、多人负责执行令	
阶段	实施步骤	防范措施
一、准备	1. 技术准备 (1) 组织技术人员进行图纸会审，校对安装图纸尺寸 (2) 组织施工人员进行以下工作：①熟悉有关图纸及说明书等技术资料；②认真学习《煤矿安装工程质量检验评定标准》《电气设备安装工程施工及验收通用规范》及《煤矿安全规程》 (3) 依据图纸做出设备和主要消耗材料计划 2. 设备与矿建工程验收 (1) 设备验收 ①变压器及高低压开关的型号与设计相符，铭牌数据齐全；有产品合格证及技术文件，设备附件齐全，外观检查完好，无破损、裂纹及掉漆等缺陷　②电缆的规格、型号、电压等级、长度应符合设计要求，外观完好无损，铠装无锈蚀，无机械损伤，无明显皱折和扭曲现象，外皮及绝缘层无老化及龟裂 ③所有隔爆电气设备的防爆性能均须验收合格后方可下井 ④按照规定进行耐压试验，无局部放电现象 (2) 矿建工程验收 ①防火设施。防火门安装合格，硐室及门道为不燃性材料支护，有干式灭火器及砂箱 ②通风设施。铁栅栏门安装合格，防火门有调节通风窗口，有 2 个出口 ③基础设施。安装基础必须没有裂纹、气泡、外露钢筋和其他缺陷，用铁锤敲打声音清脆，不暗哑，用凿试时，不崩塌或散落。检查基础各部尺寸：如基础纵轴线、横轴线、长度和宽度尺寸，误差不应超过允许范围。检查预埋件是否符合设计要求。穿墙套管数量及尺寸满足要求。有适当照明	1. 发现问题及时向设计单位反映。学习最新版规程规范 2. 发现问题必须及时处理方可安装

阶段	实施步骤	防范措施
一、准备	3. 材料及工具 （1）材料 ①型钢应无明显锈蚀，并有材质合格证 ②紧固件及其他辅助材料均应符合质量要求并有材质合格证 （2）工具 ①吊装搬运机具：汽车吊、矿用平板车、手动葫芦、钢丝绳、麻绳、索具等 ②安装工具：电锤、砂轮机、电焊机、千斤顶、油压钳、扳手、套扳及内六角扳手、钢锯、榔头等 ③测试检验工具：水准仪、兆欧表、万用表、便携式瓦检仪、水平尺、钢直尺、钢卷尺、验电笔（高压验电器）、耐压测试仪器、核相仪等 ④送电运行安全用具：高压绝缘胶靴、绝缘手套。穿戴工作服、安全帽、矿灯、自救器、干粉灭火器等	3. 各种材料及工具必须检查合格方可使用
二、设备运输与安装	1. 设备运输 （1）吊索应穿在设备吊环内，无吊环者应挂在四角主要承力结构处，吊索的绳长应一致。用汽车吊把设备搬运到井口，并装入矿用平板车上，设备与平板车之间用垫木垫且放置平稳，并用 8 号铁丝绑扎固定牢靠。上盖挡雨物，避免设备淋水受潮 （2）设备用罐笼下放到下井口后，由下井口人员把矿用平板车推到变电硐室内 2. 设备安装 （1）基础槽钢安装。 ①将有弯的型钢调直，然后按图纸要求加工制作基础型钢，并刷好防锈漆 ②按图纸所标注位置，将加工好的基础型钢架放在预留铁件上，用水准仪或水平尺操平、找正。找平过程中，用增减垫铁的方法来控制型钢架的水平度 ③将基础型钢架、预留铁件、垫铁之间用电焊焊牢。最终基础型钢顶部宜高出抹平地面 10 mm ④焊接地线。将辅助接地母线分别与各基础型钢的两端焊牢，然后将基础型钢刷两遍灰漆 （2）设备安装。 ①设备就位：按施工图纸的布置，利用三脚架、手动葫芦按顺序将矿用平板车上的设备吊放到安装好的基础型钢架上 ②设备找平、找正：利用撬棍、千斤顶等对设备进行找平、找正的工作。找平时可采用增减 0.5 mm 铁皮垫片的方法进行，但每处垫片的数量不能超过 3 片；找正时可根据设备中间连接盒利用撬棍进行调整，调整时必须保证设备前后的开挡尺寸一致，不得有扭曲现象，以保证中间连接盒的密封面密封完好。设备找平、找正后，用 M16 镀锌螺栓与基础型钢固定牢固 ③设备接地：每台设备均应单独与辅助接地母线连接。采用 25 mm² 裸铜线两端压接牢固，将设备接地端子与接地母线相连接 （3）接地极安装。将局部接地极和辅助接地极分别平放在水沟中，两者相距大于 5 m，并将辅助接地母线和辅助接地极连接线分别与局部接地极、辅助接地极焊接	1. 检查索具及吊装点、绑扎处无误，道路应平整 2.（1）每组垫铁最多不能超过 3 层 （2）吊放时一定要注意三脚架的角度及放置位置，以防三脚架倾斜伤人及损坏设备

阶段	实施步骤	防范措施
三、接线与调试	1. 电缆接线 （1）电缆敷设。电缆出入硐室时应有穿墙管，电缆与管口之间的空隙应封堵。通过底板引向电气设备的电缆应敷设在预先挖好的电缆沟内，在两端及转角处要留有一定的余度。排列整齐，高低压电缆严禁摆放在一起，要有足够的间距，电缆沟内无杂物、积水等，盖板齐全。穿墙套管密封两端和电缆沟内分支处不紊乱，走向清楚，标志齐整 （2）做电缆头 ①根据电缆与设备连接位置，锯去多余的电缆做头，然后用电工刀剥去护套（或铠装钢带）及绝缘层 ②打开设备接线盒喇叭口，将剥好的电缆通过喇叭口穿入防爆接线盒内，弯出一定的弧度到电气设备接线端子，锯去多余的芯线 ③套上铜接线端子，用油压钳压接紧固后进行挂锡 （3）接线 ①将进线及出线电缆主芯线铜接线端子套在电气设备相应的接线端子上，电缆接地芯线与接地接线柱连接，低压馈电开关的辅助接地线与辅助接地极连接，并用螺栓紧固 ②将喇叭口密封并用螺栓紧固，对橡套电缆需用密封胶圈密封；对铠装电缆需用塑料包布将喇叭口下端包扎严密后灌入环氧树脂 ③将防爆接线盒盒面上涂工业用凡士林，用螺栓将压盖紧固（铠装电缆需待环氧树脂凝固后紧固） ④无电缆出线喇叭口用钢板封堵 2. 电气设备试验调整 （1）耐压试验。试验前用 500 V 摇表在端子处测试每条回路的电阻，电阻必须大于规定值。按照国家规范及产品技术资料要求分别对高压电缆、变压器、高压开关做耐压试验 （2）高压开关调试 ①调保护动作值。按照设计值调节各开关的过载、短路、失压、过压、漏电等保护动作值 ②试运行。分别进行合闸、分闸、保护试验、联锁机构试验 （3）变压器调试 按照变压器负荷电流进行低压侧首尾端连接。进行 5 次全电压冲击合闸试验，应无异常情况，励磁涌流不引起保护装置误动，并带负荷运行 24 h，声音正常 （4）低压开关调试 ①调电压。根据所接变压器二次侧电压调节开关控制变压器抽头和菜单中的电压值 ②调过流保护动作值。同高压开关 ③调漏电保护。将总开关中的选择开关打至"总"，同时将菜单中的漏电保护时间调至延时；将分开关打至"分"，同时将漏电保护时间调为 0 ms ④试运行。步骤同高压开关 （5）照明综合保护装置调试 ①调电压。根据所接变压器二次侧电压调节装置内变压器一次接线 ②调过流保护动作值。按照所求整定值调节过流保护动作值 ③试运行。步骤同高压开关	1. 锯割铠装电缆时，须在锯割处两边电缆头扎 3～4 圈铁丝箍钢铠；剥除护套时不要损伤芯线绝缘层。灌环氧树脂时，速度应均匀以防起泡 2. 试验前应将开关综合保护装置及过压保护装置与主回路断开。可在高压开关内控制变压器二次侧接 100 V 电源进行调试，但必须断开控制变压器一次侧熔断器

阶段	实施步骤	防范措施
四、验收与收尾	1. 送电前的准备工作 （1）高压开关前铺一块绝缘垫，配备停送电牌、绝缘鞋、绝缘手套、临时接地编织铜线、验电器、灭火器等 （2）对所有开关、变压器等再测一次绝缘，若不符合要求，要进行烘干处理 （3）清扫全部电气设备及变配电室的灰尘 （4）检查电气设备上（内）有无遗留下的工具、金属材料及其他物件 （5）审批工作票、操作票 2. 送电 （1）严格按照操作程序，确认运行指挥者、操作者和监护人，实行手指口述的监督和操作 （2）分别对高压开关进行空负荷合闸操作，操作机构及联锁机构是否灵活可靠。手动、自动方式是否起作用；数码显示装置是否正常。听变压器声音是否正常，有无异常现象，测变压器二次侧电压是否正确，是否平衡 （3）分别对低压真空馈电开关进行分合闸操作，操作机构及联锁机构是否灵活可靠，有无异常声响、振动等 （4）对双电源的高、低压母联开关进出线端核相。如不同相，则应调整电缆的连接相序使其达到一致 3. 收尾 （1）送电空载运行24 h，无异常现象后，办理验收交接手续，同时提交产品合格证、说明书等技术资料 （2）整理工作记录和试验报告，并做交接 （3）全部工程完工后，打扫变电所内杂物，擦干净设备	1. 验电器、绝缘靴、绝缘手套、绝缘胶垫、临时接地线、灭火器必须检查合格 2. 与上级变电所联系，严禁约时送电。一旦出现异常，应立即断电，挂警示牌，进行检修
应急预案	下井时，须注意避灾路线，一旦发生爆炸、水灾等重大事故，可以沿避灾路线上井。 通电或检修前，如瓦斯浓度大于1%，应采取通风措施，降低瓦斯浓度到1%以下。 通电时，如冒烟、短路、触电，应立即断电；如有人触电，立即脱离电源，并实施抢救。无呼吸者做人工呼吸；无心跳者做胸外心脏按压	

3. 制定工作记录表

表 4-45　工作记录表

工作时间			工作地点		
工作内容					
人员分工					

绝缘电阻检测/MΩ	相间绝缘阻			对地绝缘阻		
	U-V	V-W	W-U	U-地	V-地	W-地
隔爆高压配电箱　621						
⁝						
627						

绝缘电阻检测/MΩ		相间绝缘阻			对地绝缘阻		
		U – V	V – W	W – U	U – 地	V – 地	W – 地
绝缘电阻检测/MΩ		相间绝缘电阻			对地绝缘电阻		
		U – V	V – W	W – U	U – 地	V – 地	W – 地
隔爆变压器	631						
	632						
矿用高压电缆	G1						
	⋮						
	G6						
耐压试验施加电压 KV		U – V	V – W	W – U	U – 地	V – 地	W – 地
隔爆高压配电箱	621						
	⋮						
	627						
隔爆变压器	631						
	632						
矿用高压电缆	G1						
	⋮						
	G6						

隔爆高压配电箱调试	合闸	分闸	过载保护整定值	短路保护整定值	过载试验	短路试验	漏电试验	绝缘监视试验
621								
⋮								
627								

隔爆变压器调试	高压侧分接头开关位置			低压侧电压等级及接法			
631							
632							

隔爆低压开关调试	合闸	分闸	调电压	过载保护整定值	短路保护整定值	漏电保护动作时间	过载试验	短路试验	漏电试验
101									
⋮									

绝缘电阻检测/MΩ	相间绝缘阻			对地绝缘阻		
	U – V	V – W	W – U	U – 地	V – 地	W – 地
108						

隔爆低压开关调试	合闸	分闸	调电压	过载保护整定值	短路保护整定值	漏电保护动作时间	过载试验	短路试验	漏电试验
131									
出现问题									
处理措施									
处理结果									

二、工作案例

请同学们到实习矿井参与一个采区变电所或井下中央变电所的安装工作，写出工作计划书，将工作记录记入工作记录表，并按评价反馈书进行自我评价。

安装井下变电所评价反馈书见表 4 – 46。

表 4 – 46   安装井下变电所评价反馈书

考评项目		考评指标	满分值	自评分	互评分	师评分
知识考评（40分）	1. 布置井下中央变电所硐室	能说出井下中央变电所位置、防火要求、防水要求、通风要求、设备布置，说错一处扣2分	10分			
	2. 阅读井下中央变电所主接线图	能说出井下中央变电所供电系统主接线方式、主要设备，少说或说错一项扣1分	5分			
	3. 井下中央变电所设备安装步骤	能说出井下中央变电所各设备安装调试步骤，少说或说错一项扣1分	20分			
	4. 井下保护接地系统安装步骤及维护要求	能说出井下保护接地系统安装步骤及维护要求，少说或说错一项扣1分	5分			
能力考评（46分）	1. 绘制井下中央变电所供电系统图	能正确绘制井下中央变电所供电系统图，绘错一项扣1分	6分			
	2. 安装维护井下中央变电所设备	会根据场所确定设备安装方法，并进行安装和维护操作，一项不会扣4分，操作错误酌情扣分	18分			

考评项目		考评指标	满分值	自评分	互评分	师评分
能力考评 (46 分)	3. 安装维护井下中央变电所保护接地系统	会井下中央变电所保护接地系统的安装、检测、日常维护、定期维护，一项不会扣 5 分，操作错误酌情扣分	10 分			
	4. 使用万用表和兆欧表、耐压测试仪的能力	会正确使用万用表、兆欧表、耐压测试仪、接地电阻测试仪，一项不会扣 3 分，操作错误酌情扣分	12 分			
情态考评 (14)	1. 学习态度	迟到扣 2 分，不完成作业扣 5 分，学习态度认真记 3 分，学习态度一般记 2 分	3 分			
	2. 质量把控	工作质量好记 4 分，工作质量一般记 3 分，工作敷衍记 2 分，工作马虎记 1 分，工作错误造成损失记 1 分，工作未完成不记分	4 分			
	3. 团队协作	认真带领工作团队记 5 分，主动参与团队工作记 3 分；消极怠工不得分	5 分			
	4. 创新意识	在工作中能提出和解决问题记 2 分，能提出或回答问题记 1 分，否则不得分	2 分			

 技能鉴定习题

一、应知

1. 叙述井下中央变电所的硐室防火、防水、通风、设备布置要求。
2. 叙述井下采区变电所的硐室防火、防水、通风、设备布置要求。
3. 叙述井下中央变电所供电系统主接线方式和主要设备。
4. 叙述井下采区变电所供电系统主接线方式和主要设备。
5. 叙述井下保护接地系统安装步骤及维护要求。

二、应会

1. 能阅读变电所硐室布置图，并且按照图纸要求布置变电所硐室。
2. 能阅读变电所供电系统图，并且按照图纸要求连接变电所设备。
3. 能进行井下保护接地系统的安装、检测、日常维护和定期维护。
4. 能正确使用万用表、兆欧表、耐压测试仪、接地电阻测试仪等检测井下变电所设备及保护接地系统的接地电阻。

参 考 文 献

[1] 国家安全生产监督管理总局，国家煤矿安全监察局 . 煤矿安全规程 [M]. 北京：煤炭工业出版社，2016.

[2] 国家安全生产监督管理总局 . 煤矿用电缆 [S]. 北京：煤炭工业出版社，2010.

[3] 中华人民共和国建设部，中华人民共和国国家质量监督检验检疫总局 . 电气装置安装工程电气设备交接试验标准 [S]. 北京：中国计划出版社，2006.

[4] 王永亮 . 煤矿电气安装工 [M]. 北京：煤炭工业出版社，2006.

[5] 国家质量技术监督局 . 爆炸性环境用防爆电气设备增安型电气设备 "e" [S]. 北京：中国标准出版社，2000

[6] 国家安全生产监督管理总局 . 煤矿井下低压供电系统及装备通用安全技术要求 [S]. 北京：煤炭工业出版社，2006

[7] 国家安全生产监督管理总局 . 煤矿机电设备检修规范 [S]. 北京：煤炭工业出版社，2008.

[8] 中华人民共和国国家质量监督检验检疫总局，中国国家标准化管理委员会 . 爆炸性环境第 13 部分：设备的修理、检修、修复和改造 [S]. 北京：中国标准出版社，2014.

[9] 中华人民共和国煤炭工业部 . 矿井低压电网短路保护装置的整定细则 [M]. 北京：煤炭工业出版社，1998.

[10] 中华人民共和国煤炭工业部 . 煤矿用电气设备产品型号编制方法和管理办法 [S]. 北京：煤炭工业出版社，1996

[11] 国家质量监督检验检疫总局 . 爆炸性环境第 2 部分：由隔爆外壳 "d" 保护的设备 [S]. 北京：中国标准出版社，2011.

[12] 国家质量监督检验检疫总局 . 爆炸性环境第 1 部分：设备通用要求 [S]. 北京：中国标准出版社，2011.

[13] 中华人民共和国建设部，中华人民共和国国家质量监督检验检疫总局 . 煤矿井下供配电设计规范 [S]. 北京：中国计划出版社，2007.

[14] 中华人民共和国煤炭工业部 . 煤矿井下低压检漏保护装置安装、运行、维护与检修细则 [M]. 北京：煤炭工业出版社，1998.

[15] 中华人民共和国煤炭工业部 . 煤矿井下保护接地装置的安装、检查、测定工作细则 [M]. 北京：煤炭工业出版社，1998.

[16] 王红俭，王会森 . 煤矿电工学 [M]. 北京：煤炭工业出版社，2010.

[17] 中华人民共和国国家质量监督检验检疫总局，中国国家标准化管理委员会 . 矿用隔爆型移动变电站 [S]. 北京：中国标准出版社，2006.

[18] 张学成，聂国伦 . 工矿企业供电设计指导书 [M]. 北京：煤炭工业出版社，2010.

[19] 顾永辉，范廷瓒 . 煤矿电工手册 [M]. 北京：煤炭工业出版社，1999.

[20] 张学成，聂国伦 . 工矿企业供电 [M]. 北京：煤炭工业出版社，2010.

[21] 国家安全生产监督管理总局 . 矿用隔爆型低压交流真空馈电开关 [S]. 北京：煤炭工业出版社，2011.

[22] 国家安全生产监督管理总局 . 矿用防爆型低压交流真空电磁启动器 [S]. 北京：煤炭工业出版社，2011.

[23] 中华人民共和国煤炭工业部 . 煤矿电气图专用图形符号 [S]. 北京：中国标准出版社，1996.